경계를 횡단하는 여성들

* 이 책은 2021년 대구대학교 연구년 과제로 집필됨.

경계를 횡단하는 여성들
_분단과 이주의 생애사 연구

초판 1쇄 발행 2022년 2월 28일
지은이 이희영
펴낸이 김선기
펴낸곳 (주)푸른길
출판등록 1996년 4월 12일 제16-1292호
주소 (08377) 서울시 구로구 디지털로 33길 48 대륭포스트타워 7차 1008호
전화 02-523-2907, 6942-9570-2
팩스 02-523-2951
이메일 purungilbook@naver.com
홈페이지 www.purungil.co.kr

ISBN 978-89-6291-952-3 93980

경계를 횡단하는 여성들

분단과 이주의 생애사 연구

이희영

Women Crossing Boundaries

Biographical Research on Division and Migration

푸른길

차례

프롤로그

오래된 기억과 뒤늦은 글쓰기

분단사회의 개인은 분단을 말하기 어렵다. 삶 그 자체이기 때문이다. 전 지구적 이주가 일상화된 21세기에 남한과 북한에서 살아가는 사람들은 분단 너머의 무엇을 상상할 수 있을까. 독일이 통일되고 10여 년이 지난 뒤 한 독일 연구자는 "더 이상 동독, 서독을 말할 필요가 없다, 오직 미래를 고민할 뿐이다"라고 했다. 통일 30주년이었던 2020년 현재 독일사회에 옛 동서독 사이의 문화적 위계, '머릿속의 장벽' 등이 존재한다는 연구결과가 있다. 그러나 이미 30여 년 동안 분단 이후의 사회를 만들며 분투하고 있다.

이 책은 20세기 한반도의 분단을 겪으며 국경을 넘어 이주한 한인 여성들에 대한 글이다. 분단과 더불어 이주한다는 것은 떠나는 동기와 조건, 장소와 과정이 '특별히' 선택적임을 시사한다. 여성들의 이주는 역사적으로 가부장적 사회의 위계와 가족체제 그리고 계급, 계층적 조건을 배경으로 한다. 분단과 민족, 계급과 젠더가 교차하는 위치에서 수행된 남북한 여성들의 이주 경험은 20세기 분단의 역동적인 지형을 보여준다. 이 책에서는 필자가 1990년대 중반부터 2020년까지 독일과 한국에서 만났던 남북한 여성들에 대한 글과 기억을 엮었다. 그동안 필자가 조우한 장소와 사람에 대한 토포그래피이기도 하다.

독일에서 한인 여성들을 처음 만난 것은 통일 직후인 1990년대 중반이다. 한국에서는 군부독재가 끝나고 '시민사회'가 등장하던 때였다. 흑백논리가 정치에서 연애까지 지배하던 1980년대가 지나고 새로운 사회 독일에서 '한인 여성들'을 지켜보았다. 30여 년 이상의 독일생활을 바탕으로 경제력과 시민권을 가진 '멋쟁이 여성들'은 한국의 중요한 정치적 문제에 대해서 자신들의 입장을 피력할 뿐 아니라 동서독의 통일을 경험한 당사자로서 분단과 성차별 너머의 사회를 그리고 있었다. 그러나 필자가 이 여성들의 경험에 대해서 생각하고 기록하게 된 것은 많은 시간이 지난 후였다. 2000년대 초 한국으로 돌아와 공간적 거리가 생긴 것이 한 계기였을 것이다. 비트겐슈타인에 의하면 우리는 타자를 이해하지 못한다. 그들과 우리가 하는 말을 서로 모르기 때문이 아니라, 우리가 스스로를 그들 중에 위치 짓지 못하기 때문이다. 우리가 그들의 삶에 대한 공감대를 쌓는 데 그 만큼의 시간과 우회가 필요한 것이다.

1990년대 중반 통일 직후의 독일에서 필자의 관심은 구동독사회를 경험한 사람들이었다. 군사정권의 반공질서 속에서 태어나 성인이 된 필자에게 통일된 독일사회뿐 아니라 그 이전의 서독과 동독도 이해하기 어려운 대상이었다. 분단된 동서독 사회에서 살아온 개인이야말로 시간을 거슬러 과거의 분단을 유추할 수 있는 길이었다. 1990년대 베를린의 각 대학에는 구동독 시절에 여러 가지 이유로 대학교육을 받지 못한 청년들이 독일의 야간학교(Abendschule) 제도를 통해 입학하고 있었다. 자연스럽게 필자는 '나이 많은 동독 학생들'과 친구가 되었다. 그런데 자본주의 사회였던 서독과 남한 출신 대학생 사이의 공통점보다, 이념적으로 적대관계였던 동서독 출신 대학생 사이의 공감대가 훨씬 크다는 사실을 알고 깜짝 놀랐다. 나의 몸과 마음에 깊게 새겨진 반공주의의 결과였다. 현재 필자의 시야가 그로부터 얼마나 벗어나 있는지 가늠하기 어렵다. 독일 통일 전부터 서독의 연구자들이 동독을 방문하여 일상생활사 연구를 진행했던 사실은 필자에게 북한 방문과 분단연구의 꿈을 갖게 하였다. 2000년대 초 한국으로 돌아와 탈북주민의 생애사를 연구하게 된 것은 분단 저편의 사람들을 만나고 싶었기 때문이다. 가족을 대신해 목숨을 걸고 두만강을 건너온 여성들의 목소리에 귀를 기울이고, '그곳'의 삶을 그려보고자 했다.

예외적인 사건은 사회를 압축적으로 드러낸다. 어떤 행위자도 사회의 부분일 수 없다. '세계 내 존재(in der Welt sein)'인 인간행위자는 삶을 통해 직면하는 역사와 사회를 체현한다. 전쟁, 분단, 그리고 민족과 계급, 젠더 갈등을 겪으며 이주를 시도한 남한과 북한이라는 지역(local) 여성들의 삶은 역설적으로 '20세기의 우리'를 돌아보게 하는 플랫폼이다. 이 책은 분단된 국가의 일원으로 국경넘기(월경, 해외이주)의 경험을 가진 두 여성집단에 주목하였다. 1960년대 분단된 서독으로 이주했던 남한 출신 간호여성들과 1990년대 이후 중국을 거쳐 남한 그리고 유럽으로 이주한 북한 여성들의 생애 경험을 분석하여 재구성하였다. 분단된 한반도의 남쪽에서 분단된 독일의 서쪽 사회로 이주했던 여성들의 삶과 북한에서 중국으로 향한 국경을 넘고 제3국을 경유하여 대한민국으로 입국한 북한 여성들, 그리고 유럽으로의 재이주를 시도한 그들의 이주 경로는 분단과 국민국가의 폭력을 우회하고 무력화하는 지형도이기도 하다.

이 책은 구술자료를 토대로 생애사 연구방법론과 행위자 네트워크(ANT) 이론의 관점에서 재구성한 여성들의 생애 이야기를 담고 있다. 유명하고 권력 있는 여성들의 성공적인 이야기가 아니라, 보통 사람-여성들이 분단과 이주를 경험하며 구성하는 삶의 특징에 주목함과 동시에 이것이 시사하는 사회, 역사적 함의를 고찰하고자 하였다. '여성'을 방법론으로 경유한다는 것은 특정한 여성집단이 어떤(분단-이주) 맥락에서 사회적으로 부상하게 되거나, 사회적 질타의 대상이 되는지를 고찰함으로써 이와 연관된 사회체의 복합적 특성과 역동적 변화를 추적하는 길을 뜻한다. 특히 21세기 '이주의 여성화'로 압축되는 신자유주의 질서 속에서 한반도의 분단이라는 역사, 정치적인 사태가 교차하며 전개되는 삶의 과정을 여성주의적 관점에서 읽으려고 하였다.

이 책의 원자료가 된 글은 2004년부터 2020년 사이에 집필되었다. 여성들과 만나는 시간과 장소가 변화하는 동안 필자의 시선도 달라졌을 것이다. 책을 준비하는 동안 각 원고의 주요 표현과 해석을 현재의 관점에서 수정하지 않았다. 집필 시기에 따라 독자들이 느끼게 될 관점과 해석의 차이는 필자의 제한된 시선이 변화해온 흔적일 것이다. 북한 여성들의 사례와 함께 소개된 북한 남성들의 삶은 최대, 최소비교의 관점에서 젠더 관계를 드러낸다.

이 글을 처음 기획한 것은 2014년이다. 오래된 기억을 놓지 않도록 한 것은 필자에게 말을 건네준 여성들의 힘이다. 돌아보면 당시의 인터뷰들이 얼마나 어색하고 제한된 것이었는지 부끄러운 생각이 든다. 그런 불편을 감수하고 삶의 순간들을 이야기해준 모든 분께 깊이 감사드린다. 독일과 한국에서 현장조사를 하는 동안 잊을 수 없는 지원을 받았다. 한국에서 처음 북한 여성을 인터뷰할 수 있도록 안내한 사람은 정병호 교수와 평화재단 노옥재 님이다. 본격적인 북한연구는 동국대 북한학과 박순성 교수 연구팀, 그리고 통일연구원 조정아 박사팀과의 협업을 통해서였다. 집단연구의 힘을 통해 외연을 넓힐 수 있었다.

독일에서는 재독한국여성모임을 결성하고 수십 년 동안 연대를 이어온 회원들의 활동이 있었기에 연구가 계속될 수 있었다. 김순임, 김진향, 서의옥, 이민자, 정현옥, 조국남, 주재순, 최영숙, 한정로 씨는 자신의 경험뿐 아니라 독일 각지에 흩어진 회원들을 소개하고, 소중한 자료와 음식으로 필자를 격려했다. 2018~2019년 슈투트가르트 현지조사는 코레아협의회(Korea Verband) 한정화 대표의 소개와 루츠 드레셔(Lutz Drescher), 애자 카메러(Ae-Ja Kammerer), 토마스 베르거 교수(Thomas Berger)의 헌신적인 지원으로 가능했다. 하이델베르크에서는 폴 슈나이서(Paul Schneiß er) 목사님의 안내가 있었다. 2014년 프리드리히 에버트 재단(FES)과 2015년 독일 재분배재단(Stiftung Umverteilen)이 필자의 독일 체류를 위한 연구비를 지원했다.

이 책에 실린 재독 한인 여성들의 사진은 2017년 서울역사박물관 전시 "국경을 넘어 경계를 넘어: 독일로 간 한인 간호여성 이야기"를 위해 필자가 독일에서 수집, 기증한 아카이브에 소장된 것이다. 독일의 유재현, 츠카사 야지마, 최동하 씨가 함께 자료를 수집했다.

종이책 수요가 감소하는 시기에 이 책을 출판해준 (주)푸른길의 김선기 대표와 편집자들에게 감사드린다. 여전히 자신의 몸으로 분단과 이주를 감당하며 살아가는 여성들에 대한 응원과 지지가 되기를 기대한다. 마지막으로 수년 전부터 글쓰기를 독려한 최영숙, 차병직 님께 뒤늦은 감사를 전한다. 딸 지민이 이 글을 읽게 되는 시간을 그려본다.

2022년 2월 이희영

출처

이 책에 실린 글은 이미 발표된 아래의 초고들을 변형하고 재구성한 것이다.

1장 : "사회학 방법론으로서의 생애사 재구성: 행위이론의 관점에서 본 이론적 의의와 방법론적 원칙", 『한국사회학』 39/3, 2005.

2장 : "북한 여성의 인권과 연구방법론적 모색: 질적 연구방법의 적용과 가능성", 『현대북한연구』 11호, 북한대학원대학교, 2008.

3장 : "베를린의 한인 여성들: 노동과 삶의 자유를 찾아서", 『국경을 넘어 경계를 넘어』, 서울역사박물관, 2017.

4장 : "이주 여성들, 정치를 관통하다 – 재독 한인 여성들의 체류권 투쟁을 중심으로", 『사회와 역사』 117호, 2018.

5장 : "이주 여성과 분단장치의 재구성: 동백림 사건에서 1994년 '안기부 프락치 사건'으로", 『현대사회와 다문화』 9/1호, 2019.

6장 : "새로운 시민의 참여와 인정투쟁. 북한이탈주민의 정체성 구성에 대한 구술 사례연구", 『한국사회학』, 제44집 1호, 2010.

7장 : 『북한 주민의 의식과 정체성: 자아의 독립, 국가의 그늘, 욕망의 부상』, 통일연구원, 2010, pp. 297~351.

8장 : 『북한여성의 일상생활과 젠더정치』, 통일연구원, 2019, pp. 187~225 외.

9장 : "(탈)분단과 국제이주의 행위자 네트워크: '여행하는' 탈북 난민들의 삶과 인권에 관한 사례연구", 『북한연구학회보』 17권, 2013.

10장 : "국제 인권장치와 비극의 서사. 탈북 난민들의 독일 이주에 대한 사례 연구를 중심으로", 『경제와 사회』 109호, 2016.

제1부

분단-이주의 생애사와 사회연구

제1장

사회현실의 해석과 생애사 연구

1. 행위이론의 성과와 의미

1) 질적 연구에 대한 의혹과 문제제기

1990년대 중반 이후 한국의 인문사회과학 분야에서 질적 방법론[1]에 의한 현장 연구가 증가하고 있다. 사회현상에 대한 실증주의적 연구의 한계를 넘어서고자 하는 시도로 이해할 수 있다. 그런데 이러한 노력을 둘러싸고 두 가지 문제가 나타나고 있다. 하나는 질적 연구방법에 대한 '외부'로부터의 평가이고, 다른 하나는 질적 연구 내부에서 나타나는 방법론적 문제이다. 전자를 대표하는 입장은 양적 방법론이 조사대상을 '객관적'으로 대표하는 데 비해,

1 여기서 질적 방법론은 연구대상을 연구자가 사전에 준비한 지표를 통해 양적으로 가공하는 것이 아니라 연구대상의 관점에서 이해하고, 해석 및 재구성하는 방법론으로서 참여관찰법, 민속지연구, 구술사 연구, 생애사 연구 등을 지칭한다. 특히 최근의 연구에서 두드러지는 시도는 구술자료를 통한 연구이며, 이 글에서도 이것에 집중하여 논의할 것이다.

질적 방법론은 '대표성'을 갖지 못하는 '부분'에 대한 연구로서 사회의 발현적(emergent) 특성을 설명하지 못한다고 비판한다. 그러나 이러한 입장은 양적 방법론이 대표성을 갖는 표본집단에 근거하여 사회를 '거시적'으로 분석하고 해명하고자 하는 데 비해 질적 연구방법론은 특정한 개인의 역사에 집중하여 사회의 부분적 현상을 '미시적'으로 관찰하고 분석하는 연구방식이라고 대립시킴으로써, 이미 오래전에 폐기된 데카르트적 이분법을 반복하는 것이다. 또한 이것은 질적 방법론에 대한 부분적 이해에 기인한다고 볼 수 있다. 후자의 문제는 사회현상을 연구자의 관점에서 재단하거나 가시적 지표로 환원시키지 않고 풍부하게 재구성하고자 하는 노력에도 불구하고, 기존의 행위이론 영역에서의 연구 성과를 경험연구로 확장시켜내는 방법론이 체계화되지 못해서 나타나는 현장연구의 한계로 보인다.

이 글에서는 이러한 문제의식에 입각하여 첫째, 구술자료에 기초하여 수행된 기존 연구에 대한 비판적인 검토를 통해 이러한 연구가 갖는 성과와 한계를 밝힐 것이다. 둘째, 앞에서 살펴본 질적 연구의 의의를 심층적으로 고찰하기 위해 기존 행위이론 영역에서의 연구 성과를 사회학의 방법론적 문제의식과 관련하여 살펴볼 것이다. 셋째, 이것에 기초하여 질적 연구방법의 하나인 생애사 연구[2]의 이론적 의의를 밝히려 한다. 이를 통해 생애사 연구가

---

2 해외연구에서는 Biographical Methodology(전기적 방법론), 혹은 Biographieforschung(전기연구)라 불린다. 생애사 연구의 역사를 살펴보면, 1960년대를 경과하면서 독일사회학 내 빌레펠트학파를 중심으로 사회현상을 개인과 사회의 상호작용을 통해 이해하고자 하는 연구실천적 움직임이 발전한다. 이들은 독일 해석학적인 전통과 베버, 슈츠, 미드의 사회적 행위 개념을 새롭게 수용하여 생애사적 경험과 사회적 조건 사이의 상호적인 구성과정을 포착하고자 시도한다. 특히 1930년대 나치즘과 이후 분단경험 그리고 통일이라는 사회적 대사건들에 대한 연구는 수치와 통계에 의해 포착되지 않는 사회현상에 대해서 '치밀하게 서술하기'를 요청하였으며, 이는 1970년대 이후 독일에서 진행된 생애사 재구성 작업의 기반이 되었다. 독일사회학회(Deutsche Gesellschaft für Soziologie/ DGS) 내에 생애사 연구분과(Sektion Biographieforschung)가 조직된 것은 1986년이며, 1994년에는 독일 교육학회 내에 생애사 연구팀이 조직되었다. 국제적으로는 1970년대 말부터 세계사회학회(ISA) 내 생애사와 사회(Biograhy & Society) 연구위원회(RC38)의 활동이 활발하다. 이 글에서 밝힐 생애사 연구의 이론적, 방법론적 원칙은 이러한 역사성에서 발전된 것이므로,

생애사를 매개로 하여 개인과 사회, 주관과 객관, 행위와 구조 등 사회학의 고전적인 이분법을 넘어서, 사회구조를 재구성할 수 있는 하나의 사회학 방법론임을 밝힐 것이다. 넷째, 기존 연구 검토에서 살펴본 방법론적 한계를 극복하기 위해 구술생애사 자료를 재구성하는 구체적인 과정과 방법론적 원칙을 사례분석을 통해 살펴보고자 한다. 특히 구술자료를 근거로 역사적 사건의 사실성뿐만 아니라 구술자의 변화하는 관점을 동시에 재구성하고, 이를 통해 개인의 행위지향이 구성되어가는 과정에 접근하기 위한 방법론적 원칙에 주목할 것이다. 이 과정에서 진행되는 사례분석은 방법론의 원칙을 보여주기 위한 목적에 국한되므로, 사례 자체의 완결적 재구성은 부분적으로만 드러나게 됨을 미리 밝혀둔다. 마지막으로 사회학 방법론으로서의 생애사 재구성 연구가 식민지 경험과 분단, 전쟁과 폭력으로 각인된 한국사회 변동의 동인을 이해하고 설명하는 데 갖는 적극적인 유용성을 정리하고, 이 글의 한계를 밝히고자 한다.

2) 구술자료에 대한 관심과 연구결과

이 절에서는 구술자료에 근거하여 수행된 지금까지의 연구가 갖는 성과와 한계를 밝히고자 한다. 이를 위하여 기존의 연구를 구술사 연구와 구술생애사 연구로 나누어 살펴보기로 하자.

구술사 연구는 1990년대 초 한국의 사회학과 역사학에서 수용되기 시작하였다. 참여관찰과 심층면접을 통해 도시빈민의 삶을 재구성한 연구(조은·조옥라, 1991)와 사회사적 관점에서 재외한인의 삶을 재구성한 연구(한상복·권태환, 1996)가 그 초기의 연구 성과라고 할 수 있다. 이후 구술인터뷰 자료를

독일 생애사 연구의 성과를 중심으로 논의하고자 한다.

통해 한국전쟁에서의 다양한 경험을 재구성한 연구(김동춘, 2000)는 한국전쟁을 원인론으로 환원시키는 기존 연구의 한계를 극복하였을 뿐만 아니라, 사회학적 현장연구에서 구술자료가 갖는 가치를 잘 보여준다. 반공규율사회에서 살아온 월남민의 생활경험을 참여관찰과 구술인터뷰를 통해 연구한 작업(김귀옥, 1999)은 월남인에 대한 기존의 통념을 깨는 새로운 역사쓰기라고 할 수 있다. 또한 구술인터뷰에 근거하여 1960~1970년대 노동자들의 생활세계를 연구한 성과(이종구 외, 2004)는 한국에서 노동자 생활사에 대한 연구를 개척한 의의를 갖는다. 한편 역사학 분야에서는 제주도 4·3항쟁에 대한 구술증언 자료집(1994) 등 기존의 현대사에 씌어지지 않은 피학살자 유족들의 목소리를 담아내기 위한 노력과, 구술사 인터뷰를 통해 한국전쟁의 경험을 새롭게 조명한 연구(이용기, 2001) 등이 있다. 지금까지 살펴본 구술사 연구는 정치적인 이유와 계층, 계급적인 제약에 의해 자신의 경험을 기록으로 남길 수 없었던 사회집단의 목소리를 채록하여 문자화함으로써 한국현대사에서 사라졌던 역사를 채워내는 작업으로서 큰 의의를 지닌다.

그러나 이러한 연구 작업들은 공통적으로 구술자료가 갖는 과거 역사에 대한 증언이라는 특성에만 주목하고 있을 뿐, 그것이 과거의 체험에 대한 현재의 기억이라는 특성에는 주목하지 않는 한계를 보인다. 이것은 크게 두 가지의 방법론적 문제로 드러난다. 첫째, 연구자가 인터뷰를 통해 끌어올린 구술자료를 활용할 때 구술내용에 대한 복합적인 해석 작업을 생략하거나 혹은 단순화하게 된다. 즉 구술자가 이야기한 내용 자체를 과거 사실에 대한 재현으로 보고, 특정부분을 전체적인 맥락에 대한 고려없이 단순 인용함으로써 소위 구술내용에 대한 '진실성'의 문제를 야기하게 된다. 둘째, 과거에 대한 구술이 지나간 체험을 단순 모사하는 것이 아니라, 이후의 삶의 전개과정에서 쌓이는 체험과 구술상황에 의해 서사적으로 조직되는 측면을 간과한다. 따라서 극단적인 경우에는 구술채록과정에서, 연구자의 관점에서 준비한 질문을 면접상황에서 제시한다는 것 이외에는 기존의 설문조사와 별다른 방법론적 차이를 보이지 않는 경우도 있다. 나아가 구술된 인터뷰의 선후관계를 연구자의 의도에 따라 임의로 바꾸거나 구술된 표현을 윤색하는 경우도 있다. 이런 점에서 기존의 구술사 연구는 구술된 면접내용이 과거에 대한 증언이라는 특성뿐만 아니라, 과거 사실을 현재의 기억을 통해 서사적으로 구성한다는 특성에 대해 방법론적으로 심도 있게 성찰할 것이 요구된다.

다음으로 개인의 구술이 갖는 생애사적인 특성에 주목하는 구술생애사 연구는 인류학에서 먼저 시도되었다. 그간 인류학의 논의에 따르면 생애사는 “한 개인이 지나온 삶을 자신의 말로 이야기한 기록”(유철인, 1990: 301)이며, “전기, 자서전, 구술사 및 개인자료를 포함하는 포괄적 의미”(윤형숙, 1996: 99)를 갖는다. 나아가 생애사는 현재라는 시간적인 관점에서 과거를 기억하여 이야기하는 과정에서 지속적으로 재해석된다. 이러한 인류학적 연구에서 생애사는 “구술자의 사적인 기억”으로 정의되고 있다(윤택림, 2004: 105). 즉 개인의 과거에 대한 구술내용은 구술자 개인의 직접, 간접적인 체험에 대한 서술이라는 점에서 모두 ‘사적’이라고 할 수 있다. 그러나 동시에 개인의 생애사가 개인이 처한 사회역사적인 행위공간 속에서 타자와의 상호작용에 의해 구성된다는 점에서 ‘공적’이라고도 할 수 있다. 따라서 이 글에서는 개인의 구술내용에 대하여 연구자의 관심에 따라 사적인 것과 공적인 것으로 구분하고, 생애사를 사적인 기억으로 정의하는 것은 생애사가 갖는 특성을 제한적으로 이해하는 것이라고 본다.[3] 또한 인류학적인 연구는 생애사가 갖는 서술적 특성에 주목하여 과거경험에 대한 해석내용의 변화를 재구성하고 있으나, 과거의 다양한 역사를 쓴다는 인류학적 목적에 머무른다. 따라서 사회역사적인 조건을 배경으로 구성되는 사회구성원의 행위지향을 재구성함으

3 이와 연관하여 생애사가 가지는 본원적 사회성에 대해서는 다음 장에서 다루기로 한다.

로써 사회변화의 동력과 그 발생과정을 읽어내는 것은 주된 연구관심이 아니다.

구술생애사는 또한 남성 중심의 가부장적인 역사쓰기에서 배제된 여성들의 목소리를 담아낼 수 있게 한다는 점에서 여성학의 중요한 방법론이 된다.[4] 특히 여성주의 구술사는 생애이야기(life story)에 주목한다. "과거 경험의 기록인 생애사(life history)와 달리 생애이야기는 자기 경험의 표현으로서 여성 구술자의 주체성이 현재의 시점에서 재구성되는 창작물(fiction)의 성격"(김성례, 2004: 35)을 가지기 때문이다. 나아가 구술생애사에서 드러나는 서사성에 주목하는 '서사방법론' 연구는 구술자의 이야기가 이미 이전에 존재하는 어떤 경험적 실체에 대한 묘사가 아니라, "그렇게 말하게 하는 다양한 요소들의 중재에 의해 걸러지고 선택된 일종의 구성물"이라고 전제한다. 따라서 연구자는 "단지 화자가 무엇을 말하는가에 집중하지 않으며, 어떻게 말하며 왜 그런 식으로 말하는지 그리고 무엇이 그런 식으로 말하게 하는지에" 관심을 가진다(이재인, 2004: 246). 즉 여성학에서의 구술생애사 연구는 인터뷰를 통해 이야기된 내용 그 자체가 아니라, 내용을 조직하고 표현하는 형식에 더욱 주목하고 있다고 할 수 있다. 그러나 여기서는 구술자의 이야기에 혼재되어 있는 "사실적 진실성(factual truth)과 서술적 진실성(narrative truth)"(김성례, 2004: 50), 즉 무엇을 체험하였는가와 어떻게 이야기하는가가 갖는 상호연관의 방식이 명확히 해명되지 않는다. 즉 어떠한 서사적 진실성이 어떤 사실적 진실성을 지시하는지, 이러한 서사적 진실성이 그와 연관된 사실적 진실성에 대하여 어떤 생애사적 역할과 의미를 갖는지가 구체적으로 분석되지 않는다. 나아가 인류학적 연구에서와 마찬가지로 생애사의 변화과정에 대한

4 이러한 연구의 대표적인 작업으로 일본군위안부의 경험에 대한 증언집(한국정신대문제대책협의회, 1993~2001)이 있다. 이 연구는 단순한 학문적 관심만이 아니라 여성학 연구자들이 여성운동과 결합하여 이루어낸 선구적인 성과라고 할 수 있다.

천착을 통해 구술자의 해석이 체험의 내용에 따라 변화하는 과정을 온전히 드러내지 못하고 있다.

요컨대 지금까지 수행된 구술사 연구와 구술생애사 연구는 구술자료를 토대로 연구지평을 확대하고 심화하는 성과를 가져왔다고 할 수 있다. 이 과정에서, 구술사적 관심에서 출발한 사회학과 역사학에서의 연구는 기존의 역사에서 배제된 역사의 복원을 위해 구술자의 체험된 생애사에서 드러나는 사실성에 집중하는 반면, 인류학과 여성학 연구에서는 어떻게 이야기하는가에 더욱 주목하고 있다. 그 결과 체험된 생애사와 이야기된 생애사 사이의 연관성을 밝히는 것과, 생애사의 전개과정에서 과거의 경험에 대한 해석과 생애사적 의미가 변화하는 과정을 재구성함으로써 사회변화의 동력과 그 발생과정을 읽어내는 과제는 아직 해결되지 않은 숙제로 남아 있다고 할 수 있다.

3) 행위이론의 방법론적 성과

앞에서 검토한 질적 연구의 이론적 기반을 심층적으로 고찰하기 위해 행위이론 영역의 연구 성과를 방법론적 문제의식과 연관하여 살펴보자.

일찍이 짐멜, 뒤르켐, 베버와 같은 사회학의 대가는 사회학의 핵심으로 개인과 사회적 행위 그리고 그것의 상호작용에 주목했지만, 개인과 사회의 관계는 이후 해명되지 않은 사회학의 과제로 남았다. 특히 어떻게 사회적 질서가 가능한가, 개인과 사회는 어떤 관계 속에 존재하는가라는 사회적 실재의 기원에 대하여, 베버의 '사회적 행위(soziales Handeln)' 기획은 여전히 독일 주체성의 전통에 기대고 있다. 첫째, 그의 이론구성에서 기본적인 역할을 하는 사회적 행위는 주체의 의도와 직접 결합되어 있다. 베버에 의하면 사회의 발생 초기에 존재하는 것은 개별자들이며, 이 개별 행위자들은 대상세계와의 상호작용을 시작하기 전에 이미 합리적 목표라고 하는 주체 내적인 작용을 전제하고 있다. 즉 주체와 대상세계는 여기서 상대적으로 분리된 범주로 이해되고 있다. 따라서 이런 개별자의 독백적인 행위로부터 어떻게 사회구성원 간의 상호적인 지향이 가능해지는지는 해명되지 않는다.[5] 둘째, 그의 행위유형론은 합리적이고 규범적인 목적을 추구하는 행위에 기초하고 있다. 그러나 개인의 행위가 어떤 분명한 목적을 가질 수도 있지만, 목적을 추구하는 합리성은 행위의 한 유형이 갖는 특성일 뿐이지 유일하거나 혹은 필수적인 조건은 아니다. 이렇게 합리적 목적을 전제하는 행위론은 행위 외부의 목적을 지향하면 될 뿐이므로 행위과정에서 구축되는 성찰의 과정을 필요로 하지 않는다(Joas, 1996: 228). 따라서 이러한 관점에서는 사회적 실재(social reality)를 해명하고자 하는 시도가 쉽게 행위 결과의 합리성 혹은 비합리성으로 환원된다. 이후 베버의 전통에 선 많은 실천연구들이 해석학적 전통을 계량-논리적 연구모델로 대체하는 방향으로 나감으로써 '이해(Verstehen)'가 이론적 개념으로는 존재하나 오랫동안 연구실천적 성과를 갖지 못하게 된 것은 이런 관점에서 볼 때 전적으로 우연이 아니다.

이처럼 고전 사회학자들이 남긴 두 가지 과제, 즉 주체와 세계 혹은 개인과 사회의 이분법을 극복하고, 사회적 실재에 대한 해명을 시도하기 위한 논의들의 성과를 사회과학 방법론에 시사하는 바를 중심으로 살펴보기로 하자.

(1) 개인과 사회의 상호성

개인과 사회가 발생적으로 상호적인 연관성을 갖는다는 논의는 먼저 철학적 실용주의(Peirce, James, Dewey)와 미국 사회학의 시카고학파에서 찾아

---

5 하버마스는 베버가 개인과 사회의 문제를 일상적 행위의 산물이 아닌 카리스마적-종교적 지향 틀로 해결하려고 함으로써 주체와 주체의 의미부여와 연관된 행위의 구성적 성과물을 과소평가하며, 나아가 '탈주술화'의 과정 또한 세계관으로서의 종교적 지향에 지배를 받게 되는 문제를 드러낸다고 지적한다(Habermas, 1981, I: 377~385).

볼 수 있다. 실용주의는 주체철학과 인식론의 이원론적 구성을 비판하며, 행위와 경험이 상호소통적인 관계를 갖는 일원적 모델을 발전시켰다(Lewis & Smith, 1980). 이들은 행위를 하기 전에 이미 행위 목적이 있다고 전제하는 입장은 결과적으로 인간의 인식을 행위와 분리시키는 것이라고 비판한다. 이것은 데카르트적인 방식으로 정신과 육체의 분리를 반복하는 것일 뿐이다. 듀이에 의하면 행위 목적은 행위 이전에 내면의 작용에 의해 결정되는 것이 아니라, 상호작용의 구체적인 조건을 인식하는 과정에서 구체화되거나 혹은 변형될 수도 있는, 상대적으로 불확정적인 것이다. 따라서 행위 목적은 미래에 완성될 결과적 상태가 아니라, 현재 행위의 "가능한 종결상태에 대한 사전의 예견"(Dewey, 1916: 158)이다. 그것은 행위자가 다양한 행위 가능성들 사이에서 어떤 것을 선택할 수 있게 하며, 동시에 행위 목적 자체도 이러한 판단과정의 영향을 받는다.

주체와 세계, 개인과 사회의 불가분의 상호관련성은 미드의 자아형성의 기원에 대한 이론에서 더욱 분명히 드러난다. 미드는 '말하기'라는 상징적 의미전달과 구성의 매개체를 분석의 출발점이자 사회적 행위의 모델로 삼아, 행위자(I)와 사회적 질서(Me)의 상호작용에 의한 정체성(Identity)의 구성과정을 보여준다(Mead, 1924). 여기서 사회적 행위의 기원은 바로 개인이 타자 및 환경에 대하여 행동하고 말하는 일상을 통하여 사회적 정체성을 획득하는 과정에 있다. 이 과정에서 내부 심리적인 것으로서의 마음(Mind)과 심리 외부적 현상으로서의 사회(Society)라는 이원론적 개념설정은 해소된다. 즉 '말하기'라는 사회적 행위의 과정에서 행위자의 의미와 의미부여가 타자를 통해 객관화되고(Mead, 1968(1934): 76, 130), 동시에 '일반화된 타자(generalized other)'로서의 사회는 행위자의 주관적인 것이 됨으로써 안과 밖은 하나가 된다(Mead, 1968(1934): 154~157).

이처럼 개인과 사회의 소통적 일원론이나 미드의 상호작용론이 의미하는 바는 개인성과 사회성의 획득이 사회화의 일면적인 요소들이 아니라 동시적인 사회구성의 과정이라는 점이다. 이런 관점에 서면 사회실재에 대한 '이해(Verstehen)' 또한 더 이상 행위자의 의도 안에 갇히거나 행위 결과로 환원되지 않는다. 사회적 의미는 주체 속에 혹은 객관적 사회세계 속에 숨겨진 것이 아니라 바로 그 사이에서 상호작용적으로 구성되는 것이다. 이것은 사회학적 경험연구가 개인과 사회에 대한 기계적이고 이분법적인 사고를 넘어 일상세계 속에서 상호적으로 구성되는 사회적 실재에 천착할 수 있는 방법론을 추구해야 함을 의미한다.

(2) 행위의 본원적 사회성

미드가 중요하게 지적하는 또 하나의 강조점은, 모든 개인의 행위 이전에 전제되어 있으며 개인적인 행위로 환원될 수 없는 사회성이다. 미드는 사회성이 시간적·논리적으로 개인에 선행한다고 전제한다(Mead, 1968(1934): 186). 행위이론에서의 개인주의적 관점들이 행위를 기본적으로 개인적인 것으로 간주하고 사회적 행위를 그 특수한 사례로 파악하는 것에 비해, 미드는 행위가 가진 본원적 사회성[6]에 주목한다. 그는 사회적 행위를 타자와 연관된 개인적인 행위의 한 유형으로서가 아니라, 개인적 행위를 그 한 부분으로 포괄하는 복합적인 집단적 활동으로 이해한다(Joas, 1996: 277~278). 미드에 의하면 자아형성의 기원에 대한 연구도 사회적 현상에 대한 개인적인 차원의 접근이 아니라, 개인의 행위를 사회적인 현상으로 파악하고자 하는 시도이다(Mead, 1968(1934): 45). 그가 말하는 사회성은 단순한 개인 행위의 집합에서 유래하는 것이 아니며, 전체가 개인에 선행한다는 의미에서의 단순한 전체도 아니다. 그것은 개인의 행위로 환원되지 않는 사회성 혹은 사회의 발현

6 요하스는 미드가 말하는 행위의 사회적인 특성을 상황, 육체성과 연관하여 논의하며 이를 '본원적 사회성(primäre Sozialität)'이라고 표현하고 있다(Joas, 1996: 279).

성이다. 그것은 인간의 언어처럼 이미 전제되어 있으면서 명시적 혹은 암시적으로 하나의 특수한 행위양식이자 행위조정의 양식인 것으로 기술된다. 이것이 바로 소통적인 행위로 구성되는 생활세계의 지향들이다. 결국 미드에 의하면 이러한 사회성이 바로 행위의 본원적 특성이며, 개인 상호간의 관계와 사회적 질서를 가능하게 하는 전제조건이라고 할 수 있다. 이런 관점에서 볼 때 방법론적 개인주의는 사회구조의 문제를 해결하기 위해 행위이론과의 결합을 시도하지만 여전히 '개인적' 행위라는 가정에 근거하고 있음을 지적할 수 있다. 방법론적 개인주의에서의 행위는 본원적 사회성을 특징으로 하는 행위가 아니라 사회구조의 미시적 차원에서의 개인적 행위일 뿐이다.

(3) 합리적 의도로 환원되지 않는 열려진 구상으로서의 행위

행위가 단순히 행위 이전에 전제되는 목적을 실행하는 인간의 운동 양태가 아니라, 본원적 사회성에 근거한 개인 정체성의 형성과정이라는 이해는 행위가 포괄하는 열려진 가능성을 시사한다. 듀이가 지적한 바와 같이 행위는 행위 바깥에서 주어진 행위 목적에 제한되지 않음으로써 과정적 성찰성을 갖게 되는 것이다(Dewey, 1987 [1916]: 162~163). 행위는 행위자 스스로의 의미와 의도를 넘어서는 것이며, 더 포괄적이고 복잡하다. 행위는 언제나 사회적으로 규범화된 지향을 전제하는 동시에, 항상 규범화되지 않으며 열려져 있다. 행위는 어떠한 경우에도 "사회적으로 전수된 지식의 내용을 완벽히 재현하지 않으며 항상 열려진 구상으로서의 특성(Charakter des offenen Entwurfs)을 갖는다"(Kohli, 1985: 21). 이러한 관점은 합리적 행위이론이 필연적으로 합리적이지 않은 행위로부터 자신을 구별해야 한다는 근본적인 문제로부터 자유롭다. 따라서 사회적 실재를 합리성이라는 개념으로 환원시키지 않고 현실 경험의 다양성을 행위의 일반성으로 포착할 수 있게 한다. 이와 같은 세계에 대한 관점은 기존의 역사이론과 현대사회 연구가 역사발전을 암묵적인 합리화의 과정으로 간주하고, 사회현상을 합리적 규범과 비합리적 일탈로 분리해 왔던 경향을 극복할 수 있게 할 것이다.

요컨대 지금까지 살펴본 사회적 행위에 대한 이론 영역에서의 논의가 시사하는 바는 다음과 같다. 첫째, 사회적 실재에 대한 경험연구에서도 행위의 본래적인 사회성에 기초하여 개인과 사회의 불가분적 상호성을 방법론적 지평에 확보하여야 한다. 둘째, 합리성이라는 제한된 세계해석의 틀에서 벗어나 사회적 실재에 대한 풍부한 재구성의 가능성을 추구하여야 한다.

2. 생애사 연구의 가능성

1) 개인과 사회의 상호구성물로서의 생애사

생애사 연구의 출발점은 생애사가 개인과 사회의 상호작용에 의한 구성물이라는 전제이다. 개인은 생애시간 동안 직면하게 되는 사회적 실재를 자신의 행위를 통해 나름대로 해석하고 이에 대응함으로써 자신의 삶의 이력, 즉 생애사를 만들어간다. 이 전개과정에서 특정한 역사적 유산으로서 개인에게 주어진 생애사적인 선(先)규범들은 개인의 경험과 행위의 '발현적 산물(emergentes Produkt)'로서 생애사의 내용이 된다(Fischer & Kohli, 1987: 27). 이것이 뜻하는 바는 개인에게 주어진 사회적 규범과 질서가 그 자체로 개인사를 규정하거나 혹은 개인사 속에서 재생산되는 것이 아니라, 각 개인의 '생애사적 작업'을 거쳐 특정한 방식으로 형상화된다는 점이다. 이렇게 사회문화적 질서와 규범은 재생산되면서 동시에 새롭게 생산된다고 할 수 있다.

생애사는 어떤 개인이 살아오면서 하게 된 모든 행위의 총합이나 혹은 객관적으로 경험한 모든 것의 더미가 아니라, 그것의 구조화된 자기상이다(Fischer, 1978: 319). 사회학이 문제 삼는 생애사는 개인사의 절대시간적인 합이 아니라, 개인이 삶의 시간적 차원에서 겪게 되는 각각의 우연적인 체험과 경험에 의미부여를 하는 질서들, 혹은 사회적으로 정의되고 동시에 주체적인 의미부여로 구성된 경험조직과 행위지향의 형식들이라 할 수 있다. 다시 말해 생애사란 생애시간 동안의 수많은 행위와 경험들로부터 창발적으로 형성되는 생의 전략들이자 행위 규준들의 특정한 구성물이라 할 수 있다.

이와 같이 특정한 사회의 개인과 해당 사회적 질서가 만들어낸 창발적 구성물인 생애사는 바로 개인과 사회, 혹은 내부와 외부를 통합하는 매개물이라 할 수 있다(Fischer-Rosenthal, 1996: 149). 따라서 생의 과정에서 특정개인의 변화하는 사회적 경험, 역할, 지위, 신분 등은 개인화의 표현이자 동시에 사회구조적인 사회화 내용을 보여준다(Berger & Luckmann, 1998(1969)). 생애사 연구는 바로 이와 같은 개인과 사회의 불가분적 구성물인 생애사에 주목한다. 이를 통해 특정한 개인의 삶의 이력 그 자체가 아니라, 그것을 통해 드러나는 사회구조를 재구성하고자 한다.

2) 생애사의 지향적 기능이 갖는 본원적 사회성

각 행위와 경험의 과정에서 개인은 세계를 전체로 인지하는 것이 아니라, 사물이나 인간집단에 대한 행위양식 그리고 기대 혹은 분류 등과 같은 어떤 특정한 유형화를 통해 인지한다(Schütz & Luckmann 1972(1962)). 현존하는 사회적 유형화, 경력, 해석과의 상호적인 연관 없이 이루어지는 행위는 불가능하다. 즉 개인은 사회적으로 주어진 행위의 선규범들을 받아들여 자신의 인식틀로 재구성하고, 그것에 의해 적극적 혹은 수동적으로 자신의 삶을 형상화한다.

사회체제의 관점에서 보면, 생애사에서 작동하는 사회규범들은 개인이 각각의 사회체계 내에서 적절히 적응하고 결합될 수 있도록 한다. 그러나 개인의 관점에서 보면, 여전히 사회적 결합과 사회적 참여를 가능하게 하고 자기 확신과 지향성을 갖게 하는 모든 행위역할이 개인에게 맡겨져 있다. 개인은 사회적 행위를 위해 자신과 연관된 사회적, 개인적, 공적 혹은 사적인 부분체계 내에서 현재와 미래에 대한 지향을 가능하게 하는 의미와 가치의 연관을 획득하며, 또한 획득해야 한다. 특히 고도로 분화되고 끊임없이 변동하는 근대사회의 개인은 스스로와 타자에 대해, 자신을 사회적 존재로 특징지우는 고유한 결합양식을 필요로 한다. 이것은 한 개인의 생애사에 존재하는 서로 다른 이력 또는 경력의 시간적, 내용적 결합뿐만 아니라, 한 이력 내에 존재하는 서로 다른 해석 요소들 사이의 긴장을 극복하는 문제이기도 하다(Kohli, 1978; 1985).

점증하는 사회의 분화 속에서 살아가는 개인이 수시로 직면하는 선택과 결정은 자기 스스로에게도 나름대로 의미 있는 것으로 이해되고 해석되어야 한다. 신분과 숙명적 계층질서로부터 해방된 근대사회의 개인은 어떤 특정 상황에서 특정한 방식으로 자신이 살아온 삶을 타인에게 이야기해야만 하는 사회적 실천과정에서 체험의 연관성을 생성하고, 경험을 하게 된다. 르쾨르의 서사이론은 인간의 시간 경험의 파편성, 분산성이 어떻게 '이야기(talk)'라는 형식을 통해 하나의 정체성으로 통합되는가를 보여준다. 그에 의하면 서사성의 구조를 통해 인간은 과거를 정돈하고, 있었던 일을 반복 혹은 새롭게 이야기함으로써 정체성을 획득하게 된다. 이것은 형이상학적인 시간이 인간적인 시간으로 되는 것이기도 하다(Ricoeur, 1987: 45).

이와 같이 개인이 수시로 처하게 되는 생애사에 대한 서술행위를 통해 현재에 기반을 두고 시간적으로 구조화되는 고유한 개인의 상이 구성된다. 개인이 서로 다른 배경과 상황에서 생애사 서술을 통해 자기 삶에 대해 구체적 질서를 부여하고, 나아가 과거경험에 기초하여 새로운 요소를 생성하는 것은 바로 미드가 강조한 행위의 '본원적인 사회성'에 기초하며 그것의 표현이다. 이러한 재해석과 새로운 서술과정을 통해 또한 과거의 생애사적 경험연관과 행위지향으로부터 새로운 지향과 가치연관이 생성되는 것이다. 이런 관점에서 생애사는 개인의 사회적 행위에 있어 지향적인 기능을 수행하는 생애체제(Lebenslaufsregime)라고 할 수 있다.

3) 생애사의 '구체적 일반성'

생애사는 개인이 삶의 과정에서 사회적 상호작용을 통해 수행한 노력의 결과물이다. 이 생애사는 지나간 인생경험의 연관규칙들을 지시하며, 동시에 이전 생의 경험을 바탕으로 '현재 여기서' 경험을 하게 하고, 나아가 의식, 무의식적 변형과 일반화 작업을 통해 '미래'의 기대지평을 형상화하는 과정을 드러낸다. 이 과정에서 특정한 시간과 구체적 장소에서의 다양한 체험들은 개인의 지식저장고에 어떤 정태적 합으로서가 아니라 통합적으로 축적된다. 다시 말해 어떤 특정한 체험이 개인사에서 가지는 고유한 비중은 이전의 경험과 연관되며, 동시에 특정한 지향체계로서 이후의 실천과 행위에 영향을 미칠 수 있다. 따라서 생애사 지식으로서의 체험의 층위는 비가역적이다. 그러나 그것은 이후 새로운 체험을 통해 재해석될 수 있다는 점에서 가역적이기도 하다. 이러한 해석과 재해석의 과정에서 세 가지의 시간위상이 관계한다. 과거의 역사는 '지금 이곳'에서의 행위에 대해 어떤 지향적인 의미규준으로 작용한다. 또한 현재의 새로운 체험들에 의해 이제까지의 의미지형이 변하게 되며, 그에 따라 '과거'의 경험은 새롭게 조명될 수 있고, 동시에 '미래'에 대한 상이 새롭게 형상화될 수 있다. 이 과정에서 특정개인이 '살았던 생애사(a life as lived)'가 특정한 방식으로 '체험(experienced)'된다. 이것은 동시에 사회적 의미구조와 틀이 생애사 속으로 흘러드는 과정이기도 하다(Fischer, 1978: 315).

따라서 이 해석과 재해석을 통해 생애사가 구성되는 과정은 임의적이지 않다. 그것은 개인이 사회적 행위를 통해 관계하는 특정사회의 의미망 속에서 상호적으로 제한된다. 예를 들면 동독사회에서 장벽이 세워지고 난 뒤 태어난 1960년대 출생자들의 생애사와 한국사회에서 1960년대에 태어난 구술자들의 생애사를 통해 볼 수 있는 서로 다른 개인행위의 지평과 행위 규준들은 개인사를 뛰어넘어 해당사회의 구조적 특성을 보여준다. 생애사 연구가 추구하는 바는 이처럼 생애사를 통해 드러나는 특정사회의 '구체적 일반성(das konkrete Allgemeine)'(Fischer-Rosenthal, 1990: 31)을 재구성하는 것이다.[7]

생애사 연구는 방법론적 출발점으로 생애사라는 개별경험의 창을 택한다. 이 개별경험의 구체성 속에서 사회를 문제 삼는 것이다. 사회구조의 일반성은 구체적인 사회적 행위를 떠나서 존재하지 않는다. 생애사 연구는 따라서 구체적인 사실 속에서 드러나는 일반성을 이해하고 서술하는 것을 목적으로

7 독일사회학에서 수행된 생애사 재구성 작업의 연구영역은 광범하다. 대표적인 연구사례를 들면, 독일사회의 민족사회주의(나치) 경험에 대한 연구(Rosenthal, 1987)는 당시 독일인 각 세대의 가해자로서의 경험이 이후 삶의 과정에서 어떻게 역동적으로 재구성되는지를 보여준다. 또한 나치 피해자였던 유태인들의 경험에 대한 삼세대에 걸친 연구는 세대를 넘어 복합적으로 전개되는 나치 폭력 경험의 영향력과 그 정신적 상흔을 극복하려는 생애사적 노력을 추적한다(Rosenthal (ed.), 1997b; Völter, 2003). 독일 '68세대'에 대한 구서독지역에서의 생애사 연구작업(Bude, 1997)은 이들의 사회적 저항과 부모세대의 나치 부역경험이 중층적으로 연관되고 있음을 보여준다. 독일 통일에 대한 생애사재구성적 연구는 통일과정이 개인에게 미친 영향과 그에 대한 각 개인의 적극적 행위, 나아가 전기적 극복의 과정을 문제 삼는다(Fischer-Rosenthal & Alheit (eds.), 1995). 특히 1989년 통일 당시 동독에 살던 청소년들의 생애사적 경험을 다룬 연구(Völter, 1996), 동독지역 저항운동 경험자들에 대한 연구(Miethe, 1999)는 통일이라는 사회변동을 가능케 한 동독사회 내부의 변화를 역동적으로 보여준다. 생애사를 매개로 하여 독일뿐만 아니라 동유럽 그리고 국제적인 차원에서 20세기의 정치적 이데올로기적 각인이 남긴 흔적을 재구성한 작업도 있다(Breckner, Kalekin-Fishman & Miethe(eds.), 2000). 또한 유럽 이민자들의 경험을 재구성한 연구(Breckner, 2001)는 이민이 전체 생애사적 맥락에서 차지하는 의미, 이후 재해석되는 유형과 생애사적 전략을 보여줌으로써 이민연구의 지평을 확대한다.

한다. 행위이론 영역에서 살펴본 바와 같이 모든 개인의 경험은 그 자체로 사회적인 것과 연관되지 않고서는 불가능하다. 즉 사회적 의미(sozialer Sinn)를 갖지 못한다. 주체와 객체는 단지 이론적인 차원에서만 분리될 수 있는 범주일 뿐이며 현실의 일상적 행위에서 양자는 항상 서로 연관되어져 있다. 이런 점에서 생애사 연구가 주체 이론적이라거나 개인의 주관적 행위에만 주목한다는 지적은 성립되지 않는다. 생애사를 매개로 드러나는 경험의 특별한 유형들은 그 자체로 개인과 사회의 상호작용의 특정 조건에서 포착되는 생활세계의 '구체적 일반성'을 재현하고 있다. 이것 이외에 추구되어야 할 사회실재의 다른 전형성의 내용은 없다.

3. 구술텍스트 분석과 재구성의 원리

여기서는 생애사 재구성 방법의 원칙과 과정을 구체적 사례분석을 통해 살펴보기로 하자. 생애사 재구성 작업의 구체적인 과정에 대한 이해를 높이기 위해 다음에서는, 구술생애사 면접에서부터 녹취된 생애사 텍스트를 분석하고 재구성하여 유형화하는 단계에 이르기까지의 순차적인 과정에 따라서 중요한 방법론적 원칙을 논의한다.

1) 서사적 인터뷰와 생애사 구성의 자율성

생애사 재구성 작업의 연구대상인 구술생애사는 구술자가 지나간 삶을 특정한 시점에서 이야기한 것으로, 대부분 구술면접을 통해 얻어진다. 이때 구술생애사가 갖는 특성 중 중요한 점은 기억을 매개로 이야기된 내용이 현재를 출발점으로 하여 재구성된 결과물이라는 점이다. 달리 말해 구술자가 살아온 이야기를 할 때 자신이 체험한 '객관적인' 과거 사실을 단순 모사하거나 재현하는 것이 아니라, 구술이 이루어지는 당시의 관점에서 이야기할 내용과 주제를 선택하여 특별한 방식으로 재구성한다는 점이다. 따라서 이야기된 내용 중에는 구술자의 과거 체험을 보여주는 내용과 그것에 대한 사후적인 의미부여, 해석이 혼재되어 있다. 따라서 생애사 재구성 작업은 한편으로 과거사실에 대한 서술에 '묻어 있는' 구술자의 현재관점을 여과해야 하는 측면이 있다. 즉 구술 당시의 현재관점에서 상대적으로 거리를 둔 특정시점의 체험된 생애사(a life as experienced)를 재구성하는 것이다. 생애사 재구성 작업은 다른 한편으로 구술자가 과거의 경험을 현재의 관점에서 재해석하는 생애사적 관점을 재구성함으로써 과거체험에 대한 개인의 생애사적 전략과 행위지향을 포착한다는 측면이 있다. 이것은 이야기된 생애사(a life as told)의 재구성을 통하여 드러난다.

구술자가 자신의 살아온 삶을 이야기할 때 선택되는 특정한 주제와 관련된 체험은 삶의 전체과정에서 구성된 고유의 관점에 따라 자리매김된다(Rosenthal, 1995). 즉 생애시간 동안 한 개인에게 특별한 의미를 가진 경험들에 의해 형성된 생애사적 관점은 구술상황에서 과거의 경험을 선택적으로 조직하고 형상화하는 기제로 작동한다. 따라서 이야기된 구술텍스트에서는 구술자가 지나간 삶의 과정에서 조우한 서로 다른 사건과 체험이 특정한 관점에 부응하여 배치되고 해석되는 것을 볼 수 있다. 이러한 생애사적 관점이 바로 앞에서 언급한 사회적으로 정의되고 주체적인 의미부여로 구성된 경험조직과 행위지향의 한 형식이라고 할 수 있다. 생애사의 전개과정에서 역동적으로 구성되는 이러한 행위지향의 형식을 이해하는 것이 바로 해당사회의 개인과 사회가 상호적으로 구성한 생애사를 이해하는 기본이며, 생애사 속에서 석출되는 사회구조를 재구성하는 출발점이다. 나아가 이야기된 생애사의 이러한 구조에 근거하여 그로부터 분석적으로 구별되는 체험된 생애사의 재구성이 가능해진다.

구술자가 구술상황에서 가지고 있는 생애사적 관점을 이해하고 재구성하기 위해서는 상대적으로 자유로운 구술면접의 조건이 충족되어야 한다. 즉 구술자가 자신의 생애사를 되도록이면 연구자의 특정한 주제와 시간 혹은 장소의 구애 없이 자유롭게 구성할 수 있는 행위공간이 보장되어야 한다. 따라서 생애사 연구는 서사적 인터뷰(narratives Interview) 혹은 개방형 인터뷰에서 출발한다. 연구자의 연구관심과 주제에 의해 이미 작성된 질문이 아닌 전체 생애사에 대한 열려진 질문으로 상대적으로 자유로운 생애사적 서술공간을 보장하는 것이 서사적 인터뷰[8]의 기본이다. 여기서 연구자는 구술자의 자유로운 자기 서술을 적극적으로 지원하는 임무를 지닌다. 이것은 다른 한편으로 연구자의 관심과 의도에 맞는 구술자의 체험만을 듣게 되거나 혹은 경험연구 바깥에서 '사전'에 설정된 '과학적' 개념으로 구술자의 체험을 환원시키는 문제로부터 벗어나기 위한 방법론적 고려이다. 그렇다고 생애사 연구가 연구결과를 개념화시키고 그것에 기초하여 사회현상에 대한 설득력 있는 이론화 작업을 하지 않는다는 것이 아니다. 개념에 의한 이론화 작업은 경험연구 과정에서 설정된 가설들로부터, 즉 경험연구의 결과에 기초하여 수행된다.

생애사 연구가 서사적 인터뷰에 기초하는 다른 이유는 개인이 살아가면서 하게 되는 체험의 연관성이 서사적 묘사방식을 통해 드러날 수 있기 때문이다. 지나간 사실에 대한 보고형식이나 특정한 입장을 주장하는 구술과 달리, 시간과 장소의 이동을 동반하는 사건에 대한 서사적 묘사, 즉 이야기(talk)[9]는

8 서사적 인터뷰에서 행하는 시작질문은 보통 "○○씨, 이제까지 살아온 이야기를 해주시겠습니까?"와 같은 형식을 띠며, 이에 대한 구술자의 이야기를 '초기 이야기'라고 한다. 연구자의 연구주제와 관련된 질문은 초기 이야기 외의 질문단계에서 할 수 있다. 서술적 인터뷰에 대해서는 슈체(Schütze,1977, 1983)와 브레크너(Breckner, 1994)의 연구를 참고하라.

9 로젠탈은 구술생애사 텍스트의 종류로 이야기, 묘사 그리고 주장을 구분하며, 이야기의 하위형태

지나간 체험의 사실성을 조직해주는 중요한 형식이다. 왜냐하면 서사적 묘사는 구체적인 행위를 시간의 진행에 따라 연출, 구성함으로써 지나간 체험의 과정을 드러낼 뿐만 아니라 형상화하기 때문이다(Schütze, 1984: 78~80). 따라서 생애사 연구에서는 무엇을, 어떻게, 왜 등과 같은 질문에 의해 구술자의 주장이나 항변을 유도하는 방식이 아니라, 구술자가 최대한 자유로운 조건에서 자신의 체험에 대하여 서사적 묘사를 할 수 있도록 한다. 과거의 체험에 대한 서사적 묘사라는 구조 속에서 처음으로 삶아온 삶, 즉 사회적 시간 속에서 발생한 직접적인 사건과 체험이 하나의 특별한 형상을 가지게 되며, 관찰 가능하게 된다. 결국 이야기는 구술자가 살았던 실재를 구성하며, 나아가 생애사 연구가 과거 사실과 체험에 대한 사실성을 재구성할 수 있는 가능성을 제공한다.

2) 일상세계의 구성물인 생애사 텍스트의 특성

면접을 통해 얻어진 구술생애사는 녹취를 통해 텍스트로 바뀐다. 이것이 바로 생애사 재구성 방법의 구체적인 연구대상인 구술생애사 텍스트이다. 이것이 의미하는 바는 개인의 일상세계(Alltagswelt) 속에서 구성되는 '정상적인 것'에 대한 상관관계로서의 '병리적인 것', 혹은 '말한 것'이 지시하는 '말하지 않는 것', '이성'이 지시하는 '비이성적인 것', 문화적인 것과 그것에서 배제된 것들을 모두 포괄하는 생애사가 사회학적 이론구성의 대상이라는 것이다(Fischer & Kohli 1987: 30). 즉 사회학적 경험연구의 대상이 이론적 차원의 개념 혹은 개념에 의해 가공된 추상이 아니라, 사회적 실재의 구성과정과 동형성을 갖는 일상세계 속의 구성물인 것이다.

로 보고, 역사, 극적인 이야기, 방증으로서의 이야기, 평가 등을 든다(Rosenthal, 1995: 240).

따라서 생애사 연구는 생애사 텍스트라는 일상세계의 생성물을 연구대상으로 하여, 사회구조 혹은 사회질서 등으로 개념화될 수 있는 것을 문제 삼을 뿐만 아니라 합리화, 질서화, 규범화되지 않는 혹은 구조화되지 않거나 덜 구조화된 것에 어떤 공간을 허용한다. 생애사 재구성 방법론은 첫째로, 이제까지 공식적인 역사와 사회연구의 대상에서 배제된, '권력'을 갖지 못한 경험을 언어화시킴으로써 경험연구의 외연을 확장시킨다. 둘째로, 분절적인 언어 혹은 육화된 언어로만 드러나는 경험의 내용을 사회학적 연구로 끌어들인다. 일반적으로 생애사 텍스트에서 각 개인에게 죽음, 이별, 상실, 차별, 지위하락, 배제, 소외 등과 관련된 경험들 중 이후 삶의 과정에서 소화되지 않은 부분이 생애사적인 의미를 가지며 등장한다. 특히 정치적 폭력 등으로 인해 심각한 정신적 외상을 입은 사회구성원들의 경험은 많은 경우 생애사 텍스트에서 완결될 구조를 가지고 이야기되지 않는다. 이러한 경험의 공통점은 생애사 속에서의 맥락이 생략된 채 파편적으로만 언급되거나, 구체적인 사건과 사실관계가 아닌 추상화된 개념 혹은 상징으로 나타나기도 한다.[10] 어떤 경우 그것은 언어화되지 못하고 인터뷰 상황에서의 육화된 언어, 즉 신체적 표현으로 전달되기도 하는데 울음 혹은 심각한 표정의 변화 등이 그 예이다. 다음에서 박진순 씨의 구술텍스트를 한 예로 살펴보자.[11]

인: 지금까지 살아온 이야기를 해주시겠어요, 자유롭게 이야기하는 동안 저는 메모를 하고 이야기가 끝나면 질문할께요.

박진순: 어, 우리 아버님은 도시빈민이세요, 도시빈민이시고(6) 뭐 아버님

---

10 이에 대해 특히 나치 하 어린 시절에 성폭력을 경험한 여성들에 대한 로흐의 경험연구(Loch, 2002)를 들 수 있다. 저자는 어린시기 트라우마를 경험한 이들의 생애사에서 언어적인 자기표현과 더불어 언어화되지 못하는 표현들이 갖는 특별한 중요성을 지적한다.

11 이 사례는 1999년 베를린에 거주하던 한국 유학생 15명을 대상으로 실시한 서사적 인터뷰 중 하나이다. 다음에 나오는 모든 인명과 지명은 구술자의 개인정보 보호를 위해 바꾸었다.

세대가 다 전통적으로 그렇듯이 자기가 살던 고향에서는 촉망받는 분이셨는데 도시로 이주하면서 모든 날개가 꺾여버린 그런 남자였고, 그래서(3) 우리 아버님 술을 무척 좋아하셨는데, 술을 좋아하시는 걸 떠나서 자기의 충족되지 않는 그런 희망이나 욕구 꿈 이런 것들 때문에 그게 가족 내에서의 폭력형태로 나타났다는 거죠. 그런데 어렸을 때부터 아버님이 술을 안 드시면 아주 편안하고 선비 같고 자상하고 이런 분인데 술을 드시면 주로 그 대상이 어머니였고 그 다음에 우리들 같은 경우도 아주 가끔씩이지만 맞으면서 컸다고 볼 수가 있겠죠. 그런데 이제 내가 중학교 다닐 때, 그리고 고등학교 다닐 때까지도 아버지가 왜 그래야 되는지 잘 이해하지 못했던 것 같아요. 대학에 들어와서(3) 이제 학생운동을 하면서 사회에 대해서 좀 이해하면서 한 인간을 보는 데 있어서 그 인간 자체의 문제도 있지만 사회적 관계로서의 인간이라는 문제 틀로 접근을 하게 되면서 아버지의, 왜 그런 한들이 가족 내의 그런 폭력으로 나타날 수밖에 없었는지 조금씩 이해하게 됐고 그런데 제가 26살 때 아버지가 돌아가셨어요, 그때 아버지가 위암으로 돌아가셨는데 아버님이 돌아가시면서 인제 딸하고 많은 이야기를 했는데 당신 가시면서도 자신이 그랬던 것에 대해서 자식들과 부인에게 무척 미안해하셨고 자신이 했던 것들(2) 그래서 /아버지하고 마지막 대화를 통해서 아버지가 왜 그렇게 할 수밖에 없었는지 거의 완벽하게 이해를 했던 것 같아요(28) ((목이 멘 채로 흐느낌, 휴지로 얼굴 닦음)) 그리고 이제 대학생활인데, 대학생활이 중요하겠죠(2), 일단 아버님이 일정한 직업이 없이 사셨기 때문에 경제적으로 대학을 갈 형편이라든가 고등학교를 다닐 만한 형편이 되지 않았던 것 같고 그래서 아무튼 고등학교 그때부터 아마 장학금을 받으면서 공부를 했던 것 같아요(…)"(박진순, I, 1/3-2/1).[12]

이 생애사 텍스트에서 구술자는 아버지의 폭력과 관련된 자신의 체험을 논리적 개념을 빌어 상대적으로 간결하게 정리한다. 구술자는 사회과학적 인식을 통해 가정에서 폭력을 행사했던 아버지를 이해할 수 있었으며 결국 임종 직전의 마지막 대화를 통해 '거의 완벽하게 이해'하였다고 한다. 그리고 인터뷰에서 상당히 오랜 시간이라고 할 수 있는 28초간 목이 멘 채로 흐느낀다. 우리는 소리언어로 표현된 '완벽한 이해'와 육화된 언어로만 표현될 수 있는, '이해' 바깥의 어떤 다른 체험 사이의 대비를 느낄 수 있다. 이로써 구술자가 체험한 어린 시절의 폭력이, 이후 사회과학적 인식이라는 우회를 통해서밖에 이해할 수 없었을 정도로 받아들이기 어려웠던 갈등이었음을 짐작할 수 있다. 이 텍스트에서 읽을 수 있는 것은 '완벽한 이해'를 하고자 하는 구술자의 생애사적 노력과 동시에, 그럼에도 불구하고 현존하는 과거의 상처와 좌절, 자신과 아버지에 대한 회한과 연민 등이다. 이러한 의미에서 구술자가 체험한 과거의 폭력은 아직은 완전한 과거로 끝나지 않았다.

낯선 연구자와의 인터뷰라는 상황에서 보여지는 이러한 구술자의 비언어적 표현은 아마도 구술자의 행위 의도를 넘어서는 것이었을 것이다. 앞부분의 논리적이고 합리적인 설명이 이를 뒷받침한다. 힘들게 경험한 생애사의 한 시기를 담담하게 정리하는 과제를 끝낸 구술자는 그러나 그것에 담지 못한 감정과 체험을 다른 방식으로 드러낼 수밖에 없었던 것이 아닐까? 이 생애사 텍스트는 과거의 강력한 체험이 '언어화되지 않는 발언'의 형태로 해석의 대상이 되고 있음을 보여준다. 생애사 연구는 텍스트 바깥에서의 이와 같은 상호작용을 가능한 분석과 해석의 대상으로 하며, 나아가 전체 생애사적 맥락에서 체험된 생애사로 재구성할 수 있는 가능성을 지닌다.

---

12 이것은 이 글에서 채택한 구술녹취 텍스트의 인용 방식이다. 괄호 안의 순서에 따라 구술자 이름, 인터뷰의 횟수, 쪽, 행을 나타낸다. 예를 들어 위의 경우 구술자 박진순 씨의 첫 번째 인터뷰 텍스트 중 1쪽 3행에서 2쪽 1행까지를 인용한 것임을 뜻한다.

3) 이야기된 생애사의 재구성

녹취된 구술생애사 텍스트를 재구성하는 일반적인 방식은 경험연구 바깥으로부터 세워진 테제를 귀납적으로 증명하거나 혹은 구체적이고 개별적인 사실로부터 일반적 가설을 추구하는 연역적 방식이 아니라, 역추론적(abduktiv) 방식[13]을 택한다. 이것은 생애사 텍스트의 특정한 언술 혹은 행위의 원인과 동기에 대해 추론하고, 그것의 결과를 전망하는 방식으로 가설을 세우고 검증하는 것이다. 이때 가설은 가능한 모든 행위지평으로 확대되어야 하며, 특정 행위전략의 의미는 이어지는 행위결정에 의해 구체화될 수 있다. 역추론적 가설설정에 의한 사례 재구성 과정은 기존의 환원론적이거나 단선적인 원인-결과적 논리로 사회현상을 설명하는 것과 달리, 행위가 갖는 다의성과 양가성을 고려하며 동시에 행위자의 선택과 결정이라는 적극적인 역할을 해석의 지평으로 끌어들인다.

다음으로 이야기된 생애사 텍스트는 생애사적으로 구성된 총체적 관점에 부응하면서 서사적 순차성에 따라 조직되는 구조를 갖는다. 이 구조는 체험된 생애사와 상이한 배치를 드러내기도 한다. 따라서 텍스트 분석과 해석 및 가설설정은 연구자의 관심주제에 따라서가 아니라 텍스트 구조와 동형적 방향으로 수행되어야 한다. 텍스트의 전체 구조를 무시한 채 연구자의 이해에 의해 특정한 언술 묘사를 추출하여 앞과 뒤 그리고 전체 맥락과의 연관 없이 행하는 해석의 내용은 제한적이다. 이야기된 생애사를 재구성하는 주된 관점은 왜 이 주제가 이런 서술 형태로 이 자리에 등장하는지 등을 질문하고 그에 대한 가설을 세우는 것이다.

---

13 역추론적 가설설정은 귀납이나 연역이 아니라 둘을 병행하여 특정사실로부터 과거의 상황을 추론하고, 미래를 전망하는 분석방식이다. 역추론적(abduktiv)이라는 번역은 위의 내용을 드러내기 위해 저자가 고안한 것으로서 보다 적절한 대체어가 있을 때까지 사용하기로 한다.

앞에서 소개된 박진순 씨의 사례를 이야기된 생애사의 차원에서 구체적으로 살펴보자. 이 생애사 구조의 두드러진 특징은 구술자의 생애사가 아버지와 연관된 체험을 중심으로 서술된다는 점이다. 자신의 30여 년 삶을 아버지에 대한 소개로 시작하는 이 서술 구조는((I, 1/ 3~5), 구술자가 구술 당시 자신의 삶을 아버지와 연관된 체험이라는 관점에서 이해하고 조직하고 있음을 말한다. 즉 아버지의 알코올 중독과 집안 내 폭력을 학생운동을 통해 사회적 관계 속에서 인식하게 되고 마침내 아버지의 임종에서 자신과 아버지 사이의 갈등이 이해되고 해소되는 것으로 대단원의 막을 내리는 이야기된 생애사의 처음 구조는(I, 1/ 5~19), 이후의 텍스트 분석을 통해 확인되는 바와 같이 구술자가 생의 과정에서 형성한 총체적 관점을 시사한다. 구술자는 자신의 생애사를, 불운했던 아버지의 삶에 의해 어쩔 수 없이 겪게 된 체험들이라는 관점에서 바라보며 형상화하고 있다. 이와 같이 아버지를 중심으로 한 생애사를 이끌어간 구술자는 다음 단락에서 약 20세 무렵부터의 대학시절로 돌아간다(I, 1/ 19~20). '체험된 생애사' 구조에서 아버지의 임종(1990년)보다 선행하는 대학입학(1984년) 등의 생애사적 사건이 '이야기된 생애사'에서 아버지와 관련된 주제와 분리되어 전개됨을 알 수 있다. 여기서 전체 텍스트를 분석할 수는 없지만 전체적으로 이야기된 생애사를 통해 재구성된 구술자의 생애사적 관점은 '나의 사회참여는 우리 부모가 체험한 정치적 박해에 대한 생애사적 표현이다'로 정리된다. 즉 구술자는 구술 당시 아버지가 겪은 정치적 박해와 자신의 사회참여를 연관시키며, 이런 관점이 전체 구술면접의 주제를 선택, 배치하고 나아가 그에 대한 해석을 주도하고 있다.

이와 같이 이야기된 생애사의 재구성을 통하여 우리는 구술자가 면접 당시 가지고 있는 생애사적인 관점을 재구성할 수 있다. 생애사적 관점은 구술자가 생애과정의 다양한 체험에 근거하여 형성하게 된 자신에 대한 이해와 행위지향을 나타낸다. 따라서 이야기된 생애사의 재구성을 통해 생애사적 관점을 이해하는 것은, 구술생애사 텍스트를 관통하는 특정한 해석의 틀을 이해함으로써 과거의 체험에 대한 역사적 사실성과 이후의 해석을 구별할 수 있는 단초를 마련하는 것이기도 하다.

4) 체험된 생애사의 재구성

생애사 재구성 작업의 다음 단계인 체험된 생애사의 재구성은 인터뷰를 통해서 알게 된 구술자의 전체적인 생애사적 사실과 정보, 그리고 이야기된 생애사를 기초로 진행된다. 여기서는 특정한 과거 사건을 구술자가 어떻게 체험하였는지를 재구성하는 것이 목적이다. 즉 과거 사실에 대한 사실성에 기초하여 구술자의 주관적인 체험의 내용을 재구성한다. 다음에서는 박진순 씨의 체험된 생애사(a life as experienced) 중, 아버지가 겪은 정치적 박해와 그와 관련된 상황을 구술자가 어떻게 체험하였으며, 이것이 어떤 삶의 과정을 통하여 구술자의 사회운동 참가와 연관을 가지게 되는지를 살펴보기로 하자. 이를 통해 구술자의 이야기된 생애사가 어떤 생애사적 체험과 연관되는지를 고찰할 수 있을 것이다.

전체 면접 내용에 의하면, 구술자(1965년생)는 어린 시절 가족 내에서 가난과 폭력을 힘들게 체험한 것으로 보인다. 두 번째 인터뷰에서 어린 시절에 대한 이야기를 하던 구술자는 이제까지 이야기하지 않았던 둘째 오빠를 언급하였다. 그는 구술자가 초등학교 일학년이었던 해에 '혀 깨무는 병', 즉 간질로 사망하였다.

> 박: (…)그리고 어린 시절에 /아마 제일=기억에 남는 것은((빠르게)) 아마 작은오빠가 아마 죽었을 때일 것 같아요
> 인: 그래요

박: 지금 오빠하고 제가 다섯 살 차이거든요, 원래는 가운데오빠가 있었죠((빠르게)) 저는 그때 이제 죽는다는 게 뭔지 모르잖아요(…) 그때 물론 집안이 어렵기도 했고 어린아이가 죽은 거라 장사라고 치를 것도 아니고((빠르게)) 지금 생각으로는 아마 가마때기에 해서 마차에 실려 갔던 그 기억은 '지금도 남아 있어요'(…).

(II, 2/37-3/10)

어려운 집안 형편으로 잦은 이사를 해야 했던 어린 시절에 둘째오빠는 구술자와 일상을 같이하던 유일한 대상이었던 것으로 보인다. 그러나 집안형편 때문에 제대로 치료를 받지도 못하고 죽어서 가마니에 싸여 실려 간 오빠를 구술자는 가난과 연관하여 기억한다. 구술자는 당시 어린아이로 자신에게 소중했던 오빠가 가난 때문에 죽을 수밖에 없었던 것으로 체험했던 것 같다. 면접에서 그는 오빠가 죽기 전 오빠의 '쫄바지'를 빌려 입은 것과 고구마를 달라고 했는데 주지 않은 것을 기억하며 울었다(II, 3/1-28). 어린나이에 체험한 오빠의 죽음에 대한 죄책감과 무력감을 읽을 수 있다. 나아가 구술자는 죽음과 가난을 겪어야 했던 당시 가족 상황에 대한 부모님, 특히 아버지의 책임을 의식, 무의식적으로 생각했을 것이다. 사례에 의하면, 구술자의 아버지는 한국전쟁 중 월북한 형님과 자신의 민주당 활동으로 인해 1960~1970년대 연좌제에 의한 정치적 탄압을 경험하면서, 이와 관련하여 가족 내에서 폭력을 행사한다. 연좌제라는 제도를 통해 행사된 정치폭력의 희생자인 아버지는 가족 내에서의 가부장제를 매개로 폭력의 가해자가 된다. 즉 국가에 의한 정치폭력이 사회적 약자에게로 전이되면서 최종 피해자는 구술자와 구술자의 어머니가 되는 것이다. 술에 의한 우발적인 행동이 아니라 '거의 맞으면서 컸다'고 할 만큼 아버지의 폭력은 일상적이었다. 박진순 씨는 아버지의 폭력과 관련된 당시의 상황에 대하여 다음과 같이 말한다.

인: 그러니까 그런 상황과 관련된 기억이 있으면 좀 더 이야기해주시겠어요?

박: 그런데 주로 저는 제가 내 방이라고 가져본 것이(3) 완전하게 내 방이라고 가져본 거는 /독일에 와서 처음인 거 같아요((빠르게))(8), 이제 중고등학교 때까지만 해도 방 커다란 것 하나에 가운데 장롱으로 가려서 엄마 아빠는 한쪽에서 생활하시고, 오빠는 입주과외를 해서 나가 있고 그래서 집에서 아무튼 아빠가 어머니를 때리는 일이 생기면 항상 다 볼 수밖에 없는 구조였죠(20) (…).

(I, 5/18-22)

여기서 아버지의 폭력은 한번의 사건이 아니라 중, 고등학교 시절 일상적으로 반복된 것으로 묘사된다. 구술자의 아버지가 언제부터 알코올 중독이 되었는지 정확히 알 수 없지만, 1961년 박정희 쿠데타 이후 일정한 직업 없이 지내온 것으로 보아 박진순 씨가 어린 시절부터였던 것으로 짐작할 수 있다. 폭력이 행사되던 부모님의 공간과 구술자는 옷장을 사이에 두고 연결되어 있다. 이것은 구술자가 항상 아버지의 폭력에 노출될 수 있는 상황이었음을 시사한다. 즉 술에 취한 아버지의 예견할 수 없는 행동에 항상 민감하게 대응했어야 할 구술자의 당시 상황을 짐작할 수 있다. 동시에 구술자가 일상에서도 자신만의 감정과 욕구를 소화할 수 있는 독립된 공간을 갖지 못하고, 절제하고 억제해야 했음을 말한다.

초기 이야기에서 구술자는 아버지를 날개가 꺾인 불쌍한 새로 비유함으로써 아버지에 대한 강한 정서적 일치감을 드러내며, 이에 상응하여 그의 서술 관점이 아버지의 것으로 대체된다. 동시에 구술자가 서술한 아버지는 아주 편안하고 자상한 선비이자 동시에 술을 마시고 가족 내에서 폭력을 행사하는 가장이라는 심한 양가적 특성을 지닌다(I, 1/ 4~8). 여기서 우리는 어린 시절 구술자가 체험한 아버지의 경제적 무능력, 알코올 중독 그리고 폭력은 '선비'같은 아버지의 다른 모습과 대비되며 당시로는 이해할 수 없는 생애사적 갈등이었던 것으로 보인다.

이후 구술자는 이러한 가족 내에서의 힘든 체험을 학교생활을 통해 보충해갔다. 고등학교를 장학금으로 다닐 수 있을 만큼 학교에서 인정을 받았던 구술자는, 뛰어난 성적으로 대학 4년 장학생으로 선발된다. 즉 구술자는 아버지가 겪은 정치적 박해로 인해 어려웠던 경제적 조건을 자신의 뛰어난 수학능력을 통해 극복해갔다. 한편 대학에 입학한 뒤 구술자는 학생운동을 하던 오빠의 영향으로 학생운동조직에 가입하고 활동하게 된다. 이 과정에서 구술자는 자신의 가족사적인 체험을 가족 혹은 아버지 개인의 책임이 아니라 사회적인 문제로 이해할 수 있는 가능성을 가지게 된다. 구술자의 초기 이야기에서 드러나듯이, 이러한 사회과학적 인식에 의하면 구술자의 아버지는 더 이상 가족 내 폭력의 가해자가 아니라 정치폭력의 희생자로 이해될 수 있으며, 자신 역시 아버지가 행사한 폭력의 희생자가 아니라 넓은 의미에서 정치폭력의 희생자가 되는 것이다. 이런 관점에서 1980년대의 학생운동은 구술자가 어린시기부터 가족 내에서 체험한 폭력과 가난을 사회적인 문제로 이해하고 소화할 수 있는 행위공간을 제공한다고 볼 수 있다. 여기서 우리는 이야기된 생애사를 통해 재구성된 '나의 사회참여는 아버지가 체험한 정치적 박해의 표현'이라고 하는 구술자의 생애사적 관점이, 어떤 구체적인 과거의 체험과 연관되어 있는지를 알 수 있다.

이러한 구술자의 생애사적 관점은 구술자가 어린 시절에 체험한 가난과 폭력을 학생운동과정에서 사회과학적 인식을 통해 사후적으로 새롭게 인식하면서 형성된 것이다. 이 생애사적 관점은 바로 구술자가 처한 사회정치적 조건과 삶의 체험 속에서 형성된 행위지향이자 의미부여의 틀이라고 할 수 있다. 따라서 체험된 생애사의 재구성에서는 구술자가 현재 가지고 있는 이러한 해석의 관점을 이해하고 이것과 구분되는 과거사건에 대한 체험의 내용을 재구성하는 것을 목적으로 한다.

5) 사례의 유형화

마지막으로 재구성된 사례의 유형적 특성은 구체적인 사회학적 관점에서 다른 사례와의 비교 작업을 통해 드러난다. 생애사 연구에서 면접대상을 선정하는 방식은 나이, 학력, 사회적 지위와 같은 외형적인 조건이 아니라 서로 다른 경험의 내용에 따른다. 즉 하나의 사례에서 드러나는 경험의 내용과 비슷한 유형을 보이는 사례가 확인되면, 그와 다른 사례유형을 찾아가는 방식으로 면접대상자를 선정한다. 다시 말해서 생애사 연구의 한 사례는 이러한 비교의 관점에서 선정된 것으로서, 구체적인 개인의 이야기이지만, 동시에 한국사회에서 다른 개인의 생애사에서도 다시 찾아볼 수 있는 가능성을 시사하는 유형화된 사례이다. 이처럼 우리는 생애사 연구방법에 의해 재구성된 구체적인 한 사례가 드러내는 행위의 특성을 통해, 이 사례와 연관된 사회구조의 형성과정을 읽을 수 있다. 이런 방식으로 생애사 연구는 구체적 사례를 통해 일반성을 재구성하게 된다.

앞에서 살펴본 박진순 씨의 생애사는 가족 내에서 체험한 폭력과 1980년대 학생운동 사이의 연관성을 드러내고 있다. 나아가 이 사례는 부모세대가 체험한 정치적 박해와 그 다음 세대의 정치적 행위를 이해할 수 있는 하나의 행위유형을 제공한다고 볼 수 있다. 그러나 이 가설이 한국현대사에서 정치적 박해를 경험한 가족의 후손이 모두 사회적 저항운동에 참여하거나, 1980년대 한국의 사회운동의 동기가 모두 부모들의 정치적 박해로 환원된다고 주장하는 것이 아니다. 박진순 씨로 대표되는 사례유형이 시사하는 바는 1980년대 사회운동의 동력을 이해하는 하나의 가능성을, 해방 이후 한국의 정치적 과정에서 부모세대가 경험한 정치적 박해와의 연관 속에서 찾을 수 있다는 점이다. 나아가 해방 후 이념적 대립으로 인해 분단과 전쟁 등으로 이어지는 한국사회의 정치적 갈등을 사회구성원들이 어떻게 체험하고 그에 대응하여 어떤 삶의 지향을 조직해가는지에 대한 하나의 '구체적 일반성'을 시사한다. 이것은 또한 생애사 연구가 단순히 현재 존재하는 어떤 규칙성을 포착하는 데 머무르는 것이 아니라 그것의 발생기원과 변화에 대한 이해와 재구성을 가능하게 한다는 점을 보여준다.

4. 사회변화의 역동에 다가가기

지금까지의 방법론적 논의와 사례분석을 통해 생애사 연구가 개인과 사회의 상호성, 행위의 본원적 사회성, 합리성으로 환원되지 않는 행위라는, 기존의 행위이론 분야에서의 성과를 담보할 수 있음을 살펴보았다. 생애사 연구는 개인과 사회의 발현적 특성에 의해 구성된 생애사를 매개로하여 사회현상의 '구체적 일반성'을 재구성한다. 생애사 연구는 이런 점에서 개인과 사회, 혹은 주체와 세계 등의 데카르트적 이분법을 극복하는 하나의 경험연구 방법론이다. 이 방법론은 나아가 합리적, 규범적 특성으로 환원되지 않는 행위의 특성을 연구영역 안으로 끌어들임으로써 기존의 원인-결과론적 설명모델을 넘어설 수 있는 가능성을 보여준다.

또한 생애사 연구는 개인의 지나간 역사에 대한 구술자료를 통해 과거 역사의 누락과 왜곡을 수정하거나 역사복원을 시도하는 구술사학적 목적에 제한되지 않는다. 구술생애사 텍스트를 통해, 사회와 개인의 상호작용에 의해 과거로부터 현재까지 구성된 행위지향의 형식을 재구성하는 작업은 사회변화의 발생적 과정을 이해하고 그에 대한 사회학적 설명을 가능하게 한다. 기존의 구술사와 생애사 연구에서의 성과는 이전의 '큰 사회사'속에서 소외된 다양한 계층, 집단의 경험 사례를 연구 영역 안으로 끌어들이는 의미가 있다. 그러나 이러한 성과를 넘어 구술생애사 자료의 주관적 서술성이 갖는 생애사적 의미를 과거 사건의 사실성과 연관하여 적극적으로 해석하여, 사회변화의 동력과 그 발생과정을 읽어내는 작업은 미처 해결되지 않은 숙제였다. 사회학 방법론으로서의 생애사 재구성 작업이 기여할 수 있는 바가 바로 여기에 있다고 할 수 있다.

생애사 연구를 통해 사회변화의 발생과정을 재구성할 수 있는 가능성은 식민지 경험과 분단, 정치적인 이념대결로 인한 전쟁과 폭력으로 각인된 한국사회의 복합적인 현상을 사회구성원의 경험의 차원에서 이해할 수 있는 길을 제공한다. 예를 들어 생애사 연구는 한국사회의 구조적인 문제인 분단체제(백낙청, 1992)가 이론적 차원에서만이 아니라, 사회구성원의 생애사 속에서 어떻게 복합적으로 관철되는지, 그리고 이 생애사적 전개과정에서 각 행위자는 어떻게 적극적으로 자신의 행위를 조직하는지를 보여 줄 수 있을 것이다. 뿐만 아니라 한국 현대사를 얼룩지게 한 정치적 폭력이 '희생의 통계학'(조희연·조현연, 2002)으로만 언급되는 것이 아니라, 해당 세대와 다음 세대의 생애사에서 어떻게 전수되고, 재해석되는지를 재구성할 수 있게 한다. 이것을 통해 한국사회에서 구조화된 폭력이 정치적, 사회적, 개인사적 차원에서 가지는 영향력을 천착할 수 있을 것이다. 이런 관점에서 생애사 연구는 분단, 폭력, 이념적 갈등, 정치적 박해, 사회운동, 세대경험 등과 같은 한국사회의 주요한 사회적 현상의 동력과 변동과정을 이해하고 사회구조를 파악하는 데 유용한 접근방식을 제공한다.

지금까지 살펴본 생애사 연구의 과정에서 다음을 고려할 필요가 있다. 생애사 연구는 구술된 개인의 생애사 자료를 일차적인 분석대상으로 하지만, 다양한 텍스트 자료(자서전, 기사, 공식적인 조서 등의 문서자료 및 영상자료 포함)

와 연관하여 복합적 층위에 대한 해석을 시도할 필요가 있다. 예를 들어 구술에서 생략되거나 변형된 것으로 보이는 역사적 경험을 다른 자료를 통해 비교하고, 보충, 확인할 수 있는 가능성을 모색한다. 또한 구술자료는 면접자와 구술자의 상호작용 속에서 획득된다. 따라서 면접상황에 대한 분석을 공개하여 구술자료 형성과정에 대한 이해를 높여야 할 것이다.

마지막으로, 이 논문에서 살펴본 생애사 재구성의 원칙과 사례분석은 이 논문의 문제제기와 관련하여 최대한 축소되었다. 특히 생애사 연구를 통해 사회의 구체적 일반성을 재구성하는 작업은 서로 다른 사례유형과의 비교 속에서 제대로 드러날 수 있으나, 이 논문에서는 하나의 사례유형을 가지고 그 가능성만을 살펴볼 수 있었다. 이러한 한계는 앞으로 계속될 본격적인 사례연구 작업을 통해 보충되어야 할 것이다.

참고문헌

김귀옥, 1999, 『월남민의 생활 경험과 정체성. 밑으로부터의 월남민 연구』, 서울대학교출판부.

김동춘, 2000, 『전쟁과 사회. 우리에게 한국전쟁은 무엇이었나?』, 도서출판 돌베개.

김성례, 2004, "한국 여성의 구술사: 방법론적 성찰", 조옥라·정지영 엮음, 『젠더, 경험, 역사』, 서강대학교출판부.

백낙청, 1992, "분단체제의 인식을 위하여", 『창작과 비평』 20/4. pp. 288-309.

유철인, 1990, "생애사와 신세타령 -자료와 텍스트의 문제-", 『한국문화인류학』 22.

윤택림, 2004, 『문화와 역사연구를 위한 질적연구방법론』, 아르케.

윤형숙, 1996, "여성생애사 연구방법론", 『여성연구』 3, 목포대학 여성문제연구소.

이용기, 2001, "마을에서의 한국전쟁 경험과 그 기억-경기도 한 '모스크바' 마을 사례를 중심으로", 『역사문제연구』 6호.

이재인, 2004, "서사방법론과 여성주의 연구", 『여성이론』 여름호.

이종구 외, 2004, 『1960-1970년대 한국의 산업화와 노동자 정체성』, 한울아카데미.

제주일보 4.3취재반, 1994, 『4.3은 말한다』, 전예원.

조은·조옥라, 1991,『도시빈민의 삶과 공간: 사당동 재개발지역 현장연구』, 서울대출판부.
조희연·조현연, 2002, "국가폭력·민주주의투쟁·희생에 대한 총론적 이해", 조희연 편, 『국가폭력, 민주주의 투쟁, 그리고 희생』, 함께읽는책, pp. 23-178.
한국정신대문제대책협의회, 1993-2001,『강제로 끌려간 조선인 군위안부들』 1-5, 풀빛.
한상복·권태환, 1996,『중국연변의 조선족: 사회의 구조와 변화』, 문학과 지성사.
Berger, Peter L. & Luckmann, Thomas, 1998(1969), *Die gesellschaftliche Konstruktion der Wirklichkeit. Eine Theorie der Wissenssoziologie,* Frankfurt/ M.: Fischer Taschenbuch Verlag.
Breckner, Roswitha, 1994, "Von den Zeitzeugen zu den Biographen. Methoden der Erhebung und Auswertung lebensgeschichtlicher Interviews," in Berliner Geschichtswerkstatt(ed.), *Alltagskultur, Subjektivität und Geschichte. Zur Theorie und Praxis von Alltagsgeschichte,* Essen: Westfälisches Dampfboot, pp. 199-222.
Breckner, Roswitha, 2001, *Leben in polarisierten Welten. Zum Verhältnis von Migration und Biographie im Ost-West-Europäischen Migrationsfeld*, Unpublished Ph. D. Dissertation, Technische Universität Berlin.
Breckner, R., D. Kalekin-Fishman & I. Miethe(eds.), 2000, *Biographies and the Division of Europe. Experience, Action and Change on the 'Eastern Side',* Opladen: Leske & Budrich.
Bude, Heinz, 1997, *Das Altern einer Generation. Die Jahrgänge 1938-1948,* Frankfurt/ M.: Suhrkamp.
Dewey, John, 1916, *Democracy and Education*, New York: Macmillan, 이홍우 옮김, 1987,『죤 듀이 민주주의와 교육』, 교육과학사.
Fischer, Wolfram, 1978, "Struktur und Funktion erzählter Lebensgeschichten," in Kohli, Martin (eds.), *Soziologie des Lebenslaufs,* Darmstadt & Neuwied: Luchterhand, pp. 311-336.
Fischer, Wolfram & Kohli, Martin, 1987, "Biographieforschung," in Voges, Wolfgang (ed.), *Methoden der Biographie- und Lebenslaufsforschung,* Opladen: Leske+Budrich, pp. 279-294.
Fischer-Rosenthal, Wolfram, 1990, "Diesseits von Mikro und Makro. Phänomenologische Soziologie im Vorfeld einer forschungspolitischen Differenz," in ÖZS. 15, pp. 21-34.
Fischer-Rosenthal, Wolfram, 1996, "Strukturale Analyse biographischer Texte," in Brähler, Elmar & Aadler Corinne (eds.), *Quantitative Einzelfallanalysen und qualitative Verfahren,* Gießen: Psychosozial Verlag, pp. 147-208.

Fischer-Rosenthal, Wolfram & Alheit, Peter (eds.), 1995, *Biographien in Deutschland,* Opladen: Westdetscher Verlag.

Habermas, Jurgen, 1981, *Theorie des kommunikativen Handelns*, I. Frankfurt/ M.: Suhrkamp.

Joas, Hans, 1996, *Die Kreativität des Handelns,* Frankfurt/ M.: Suhrkamp, 신진욱 옮김, 2002, 『행위의 창조성』, 한울아카데미.

Kohli, Martin, 1978, "Erwartung an eine Soziologie des Lebenslaufs," in Kohli, Martin (ed.), *Soziologie des Lebenslaufs,* Darmstadt & Newwied: Luchterhand, pp. 9-32.

Kohli, Martin, 1985, "Die Institutionalisierung des Lebenslaufs. Historische Befunde und theoretische Argumente," in *KZfSS* 37, pp. 1-29.

Lewis, J. D. & Smith, R. L., 1980, *American Sociology and Pragmatism. Mead, Chicago Sociology, and Symbolic Interaction,* University of Chicago Press.

Loch, Ulike, 2002, "Grenzen und Chancen der narrativen Gesprächführung bei Menschen mit traumatischen Erlebnissen in der Kindheit," in Schaeffer et al (ed.), *Qualitative Gesundheits- und Pflegeforschung,* Bern, Göttingen, Toronto & Seattle: Verlag Hans Huber, pp. 233-246.

Mead, G. H., 1924, "The genesis of the self and social control," *International Journal of Ethics 35,* pp. 251-277.

Mead, G. H., 1968(1934), *Geist, Identität und Gesellschaft,* Frankfurt/ M.: Suhrkamp.

Miethe, Ingrid, 1999, *Frauen in der DDR-Opposition,* Opladen: Leske & Budrich.

Ricoeur, Paul, 1987, "Narrative Funktion und menschliche Zeiterfahrung," in Bohn, Volker (ed.), *Romantik. Literatur und Philosophie. Internationale Beiträge zur Poetik,* Frankfurt/ M.: Suhrkamp, pp. 45-79.

Rosenthal, Gabriele, 1987, *<Wenn alles in Scherben fällt> Von Leben und Sinnwelt der Kriegsgeneration,* Opladen: Leske & Budrich.

Rosenthal, Gabriele, 1995, *Erlebte und erzählte Lebensgeschichte. Gestalt und Struktur biograpischer Selbstbeschreibungen,* Frankfurt/ M.: Campus.

Rosenthal, Gabriele, 1997a, "Zur interaktionellen Konstitution von Generationen. Generationenabfolgen in Familien von 1890 bis 1970 in Deutschland," in Mansel/ Rosenthal/ Tölke (eds.), *Generationen-Beziehungen, Austausch und Tradierung,* Opladen: Westdeutscher Verlag, pp. 57-73.

Rosenthal, Gabriele, (ed.), 1997b, *Der Holocaust im Leben von drei Generationen,* Gießen: Psychosozial Verlag.

Schütz, Alfred & Luckmann, Tomas, 1972(1962), *Strukturen der Lebenswelt I, II,* Newwied: Luchterhand.

Schütze, Fritz, 1977, *Die Thechnik des narrativen Interviews in Interatkonsfeldstudien. Arbeitsberichte und Forschungsmaterialien. Nr. 1 der Universität Bielefeld.*

Schütze, Fritz, 1983, "Biographieforschung und narratives Interview," in *Neue Praxis* 3, pp. 283-294.

Schütze, Fritz, 1984, "Kongnitive Figuren des autobiographischen Stegreiferzählens," in Kohli, Martin & Robert, Günther (eds.), *Biographie und soziale Wirklichkeit. Neue Beiträge und Forschungsperspektiven,* Stuttgart: J.B. Metzlersche Verlagsbuchhandlung, pp. 79-117.

Völter, Bettina, 1996, "Die "Generation ohne Alternative", Generationstheoretische Überlegungen am Beispiel der nach dem Mauerbau geborenen DDR-Jugend," in *Berliner Debatte INITIAL* 7/6, pp. 107-118.

Völter, Bettina, 2003, *Judentum und Kommunismus. Deutsche Familiengeschichten in drei Generationen,* Opladen: Leske & Budrich.

제2장

이주와 인권연구를 위한 모색

1. 질적 연구와 인권의 이해

1990년대 초 동유럽 사회주의 국가들이 붕괴한 후 헝가리 부다페스트에서 독일로 가는 길에 노소(老小)를 구분할 수 없는 여성들이 늘어서 있었다. 그 행렬은 몇 년간 계속되었다. '몸'이라도 팔아서 자신과 가족의 생명을 유지하기 위한 여성들이었다. 2003년 런던 테이트갤러리에서 열린 사진전에는 체제 변화 이후 구 소련의 일상을 담은 사진이 전시되었다. 거기에 한 '중년부부'가 등장한다.[1] 전시자료에 따라 맥락을 구성해보면, 1990년대 중반 한적한 시골길에 '보호자'로 짐작되는 한 남자가 쭈그리고 앉아서 먼 산을 보며 담배를 피우고 있다. 조금 떨어진 곳에서 한 여성이 치마를 허리까지 걷어 올려 아랫도리를 보이고 있다. 필자를 놀라게 한 것은 이들의 무심한 표정이었다. 카메라의 시선에도 불구하고 사진 속에 드러나는 그들의 무표정은

1 Weski Dexter, Emma; Weski, Thomas: *Cruel and Tender: The Real in the 20th Century Photograph* (London: Tate Bubn, 2003). 이 자료는 당시 전시된 사진을 선별하여 출판한 것이다.

말(language)에 담을 수 없는 이들의 삶을 항변하는 듯했다. 얼마 후인 1990년대 중반 북한의 식량위기로 인해 열악한 삶의 조건에 처하게 된 여성들이 이주과정에서 '인간의 권리'마저 상실하고 있다는 조사연구가 있었다.[2] 북한 여성들의 삶에 대한 이 보고서들은 "차라리 팔 수 있는 몸이 있는 것이 다행스럽다"는 현실을 부분적으로 보여준다.[3] 전쟁, 지역분쟁, 사회갈등, 체제위기 등의 급격한 사회변동의 시기에 사회의 소수자 집단은 상대적으로 쉽게 권리의 박탈을 체험하게 된다.[4] 특히 여성들은 급속히 '성적 대상물'로 전락하게 된다.[5] 이와 같은 맥락에서 북한의 식량위기에 관한 지금까지의 여러 연구결과들은 식량권이 제대로 보장되지 못함으로써 사회적 도덕과 윤리가 변화하고, 살기 위한 선택이 최선으로 여겨지는 행위원리가 일상에서 관철됨으로써 사회적 위계의 아래 쪽에 위치한 여성들이 인간으로서의 권리까지 침해받는 상황이 발생하고 있음을 시사하고 있다.

그러나 북한 여성의 인권에 관한 기존 연구들은 현장연구가 불가능한 조건과 '인권' 자체가 갖는 구성적 특성 때문에 심층 연구의 한계를 갖는다. 구체적으로, 북한사회에 대한 접근이 제한되어 있어 직접 조사를 할 수 없으므로 최근 북한사회를 '탈출'하여 남한으로 온 사람들의 인터뷰 자료에 의지하여 연구를 진행할 때 생기는 자료의 '편향성'에 관한 문제이다. 또한 '인권'이 갖는 보편성과 함께 '북한 여성의 인권'이라고 하는 특수성을 동시에 고려하

2 이와 관련된 자료는 크게 (사)좋은벗들(1991); 김인성(2005)과 같이 탈북주민들의 현황에 관한 조사연구와 이영심(2006); 최진이(2005) 등 당사자가 쓴 수기류, 그리고 백영옥(2002); 이미경(2006): 33~55; 임순희(2005)와 같이 이에 기초하여 집필된 학술논문으로 나눌 수 있다.

3 오랫동안 (사)좋은벗들에서 북한이주민을 위해 활동해온 한 실무자와의 2006년도 인터뷰 내용을 참조하였다.

4 소수자는 집단의 규모나 숫자로 정의되지 않는다. 오히려 사회적 '권력'과의 관계로 이해된다. 또한 사회의 변화과정에서 '소수성'은 새롭게 구성되는 개념이다(박경태, 2008: 12~64).

5 대표적으로 1990년대에 발생한 각종 전쟁과 종교 및 인종 분규의 과정에서 발생한 여성인권 침해를 심층적으로 연구한 다음 사례를 들 수 있다(Medica Mondiale e.V.; Marlies W. Fröse; Ina Volpp-Teuscher (eds.), 1999).

면서 자료를 해석하고 재구성할 수 있는 연구방법론의 부재를 들 수 있다.[6] 이와 같은 방법론적 문제에 주목하여 이 연구는 한반도 안팎의 이주-인권 연구에서 질적 연구방법론이 갖는 적극적인 함의와 가능성을 고찰하고자 한다.[7] 이를 위해 다음에서는 첫째, 북한 여성의 인권상황에 대한 기존 연구결과를 비판적으로 토론하고, 질적 연구방법의 원리를 논의한다.[8] 둘째, 분단장치와 행위자 네트워크 이론의 문제의식을 살펴본다. 셋째, 질적 연구방법론이 분단장치를 오가는 이주-인권 연구에서 갖는 적극적인 함의와 가능성을 고찰한다.

북한 여성의 인권상황에 대한 초기 연구를 방법론의 관점에서 살펴보면 첫째, 북한의 법조항 및 각종 기관이 발간한 문헌자료를 분석한 연구와[9] 1990년대 말 이후 북한의 국경을 넘은 개인들의 수, 성별구성, 지역분포, 생활상태 등에 대한 '탈북현황조사' 연구로 나눌 수 있다. 전자의 경우 법제도와 북한 정부 및 기관들이 발간한 자료에 근거하여 북한사회의 여성권 및 인권상황의 변화를 추론하고 있다. 이 연구들은 북한 여성들의 삶에 대한 자료가 부족한 상황에서 사회 제도 및 공식적인 문건을 통해 이해할 수 있는 북한사회의 여성권을 기술하고 있다는 점에서 의의가 있다. 그러나 국가가 생산

---

6 사회역사적 배경 속에서 형성된 근대사회의 인권이 갖는 다면성에 대해서는 다음의 연구를 참고하였다. 조효제(2007).

7 이주여성의 인권과 북한 여성들의 인권에 대한 연구방법론 사이에 질적 차이는 존재하지 않는다. 다만 논의의 구체성을 위해 이 글에서는 연구의 대상을 북한 출신 이주여성으로 하고, 이에 대한 기존 연구의 문제점을 중심으로 토론할 것이다.

8 질적 연구의 패러다임은 넓다. 대표적으로 1920년대 미국의 시카고 학파로부터 시작된 참여관찰과 인류학의 민속기술지, 1960년대 유럽 대륙을 중심으로 발전한 문화연구, 일상사 연구 및 생애사 연구 등을 들 수 있다. 이 글에서는 질적 연구의 공통점을 생애사 연구의 문제의식을 중심으로 정리한다. 생애사 연구와 관련해서는 다음을 참고하라. Rosenthal, Gabriele(1995); 이희영(2005); 이희영(2007).

9 대표적으로 다음의 연구를 참고할 수 있다. 서보혁(2007); 통일연구원(2008). 후자의 보고서는 제도 및 문헌분석과 함께 탈북자 인터뷰 자료를 부분적으로 활용하고 있다. 그러나 인터뷰 자료에 대한 질적 사례분석이라기보다는 구술내용을 단순 전달하는 방식을 취하고 있다.

한 자료의 '발생적 한계'를 민감하게 인지하면서 자료의 이면을 '해석'하고 재구성하는 시도는 부족한 실정이다.[10] 그뿐만 아니라 북한 정부나 조직의 공식적인 문헌자료로 환원되지 않는 여성들의 인권문제에 다가가는 데는 한계가 있음을 지적하지 않을 수 없다. 후자의 연구 중 북한을 탈출하여 중국 국경지역에 체류하고 있는 북한주민들에 대한 현장조사를 통해 북한이탈주민의 생활상태를 보고한 초기의 조사연구(좋은벗들, 1999)는 매매혼과 강제 성매매의 대상이 되고 있는 북한 여성들의 '비(非)인간적 상태'를 드러냈다는 점에서 중요한 의미를 갖는다. 그러나 이후 이어지는 현황에 대한 조사연구는 기존의 양적 자료를 정리하여 북한과 중국 국경 주변에서 발생하고 있는 탈북 상황을 전반적으로 기술하고 있다는 점에서 의의가 있으나, 이와 같은 통계자료들이 갖는 '의미(meaning)'를 읽어내는 것으로 나아가지 못하고 있다.[11] 또한 필자는 탈북이주민에 대한 연구가 북한사회 구성원이라는 모집단에 대해 표본집단으로서의 가치를 갖지 못한다(소위 '대표성'의 문제)는 양적 연구 내에서의 비판에 전적으로 동의하지 않는다. 탈북이주민의 목소리를 통해서도 북한사회 내의 인권문제를 이해할 수 있는 가능성이 있다.[12] 중요한 것은 조사대상이나 자료 자체의 결정적 한계가 아니라 그로부터 어떤 연구를 수행하는가이다. 그러나 대부분의 기존연구는 개별 사실에 대한 법조항이나 공식 문헌 및 양적통계에 기초하여 현실상황을 기술하고 있으나, 인권문제에 대한 깊이 있는 재구성에 이르지 못하고 있다. 인권은 제도나 사건으로 축소될 수 없다. 인권은 삶의 일상에서 구조화된다. 이런 관점에서 북한 여성의 인권에 대한 기존의 문헌 및 양적 연구가 갖는 한계를 지적하지 않을

10 국가(state)가 생산한 자료가 갖는 한계를 인권연구 방법론의 측면에서 논의한 다음의 연구를 주목할 필요가 있다(조효제, 2007).

11 대표적으로 다음의 예를 참고하라. 김인성(2005).

12 예를 들어 탈북여성과의 심층면접을 통해 경제난 이후 북한 여성의 지위변화를 고찰한 연구(이미경, 2006)를 들 수 있다.

수 없다.

둘째, 북한의 공식 문헌 및 양적 자료의 한계를 넘어 북한주민들의 삶에 가까이 접근하기 위해 탈북이주민에 대한 인터뷰 자료를 활용한 연구들은 "사실 관계의 신빙성"을 담보하지 못한다는 비판을 접하게 된다(김근식, 2002: 73; 최봉대, 2003: 330~331). 이것은 연구자들이 질적 자료를 다면적으로 분석하고 재구성하는 과정 없이 이미 전제된 자신의 주장을 입증하기 위한 근거로 단순 인용하기 때문에 발생하는 '텍스트의 사실성'에 대한 문제제기이다. 예를 들어 (사)좋은벗들이 2007년 11월 발간한 북한의 여성권에 관한 보고서는 다른 어떤 연구도 접근할 수 없는 1차 자료에 근거하여 북한의 인권상황에 접근하고자 한다는 점에서 중요한 의의를 갖는다((사)좋은벗들, 2007). 그러나 대단히 유감스럽게도 보고서는 주요 문헌자료 혹은 구술자료의 맥락(context)을 고려하지 않고 단순 인용함으로써 '~카드라 식'의 주장을 넘어서지 못하거나 혹은 사실의 재구성(reconstruction)이 아니라, 저자의 주장을 방증하기 위한 증거로만 활용하고 있는 한계를 보이고 있다.[13] 물론 여기에는 자료제공자를 보호하기 위한 배려가 숨어 있다. 그러나 더욱 중요한 것은 조사된 각종 일차자료를 대하는 연구자의 기계적 관점과 태도이다. 예컨대 인터뷰 당시 구술자의 사회적 위치와 경험에 대한 최소한의 언급은 구술자 보호를 위한 배려 속에서도 가능하다. 또한 인용된 텍스트가 전체 구술텍스트에 대하여 갖는 연관성을 언급함으로써 연구자의 '해석'에 대한 독자의 '재해석' 및 공감의 가능성을 제공하는 것 또한 자료를 대하는 연구자의 기본태도라고 할 수 있다. 요컨대 질적 자료에 기초한 연구가 '사실관계의 신빙성'을 담보하지 못한다는 비판은 질적 자료 자체의 문제가 아니라, 질적 자료가 갖는 특성에 대한 이해 없이 이를 조사하고 다루는 연구자들의 '기계적인' 관점

13 이 보고서의 해당 인용문의 경우, 구술자와 인용자료의 생성과정에 대하여 전혀 언급하지 않고 있을 뿐 아니라, 구술 내용의 '맥락'을 고려한 분석 없이 구술 자체를 '사실'인 것처럼 전달하고 있다.

과 연구태도가 초래하는 문제이다.[14]

셋째, 이와 같은 질적 자료에 기초한 연구에서 가장 빈번히, 중요하게 지적되는 또 다른 문제는 연구자의 선입관에 의한 자료의 '자의적 해석'의 위험이다(김근식, 2002: 73; 최봉대, 2003: 333). 나아가 잘못된 해석에 의해 사실관계 자체를 왜곡할 수도 있다는 점이다. 이것은 연구자가 자료를 대하는 자신의 관점(frame)을 성찰하지 않음으로써 발생하는 문제이다. 1960년대 인문사회과학의 실증주의 논쟁은 연구자 또한 자신이 연구하는 사회의 구성원이라는 점을 분명히 하였다.[15] 그러나 이를 중요한 연구의 원리로 실천하는 현장연구를 발견하는 것은 쉽지 않다. 2002년 군산의 성매매 집결지 화재현장에 발견된 '종이로 접은 학이 든 유리병'에 대한 해석이 좋은 사례이다. 어떤 사람들은 이것이 감금상태로 강제 성매매를 했던 여성들이 가졌던 '자유에 대한 갈망'의 표현이라고 해석하고, 이를 대중적으로 널리 알리기도 하였다. 그러나 성매매 집결지의 상황에 익숙한 현장 활동가들은 이 종이학이 단골 성구매 남성들에게 제공되던 대표적인 '선물'이었다고 지적한다.[16] 이처럼 질적 자료를 대하는 연구자의 관점이 연구과정에서 성찰되지 않는 경향은 북한 여성의 인권에 대한 연구 또한 예외가 아니다. 오히려 이를 고려한 연구들은 극소수에 불과하다는 점을 지적하지 않을 수 없다. 예를 들어 북한 여성의 삶에 대한 한 연구는 최근 북한사회에서 늘어나고 있는 '성매매 현상'을 "생계유지형 성매매와 일신의 안락을 위한 성매매"라는 우리에게 익숙한 이분법

---

14 대표적인 특징으로 모든 (광의의) 텍스트(구술자료 및 기타 문헌자료)는 과거 체험에 대한 사실성을 지시하는 내용과 이에 대한 사후적 재해석을 동시에 내포한다는 점을 들 수 있다(이희영, 2005).

15 1961년 독일사회학대회에서 프랑크푸르트학파의 아도르노와 하버마스가 포퍼와 알베르트 등의 비판적 합리주의자들과 벌인 논쟁으로, 개별 데이터나 사실의 사회 역사적 총체성 및 학문의 몰가치성 등이 중요한 논점이었다. Adorno et al., 1972.

16 성매매 관련 여성들을 지원하는 단체인 (사)막달레나공동체의 연구과정에서 논의된 사례다.

적 도식으로 분석하고 있다(임순희, 2005).[17] 그러나 앞의 연구논문에는 이와 같은 타자의 분석도식이 공감을 가질 수 있는 자료에 대한 맥락과 '두꺼운 기술(thick description)'이 확인되지 않는다.[18] 따라서 여성과 아동의 생존권 보장에 대하여 회의하고 있는 현재 북한사회에서 '생계유지형 성매매'와 질적으로 구별되는 '일신의 안락을 위한 성매매'가 어떻게 구성되는가에 대해 질문하지 않을 수 없게 된다.

넷째, 인권의 보편성과 특수성을 고려해야 하는 차원에서 인권연구자의 해석의 자원이 갖는 편파성에 대한 문제가 중요하게 지적되고 있다.[19] 예를 들어 서구사회의 문제를 평가하는 기준과 북한사회를 평가하는 기준을 다르게 적용하는 소위 '이중잣대'의 문제이다(김근식, 2002: 74; 홍민, 2003: 193). 이것은 남과 북의 이념적 적대에 기초한 '분단장치'를 성찰하지 못한 결과이기도 하다. 북한 여성의 인권에 대한 한 연구서에서 "[북한] 학교에서의 성교육도 아주 초보적인 수준에서 이루어진다"라고 언급한 부분은 이와 같은 차원에서 읽혀진다(임순희, 2005). 왜냐하면 연구자가 생물 수업의 내용에도 미치지 못하는 한국사회의 평균적인 성교육 현실을 이해하고 있다면, 1차 자료에 대한 제시도 없이 서술한 위의 언급은 다분히 '기계적 지적'이라는 인상을 준다. 또한 "북한주민의 처지와 시각으로, 북한주민의 요구에 응할 수 있는 인

---

17 필자는 한국사회의 성매매를 이와 같은 이분법으로 분석하는 관점에 대해서 비판적이다. 이와 같은 구분은 조사한 일차자료를 분석하고 재구성 결과라기보다는 연구자가 외부에서 편의적으로 분류한 도식이라는 특성을 갖는다. 유사한 경우로 자발적 성매매와 강제된 성매매의 구분이다. 특히 한국의 성매매 현실에 대한 연구결과들은 양자가 현실 속에서 구분할 수 없는 복합적인 생애과정으로 존재하고 있음을 보여준다(이희영, 2007).

18 기어츠(Geertz)에 의하면 이 용어는 조사자료의 집적에 기초한 '얇은 기술'(thin description)과 달리, 텍스트의 맥락에 대한 심층 분석과 이해를 통해 상호교차하거나 복합적으로 얽힌 개인 행위자의 체험세계에 다가가는 접근법을 뜻한다. 해석자에 따라 '두터운 기술' 혹은 '촘촘한 기술'로 번역하기도 한다(Geertz, 1973: 3~32).

19 이 문제는 세 번째의 해석의 문제에 속한다. 다만 인권문제의 특성을 강조하기 위하여 따로 분류하였다.

권"에 대한 이해이라기보다, 남한 연구자의 '자의적 비판'이라고 할 수 있다(노옥재, 2003: 9~16). 이와 달리 북한주민의 인권을 생각하는 개인 혹은 조직들이 외부에서 지원된 식량이 '투명하게 분배'될 것을 요구해야 하지만, 북한 경제 사정으로 인해 전국 곳곳으로 이동 수단이 미치지 않는다는 점을 동시에 고려해야 한다는 지적은 경청할 가치가 있다(앞의 글, 13~14).

지금까지 살펴본 북한 여성의 인권에 대한 기존연구의 방법론적 문제점은 크게 다음과 같이 정리할 수 있다. 첫째, 특정한 사회, 역사적 맥락 속에서 태어나 살아가는 개인의 '인권'은 법제도나 계량화된 수치만으로 환원될 수 없다. 기존의 실증주의적 연구 전통에서 수행된 소위 '현황과 실태'에 대한 조사연구는 북한사회 구성원의 생활을 이해할 수 있는 단초를 제공한다는 점에서 의의가 있다. 그러나 '인권'의 문제는 기술통계의 수준에서 그려내는 조사연구의 반복이 갖는 한계를 넘어설 때 '이해(understanding)' 가능하다. 인권의 문제는 법조항 혹은 '사건(happening)'으로 축소될 수 없기 때문이다. 둘째, 구술자료 등을 활용한 북한 인권에 대한 연구는 질적 연구의 이론적 패러다임이 쌓아온 성과를 전유하고, 이를 현장연구에서 실천하여야 한다. 특히 사회현실(social reality)과 연구자 사이의 관계 및 텍스트 분석과 해석의 방법에 대한 성찰이 필요하다. 셋째, 인권연구가 기존 인문사회과학 내에서의 연구성과를 간(間) 학문적(interdisciplinary) 관점에서 전유함으로써 연구의 깊이를 확보하여야 한다. 북한 여성들의 성차별 및 폭력 경험에 대한 연구사례에서 살펴본 바와 같이 북한 여성의 인권문제는 북한연구라고 하는 '지역연구'의 울타리를 넘어서 젠더연구의 풍부한 성과와 인권문제의 특성을 아우르는 관점을 필요로 한다. 나아가 한반도 분단장치에 대한 성찰과 21세기 디지털 매체와 결합한 이주에 대한 중층적 이해가 결합되어야 한다.

2. 분단장치와 행위자 네트워크 이론[20]

20세기 사회주의체제의 붕괴와 사회적 전환은 이념적, 경제적 차원이 복합적으로 결합된 중장기적 과정이었다. 북한사회의 식량난으로 대규모 탈북이주와 난민의 발생도 한반도 분단장치의 역동적 재구성과 젠더 및 계급이 교차하는 혼종적 행위자 네트워크(hybrid actor network)의 형성과정이라고 할 수 있다. 이런 관점에서 북한 여성의 인권연구는 한반도 분단장치의 변화라는 지평 속에서 이해되어야 한다. 여성들의 삶은 분단과 이주 그리고 젠더의 서로 다른 차원과 범주들이 교차하는 현실 속에서 절망과 타협, 분투와 전복 등의 행위를 통해 구성된 것이다. 또한 여성들이 오래된 관행과 제도, 새롭게 등장한 비인간 행위자들과의 결합을 통해 형성한 생애사적 네트워크이다.

한반도의 분단이 고착되어온 사회, 역사적 과정은 미-소 냉전체제 및 남북한의 정치적 대립과 같은 정치적 사건과 구조로 환원될 수 없다. 이 역사적 시간에 미끄러져 함께 뒤섞인 개인의 행위와 일상에 내재한 수행적 측면에 대한 이해가 절실하다(홍민, 2011). 왜냐하면 분단은 남북한의 군사, 안보 정책이나 제도, 언술, 혹은 간첩 사건 등으로만 존재하는 것이 아니라, 개인의 대화, 습관, 문화 및 교육과정, 제도, 규칙, 상징 등의 비인간 행위자들의 혼종적 네트워크를 통해 끊임없이 생산되고, 재생산되기 때문이다. 이런 문제의식을 담아 이 글에서는 한반도 출신 여성들의 이주 경험을 분단장치라는 차원에서 고찰할 필요성을 제기한다. 분단장치란 한 사회의 물리적 분단을 기초로 생성된 담론, 제도, 법규의 결정, 행정상의 조치, 과학적 언표, 철학적 도덕적 명제 등 인간과 비인간들로 구성된 혼종적 행위자 네트워크를 뜻한

20 이 절은 다음의 논문 중 분단장치와 관련된 문제의식을 중심으로 수정, 보완되었다(이희영, 2012).

다. 분단장치는 통치 기제일 뿐만 아니라 주체화의 과정을 포함한다.[21] 분단된 사회에서 살아가는 개인은 일상에서 의미 있는 가치를 내면화하는 동시에 새롭게 해석하며 삶을 만들어간다. 이것은 분단장치의 실현이자, 혼종적 행위자 네트워크(hybrid actor network)의 재구성 과정이다.

2000년대 중반 남한사회로 이주한 북한주민들의 경험은 단순히 '탈북'이라는 용어로 환원될 수 없는 중층적 변화를 보였다. 남한사회의 연구도 '인권피해자'라는 관점의 한계를 넘어서 이주과정의 복합적인 네트워크에 대한 분석과 이해로 나아가고자 하였다. 특히 남한을 비롯한 동아시아 사회의 디지털 전환이 탈북이주의 네트워크에 핵심적인 역할을 하고 있었다. 식량을 구하기 위해 '도강'했던 북한주민들은 먹을 것만이 아니라 중국 사회에서 유행하던 다양한 형태의 디지털 기기를 가지고 돌아갔다.[22] 1990년대 말 어깨에 지고 갔던 아날로그 텔레비전이 2000년대를 지나가며 손톱 크기의 USB로 변화했다. 다양한 유형의 비인간 행위자를 매개로 북한주민들은 '금기의 문화'를 훔쳐보며 '다른 세계'를 그리게 되었다. 탈북난민들이 '식량난의 피해자'에서 새로운 삶을 꿈꾸는 북한이주민으로 전환하게 된 것이다. 수시로 중국과 북한 국경을 오가는 개인들은 중요한 문화의 번역자이자, 분단장치의 적극적 행위자였다.

행위자 네트워크 이론(Actor Network Theory, 이하 ANT)은 인간만으로 구성된 사회와 인간의 의지와 무관한 과학기술 및 자연이라는 근대적 이분법의 도식을 넘어 일상문화와 소통양식의 변화를 주도하는 정보통신 기술과 장비들이 인간 행위자와 함께 형성하는 인간-비인간 행위자 네트워크에 주목한다(라투르, 1993/2009). 즉 인간 행위자의 의도로 환원될 수 없는 과학적 지식

21 푸코의 장치(dispositive)라는 개념을 차용하였다(Foucault, 1978: 119). 또 5장 등에서 공통으로 사용하는 개념이다.

22 이에 대한 본격적인 연구결과는 다음을 참고하라(이희영, 2012).

과 기술, 자연조건 및 환경 등을 현실을 구성하는 비인간 행위자로 고찰할 것을 요청한다.[23] ANT의 이러한 문제제기는 분단장치의 지평에서 이주여성들의 삶을 고찰하는데 인식론적, 방법론적 관점에서 새로운 가능성을 제기한다. ANT는 사회과학이 그동안 인간의 행위에만 주목하여 사회적인 것(the social)을 인간 행위의 산물로만 이해해온 인식체계에 대하여 비판하며, 인간과 비인간 행위자가 구성하는 이질적 합종연합에 대한 고찰이 복합적인 현실을 이해하는 데 새로운 지평을 제공할 것임을 강조한다(Law, 1991). 즉 자연에 경도된 실증주의적 태도와 인간 고유의 세계를 전제하는 해석주의적 태도를 넘어 인간과 비인간의 대칭적 관계에 의해 구성되는 사회현실에 대한 주목이 사회과학을 혁신하는 길임을 주장한다(Callon & Latour, 1992). 이러한 세계인식에서 자연은 단지 변함없는 객관적 사실(matter of fact)이 아니라 사회문화적 요소를 포함한 이해물(matter of concern)로 파악된다. 구체적인 현실 속에서 자연과 인간들의 이질적 요소로 형성된 잡종적 네트워크인 '자연현상'이 근대적 세계관 속에서 '순수하게 객관적인' 자연적 사실로만 이해되는 이유는 자연적 요소가 주변의 행위자들을 적극적인 동맹자로 연결함으로써 대부분 의심하지 않고 자연적 사실로 받아들일 수 있는 안정적인 동맹관계를 형성하였기 때문이다. 즉 이질적 합종연합을 통해 구성된 어떤 현상이 특정한 행위자 또는 특성을 중심으로 결절화(punctualisation)의 과정을 거치면서 블랙박스화됨으로써 우리는 자연현상을 마치 객관적 사실로 받아들이게 되는 것이다(Callon & Latour, 1981). ANT는 이처럼 블랙박스화된 '자연' 또는 '사회'를 추적하여 그것의 잡종적 구성과정을 기술(description)하고자

23 ANT의 주요 내용과 함의에 대해서는 1990년대부터 이를 소개하고 연구해온 다음을 참고하라. 김환석, 2001; 2005; 2009. ANT에서 말하는 행위성이란 인간이 가지고 있는 '합리적 의도'가 실천되는 것을 가리키는 행위와 그 결과가 아니다. 오히려 인간이든 사물이든 그것이 현실 구성에 미치는 영향력을 뜻한다. 예를 들어 21세기 사회에서 온라인 매체는 일상을 근본적으로 변화시켰다는 점에서 특정한 행위성을 가지고 있다.

한다(라투르, 1993/2009; Law, 2007).

연구방법론의 관점에서 ANT는 보편적이고 일반화된 규칙과 이론으로부터 국지적 특수성을 파악하고 설명하는 기존의 과학 연구방법을 전복하고자 한다. ANT가 추구하는 방법론은 환원하거나 비교할 수 없는 구체적 행위자로부터 출발하여, 특정한 과정을 통해 일시적으로 비교 가능한 결합으로 드러나는 행위자 네트워크를 기술하는 민속방법론(ethnomethodology)의 문제의식을 공유한다(Latour, 2007b: 3). '행위자 네트워크'는 산술적인 거리, 혹은 크기, 내부와 외부의 경계 등을 통해 정적이고 위상학적인 것으로 그려지는 기술적 네트워크(전화 혹은 컴퓨터 네트워크 등)와 달리 존재론적 '관계'를 의미한다. 따라서 행위자 네트워크 이론의 방법론은 이질적 행위자들의 연합이 전개되는 과정을 묘사하고 기술함으로써 존재론적 관계를 드러내는 것이다. 라투르에 의하면 현실에 대한 설명(explanation)이란 "연관되지 않았던 요소들을 연결하거나, 한 요소가 다른 요소들을 구속하게 되는 것을 보이는 것"이다. 따라서 서로 다른 행위자들이 상호 연관되거나 구속 혹은 분리되는 과정을 심층적으로 기술(description)하는 것 이외에 연구자가 새롭게 부가해야 할 '설명'이란 없는 것이다. 이에 따르면 새롭게 형성되는 행위자 네트워크를 기술하는 것 자체가 곧 잡종적 현실에 대한 설명이다. 즉 ANT는 다양하고 이질적인 행위자들의 네트워크가 형성되는 과정에 대한 추적과 그에 대한 두꺼운 기술 자체가 하나의 잡종적 현실에 대한 설명이라고 본다(Latour, 2007b: 12).

이 연구는 ANT의 이러한 방법론적 문제의식을 적극 수용하여 인간과 사물이 구성하는 광의의 텍스트에 대한 추적과 기술(description)을 시도한다. 즉 기존의 텍스트 해석 방법론(이희영, 2011)이 인간의 행위가 갖는 의미에 주요한 초점을 두고 분석 및 해석을 시도하였다면, 분단-이주 연구에서는 인간과 사물이 역동적으로 구성하는 광의의 텍스트를 기술하고 재구성할 필요가 있다. 이러한 연구방법론은 기존의 연구가 탈북을 경험한 북한주민의 상처와 고통에 주목하면서 무의식적으로 이들을 '희생자'로 바라보았던 관점을 탈피하게 하며, 나아가 그들이 이주의 과정에서 조우하고 전유한 사물들, 특히 전자 행위자들(핸드폰, TV, 비디오 플레이어, 컴퓨터 등)에게 동등한 행위성(agency)을 인정함으로써, 탈북 연구의 패러다임을 확장시킬 것이다. 이러한 연구방법에 기초하여 분단-이주 연구가 사물을 갖지 않았던 이주자들이 사물과 조우하며 무엇을 이해하고, 무엇을 새롭게 생산하는지에 주목할 것이다. 동시에 분단을 교차하는 이주자와 사물들의 관계 속에서 인간과 사물의 행위성이 어떻게 변화하는지, 이 과정에서 일시적으로 생성, 강화되는 행위자 네트워크의 특성이 무엇인지 고찰할 수 있을 것이다.

3. 여성 이주와 인권연구의 원칙들

1) 질적 연구방법의 원리

(1) 행위자의 일상체험에 다가가는 연구자료의 생성

일상세계(everyday world)는 연구자의 개념과 이론에 의해 추상화되기 전(前)의 세계이며 사회, 정치적 제도(institution)로 환원되지 않는 개인의 일상생활을 포괄한다. 즉 개인에게 너무나 자연스럽고 당연하게 받아들여지는 상식의 세계이다. 일상세계는 타자와 공유하는 상호주관적(intersubjective) 특성을 갖는다는 점에서 개인의 사생활(private)과 구별된다(Schütz & Luckmann, 1988: 25~29). 질적 연구는 제도만으로 이해되지 않는 개인의 행위와 이것의 구성물에 접근하고자 한다. 따라서 개인의 상호적 행위로 구성되는 일상생활 자체를 연구대상으로 하기 위한 연구방법(methode)을 필요로 한다. 예를 들어 성별, 임금, 지역, 정치의식, 소비수준, 문화성향 등 연구자에 의해 사전에 채택된 범주에 의해 계량화된(코딩) 자료만이 아니라, 일상에서의 체험 자체를 연구대상으로 한다. 질적 연구는 일상생활 속에서 행위자가 생산한 경험의 흔적들(일기, 메모, 사진, 녹음, 자서전 등)과 구술녹취록 등을 중요한 연구자료로 삼는다. 나아가 이와 같은 특성을 고려한 서사적 인터뷰(narrative interviews)[24] 등을 통해 과거 체험에 다가가고자 한다. 서사적 인터뷰는 구술자의 자유로운 서사구성을 지원함으로써 연구자의 질문에 의해 유도된 구술의 한계를 벗어나고자 하는 조사연구 방법의 하나이다.

(2) 텍스트의 구성적 특성을 고려한 분석 방법

질적 연구에서 (광의의) 텍스트는 구술녹취록만이 아니라 앞서 언급한 사진, 영상자료, 일기 등 다양한 형태의 연성자료를 포괄한다. 이와 같이 문헌이나 구술의 형태를 띤 모든 텍스트는 특별한 상호작용의 생성물이라는 점에서 고유의 특성을 갖는다. 즉 어떤 특정한 상황에서 특정한 타자를 염두에 두고 쓰이거나 이야기된 자료이다. 예를 들어 어떤 개인이 북한사회의 공적인 발간물에 쓴 글과 제3국에서 쓴 문헌자료는 서로 다른 발생의 배경을 가지게 된다. 따라서 동일한 언술이 어떤 독자를 고려하여 이루어졌는가에 따라서 의미가 달라질 수 있는 것이다. 이런 맥락에서 텍스트 생성과정이 갖는 담론적 성격에 대한 분석이 필요하다. 또한 텍스트 속에는 과거 체험의 사실성을 지시하는 내용과 이에 대한 사후적 해석이 공존하고 있다. 왜냐하면 지나간 체험은 항상 말을 하는 현재, 여기에서의 기억을 매개로 회상되고 쓰이거나 말해지므로 끊임없이 해석과 재해석의 과정에 놓이기 때문이다. 즉, 특

24 대표적으로 언어철학의 서사성'에 근거하여 인터뷰의 원리를 구성한 다음 작업을 참고하라. Schütze, Fritz, 1984. 서사적 인터뷰에서 중요한 점은 구술자의 생애사적 관점에 대한 고려이다(이희영, 2005: 133~135).

정시기의 체험은 이전의 체험을 배경으로 함과 동시에 이후의 체험에 의해 새롭게 해석된다. 이것은 곧 생애사(life history)가 구성되는 과정이기도 하다.

따라서 연구자료로서의 각종 텍스트는 어떤 내용이 어떤 형식을 통해 쓰이거나 구술되는지에 주목하여 분석, 재구성되어야 한다. 예를 들어 살았던 생애사(a life as lived), 이야기된 생애사(a life as told), 체험된 생애사(a life as experienced)라고 하는 서로 다른 차원에서의 비교와 재구성 방법이 있다.[25]

(3) 연구자의 관점에 대한 성찰과 가설추론적 재구성

질적 연구과정에서 연구자는 구술자 혹은 연구대상물과 상호작용을 하는 상대자이다. 따라서 연구과정에서 연구자가 어떤 태도와 입장을 갖는가 또한 중요한 분석의 대상이다. 왜냐하면 연구자의 태도에 따라 구술자의 상호작용(구술내용)이 달라지며, 연구자의 관점에 의해 조사자료가 다르게 해석되기 때문이다. 특히 정치적, 문화적 차이를 배경으로 한 남북한 출신 개인의 상호작용에서는 연구자의 '특정한' 태도와 언술에 대한 성찰을 통해 '분단장치'의 영향력을 살펴보아야 한다. 이를 위해 질적연구는 연구자의 해석과 연구결과로 이르게 되는 과정을 드러낼 수 있도록 노력한다. 예를 들어 중요한 연구결과가 분석되고 해석되는 근거와 과정을 밝힘으로써 독자에 의한 재해석의 가능성을 열어두는 것이다. 또한 가설추론(abduction)의 원리에[26] 기초하여 텍스트를 분석하고 재구성함으로써 연구자의 관점에 갇히는 해석의 한계를 벗어나고자 시도한다. 예를 들어 텍스트에 등장하는 하나의 사실(현재)에 근거하여 그 이전(과거)의 행위 내용을 추론하고, 이어지는(미래) 행위의

---

25 이와 같은 서로 다른 분석적 차원에 대해서는 다음을 참고하라. Denzin, Norman K., 1989: 30; Rosenthal, Gabriele, 1995.

26 귀납과 연역의 모델을 연결한 나선형적 추론양식으로 미국의 철학자 퍼스(C. S. Peirce)에 의해 고안되었다. 이와 연관된 논의로 다음을 참고하라. 베르트 다네마르크 외, 2004: 149~190.

가능성에 대해 가설을 세우는 나선형의 분석과정을 통해 연구자에 의한 자의적 해석이 아니라 텍스트 속에서 발생하는 행위의 원리를 재구성하는 것이다.

이와 같은 가설추론의 연속 과정에서 연구자는 가능한 해석의 자원을 통해 텍스트의 지평을 넓히고자 시도한다. 예를 들어 동시대에 존재하는 각종 통계와 기록자료, 다양한 인문학 및 사회과학적 이론과 설명 등이 텍스트의 세계를 읽는 해석의 지평을 형성하게 된다. 이와 같은 연구방법론적 토대는 무엇보다 북한연구에서 가장 중요하게 비판되었던 연구자의 이념적 편향성이 해석에 미치는 영향에 대하여 새롭게 고찰할 수 있는 가능성을 제공한다.[27] 나아가 21세기 북한 여성의 인권을 해석하고 이해하기 위한 상식의 지평에서 젠더에 기초한 '차이의 정치학'과 디지털 매개 이주과정에 대한 이해 등이 빠질 수 없는 해석의 자원으로 활용되어야 할 것이다.

2) 이주여성 인권연구에서 질적 연구방법이 갖는 가능성

다음에서는 앞서 살펴본 질적 연구방법의 주요 원리가 이주여성의 인권연구에서 갖는 가능성과 함의를 살펴본다. 이론적 차원에서의 문제제기를 좀 더 구체적으로 드러내기 위하여 부분적으로 필자가 수행한 사례분석을 소개할 것이다.[28]

---

27 북한연구 방법론에 대한 기존의 논쟁과 모색은 다음을 참고하라. 경남대학교 북한대학원 엮음, 2003.

28 이 글의 목적이 본격적인 사례연구가 아니라 방법론의 함의를 고찰하기 위한 것이므로 구술사례는 연구방법론의 가능성을 구체화하기 위한 연구목적에 제한하여 소개될 것이다. 소개되는 세 사례는 필자가 탈북여성에 대한 연구를 위해 2006년에서 2008년 사이에 여러 경로를 통해 인터뷰한 사례 중 일부이다.

(1) 일상생활(everyday life) 속에서 구성되는 여성 인권에 대한 고찰

북한은 1946년 6월 남녀평등에 관한 법령을 제정하고 제3조에서 "동일노동, 동일임금과 사회보험 및 교육의 권리"를 보장하였다. 이후 지속적으로 여성의 사회참여와 복지를 위한 제도를 실시하였다. 예를 들어 북한은 1986년 이래 산전 60일, 산후 90일의 휴가를 통해 여성들을 보호하고 있다. 법제도의 측면에서 한국의 그것과 유사한 측면을 갖는다. 최근 형편이 좋지 못한 국영기업에서 여직원의 휴직과 사직을 강요하는 사례가 있고 식량위기 이후 모성근로자가 먼저 해직된다는 보고는 1997년 경제위기 당시 한국에서 있었던 여성 우선 퇴직 사례에서 보여지는 가부장적 관행을 짐작하게 한다.[29] 그러나 최근 개인의 삶에 대한 질적 연구자료는 성문화된 여성들의 법적 권리와 일상생활에서의 젠더 관계는 일정한 괴리가 있음을 보여준다. 예를 들어 구술자들의 생애사에서 등장하는 폭력에 대한 체험과 결혼관계에 대해 주목해 보자.

1959년 평양에서 태어나 북한 작가동맹 소속 시인으로 활동했던 김주희 씨[30]는 2006년 5월 필자와의 인터뷰에서 "사회주의 가부장의 폭력과 어머니의 자살"에 관한 언급으로부터 자신의 삶을 소개하였다. 구술자는 이와 관련된 자신의 체험을 2005년 발간한 자전적 수기에서 다음과 같이 소개한다.

> 사남 이녀 중 장녀인 나에게 어머니는 늘 피해자의 모습이었다. 식사를 하다가도 밥에 돌이 있다며 밥상을 들어 부엌에 내치던 아버지, 직장에서 화나는 일이 있으면 집에 돌아와 어머니에게 화풀이를 하고 어머니의 귀싸을 때리는 일 정도는 밥 먹듯 하던 아버지. 아버지의 장기간의 구타로 병이 들어 귀가 멀고 고혈압이 오고 반신불수가 된 어머니. 그 때문에 여

29 북한 여성의 각종 사회보장제도에 대해서는 다음을 참고하였다. 백영옥, 2002: 243~245.

30 이 글에서 언급되는 구술자의 개인정보 보호를 위하여 가능한 정보의 내용을 바꾸었다.

덟 살 때부터 집안일을 도맡아 해야 했던 나. (김주희, 2005/ 24)

사례분석에 의하면 구술자의 어머니는 남편보다 유복한 집안 배경과 일본 유학이라는 학력을 가졌으나 마지막 순간까지 남편의 폭력을 견디다 구술자가 여덟 살 되는 해인 1967년 스스로 삶을 포기하였다. 광폭한 아버지의 행동에 대한 위의 사후적인 기술에서 그 당시 느꼈을 법한 격한 감정이 거세되어 있지만, 전체 사례분석에 의하면 구술자가 어린 나이에 겪었을 폭력에 대한 공포와 아버지에 대한 양가 감정을 짐작할 수 있다(김주희, 2006 I/ 2).[31] 이 사례에서 우리는 우발적인 폭행이 아니라 한 가족 내에서 남성가부장이 부인에게 행사한 지속적인 물리적, 정신적 폭력이 죽음을 초래하고 있음을 볼 수 있다.

1941년 함북지역에서 태어난 김열란 씨의 아버지는 지역 은행을 소유한 자본가로 1947년 월남하였다. 한 달 뒤 데리러 오기로 한 부모님과 헤어진 구술자는 이후 외할머니의 보호 속에서 성장하였다. 구술자는 사범전문학교를 졸업하고 유치원 교양원으로 근무하다 1960년대 중반에 김일성종합대학을 나온 사회연구사와 결혼하였다. 그러나 아이를 낳지 못하는 데다, 1974년 이모가 정치적 숙청을 당한 것이 근거가 되어 "재판을 거치지 않고 그냥 이혼 됐다"(김열란, 2006 I/ 8). 사례분석에 의하면 북한의 이혼에 대한 성문법적 규정과 달리 출산을 여성의 책임과 의무로 돌리는 봉건시대의 관행이 사회주의 북한사회에서 '이혼'의 실질적인 사유가 되고 있다. 동시에 정치적 행동에 대한 가족의 연대 책임이 개인의 결혼권에 우선해서 작용하고 있음을 알 수 있다.

이처럼 북한 여성들의 인권은 북한 사회주의체제와 가부장제라고 하는 정

31 이것은 이 글에서 구술자료를 인용하는 방식이다. 예를 들어 김주희 씨의 2006년 1차 인터뷰 녹취록 중 2쪽에서 인용하였다는 뜻이다.

치, 문화적 제도가 복합적으로 교차하는 일상적인 생활공간 속에서 확장되거나 굴절되고 있다. 오랜 가부장제의 역사 속에서 여성에 대한 남성가부장의 일상적인 폭력은 많은 사회에서 공식적으로 언급되지 않는다. 바람직하지 않으나 의례 그래왔던 습관으로 존재하고 있다. 남한사회에서 폭력에 관한 법률을 통해 가족관계 내에서의 폭력에 대한 제도적 장치를 마련한 것은 최근의 일이다.[32] 오랫동안 가부장의 폭력은 한국사회에서도 '사적인 일'로 치부되었으며, 여전히 유사한 경향 속에 있다. 이에 비해 북한의 여성들이 어떻게 가족 내 성/폭력을 체험하며, 그로 인한 정신적, 육체적, 문화적 상처를 어떻게 치유하는지는 여전히 연구과제다. 왜냐하면 인권의 제약과 침해는 우발적인 사건이 아니라 지속되는 일상 속에서 '문화화된 형식'으로 구조화되기 때문이다. 북한 여성의 인권에 대한 질적 연구는 이와 같은 일상의 체험에 주목하며, 삶의 일상 속에서 구조화되는 인권의 구체적 현실을 재구성하고자 하는 하나의 시도이다.

(2) 언어화 되지 못하는 신체적, 정신적 폭력에 대한 체험의 재구성

기존의 각종 연구보고서는 북한 여성의 중요한 인권침해 사례로 인신매매와 성폭력, 강제 결혼 및 성매매를 들고 있다. 대표적으로 북한 여성의 인신매매 실태에 대한 최근의 보고서를 살펴보면 인권침해의 구조는 시기별로 다른 모습을 보이고 있다(통일연구원, 2008: 279~286). 식량위기가 시작된 초기에는 식량을 구하기 위해 여성들이 단독으로 중국으로 가는 국경을 넘었다. 중국에 친인척이 없는 경우 국경지역에 살고 있는 중국 조선족의 호의에 의지하다가 약간의 보호를 제공할 수 있는 또 다른 중국인에게 인계되었다.

32 1998년 시행된 「가정폭력범죄의 처벌 등에 관한 특례법」, 「가정폭력 방지 및 피해자 보호 등에 관한 법」이 대표적인 예이다. 2016년 '강남역 살인 사건' 이후 폭발한 '미투운동'은 일상 속의 성별화된 폭력을 여실히 보여준다.

이 과정에서 초기적인 돈거래가 성립되어 매매혼의 형태를 띠기도 하였다. 이 경우 의지할 곳이 없는 여성들이 어쩔 수 없이 사실혼 관계를 받아들이기도 한다. 이후 불법 국경이동이 급증하면서 북한에서 활동하는 전문안내인(일명 브로커)들이 장마당이나 역전에서 여성들에게 접근하여 "중국으로 시집가면 잘 먹고 잘 살 수 있다"고 유인하여 중국 각 지역으로 거래하였다. 또한 중국으로 간 북한 여성이 유흥업소에서 성매매를 강요받는 사례나 북한 내에서의 성매매 사실도 전하고 있다. 이와 같은 인권보고서의 내용은 대부분 한국으로 온 북한 여성들이 자신이 보고 들은 경우를 전달하는 형식을 취하고 있다. 그러나 자신의 체험을 전하는 경우는 드물다. 따라서 북한 여성들이 북한 안과 밖에서 매매혼, 인신매매 혹은 성폭력으로 이르게 되는 과정을 이해할 수 있는 자료가 되기는 하지만, 인권침해의 구체적 내용으로 접근할 수 있는 가능성은 닫혀 있다. 이와 비교하여 앞에서 살펴본 김주희 씨의 사례연구는 다른 이해의 가능성을 보여준다.

1998년 5월 정치적인 이유로 평양에서 추방된 김주희 씨는 남편과 이혼하고 청진 근처의 국경지역을 헤매다 사촌동생이 소개한 브로커의 안내를 받으며 1998년 7월 11일 북한 국경을 넘었다. 중국으로 온 구술자는 생활기반을 마련하기 위해 가장 빠른 길이라는 매매혼을 승낙하고 한족과 결혼하였다. 그러다가 9월 경 다시 강을 건너 북한에 있던 아들을 데리고 중국으로 돌아왔다. 살길을 찾아 조선족 남자와 살다가 헤어지고 다시 연길지방에서 온 남자와 동거하였다. 그러나 사례분석에 의하면 점점 본색을 드러내는 무자비한 구타와 성폭력으로 구술자와 아들은 생명의 위협까지 느끼는 생활을 하였던 것으로 보인다. 1999년 1월 어느 날 구술자는 피와 땀투성이 내복바람으로 아들을 안고 인근 교회의 정문으로 뛰어들어 도망하였다. 단행본 자서전에서 구술자는 상상하기 어려운 이 시기의 체험을 10여 쪽에 걸쳐

(272~286) 상세히 기술하고 있다.[33] 이 글은 어떤 다른 자료에서도 알기 어려운, 신체의 권리를 박탈당했던 북한 여성의 구체적인 체험을 담고 있다. 이것은 전업 예술가였던 구술자의 비상한 작가의식의 결과이다. 텍스트 분석에 의하면 구술자는 중국으로 오면서 시민권을 상실한 불법체류자가 되었다. 중국 국민으로서의 합법적 권리를 갖지 못한 구술자는 생존을 위해 몇 번의 매매혼을 거치면서 결국 한 중국 남성의 성적 욕구를 해결하기 위한 대상물이자, 폭력의 노예가 되고 있다. 즉 구술자의 체험은 한 여성이 북한 최고엘리트에서 폭력과 성행위의 노예가 되는 급격한 신분하락과 인권침해의 과정을 보여준다.

필자가 만난 대부분의 여성 구술자들은 북한의 국경을 넘어 중국에 체류하는 동안 비슷한 경로를 통해 중국 각지로 매매된 경험을 가지고 있다. 어떤 구술자는 이를 "다시는 생각하기도 싫은 끔찍한 기억"으로 표현한다. 또 다른 구술자는 중국에 머물던 3~4년 동안의 시기를 '그럭저럭 지내던 때'라는 한 줄로 압축함으로써 더 이상의 언급을 피하기도 한다. 생존권을 위협받으며 국경을 넘고, 인신의 자유를 상실하고 구타와 성폭력을 경험하게 되는 북한 여성들의 사회적 지위는 비(非)인간이다. 예를 들어 국경을 넘어온 남성들의 경우 동일한 불법이주자의 신분이지만 성적 노예의 신분이 되지는 않는다. 여기서 성적 위계에 의한 구획이 분명히 드러난다. 북한 여성의 인권침해는 성차별을 통해 더욱 가혹해지는 특성을 띠고 있다.

성폭력을 경험한 여성들의 삶에 관한 질적 연구결과에 의하면 이와 같은 체험은 대부분 언어화되지 못한다(Loch, 2002: 233~246). 정신적 상처와 결합

33 작가인 구술자는 생존을 보존하기 어려운 탈북과 한국행의 과정에서도 자신의 체험을 기록하고 이를 간직하였다. 이후 구술자는 이 시기의 기록을 토대로 단행본 수기를 발간하였다. 필자는 이 작업이 구술자가 겪은 인신의 구속과 폭력에 대한 고발이라고 생각한다. 이것은 동시에 구술자가 자신의 트라우마를 극복하기 위한 비상한 노력의 표현이기도 하다.

된 성폭력의 경우 다양한 방어기제를 통해 망각되거나 분절화된 기억으로 존재하는 특성을 갖기도 한다(Terr, 1997). 이와 같은 경우 인권문제는 단순히 숨겨진 보물과 같은 방식으로 존재하지 않는다. 즉 찾기만 하면 금방 '보물'인지를 알아볼 수 있는 것처럼 명확한 사실로 존재하지 않을 수 있다(조효제, 2008: 34). 앞선 예와 같이 여성과 미성년 아동 등에 대한 중장기적인 성폭력과 인신매매의 경우 여러 가지 이유로 가해의 구체적 상황을 재구성하거나, 신체적 정신적 피해를 다면적으로 이해하기 어렵기 때문이다. 이처럼 육화(肉化)되거나, 분절된 기억 혹은 망각으로 존재하는 인권의 현실에 다가가기 위해 질적 연구의 해석학적 방법론이 하나의 가능성을 제공한다. 즉 언어화된 사실만이 아니라 행간을 읽고 해석하는 가설추론적 텍스트 재구성 방법은 파편화된 체험으로 존재하는 '인권 부재의 현실'을 재구성할 수 있는 하나의 접근방법이다(이희영, 2005: 136~143).

(3) 생애를 통해 장기 지속적으로 구성되는 여성 권리에 대한 이해

북한이주민의 적응실태에 대한 최근의 연구는 한국에서의 생활이 북한에서 구성된 가족관계 및 탈북과정에서의 체험과 연관되고 있음을 시사한다(조영아, 전우택, 2005). 특히 위에서 언급한 매매혼과 성폭력을 체험한 북한 여성들의 경우 남한에서 생활하는 동안 내면적 갈등에 직면하는 것으로 보인다. 자신의 신체권과 사회권을 온전히 부정당했던 경험을 스스로 어떻게 이해해야 하는가의 질문을 피할 수 없게 되는 것이다. 나아가 남한사회의 공적 영역에서 지배적으로 관철되는 '혼전순결' 혹은 '현모양처' 등의 담론을 직, 간접적으로 체험하게 되면서 탈북과정에서의 인권침해 경험을 반추하지 않을 수 없게 되는 것으로 보인다. 앞에서 살펴본 김주희 씨의 경우 자서전 집필을 통해 자신이 대면하고 싶지 않은 '과거의 경험'을 성찰하는 기회를 가졌던 것에 비해 대부분의 북한 여성들은 자신만의 비밀로 간직하고 있는 것으로 보인다. 1999년 16살의 나이에 가족을 두고 혼자 중국으로 건너온 유지민 씨의 경우 자신이 직, 간접적으로 경험한 북한 여성들의 다양한 인권침해에 대하여 다음과 같이 이야기한다.

> 그런 문제에 대해서도, 생각을 바꿔야지, 계속 돌아보면서, 아 그랬었지 라고 생각하는 사람하고, 그래서 어떻해, 나는 그래서 정말 수치심을 느끼거나 거기 매달려 있으면, 계속 그렇게 살 거 같아요. 그걸 벗어나야 한다고 생각하거든요? 그때 그래, 그때 난 그럴 수 밖에 없었다고 생각해요. 그게 내가-하고 싶어서 핸 것도 아니고, 내가 길을 잘못 들어서 그런 것도 아니고(…) 정말 어쩔 수 없는 환경에서 어쩔 수 없이 그렇게 됐는 걸 내가 어떻게 바꾸랴, 그걸 지워버릴려고 하는 것보다, 있는 그대로 놔두고, 그랬던 내가 있었다. 하지만 지금 이렇게 살고 있다라고 생각하는 것이 필요하지 않나 생각해요(…)
>
> (유지민, 2008 I/ 16)

위의 텍스트에서 유지민 씨는 그간 마음속으로 수없이 되뇌어보았을 자신과의 대화를 소개하고 있다. 사례분석에 의하면 유지민 씨는 비슷한 경험을 공유한 젊은 여성들과 부분적이나마 자신의 경험을 반추해볼 수 있는 기회를 가졌던 것으로 보인다. 그러나 대부분의 경우 이런 종류의 체험은 서로 묵인하며, 언급하지 않는 금기(tabu)로 존재한다. 이와 같은 관점에서 개인의 생애사적 체험에 대한 구술은 구술자가 자신의 경험을 언어를 통해 정리하고 돌아볼 수 있는 기회를 제공한다. 구술자는 묻어둔 자신의 체험을 발언함으로써 객관화시킬 수 있는 가능성을 발견할 수 있다. 동시에 연구자의 입장에서 이와 같은 구술 연구는 북한 여성의 인권문제에 심층적으로 접근할 수 있는 길이기도 하다. 예를 들어 제3국 체류 시기에 발생한 하나의 생애사적 '사건'으로서가 아니라, 한 개인의 전체 생애시간의 진행과정에서 다양한 양상으로 드러나는 인권문제로 접근할 수 있는 가능성이다. 폭력에 대한 기존의 질적 연구들은 폭력의 체험에 대한 사회적 금기와 침묵이 제2의 트라우마를 생산하는 과정임을 보여준다.[34] 이런 관점에서 북한 여성의 인권에 대한 연구는 '성폭력' 혹은 '인신매매' 사건들을 수집하고 조사하는 관점에서 성폭력과 인신매매의 중장기적인 '체험'과 이것이 갖는 생애사적 맥락에서의 의미(meaning)에 대한 연구로 나아가야 한다. 이를 통해 인권침해로 인한 여성들의 상처를 이해하고 적극적으로 소통할 가능성을 갖게 될 것이다.

(4) 비참(cruel)에 관한 보고를 넘어 인간–비인간 행위성에 주목하는 인권연구

북한 이주여성의 인권에 관한 대부분의 연구결과는 잔혹한 폭력과 인신매매의 사건들을 발견하고 전달하는 데 주력한 결과 의도치 않게 선정적인 사례 보고의 성격을 띠기도 한다. 마치 얼마나 더 비참한 인권유린의 경우가 있는지를 발견하고 수집하여 보고하는 르뽀처럼 읽혀지기도 한다. 이처럼 사건 자체에만 주목하는 연구의 관점은 행위자를 배제함으로써 인간이 없는 인권문제를 언급하게 된다. 따라서 인권침해 발생의 동학을 심층적으로 이해하기 어려울 뿐만 아니라 사건의 대상자인 여성들을 '피해자화'하는 관점을 벗어나기 어렵다. 여성들은 역사적으로 구조화된 가부장적 정치권력의 피해자가 될 수 있다. 그러나 동시에 여성들은 이와 같은 피해를 직, 간접적으로 체험하며 스스로의 정치적, 시민적 권리와 경제적·사회적 권리를 획득하기 위해 중심에 있는 적극적 행위자이기도 하다. 필자는 북한 여성들에 대한 연구과정에서 '식량위기의 피해자'로 환원될 수 없는 놀라운 개인들을 만나게 되었다. 생존권이 위협받는 사회현실에 직면하여 수없이 사선(死線)을

34 대표적인 사례로 일본군 '위안부'로 끌려갔던 한국 여성에 대한 연구와 독일 나치 강제수용소에서 성폭력을 체험한 여성에 관한 연구를 들 수 있다.

넘고 폭력을 체험하며 한국사회에 오게 된 '삶의 의지'를 가진 여성들이다. 인간으로서의 권리를 갖지 못하는 체험을 겪으면서도 자존감을 지키려는 여성들이다.[35]

나아가 이주여성의 인권에 대한 연구는 인간-비인간 행위자들의 잡종적 행위성에 주목하고, 이를 적극적으로 추적하고 재구성하는 질적 연구방법을 통해 비참에 관한 연구가 아니라, 그럼에도 불구하고 존엄함(dignity)을 유지하기 위해 분투하는 체험에 주목하는 연구로 나아가야 한다. 특히 분단장치의 역동적인 실현과정에서 변화하는 비인간 행위자들과의 결합과 해체, 반역과 번역의 네트워크에 대한 재구성 작업을 수행해야 한다. 이를 통해 인간 행위자로 국한된 이주 연구의 지평을 확대하고, 새로운 테크놀로지와 결합한 이주여성들의 행위성을 적극적으로 탐색할 가능성을 갖게 될 것이다.

(5) 초국가적 특성을 갖는 이주여성의 인권에 대한 고찰 가능성

북한 여성들의 도강과 이주는 짧게는 몇 달, 길게는 수년에 걸친 생애과정이다. 공간적으로는 북한으로부터 중국 및 제3국을 거쳐 한국으로 이어진다. 이 과정에서 여성들은 다양한 정치적 집단에 의해 인간적 권리의 박탈을 체험한다. 또한 최근의 연구는 북한 여성에 대한 인신매매와 기획 탈북 등의 현상이 북한, 중국 및 제3국까지 연관된 조직적 연결망에 의해 이루어지고 있음을 시사한다. 북한에 남아 있는 가족이나 친지를 데려오고 싶은 북한이주민들이 이와 같은 탈북 안내조직의 도움을 받기도 한다. 이 과정에 한국 정부가 제공하는 북한이주민들의 정착금이 중요한 물적 기반이 되기도 한다.

이에 비해 국내에서 수행되고 있는 북한 여성의 인권에 관련된 연구는 탈북여성들의 구술을 통해 북한 내에 살고 있는 여성들의 생활실태를 추론하

35 이에 대한 대표적인 사례로 다음의 자전적 수기를 참조할 수 있다. 최진이, 2005.

는 연구, 북한을 떠나 중국에 체류하고 있는 여성들의 생활현황에 대한 연구, 그리고 북한 이주여성의 한국사회 적응실태에 대한 연구 등 연구자의 편의에 의해 구획된 대상, 지역, 특정 생애시기로 나누어져 수행되고 있다. 한 개인 행위자의 생애사적 연속성 속에 존재하는 사실 혹은 체험을 부분으로 채록하여 조사함으로써 깊이 있는 이해로 나아가지 못할 뿐만 아니라 각각의 체험이 관여하는 국가와 사회의 물질적, 정치적, 담론적 틀을 조망하지 못하게 된다. 특히 한반도 분단장치의 실현과정에 대한 재구성 가능성을 상실하게 된다. 예를 들어 북한에서 정치사회화를 경험하고 개혁 개방된 중국을 거쳐 한국사회에 정착한 개인의 삶 속에서 남한 정부가 지급한 정착금의 일부를 탈북 안내조직을 통해 북한으로 보내는 선택이 어떤 의미를 갖는지 이해하기 어렵다. 즉 한국 내 한 집단은 북한이주민이 비밀리에 북한으로 보내는 돈이 불법 탈북 안내조직을 살찌우는 반(反)인권적 행위라고 비판한다. 이에 대해 한 북한 여성은 그런 측면도 있지만, 북한 가족에게 송금되는 나머지 액수가 북한에 남아 있는 가족의 생존을 지탱하는 중요한 자원이라고 생각한다. 이것은 자신이 목숨을 걸고 국경을 넘어 이주한 결과이기도 하다.

이처럼 국가 사이의 경계를 횡단하며 조직되는 분단장치의 행위자 네트워크가 재구성되는 현실 속에서 북한 여성들의 '인권'이 어떤 특성을 갖는지에 대해 주목한 연구는 전무한 실정이다. 자신의 인간적, 사회적 권리를 확보하기 위해 국경과 이념적 문화적 경계를 넘어서는 개인의 생애사적 체험에 주목하는 질적 연구는 민족주의, 국가주의의 틀을 넘어 21세기 한반도의 분단장치를 성찰할 수 있는 중요한 접근방식이다.

4. '숨겨진' 상처를 발견하고 소통하기

지금까지 분단장치를 오가며 이주하는 북한 여성의 인권에 관한 연구에서 질적 연구방법론이 갖는 함의를 살펴보았다. 이를 정리하면 다음과 같다. 첫째, 이주여성의 인권문제는 일상생활 속에서 전체 생애사를 통해 구조화되는 특성을 갖는다. 이런 관점에서 질적 연구방법론은 여성들의 인권문제를 특정한 생애시기에 발생한 '사건(happening)'으로 환원시켜 고찰하는 연구관점을 극복할 수 있는 가능성을 제공한다. 둘째, 매매혼, 강제 성매매, 성폭력 등과 결합된 북한 여성들의 인권문제는 언어화되지 못한 채 분절되거나 육화된 형태로 존재하기도 한다. 이처럼 '블랙박스'로 현존하는 북한 여성들의 인권문제를 '재구성'하는 데 질적 연구방법론은 하나의 대안이 될 수 있다. 셋째, 북한 여성들의 인권문제에 대한 연구가 비참한 사건에 대한 선정적 보고로 제한되거나, 혹은 여성들을 '피해자화'하는 한계에서 벗어나기 위해 질적 연구방법론은 새로운 접근방식을 제공한다. 인간과 비인간 행위자 사이의 역동적인 결합과 재구성에 주목하는 질적 연구방법론은 인권이 침해당하는 현실 속에서도 인간의 존엄성을 지키고자 하는 비상한 의지를 가진 여성들의 행위지향을 이해하고, 21세기 디지털 테크로놀로지와 결합한 혼종적 이주의 네트워크를 재구성할 수있는 가능성을 제공한다. 넷째, 생애사적 연속성 속에서 개인의 체험을 이해하고자 하는 질적 연구방법론은 국가 간 경계를 오가며 초국가적 특성을 갖는 북한 여성들의 인권문제를 국가주의의 틀을 넘어서 이해할 수 있는 중요한 접근방식이 될 수 있다. 이주여성들과 다양한 비인간 행위자들이 결합된 혼종적 네트워크를 추적하고, 블랙박스를 재구성함으로써 이주 경험을 이해하고, 한반도 분단장치를 성찰할 수 있는 가능성을 모색할 수 있을 것이다.

마지막으로 강조하고 싶은 점은 질적 연구방법을 선택한다고 해서 연구의

'질'이 자동적으로 보장되지 않는다는 사실이다. 질적 연구방법은 만병통치약이거나, 혹은 코에 걸면 코걸이, 귀에 걸면 귀걸이가 되는 허풍선이 도구(tool)가 아니다. 오히려 질적 연구는 좀 더 많은 연구자의 수고를 필요로 한다. 객관성을 담보하고자 하는 과학연구의 성과뿐만 아니라, 객관성 너머에서 일상적 체험으로 구성되는 인간의 권리와 노력을 이해하고자 하기 때문이다. 이러한 질적 연구방법론의 문제의식은 새로운 인간 이해의 철학과 맞닿아 있다. 연구자들이 방법론적 도구(tool)를 통해 '도구적 원리'를 넘어설 때 현장 연구의 '질'은 두터워질 것이다. 더불어 연구자는 새로운 눈을 가지게 될지 모른다.

참고문헌

경남대학교 북한대학원 엮음, 2003,『북한연구 방법론』, 한울아카데미.

김근식, 2002, "북한의 인권: 안으로부터의 시작", 한국인권재단 편『한반도 평화와 인권 2』, 사람생각.

김인성, 2005, "탈북자 현황분석,"『민족연구』14호, pp. 6-34.

김환석, 2001, "STS(과학기술학)와 사회학의 혁신: 행위자-연결망이론(ANT)을 중심으로",『과학기술학연구』1권 1호, pp. 201-234.

김환석, 2005, "행위자-연결망 이론(Actor-Network Theory)에 대한 이해",『과학기술과 사회』, 한국과학기술학회 윈터스쿨, pp. 137-157.

김환석, 2009, "행위자-연결망이론과 사회학",『전기사회학대회 자료집』, 한국사회학회, pp. 873-886.

노옥재, 2003, "북한인권의 성격과 개선을 위한 접근방식",『국가인권위원회 북한인권 관련 보고서』, 국가인권위원회, pp. 9-16.

박경태, 2008,『소수자와 한국사회』, 후마니타스.

백영옥, 2002, "중국 내 탈북여성 실태와 지원방안에 관한 연구",『북한연구학회보』6/1, pp. 241-264.

베르트 다네마르크 외 지음, 이기홍 옮김, 2004,『새로운 사회과학방법론. 비판적 실재론의 접근』, 한울아카데미.

브루노 라투르, 1993/2009, We Have Never Been Modern, Brighton: Harvester Wheatsheaf, 홍철기 옮김, 『우리는 결코 근대인이었던 적이 없다. 대칭적 인류학을 위하여』, 갈무리.

(사)좋은벗들, 1999, 『북한 '식량난민'의 실태 및 인권보고서』, 정토출판사.

(사)좋은벗들, 2007, 『2006~2007 북한사회변화와 인권』, (사)좋은벗들.

서보혁, 2007, 『북한인권. 이론·실제·정책』, 한울아카데미.

이미경, 2006, "탈북여성과의 심층면접을 통해서 본 경제난 이후 북한 여성의 지위변화 전망", 『가족과 문화』 제18집 1호, pp. 33-55.

이영심, 2006, "두만강을 두 번 넘나들기까지 좁쌀 알처럼 흩어진 탈북자들, 과연 그 수는…", 『북한』 제418호, 북한연구소, pp.174-181.

이희영, 2005, "사회학 방법론으로서의 생애사 재구성", 『한국사회학』 제39집 3호, pp. 120-148.

이희영, 2007, "여성주의 연구에서의 구술자료 재구성: 탈성매매 여성의 생애체험과 서사구조에 대한 사례연구를 중심으로", 『한국사회학』 제41집 5호, pp. 98-133.

이희영, 2012, "아날로그의 반란과 분단의 번역자들: 남한 드라마 시청의 행위자 네트워크를 중심으로", 『경제와사회』 제94호, 39-7호.

임순희, 2005, "식량난과 북한 여성의 삶", 『국가인권위원회 북한 인권관련 연구보고서』, 국가인권위원회, pp. 419-438.

조영아·전우택, "탈북 여성들의 남한 사회 적응 문제: 결혼 경험자를 중심으로", 『한국심리학회지: 여성』 제10호 1권, pp. 17-35.

조효제, 2007, 『인권의 문법』, 후마니타스,.

조효제, 2008, 『인권의 풍경』, 교양인.

최진이, 2005, 『국경을 세 번 건넌 여자, 최진이』, 북하우스.

통일연구원, 2008, 『북한인권백서』, 통일연구원.

홍민, 2003. "북한 연구방법론 재고", 『정치비평』 상반기, pp. 177-209.

Adorno et al., 1972, *Der Positivismusstreit in der deutschen Soziologie,* Frankfurt am Main: Luchterhand.

Denzin, Norman K., 1989, *Interpretive Biography,* London: Sage Publications.

Geertz, Cliford, 1973, *The Interpretation of Cultures*, New York: Basic Books.

Loch, Ulike, 2002, "Grenzen und Chancen der narrativen Gesprächführung bei Menschen mit traumatischen Erlebnissen in der Kindheit," Schäffer et al (ed.), *Qualitative Gesundheits- und Pflegeforschung,* Bern, Göttingen, Toronto & Seattle: Verlag Hans Huber, pp. 233-246.

Medica Mondiale e.V.; Marlies W. Fröse; Ina Volpp-Teuscher(eds.), 1999, *Krieg, Geschlecht und Traumatisierung: Erfahrungen und Reflexionen in der Arbeit mit traumatisierten Frauen in Kriegs- und Krisengebieten*, Frankfurt am Main: IKO-Verlag für Interkulturelle Kommunikation.

Rosenthal, Gabriele, 1995, *Erlebte und erzählte Lebensgeschichte*, Frankfurt/ New York: Campus.

Schütz, Alfred; Luckmann, Thomas, 1988, *Strukturen der Lebenswelt. Bd. I*, Frankfurt am Main: Suhrkamp.

Schütze, Fritz, 1984, "Kongnitive Figuren des autobiographischen Stegreiferzählens," Kohli, Martin; Robert, Günther(eds.). *Biographie und soziale Wirklichkeit. Neue Beiträge und Forschungsperspektiven*, Stuttgart: J.B. Metzlersche Verlagsbuchhandlung, pp. 79-117.

Terr, Lenore, 1997, *Schreckliches Vergessen, heilsames Erinnern. Traumatische Erfahrungen drängen ans Licht*, München: Kindler.

[기타자료(구술 인터뷰)]

탈북자 김주희 인터뷰(2006. 05. 27)

탈북자 이열란 인터뷰(2008. 01. 31)

탈북자 유지민 인터뷰(2008. 08. 08)

제2부

국경을 넘어 독일로 간 한인 여성들

제3장

노동과 삶의 자유를 찾아간 여성들

1. 사회적 망각과 사진 속의 여성들

1960~1970년대에 서독 의료기관으로 취업했던 한국의 간호여성들은 언론에서 한복을 입고 독일 공항에 도착하는 모습으로 기억된다.[1] 해외개발공사의 제1진으로 선발되어 1966년 1월 31일 서독 프랑크푸르트공항에 도착한 128명의 한국 여성들이 꽃다발을 들고 시 당국자들의 환영을 받는 장면이 대표적이다.[2] 서독일방송사(WDR)에 보관된 영상자료도 당시 쾰른공항에 도착한 한국 여성들의 모습을 생생하게 보여준다.[3] 1966년 5월 21일 스위스 항공 전세기에서 내리는 여성들은 한복 차림에 복주머니를 들고 있거나, 몸

1 대부분의 글에서 이들을 파독간호사로 불렀으나, 이주여성들을 수동적으로 호명하는 이 용어의 문제점을 고려하여 이 글에서는 특정한 맥락에서 '파독간호사'로 표기하는 경우가 아니면 한인 이주여성 혹은 간호여성 등으로 표현할 것이다.

2 독일에서 발간된 Korea Forum의 표지 사진이다(Korea Forum, 2013). 같은 해 박근혜 정부가 한독수교 130년, 파독광부 50년을 맞아 파독광부, 간호사, 간호조무사 헌정기념전으로 기획한 자료집에도 실려 있다((사)대한민국감사국민위원회, 2013: 114).

3 WDR, 1966. 05. 21, *Hier und Heute. Koreanische Krankenschwester, Ankunft*.

〈1965년 5월 21일 쾰른 공항에 도착한 한인 여성들–WDR 방송, 주재순 기증〉

에 잘 맞는 투피스를 입고 머리를 단장한 모습이다. 대부분의 여성들은 웃음기를 띤 얼굴로 카메라를 대하고 있다. 첫 외국 여행을 위해 옷을 차려입은 한국 여성들의 표정이 인상적이다. 한 장면에서는 카메라가 하이힐을 신은 한 여성의 발에서부터 치마, 핸드백을 든 손, 그리고 윗옷 모양을 거쳐 얼굴과 머리 스타일을 천천히 따라가고 있다. 마치 그 장면을 보고 있는 사람들이 구석구석 포착되는 것 같은 느낌이 든다. 그러나 여성들의 목소리는 없다. 이들을 조직하여 독일로 '데려온 사람'으로 보이는 독일 남성들만 인터뷰의 대상이다.

유감스럽게도 앞의 자료로부터 1년 정도가 지난 뒤인 1966년 10월 15일 서베를린의 템펠호프 공항에 도착한 한국 여성들의 모습을 담은 자료는 발견하지 못했다. 최근 인터뷰에 의하면 이날 밤 전세기에서 내린 여성들은 한국에서 부여받은 자신의 번호를 부르는 소리를 따라 뿔뿔이 흩어졌다. 낯선 이국땅에 함께 왔던 동료들과 인사도 나누지 못한 채 헤어져버렸던 것을 두고두고 후회하였다고 했다. 혈혈단신으로 어딘지 알 수 없는 곳을 향해 달려가는 버스에 앉아 어둠 속만 바라보고 있었던 그날을 여성들은 어제처럼 가

깝게 기억하고 있었다.[4]

1960~1970년대에 해외개발공사의 모집에 지원하여 서독으로 갔던 여성들이 낯선 땅에서 힘들게 노동하여 한국의 가족을 지원하고 가난했던 한국경제를 일으키는 데 기여했다는 이야기는 1990년대를 거치며 자주 언급되었다. 또 독일사회에서 열심히 공부하여 의사나 교수 혹은 예술인이 된 소수의 성공사례들이 소개되기도 하였다. 그러나 한국전쟁으로 파괴되고, 여성들의 희생을 당연히 생각했던 당시의 한국사회를 떠난 여성들이 지난 50여 년의 생애시간을 거쳐 통일된 독일사회, 특히 분단의 도시였던 베를린에서 어떤 경험을 하며 살고 있는지에 대한 사회적 조명은 부족하다.

2. 서베를린의 한국 간호여성들

제2차 세계대전이 끝난 후 전범국이었던 독일의 수도 베를린은 동서로 분단되었다. 1961년 동독에서 장벽을 쌓기 시작하면서 서베를린은 동독 사이에 고립되었다. 한 도시가 냉전체제의 첨예한 현장이 된 것이다. 독일병원협회의 자료에 의하면 1960년에서 1965년 사이에 종교 단체나 개인의 소개로 대략 1천여 명의 한인 간호사와 간호조무사가 서독에 취업하고 있었다. 1965년 설립된 해외개발공사가 모집한 파독간호사 시험에 1차 합격한 사람은 128명이었다. 이들은 22세에서 38세 사이의 나이로 결혼하여 가족을 꾸린 경우도 있었다. 서독으로 출발하게 된 이들의 환송식이 1966년 1월 5일 YWCA 대강당에서 열렸고, 프랑크푸르트시의 8개 병원에서 3년간 근무할 것을 내용으로 하는 계약서에 서명하고 1월 30일 서독으로 갔다(조선일보

4 서베를린 교외의 결핵 전문병원에 취업했던 최영숙 씨(2005년)와 한정로 씨(2016년)의 인터뷰에서 공통적으로 등장하는 장면이다.

1966. 01. 06). 1966년 10월 15일 밤 해외개발공사의 모집을 통해 서베를린에 처음 도착한 여성들은 모두 126명이었다(Yoo, 1996: 183). 이들 중 경북지역에 연고가 있던 네 명의 여성은 우연히 같은 전세기를 타고 템펠호프공항에 내렸다. 이민자 씨와 최영숙 씨는 초등학교 동창으로 같은 중, 고등학교와 간호대학을 졸업하였다. 졸업 후 각각 서울과 대구의 직장을 찾아서 취업했던 두 사람은 1966년 해외개발공사가 모집한 파독간호사에 동시에 선발되어 베를린으로 왔다. 이들과 함께 전세기를 탔던 김진향 씨와 한정로 씨는 이후 두 사람과 친구가 되어 함께 활동하며 50여 년을 베를린에서 살고 있다.

1) 경찰 가족의 모범생

최영숙 씨는 1944년 경상북도 성주에서 장녀로 태어났다. 서너 살 터울의 남동생이 있으며, 부모님은 일제의 식민지 시기인 1920년대에 출생했다. 최영숙 씨가 초등학교에 입학하자 1950년 한국전쟁이 발발했고, 경찰이었던 아버지가 참전하였다가 전사했다. 아버지의 사망 후 최영숙 씨와 남동생은 외할머니 댁으로 가고, 어머니는 장사를 위해 각지로 다녔다고 한다. 어린 나이부터 동생을 돌보아야 했던 최영숙 씨는 초, 중학교를 졸업하고 1959년에 인문계 고등학교에 입학하였다. 넉넉하지 않은 형편에도 불구하고 공부를 계속할 수 있었던 것은 아버지가 국가유공자로 인정되어 교육비 혜택을 받을 수 있었기 때문이었다. 1962년 우수한 성적으로 졸업한 최영숙 씨는 일반대학에 진학하는 대신, 다른 대학보다 먼저 특차로 학생들을 선발하고 기숙사가 있는 3년제인 경북대 간호대학을 선택했다. 간호대 학생으로 열심히 공부하며 6명의 또래들과 그룹을 만들어 데이트를 다니기도 했다. 1966년 3월, 대학을 졸업한 최영숙 씨는 지인의 소개로 시립병원에 취업했다가 한 달 뒤 좀 더 조건이 좋은 전 수도의과대학 부속병원[현 고려대학 부속병원]으로 이직하였다. 2005년 인터뷰에서 최영숙 씨는 간호과장의 호의로 특실에 배치되어 환자 가족들로부터 '무지하게 귀한' 바나나 혹은 사과, 배 등을 궤짝으로 받았던 일, 당시 유행하던 '우찌마끼' 머리를 하고 다니며 인기가 좋았던 일들을 떠올렸다. 1960년대 중반 한국 여성들 중 상대적으로 고학력자였던 최영숙 씨는 여러 가지 특혜도 누릴 수 있는 대학 부속병원에서 간호사로 근무하며 경제적으로 독립할 수 있는 조건을 마련하였다.

2) 자식 많은 '귀국자 집안'의 셋째 딸

이민자 씨는 1945년 2월 일본 오사카 근처에서 3남 4녀 중 셋째로 출생했다. 경북 성주 지역 유복한 집안의 막내아들로 일본 유학을 갔던 아버지는 그곳에서 노동운동에 참여하였고, 같은 고향 출신인 어머니를 만나 결혼했다. 일본에서 집과 자동차를 가지고 살았던 이민자 씨의 가족은 1945년 8월 일본의 패망과 함께 시모노세키에서 배를 타고 부산을 거쳐 고향인 성주로 돌아왔다. 부산항으로 귀국한 아버지가 가진 돈을 함께 왔던 사람들에게 차비로 나눠줘서 이민자 씨의 가족은 걸어서 고향까지 갔고, 이때부터 고생이 시작되었다고 했다. 소위 '일본 귀국자 집안'의 가장이었던 아버지는 가족이 원하지 않았던 어머니와의 결혼 때문에 집안의 유산을 나눠받지 못했고, 사람 좋은 '무골호인'이었으나 경제적으로는 무능했다. 어머니가 갖은 노동을 하며 자식이 일곱 명이나 되는 생계를 유지하였다.

이민자 씨는 집안이 어려워 공부하지 못했던 어머니의 엄한 가르침에 따라 어린 시절부터 잠을 줄여가며 공부했다. 성적이 나쁘면 어머니가 등록금을 주지 않아 혼자 울면서 공부하기도 했다. 고등학교를 졸업한 뒤인 1963년, 집안 형편을 고려하여 경북대학교 간호대학에 진학했다. 자유분방하고 주관이 뚜렷했던 이민자 씨는 대학의 엄격한 기숙사 규칙과 보수적인 문화 속에서도 또래 친구들과 데이트를 하는 한편, 학업에도 매진하여 간호대학을 졸업하고 1966년 초 대구의 한 병원에 취직하였다.

3) 대학생이 된 부잣집 딸

김진향 씨는 1943년 경북 칠곡군에서 5남 2녀 중 6번째로 태어났다. 부모님이 집안의 많은 토지를 물려받아 넉넉하게 살았던 덕분에 김진향 씨는 동네에서 "부잣집 딸"로 불렸다. 오빠들은 부모님의 지원으로 대학교육을 받았으나 둘째였던 언니는 국민학교를 졸업한 뒤 집에서 '형제간을 돌보는 일'을 했다. 당시 대부분의 여성들과 마찬가지로 10대 중반의 나이부터 '집안 살림의 밑천'이 된 것이다. 언니와 달리 김진향 씨는 1955년 초등학교를 졸업한 후 큰오빠가 영어교사로 근무하고, 작은오빠들이 고등학교를 다니던 왜관으로 가서 중학교에 진학하였다. 졸업한 후에는 교사의 추천으로 김천간호고등학교에 진학하였다. 1962년 김진향 씨가 간호사 자격증을 가지고 졸업하던 무렵 전국 각지에는 보건소가 신설되고 있었다. 1956년 보건소법이 제정, 공포되었고, 1958년에는 각종 시행령이 만들어져 보건사회부가 3개년(1959~1961)에 걸쳐서 전국에 182개소의 보건소를 설치하던 중이었다.[5] 김진향 씨는 집에서 가까운 선산군 보건소의 간호사로 지원하여 발령을 받았다. 가족 계획원, 간호원, 의사, 약사, 사무원 각 1명으로 한 팀을 구성하여 결핵약을 타러 오는 사람들을 상대하는 역할을 하였다.

얼마 후 영주 초등학교의 양호교사로 이직하였다가 1965년, 22살의 나이에 대구의 파티마 병원으로 옮겼다.[6] 김진향 씨는 이곳의 소아과에서 일하며

---

5 부족한 예산과 훈련된 요원의 빈곤, 시설과 건물 및 운영법규의 미비 등으로 보건소의 임무를 수행하기는 어려운 실정이었다. 1976년 대통령령으로 보건소법이 전면 개정되면서 한국의 보건소 사업이 정착하게 되었다(한국민족문화대백과, 한국학중앙연구원).

6 한국전쟁 후인 1956년 가톨릭 재단의 지원으로 설립되었다.

〈1962년 김천간호고등학교 졸업 기념사진, 김진향 기증〉

청구대학교 가정과 야간학부에 입학하였다. 당시 가정과 야간학부에는 다양한 분야에서 일하던 여성들이 대부분이었다. 김진향 씨는 은행원, 전화교환원, 세무서의 사무직원 그리고 가정부로 일했던 학생들과 써클을 만들고 데이트를 하러 다니기도 하였다.

4) '파독간호사' 지원

1944년 경북 달성군에서 태어난 한정로 씨는 어린 시절을 대구에서 보냈다. 6형제 중 셋째였던 한정로 씨는 1961년 중학교를 졸업한 후, 대전으로 가서 간호고등학교에 입학하였다. 오빠는 대학에 다니고 있었으나 형제 많은 집안의 어려운 형편 때문에 인문계 고등학교에 진학하지 못했다. 일찍부터 집을 떠나 독립적인 생활을 하면서 1964년 졸업과 함께 대전대학과 경북대학 부속병원 외과에서 근무하였다. 그런데 전매청에 근무하던 부친의 실직으로 은행에 다니던 언니와 한정로 씨가 집안을 도와야 했다. 막연히 미국의 병원에 가고 싶은 마음이 있었으나 우연히 친구들을 통해 이야기를 듣고 함

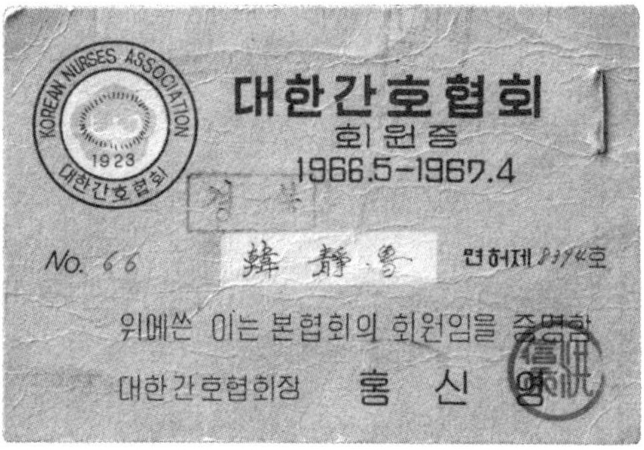

〈1966년 대한간호협회회원증, 한정로 기증〉

께 해외개발공사의 파독간호사 모집 시험에 응시하였다. 3년 계약으로 서독 병원에 가고 싶다는 한정로 씨의 말에 부모님은 어려운 가정형편 때문에 말리지 못했다고 한다.

당시 여성들이 '파독간호사'에 지원했던 배경에는 경제적인 이유와 문화적 배경이 있었다. 한국과 비교하여 많게는 4~5배에 이르는 독일 병원의 월급을 받아서 가족들의 어려운 생활을 돕고, 자신의 경제적 토대를 마련하고자 했다. 서독병원에서 근무할 경우 월평균 700~800마르크를 받았으며 밤 근무를 많이 할 경우 1200~1300마르크를 받기도 했다.[7] 당시 한국 병원 간호사의 월급이 최대 8000원 정도였는데, 서독의 월급 700마르크는 한국 돈으로 4만 9000원 정도에 해당했다(정성화, 2013:123). 또 간호고등학교 혹은 간호대학 등을 졸업한 젊은 여성들에게 서독으로의 취업은 가족을 떠나 먼 곳으로 일하러 가는 고행길이 아니라 해외여행을 할 수 있는 낭만적인 꿈으로 여겨지기도 했다.

서울의 한 대학 부속병원에 근무하던 최영숙 씨도 1966년 해외개발공사의 '파독간호사' 모집광고를 보고 지원하였다. 다 큰 딸이 어디를 가냐고 하

7 1970년 독일로 갔던 윤기복 씨의 사례이다(정성화 엮음, 2013: 264).

며 반대하던 최영숙 씨의 어머니도 "삼 년만 있다가 온다"는 약속을 듣고 허락했다(최영숙 인터뷰, 2005: 2). 대구의 한 병원 간호사로 일하던 이민자 씨는 1965년 경향신문에 게재된 '파독간호사' 모집 공고를 보고 언니와 함께 지원했다. 1966년 해외개발공사의 모집에 선발된 두 자매는 서울로 올라와 동창인 최영숙 씨의 하숙집에 머물면서 '파독' 교육을 받았다. 같은 시기 대구 파티마병원에서 근무하며 청구대학 가정과를 다니던 김진향 씨도 간호사 모집에 지원하였고, 대학 졸업을 서너 달 남겨두고 독일로 가는 비행기를 탔다. 그 직전인 1966년 4월에 독일로 갔던 간호사 친구들의 편지를 통해서 독일 생활에 대한 소문이 나기 시작했고, 김진향 씨도 친구들을 통해서 이 소식을 접하게 된 것이다. 앞서 간 한국인 간호사들의 긍정적인 평가는 타지에 대한 막연한 불안감을 없애주는 역할을 하였고, 김진향 씨를 포함해 8명이 집단 사표를 내고 서독행을 택했다. 독일연방 문서고의 자료에 의하면, "1966년 대구의 파티마병원장은 독일 외무부로 편지를 보내 한국 간호사를 대규모로 데려감으로써 한국사회의 간호 상황을 위협한다"는 의견을 피력했다. 당시 대구 파티마병원에서 독일로 가기 위해 하루에 5명이 사표를 내고 있으며 다른 도시의 큰 병원들도 사정은 마찬가지라는 것이었다(나혜심, 2013: 204).

1940년대 출생자들인 이들은 1960년대 한국사회에서 간호고등학교 또는 간호대학을 졸업한 여성들이었다. 한국전쟁 후의 경제적 빈곤과 가부장적 문화가 남아 있던 한국사회에서 상대적으로 전문교육을 받은 엘리트 여성들이 정부의 주선으로 '선진국'인 서독의 병원으로 취업하게 된 것으로, 당시 신문에서는 이들을 '외국 유학'을 가는 여성처럼 소개하기도 했다(나혜심, 2012: 203~204). 그러나 전형적인 전문 노동력의 '수출'이었다.

3. 서독 의료요양기관의 한인 여성들

1) 다 크지도 않고 서독으로 이주한 소녀

해외개발공사가 10여 년 동안 시행한 파독간호사 모집활동 중 후반부인 1970년대에 선발되어 서독으로 간 한인 여성들 중에는 정현옥, 서의옥, 주재순 씨도 있었다.

정현옥 씨는 1970년 독일로 갔다. 당시 파독간호요원 규정에 따르면 20세 이상의 유자격자만 지원할 수 있었으나, 1952년 출생한 구술자는 당시 미성년자였다. 전라도 양반 가문의 7남매 중 장녀로 출생한 정현옥 씨는 어린 시절부터 할머니와 어머니로 이어지는 여성들의 고초를 지켜보았다. 중학교를 졸업하고 1968년 광주 간호보조원 양성소에 1기로 입학할 때 아버지가 빚을 얻었다.[8] 1969년 시험에 합격하여 면허증을 취득한 직후 집안의 빚을 갚기 위해 보성보건소 결핵관리요원이 되었다. 박정희 정부가 1962년 시행한 가족계획사업으로 전국 각지의 면 단위에 보건지소가 설치되었고, 여기에 가족계획 계몽요원과 결핵 퇴치를 위한 결핵관리요원이 1명 이상씩 배치되었다. 당시 의료요원이 절대적으로 부족했던 상황에서 간호보조원이 간호원을 대체한 것이다.

결핵관리요원으로 일하던 정현옥 씨는 1970년 해외개발공사의 파독간호

---

8 간호보조원은 1962년 인구정책의 일환으로 가족계획사업 10개년 계획이 수립, 시행되면서 새로운 사회적 직업으로 등장했다. 1966년에 대통령령으로 의료보조원 종별에 '간호보조원'을 신설했다. 1967~1973년 사이에 가족계획 계몽요원 대상자 총 5,147명이 교육을 받고 국가고시를 거쳐 보건사회부 장관 명의의 간호보조원 면허증을 받았다. 간호보조사로 개칭된 것을 1987년이다(대한간호조무사협회 홈페이지, 2015. 07. 13). 그런데 의료법에서 간호보조원을 언급하고, 이에 의거하여 '간호보조원, 의료유사업자 및 안마사에 관한 규칙'을 제정 시행함으로써 공식적으로 간호조무사제도가 만들어진 것은 1973년이며, 1974년에 간호조무사 1회 졸업생이 배출된 것으로 기록된 자료도 있다(나혜심, 2013b: 206).

사 모집에 지원, 선발되었다. 간호사 혹은 간호보조사 면허증을 가진 여성 중 필기시험과 건강검진을 통과한 사람들이 2개월 기간의 소양 교육9과 어학 과정을 수료하고 1970년 5월 9일 서독으로 갔다. 정현옥 씨의 경우 해외개발공사 교육담당관의 안내에 따라 3년의 계약기간에 입을 옷 등을 마련하기 위해 또 빚을 얻었다. 밤차를 타고 서울로 온 아버지가 용산역전 여인숙에서 손으로 한주먹이나 되는 돈을 꺼내주었다. 그 돈으로 남대문과 동대문 시장을 다니며 속옷과 양장, 한복 등을 마련하였다.

정현옥 씨는 형제 많고 경제적으로 어려운 가족을 지원하고, 자신의 미래를 준비하기 위해 상당한 빚을 내면서까지 해외개발공사의 지침을 준수하며 서독 함부르크 지역의 병원에 취업하였다. 당시 독일로 갔던 한국 간호사들의 '대단한 자부심'과 달리 자신은 "다 크지도 않고 독일로 왔다"는 자격지심에 시달렸다고 한다. 자신의 실제 나이와 서류상의 기록이 다른 것을 오랫동안 비밀로 했다고 밝혔다.

2) 힘들고 어려운 한국을 탈출하기

한국전쟁 막바지인 1953년 대구에서 7남매의 막내로 태어난 서의옥 씨는 "아버지가 제대로 없었던 가족"에서 살았다고 소개했다. 출생 직후 아버지는 가족관계를 떠나 홀로 산속에서 생활했고 어머니가 7남매를 키웠다. 구술자는 자신의 어린 시절이었던 1950년대를 "나라 전체가 암울했고 굉장히 가난해서 하루하루 끼니를 이어가는 것 자체가 큰 고민이고 문제였던" 때로 기억했다. 각종 장사를 하며 생계를 잇던 어머니는 자식들을 데리고 외가가 있던

9 소양 교육으로는 독일에 대한 생활정보나 문화 소개만이 아니라 반공교육과 식사 및 인사법과 같은 예절교육이 있었다. 또 건강검진 때 임신 여부에 대한 검사가 포함되었으며, '순결을 지키고 돌아오라'는 내용이 강조되었다(정현옥 공동인터뷰, 2015/ 16).

부산으로 갔고, 거기서도 빚에 쫓겨 가족들이 함께 살지 못했던 적이 많았다.

1969년 중학교를 졸업한 서의옥 씨는 둘째언니가 있던 김천의 간호고등학교에 진학했다. '더부살이'의 어려움을 겪으며 학교를 졸업한 구술자는 1972년 집을 떠나 경주 기독병원 간호사로 취업했다. 돈을 벌면서 해방감을 느끼기도 했으나, 사실상 부모님의 생계를 책임지는 역할을 하게 되었다.

그런데 병원생활을 통해서 본 1970년대 초 한국사회의 현실은 참담한 것이었다. 아이를 여러 명 둔 여성이 질병으로 입원을 했으나 돌보는 사람이 없어서 욕창이 생기고, 환자에게 지급되는 끼니는 아이들이 먹어버려 굶주리는 상황이었다. 어떤 부부가 아이를 출산한 후 조용히 잠적해버리는 일도 있었다(서의옥, 2014/ 1). 아이를 위해 자신의 삶을 포기하거나, 자신들의 삶을 위해 자식을 버리는 지독한 가난과 이를 해결하지 못하는 무능한 사회의 단면을 자신이 일하는 병원에서 목격한 것이다. 서의옥 씨 또한 어린 시절 학비를 내지 못해 교사에게 불려가거나 학교를 피해 혼자 부산 방파제를 떠돌았

〈1973년 경주 기독병원 병동에서, 서의옥 기증〉

던 경험이 있었다. 빚 독촉을 피해 가족들이 집에 들어오지 못하고, 혼자 생활하는 등 "가난에 덜미가 붙잡혀 쫓겨 다니던" 시절이 있었다. 서의옥 씨는 해외개발공사의 파독간호사 모집에 지원하여 '가난한 여기'를 벗어나고 싶은 마음을 안고 1974년 서독행 비행기를 탔다.

3) 학비도 벌고 유럽도 돌아보고

주재순 씨는 1954년 충남지역에서 5남매 중 장녀로 태어났다. 전쟁 중 가족을 잃고 남쪽으로 온 어머니가 오래전 부인과 사별한 후 아이들과 살고 있던 아버지를 만나 새로운 가정을 꾸렸다고 했다. 초등학교 교장이었던 아버지의 직장을 따라 옮겨다니며 살던 구술자는 가족 내에서 '두 번째 부인의 자식들'에 대한 차별을 경험했다.

1969년 중학교를 졸업한 구술자는 집을 벗어나기 위한 노력의 하나로 공주의 간호기술고등학교에 입학하였다. 1972년 졸업 후 바로 충남대학 부속병원 간호사로 취직했다. 기숙사 생활을 하며 '간호 기술'도 배우고 공부도 해서 대학에 진학할 계획이었다. 주재순 씨는 대학입학 검정고시에 합격하고 1974년 대학 예비고사에 지원했으나 '집안일'로 입학 시험을 치르지 못했다. 이후 지인을 통해 알게 된 파독간호사 모집에 응시했다. "유럽에 가서 한 번 여행도 좀 하고 다시 돌아와서 [대학 입학] 공부를 하면 되겠다"는 계획이었다(주재순, 2014: 1/ 17). 건강검진에서 문제가 생겨 1년을 기다린 주재순 씨는 4개월 동안 독일어 교육을 받은 후 1975년 초 서독 쾰른으로 갔다.

자료에 의하면 주재순 씨 일행이 독일에 간 후 파독간호사 모집과 집단 이주가 한 차례 더 있었다. 그리고 1976년 해외개발공사의 파독간호사 모집이 공식적으로 중단되었다. 그러나 이미 이주한 사람들의 개별적인 소개를 통해 서독 의료요양기관에 취직하는 사례는 이후에도 계속되었다. 1966년 해외개발공사 모집에 의해 집단 이주한 1세대 여성들인 최영숙, 김진향, 이민자, 한정로 씨와 비교하여 서의옥, 정현옥, 주재순 씨는 1950년대 출생자로 이주 2세대에 속한다고 할 수 있다.[10] 이들은 1960~1970년대 한국사회의 경제적 어려움, 가족 내 갈등과 상처 그리고 20대 여성으로서의 삶에 대한 희망을 가지고 서독으로 이주했다.

서독에서는 1966년 대규모로 서독 의료기관에 취업한 한국 간호여성들 중에서 3년 계약이 끝나고 귀국하는 여성들을 대체할 인력이 필요했다. 1969년부터 독일병원협회가 이 일을 전담하게 되면서 1976년까지 한국인 간호사 5800명, 간호보조원 4232명 등 총 1만 32명이 서독 병원에 취업하였다.[11]

4. 노동하며 68혁명의 일상 속으로

1) 독일어를 배우며 일하는 한인 여성들

서베를린의 의료기관에서 일하게 된 한국 여성은 다른 지역과 달리 먼저 독일어를 배우면서 병원 생활을 준비할 수 있었다.

> 기숙사에 이렇게 두 명에 한 방씩 주더라고요. 그러고 그 당시는 한국에 이렇게 현대식 문화가 그렇게 [없어서], 어디 불이 자동적으로 꺼진다든지,

10 이러한 세대 구분은 한인 여성들 사이에서 형성된 것이다. 나이와 문화적 차이 등에 의한 구분인 것으로 보인다. 1960년대에 한국을 떠난 1세대와 달리 1970년대에 이주한 2세대 여성들은 전쟁 후 한국사회의 재건 과정을 경험했고, 1971년부터 해외개발공사의 어학교육을 체계적으로 받는 등 차이가 있었다(공동인터뷰, 2015).

11 당시 한국 간호여성의 독일 취업을 주선했던 이수길 박사의 고증에 근거한 기사(국민일보, 2013. 01. 28)를 참고하라.

뭐 수세식 화장실, 그런 것들이 많은 간호사들한테 이렇게 좀 낯선, 새로운 것이었었어요. 그래가꼬 도착해서 이제 그 다음날부터 매일 괴테[독일문화원] 언어학원에 등록이 되고, 간호사 한 사람이 항상 우리를, 인제 동행을 하더라고요, 아침에 그 괴테 데려다 주고, 한 시쯤 돼서 끝나면 이렇게 데리고 오고-, 그러는데, 그러니까 얼마나 무지하고 이렇게 우리가 순진했던지 그러니까- 열일곱 명이 아무도 나가서, 그러니까- 혼자 무서워서, 그 냄비를, 자기 그릇을 살 그런 용기나 그런- 생각이 없었던 거지.

(최영숙 인터뷰, 2005/ 1)

일행 중 최영숙 씨와 한정로 씨를 포함한 17명은 베를린 서북쪽의 결핵 전문병원에 배치되어 함께 기숙사 생활을 시작하였다. 처음 삼 개월 동안은 병원일을 하지 않고 무료로 독일문화원(Goethe Institut) 어학과정에 다니며 독일어를 배웠다. 소정의 생활지원금도 주어졌다. 당시 한국에서의 병원 사정과 비교하면 현대식 시설을 갖춘 기숙사와 최고의 어학과정이 무료로 주어진 데다 생활비까지 받으며 상당한 자부심을 느꼈다고 한다. 그런데 위의 구술에서 밝히는 바와 같이 당시 20대 초반의 한인 여성들은 낯선 환경에 대한 두려움 속에서 병원 기숙사 공간을 거의 벗어나지 못하고 생활했다. 17명이 공동으로 사용하기에 턱없이 부족한 생활 용품을 사러갈 엄두도 내지 못한 채 몇 달을 지낸 것이다. 서툰 독일 말로 생경한 거리에 나가 물건을 사보겠다는 생각이나 시도를 한 사람이 없었던 것이다. 그 중에는 한 푼이라도 아끼려는 심정에서 주어진 상황을 참았던 사람도 있었다.

어학과정 3개월이 지난 후 각자에게 간호사로서 해야 할 업무가 배정되었는데 한국과 다른 독일의 간호업무로 인해서 갈등이 발생하기도 했다. 당시 서독의 경우 의료활동뿐만 아니라 환자를 간호하고 돌보는 일(Grundpflege)까지 간호 담당자들의 역할이었다. 이런 차이를 알지 못한 한국 여성들이 한국과 다른 업무를 맡게 될 때 상당한 불만을 느끼기도 했다. 또 서툰 독일어로 인한 오해와 업무 제한 등이 겹쳐 어떤 경우에는 병원 내에서 집단적 불만이 표출되기도 했다. 무엇보다 한인 여성들에게 힘든 일은 독일어를 잘하지 못하는 상태에서 환자 기록부를 작성하고, 전화를 받으며 동료 및 환자들과 소통하는 것이었다.

여러 자료에 의하면 암묵적으로 말이 덜 필요한 일은 한국인 간호사들이 맡고, 언어소통이 필수적인 일은 독일 간호사들이 담당하는 방식으로 분담되었다. 이에 따라 한국인 간호사들이 병실 청소와 간병 등의 육체노동을 더 많이 하는 경향이 있었다. 또 피할 수 없는 환자들과의 만남에서는 말보다 웃음 혹은 표정 등의 신체언어를 통해 소통할 수밖에 없었다. 많은 경우 말 대신 몸에 밴 성실과 친절로 상황에 대처한 것이다. 오랜 세월 독일사회에서 한국인 간호사들이 받게 된 "노란 천사" 혹은 "아몬드 눈의 천사"와 같은 호의적 평가는 어쩌면 독일어에 능숙하지 못했던 한인 간호사들이 당시의 노동상황을 헤쳐가기 위해 체득한 적극적인 노동과 친절의 결과라고 할 수 있다.

〈1967년 5월 1일 서베를린 시가 개최한 노동절 행사에 참여한 한인 여성들, 한정로 기증〉

여성들이 일했던 시설에 따라 노동조건이 상이했으며 이에 대응하는 방식도 달랐다. 가톨릭 재단에서 운영하는 병원에서 일했던 서의옥 씨는 동료나 병원 측의 부당한 대우에 적극적으로 항의했다.

> 그 병원도 사람들이 아주 고약한 거에요. 가톨릭 병원이라서 수녀님들도 있고 거기는 더 노처녀들이 많은 데다, 그러니까 맨날 누명을 뒤집어씌우고 그런 것들이 상당히 힘들었는데, 그 병원에서는 그나마 괜찮았던 것은 그때는 내가 의사소통을 할 수 있었기 때문에 그런 사람들하고 싸울 수 있었던 것 같아. 그 병원에서 싸움쟁이라고 이제 소문이 났지. 한국 사람들은 많이 겪어봤어도 저렇게 못된 사람은 처음 봤다고 그러더라고. 그 정도로 싸웠으니까. (서의옥 구술녹취록, 2015/ 2)

1974년 후발대로 이주한 서의옥 씨는 초보적인 독일어 교육을 한국에서 받았을 뿐만 아니라, 독일 병원에서 일하면서 독일어 공부를 계속했다. 위의 구술에서 강조하는 바와 같이 어느 정도 의사소통이 가능한 상황이 되자 '누명 씌우기'와 같은 부당한 처사를 묵인하지 않았다. 또 한국인 간호사에 대한 암묵적인 차별에 대해서 논리적으로 따지기 시작한 것이다. 결국 한국 사람 중에서 "가장 못된 사람"이라는 비난을 받기도 했다.

대부분의 여성들은 받은 월급 중 상당액을 가족이 있는 한국으로 송금했다. 독일로 오기 전에 단체로 조흥은행을 방문하여 개설해 둔 한국의 계좌로 돈을 보내면 약정기간(2년) 후 지정된 가족에게 송금하는 방식을 택하기도 했다. 즉 여성들은 한국을 떠나기 전 해당 은행에 2년 만기 적금을 약정하였고, 조흥은행 해외개발부의 안내에 따라 독일은행(Deutshce Bank)을 통해 송금했다(이민사박물관, 박정숙 송금명세서, 1972).

2) 계약 연장과 새로운 선택들

독일 병원에서 일을 시작하게 된 한국 여성들에게 닥친 현안 중 하나는 3년 계약 후 한국으로 귀국할 것인가의 문제였다. 당시 인력난이 지속되고 있었던 독일 병원에서는 아무런 조건 없이 계약을 연장하고자 했고, 이들에 대한 외국인 관청의 체류허가도 이어졌다. 따라서 1차 계약 만료 후 귀국을 하거나, 혹은 독일 병원에서 계속 근무하는 것은 본인의 의사에 달려 있었다. 한국의 가족관계 등을 고려하여 한국으로 돌아간 간호사들도 있었고, 상당수의 여성이 1차 계약 만료 후 좀 더 노동조건이 좋은 독일 병원을 찾아서 재취업하였다. 1966년 10월 함께 서베를린으로 갔던 네 여성들은 처음 3년의 병원 생활을 하면서 독일어를 배우고, 독일사회와 교류할 수 있는 인간관계를 형성하게 되면서 '3년 계약 후 귀국'이라는 애초의 계획을 수정하였다. 이 시기 한국으로 귀국했던 여성들의 경우 높은 실업률 속에서 한국 병원에 쉽게 취업할 수 없었을 뿐만 아니라, 독일과 다른 병원업무[12] 등으로 인해 어려움을 겪기도 했다. 이에 비해 노동환경과 조건이 훨씬 좋고, 자신들의 취업을 환영하는 독일 병원에서 좀 더 일하는 것이 나쁘지 않은 선택이었다. 나아가 1960년대 말 1970년대 초반의 개혁적인 독일사회의 분위기가 한국 여성들에게 좀 더 나은 미래를 그릴 수 있도록 했다. 독일 노동자들과 차별을 두지 않는 노동조건과 일하면서 공부할 수 있는 복지제도, 여성에 대한 사회적 지원 등은 당시 한국사회에서 기대하기 어려운 것이었다.

특히 서독의 교육제도에 의하면 독일 병원의 간호사로 근무하면서 간호고등학교에 진학하거나 전문교육을 받을 경우 병원과 지방정부로부터 경제적, 제도적 지원을 받을 수 있었다. 병원에서는 이런 교육을 받고자 하는 경우 근

12 예를 들어 환자 기록지를 독일어로 작성하는 독일과 달리 한국 병원들은 라틴어를 사용하고 있었다. 이런 방식이 서독에서 귀국한 여성들이 재취업을 하는 데 장애가 되기도 했다.

무 시간표 등을 조정하여 일하며 공부할 수 있도록 했다. 또 서독의 경우 유치원부터 대학원까지 국비로 운영되어 등록금이나 수업료를 낼 필요가 없었다. 학업 혹은 교육을 위해 근무시간이 줄어서 생활비가 부족할 경우 이에 대한 경제적 지원도 있었다. 한국에서 경제적 어려움으로 대학 진학 등을 하지 못했던 여성들에게는 새로운 기회가 주어진 것이었다.

베를린의 한 병원에서 근무하던 이민자 씨는 3개월 과정의 독일어 공부를 하던 중 등록금 없이 대학 공부를 할 수 있는 독일의 교육제도에 대해서 알게 되었다. 집안 형편을 고려하여 의과대학에 진학할 엄두를 내지 못했던 이민자 씨는 독일 의과대학에 진학할 결심을 하고 구체적인 방법을 수소문했다.

> 그때 베를린 [어학 과정에 한국 사람이] 32명이였는데, 유학생들도 가끔 오고 그러는데 그 사람들에게 물어보니까, 내가 대학에 들어가고 싶은데 조건이 뭐냐고 그랬더니 대뜸 나보고 하는 소리가 '우리가 유학생으로 와도 공부가 얼마나 힘든지 아느냐고, 유학생으로 와도 공부가 힘들어서 쩔쩔매는데 간호원으로 와 가지고 어떻게 유학을 할 생각을 하느냐'고 그러더라고. 그래서 내가 화가 나서 "야 이놈의 새끼야 너는 네 아버지가 의사고 하니까 돈을 항상 많이 펑펑 내주고 이러니까 공부를 옳게 하지도 않고 펑펑 노니까 쩔쩔매지, 내가 너보다 일찍 끝낼 거야" 그랬다고.
>
> (이민자 구술녹취록, 2014 1/ 9)

한국과 독일의 교육제도의 차이로 인해서 3년제 간호대학을 졸업했거나, 수료한 경우 독일 대학 입학자격을 획득하기 위해서 독일어능력시험 외에 최소 1년간의 대학준비과정(Studiumkolleg)을 마치고 시험에 합격해야 했다. 이민자 씨는 8시간 병원 근무로 돈을 벌면서, 독일어, 라틴어 공부와 1년간의 대학준비과정을 마치고 독일 대학 입학시험인 아비투어(Abitur)를 우수한 성적으로 치렀다. 그리고 1969년 4월 만 24세의 나이에 베를린자유대학 의학부에 입학했다. '눈이 오나 비가 오나 공부하러 다니는 미친 사람' 취급을 받으며 병원 내의 온갖 어려움 속에서도 하루 4시간만 자면서 공부한 결과였다. 이후 의과대학 생활은 공부에 대한 스트레스와 생활의 어려움으로 점철되었다. 1971년 의과대학 예과를 수료하고, 독일 에버트재단의 장학생으로 1975년 본과과정을 수료할 때까지 도서관에서 살다시피 생활하며 장학금의 일부를 한국에서 대학에 다니는 동생들 등록금에 쓰도록 송금하기도 했다.

1975년 독일로 간 주재순 씨도 대학 입학을 준비했다. 한국의 대학입학검정고시 합격증을 인정받지 못해서 5년 과정의 야간고등학교를 다니며 독일어를 배우고 대학입학 자격시험(Abitur)을 준비하기로 결정한 것이다. 정신병원 격리병동에 취업한 구술자는 하루 8시간 일하고, 밤에는 야간고등학교에 다니며 "정말 지독하게 5년 동안 공부하여"(주재순 구술녹취록, 2014 1/2~3), 1980년 괴팅겐 대학 심리학과에 입학했다. 야간고등학교에 다니는 동안 주재순 씨는 시험공부만이 아니라 독일 68혁명 이후의 역동적인 분위기

〈1977년 베를린자유대학 이빈후과병동 동료와 함께, 이민자 기증〉

를 경험했다. 야간고등학교는 여러 가지 이유로 독일 대학입학 자격시험를 보지 못한 사람들이 함께 공부하는 곳이었다. 대부분 일을 하면서 공부하는 성인들이 모였기 때문에 직업과 계급, 계층적으로 다채로운 분위기였다. 또 개혁적인 생각을 가진 교사들과의 자율적인 토론을 경험했다. 그러나 의사소통이 되지 않는 독일어 실력으로 대학 입학 준비를 하기 위해 두 배 이상의 노력을 해야 했다.

한국에서 중학교 졸업 후 간호보조원 자격증을 가지고 독일로 갔던 정현옥 씨는 처음 3년 동안 힘든 한국의 가족을 위해 열심히 일했다. 3년 동안의 계약이 끝난 후 체류 연장 신청을 한 구술자는 간호고등학교에 등록하여 1975년 졸업했다. 이후 방사선과의 정식 간호사로 근무하게 되었다.

프랑크푸르트 등의 다른 지역 병원이나 요양소 등에서 일하다가 서베를린으로 온 사람들도 있었다. 1944년 전남 장흥에서 태어나 간호고등학교를 졸업하고 1966년 프랑크푸르트의 병원에 취업했던 김순임 씨는 3년 계약이 끝난 후 1970년 서베를린으로 이주하였다. 독일 대학에는 등록금이 없다는 얘

〈1977년 처음 산 자동차, 주재순 기증〉

기를 듣고 공부할 기회를 알아보다가 서베를린에 가면 방법이 있을 것이라는 환자의 충고를 듣고 결정한 것이다. 서베를린에서 3년을 일하며 절차를 밟아 대학준비과정에 해당하는 베를린 콜렉에 입학하였다. 1948년 경북 김천 출생인 조국남 씨는 김천 간호고등학교를 졸업한 후 1970년 독일 라팅겐의 병원에 취업했다. 3년 계약이 끝난 후인 1973년 서베를린 대학병원으로 간 후 베를린 콜렉에 입학하여 1977년 대학 입학 자격을 얻었다. 1945년 경남 밀양에서 태어나 마산간호학교를 졸업하고 1966년 독일 베르덴시립병원으로 취업했던 안차조 씨도 1971년 서베를린으로 이주하였다.

1960~1970년대 서독으로 집단 이주한 한인 여성 중 다수는 성인이 되어 독일어를 배우며 돌봄노동을 해야 하는 상황에서도 귀국이 아닌 재취업과 재교육을 선택하였다. 한국에서 갖지 못한 노동과 학업의 기회를 제공하는 서독사회에서 자신의 미래를 새롭게 기획하고자 했다.

3) 국제결혼과 정착

20대 초반의 나이에 독일로 온 많은 한국 여성들에게 남성 파트너와의 관계, 결혼 등은 중요한 관심사였다. 이들은 병원 동료와 환자들을 통해서 독일사회를 조금씩 이해하게 되었을 뿐만 아니라, 다양한 여가활동을 통해 독일문화를 경험하게 되었다. 자연스럽게 독일인 남성들과 교류할 수있는 가능성도 커졌다.

당시 한인 여성들에게 상대적으로 인상적인 것은 서독사회의 개방적인 성문화였다. 대부분 여성들은 결혼관계 내에서만 성적 경험이 가능하다는 한국의 '혼전 순결' 규범을 암묵적으로 인정하고 있었다. 한국의 병원에서 근무할 때 남자친구와 데이트를 했던 이들은 독일로 떠나기 전에 사귀던 애인이 함께 여행을 가자고 해서 따라갔으나, "예쁜 잠옷을 입고 손만 잡고 잤다"는 이야기를 하며 서로 크게 웃었다(공동인터뷰, 2015).

> 그러니까 또- 문화 충격 같은 것도 많이 받으면서 그냥, 어떤 뭐— 그— **성개방**— 그러니까 남녀가 이렇게 뭐— 버스 같은 데서 키스하고, 그런 것도 우리한테는 **굉장히 새로운 거잖아요**, 그런 문화 충격[을 느꼈다].
>
> (최영숙 구술녹취록, 2005 1/ 4)

1950~1960년대 한국사회에서 성장하며 공공연한 남녀차별과 이중적인 성규범을 경험했던 한인 여성들에게 숨기지 않고 애정을 표현하거나 자유롭게 성적 욕망을 실천하는 서독 젊은 세대의 일상문화는 충격적이었다. 동시에 새로운 삶에 대한 자극이기도 했을 것이다.

1974년 독일로 갔던 서의옥 씨는 당시 사회에서 유행하던 히피문화(Hippie Culture)에 적극 동참했다.

> 독일에 와서는, 처음에 와서, 일단은 한국을 벗어났다는 느낌, 그게 좀 숨을 쉬고 또 **해방감**도 있었고 또 그런 해방감이 또 어디서 있었냐면 여기 자유로운 젊은이들이 히피 그땐 히피였거든. 히피들 보고 또 굉장히 많은 **공감대**를 느꼈고, 그런데 다른 간호사들은 전부 과거에 살더라고, 그 기숙사에 같이 있었던 간호사들은 독일사회를 이렇게 좀 엿보거나 알아볼 그 생각을 하지 않고 (…) 교회만 가고 서로 같이 모여서 밥 먹고 (…) 그러니깐 뭐 좀 독특하게 지낸 거지. 그냥 별로 사람들하고 콘탁트[접촉]하지 않고 그러다가 남자 친구를 사귀게 되고. (서의옥 구술녹취록, 2014 1/ 14)

2014년 인터뷰에서 서의옥 씨는 담담한 목소리로 40여 년 전, 20대 초반의 나이에 경험했던 독일에서의 히피문화를 언급했다. 오랜 경험을 응축한 이야기 속에서 과거의 열정을 짐작할 수 있다. 1970년대 중반 유럽에서는 미국에서 시작된 베트남 전쟁 반대 및 사회비판의 물결이 새로운 문화를 형성하고 있었다. 전쟁 대신 사랑과 평화, 자유와 화합을 추구했던 젊은 세대의 실천이 사회적 공감대를 얻고 있었다. 이들은 기성 세대에 대한 자신들의 반항의식을 음악과 예술을 통해서 표현하고자 했다.[13] 인디언 문화를 차용한 독특하고 화려한 옷차림, 열정의 음악과 자유로운 성의 실천 등을 통해 기성세대가 자행한 전쟁이 아니라 행복한 삶을 영위하고자 하는 젊은 세대의 운동이 1980년대까지 이어졌다. 이런 문화는 당시 같은 나이 또래였던 서의옥 씨에게 충격이자 새로운 삶의 가치가 되었다. '한국에 두고 온 애인을 그리워하며 기숙사에 모여 한국음식을 먹으며 지내는 것'은 구술자에게 이미 지나간 과거의 현현이었던 반면, "남의 시선을 두려워하지 않고 해만 비치면 옷을 홀라당 벗고 그냥 댕기며 자기 원하는 대로 사는" 서독 청년들의 모습에서 해방감을 느낀 것이다. "가게 첫 손님이 여자면 재수가 없다, 택시도 [여자가] 첫 손님이면 재수가 없다거나 또 [여자는] 문지방도 밟으면 안 되고, 사람들이 앉아있으면 다리를 넘어가도 안 되는" 등의 여성에 대한 가부장적 규제가 심했던 한국의 일상은 다시 돌아가고 싶지 않은 과거가 된 것이다(서의옥 구술녹취록, 2014 2/ 4). 당시 서독으로 갔던 한인 여성 중 적지 않은 사람들은 자연스럽게 새로운 문화를 전유하며 주체가 되고자 했다.

당시 베를린을 비롯한 서독의 각 지역에 유학을 온 한국 남성도 있었으나 수십 명에 불과했다. 한국인 남성 유학생의 입장에서는 항공권이 너무 비싸 학위가 끝나기 전에 결혼 등을 위해 중도 귀국하는 것을 꿈꿀 수 없었던 상황

13 1960년대 샌프란시스코 등에서 기성세대의 통념과 가치, 세계관을 부정하고 인간성의 회복과 자연으로의 귀의를 주장했던 젊은 세대의 운동이다. 1969년 8월에 열린 우드스톡 페스티벌은 히피 문화의 전설적인 행사로 평가된다. 당시 젊은 세대의 문화와 열정에 대해서는 2009년 이안 감독이 당시 다큐멘터리 자료를 바탕으로 제작한 영화 Taking Woodstock을 참고하라.

에서 독일로 날아온 20대의 한국인 간호여성들은 선망의 대상이었다. 이들과의 만남을 통해 결혼하게 된 소수의 남자 유학생은 한국 여성을 파트너로 얻게 되었을 뿐만 아니라, 아내의 간호사 월급이 든든한 경제적 기반이 되었으므로 '간호 장학생'으로 불리기도 했다. 파독광부들이 몰려 있던 루르 지역에서 멀리 떨어진 서베를린에는 한국인 남성의 수가 극소수였던 상황이 이들의 국제결혼에 하나의 요인이 되었다.[14]

1966년 독일로 갔던 최영숙 씨는 각종 모임을 통해서 독일 남자친구를 사귀게 되었다. 김진향 씨는 1968년 한국인 여자친구를 통해 현재 남편인 클라우스 씨를 소개받았다.

> 오빠가 부산세관에 다니셨는데 향아, 아주 착한 후배가 있는데 너를 소개시켜 주겠다고 언제 한국에 한번 나와라 이제 그 소리를 하더라구(웃음) 그렇게 하다가 이제 클라우스를 만나 갖고 사실 그렇잖아 여기 와서 결혼 적령기에 와서 뭐 외롭고, 친절하게 잘해주니까 같이 잠을 자게 되고 또 한국 사람으로 같이 잠자면 결혼을, 당시에 그렇잖습니까 남자하고 잠자면 같이 결혼해야 된다는 그런 것도 있고 하여튼 그렇게 해서 이제 결국은 결혼을 하게 됐지요(웃음). (김진향 구술녹취록, 2014/ 1)

김진향 씨에 의하면 남자친구의 아버지는 사민당 당원으로 "이중 문화 속에서 생활하는 것을 환영"하는 분이었다. 남자친구 또한 진보적인 지향을 가지고 출판 분야에서 일하고 있었다. 1960~1970년대 독일의 언론은 한국 간

14 1963년 12월 16일 한국 노동청과 서독 탄광협회 사이의 협정에 따라 3년 계약의 한국 광부들이 서독에 파견되었다. 1963년부터 1980년까지 총 7,900여 명의 광부가 서독의 탄광지대인 루르지역으로 이주하였다. 그러나 동독지역에 섬처럼 위치한 서베를린에는 극소수의 남성 유학생들만 체류하였다.

〈1967년 베를린 장벽 앞에서, 김진향 기증〉

호여성들을 전문교육을 받았으며, 친절하게 남성 환자들을 돌보는 헌신적인 사람들로 소개하였다.[15] 김진향 씨가 회고하는 바와 같이 당시 대부분의 한국 여성들이 자신의 미래를 생각할 때 고려의 대상이 된 것은 한국에서의 경험과 가족, 친구들과의 관계였다. 김진향 씨는 당시 외롭고 낯선 독일생활 중 일상을 공유하며 친절하게 자신과 함께 하는 독일인 남자친구와의 관계를 진지하게 생각하게 되면서 결국 독일사회에서의 삶을 선택하게 되었다. 여기에 새로운 성적 규범과 경험 또한 중요한 역할을 한 것으로 보인다. 위의 인터뷰에서 언급하고 있는 바와 같이 여성에게 혼전순결의 규범을 강요했던 한국에 비해 자유연애와 성적 자기결정권을 중요하게 제기하던 독일사회의 분위기도 한 요소가 되었다. 김진향 씨의 남편인 클라우스 씨는 '덩치와 키가 작은' 김진향 씨가 활발하고 적극적인 태도를 보여 깜짝 놀랐다고 했다. 그 전에 사귀던 스페인 출신 여자친구는 자신의 의사를 표현하기보다는 많

15 서독일방송(WDR)은 1966년과 1971년, 한국인 간호여성들의 독일 도착과 병원생활을 소개하였다.

은 경우 남자친구의 의견을 수용하는 편이었는데 김진향 씨는 항상 자신의 의견을 분명히 표현했을 뿐만 아니라, 성적인 관계에서도 훨씬 자유로운 입장이었다는 것이다. 이렇듯 서구사회와 비교하여 '보수적이고 소극적인 한국 여성'이었을 것이라는 전형적인 도식만으로 당시 한인 여성들의 다양한 경험을 이해하기 어려울 것이다.

서베를린의 결핵병원에서 일하던 한정로 씨는 사귀던 독일 남성과 1971년 결혼하였다. 멀리 있던 부모님에게 사진을 보내 결혼 허락을 구했으나 쉽게 답을 받지 못했다. 독일에 온 지 4년 정도가 되었지만 여전히 한국의 가족형편이 어려웠기 때문에 당장 한국으로 돌아오라고 할 수도 없었고, 그렇다고 국제결혼을 하면 평생 멀리 떨어져 독일에 살게 될 딸의 말을 선뜻 지지할 수도 없었기 때문이다. 결국 어머니가 "닭띠인 우리 딸 정로는 외국에서 살 팔자"라는 점쟁이의 말을 모두에게 전해서 그나마 위로가 되었다고 했다. 결혼 후 병원생활을 하던 한정로 씨는 1977년부터 3년 과정의 베를린 콜렉을 마치고 1981년 베를린자유대학 의과대학에 입학하였다. 조국남 씨는 1977년 베를린 콜렉을 마치고 대학입학자격을 얻은 후인 1977년 환자였던 독일인 남자친구와 호적등기소에 혼인신고를 하고, 친구들과 파티를 했다. 김순임 씨도 대학입학자격을 얻어 베를린자유대학에 다니던 중 1979년 영국인 남학생과 결혼했다. 첫 3년 계약이 끝난 후 함부르크 지역의 다른 병원으로 이직을 준비하던 정현옥 씨는 환자인 독일 대학생을 사귀게 되었다. 지난 3년 동안 가족부양을 위한 책임감으로 병원 일에 몰두하며, 연애를 금기로 생각하며 지냈었다. 암묵적으로 '한국으로 돌아가야 한다'는 생각을 하고 있었기 때문이다. 그런데 재취업과 간호고등학교 입학 등을 계획하게 되고 우연히 독일 남자친구를 알게 되면서 서독에서의 중장기적인 생활을 고려하게 되었다.

서의옥 씨도 1977년 초등학교 교사였던 독일 남자친구와 결혼했다. 한국

사회의 가부장적인 가족문화에 거부감을 가지고 있던 서의옥 씨는 반드시 한국 남성과 결혼해야 한다는 생각을 갖지 않았다. 그런데 사귀던 남자친구와 결혼할 생각을 한국의 어머니와 다른 가족에게 알리자 그들은 "한국의 대사관에 연락해서 당장 나를 한국으로 데려와야 된다"라고 하며 반대했다. 그러나 자신의 인생은 자신이 결정할 일이라고 생각하고 베를린에서 결혼한 후 가족들에게 알렸다. 독일 68세대에 속하는 남자친구와 의논하여 거창한 축하연 대신 가까운 친구들과 소박한 축하모임을 했다.

> 한국에 그래서 같이 나갔더니, 와- 또 인제 그 또 멸시가 시작되는 거야, 뭐 이렇게 둘이 막 이렇게 얘길하면서 길을 가면, 사람들이 아이고 요새는, 요새는 저 저런 애들도 영어 좀 하더라, 날보고 [말하고] 그지, 양공주도 영어 좀 하더라 이거지. 그것뿐만 아니라 하이튼 이 남, 남자한테는 남편한테는 아주 친절해. 그런데 나한테는, 나는 완전히 그 동두천에서 온 여자인 거야. 그렇게 반대야 인식이. (공동인터뷰 서의옥, 2015/ 28).

위에서 서의옥 씨는 결혼 후인 1970년대 말 독일인 남편과 한국을 방문했던 경험을 전달하고 있다. 소위 서양 남성인 남편에게는 '친절'하면서, 국제결혼한 한국인 여성에게는 적대감을 드러내고 사회적 낙인을 찍었던 당시 한국사회의 풍경이다. 한국사회에서는 한국전쟁 중 생겨난 미군기지 주변에서 일하거나 생활하던 여성들에 대해서 이중, 삼중의 낙인과 차별문화가 형성되었다. 미국, 영국 등의 '선진국'에 대한 사대주의 문화의 반대편에 국제결혼한 여성들에 대해서는 '순혈주의'를 벗어난 행동이라는 비난이 강했다. 또 위에서 언급하는 '동두천'은 외국군 기지 주변에 형성된 대표적인 기지촌의 하나로, 미군을 상대로 성매매를 하며 생활하던 여성을 비하하는 호칭인 '양공주'들이 살던 곳을 상징한다. 즉 외국인 남편과 길을 가던 서의옥 씨를

〈1975년 결혼사진, 최영숙 기증〉

외국인에게 성을 파는 '타락한 여성'이라고 매도한 것이다.

1980년 괴팅겐대학 심리학과에 입학한 주재순 씨는 본격적인 대학생활을 하던 중 병원에 아르바이트를 하러 온 독일 남성을 사귀게 되었고 임신하였다. 동등한 파트너로 생활할 것을 확인한 두 사람은 출산을 결정했고, 한국 가족들의 관점에서 '국제 미혼모'가 되었다. 형식적으로 결혼식을 하거나, 독일 결혼제도에 따른 혼인신고를 하지 않았기 때문이다. 이런 두 사람의 자유로운 가족 구성에 대해서 한국 가족들의 반대가 심했으나 구술자는 "상관도 안하고 듣고 싶지도 않았다"(공동인터뷰 주재순, 2015: 29). 부부는 오래된 가부장제의 유산이자 근대국가의 관리 속에 자신의 친밀한 관계를 보증받는 '결혼제도'에 대해서 비판적이었다. 대학생 부부였던 이들은 합의와 신뢰 속에서 '동거'를 하던 중 1983년 미국으로의 단기 유학에 필요한 가족비자를 신청하기 위한 '실용적인 목적'으로 혼인신고를 했다.

1960년대를 거치면서 독일을 포함한 유럽사회에서는 "사적인 것이 정치적이다”라는 구호 아래 일상 속의 권위주의와 가부장적인 관행을 바꾸고자 하였다. 그중에는 가족과 결혼제도에 대한 비판도 있었다. 이에 의하면 공식적인 결혼 및 혼인신고는 파트너가 ‘함께 사는 방식’ 중의 하나일 뿐이며, 사적인 관계에 대한 근대국가의 통제 방식으로 비판되었다. 파트너 사이의 사랑과 신뢰는 혼인신고라는 국가의 보증이 아니라 개인들의 자율적인 결정에 따라야 한다는 입장이 확산되었다. 이에 따라 자유롭게 동거하면서 상호 신뢰하는 파트너 관계가 사회의 중요한 생활양식으로 정착되고, 공식적인 결혼 인구를 추월하였다.

1970~1980년대에 서독사회에 정착했던 한인 여성들 중 약 80%가 국제결혼을 했으며, 두 명 정도의 자녀를 두었다.[16] 이것은 해외로 이주한 한인 국제결혼의 역사에서 의미 있는 실천이었다. 20세기 초 하와이 등으로 이주한 1세대 남성 이민자들의 사진결혼 파트너가 되었던 것과 달리, 여성들 스스로 이주 국가 내 노동 분야에 취업하여 경제적 토대를 마련하였을 뿐만 아니라, 자신들의 자율적 결정으로 이루어진 친밀성의 공동체라는 점에서 그러하다. 단지 결혼 혹은 동거와 같은 형식뿐만 아니라 장기 지속적인 가족관계에서도 평등한 파트너십을 추구했다는 점도 기억할 필요가 있다. 이러한 실천과 변화는 여성들 사이의 연대 및 사회참여활동과 깊이 연관되었다.

4) 서독의 이주 노동자로 한국 여성들과 연대하기

1970년대 서독사회에 정착한 한인 여성들 사이에 소모임이 활성화되기 시작하였다. 서베를린에서는 1974년 한인 여학생과 의료기관 노동자들이 공부 모임을 시작하였다. 첫 만남에서부터 여성들은 “쉬지 않고 자신들의 가슴

16 1990년 당시 상황을 조사한 결과이다(Koreanische Frauengruppe in Deutschland, 1995: 18).

속에 쌓였던 이야기를 털어놓기 시작했다."(이민자 인터뷰, 2014 II/ 6) 이후 베를린뿐만 아니라 프랑크푸르트, 쾰른 등 전체 15개 도시에서도 한국 여성들의 모임이 자발적으로 결성되었다. 재독 한인 여성들의 각 지역 모임에서는 일상생활의 문제뿐 아니라 규칙적으로 '전태일 평전', '해방 전후사의 인식' 등의 책을 읽으며 자신이 떠나온 한국사회의 역사와 다양한 정치적 견해에 대해 토론하기도 했다. 이를 토대로 1977년 뮌헨 등 서독 남부지역에서 일하던 한국 여성들이 계약을 연장하지 못해 한국으로 돌아가야만 하는 상황이 발생하자 공동으로 대처하기 위한 서명운동을 전개하였다.[17] 한국 간호여성들은 각 자치주에서 1년 가까운 기간에 진행된 서명운동을 통해 애초의 목표인 1만 명 이상의 참여를 달성하였고 결국 체류권을 획득하게 되었다. 나아가 1978년 9월 서독 전역에 흩어져 있는 한인 여성모임을 아우르는 단일 조직인 재독한국여성모임을 결성하였다.[18]

재독한국여성모임이 결성된 후 여성들이 가장 먼저 한 활동은 1979년 한국에서 전개된 여성노동자들의 투쟁을 지원한 것이다. 조직 창립 모임을 마친 뒤 얼마 되지 않아 한국의 동일방직 여성노동자들의 '똥물 사건'에 대해서 듣게 된 것이다.[19] '동일방직 똥물사건'이란 재독한국여성모임이 창립되기 전이던 1978년 2월, 동일방직 노동조합의 대의원 선출대회에서 몇몇 남녀 조합원들이 노조사무실에 똥물을 뿌리며 활동을 방해한 일을 말한다. 이에

17 1977년 당시 서독에는 16,000여 명의 외국인 간호요원이 체류하고 있었고, 그 중에서 한국 여성들이 6,000명, 인도 여성들이 5,000명, 그 외 2,000~3,000명의 여성들은 필리핀, 인도네시아 그리고 태국에서 온 경우였다(Koreanische Frauengruppe in Deutschland, 1995: 16).

18 재독 한인 여성들의 체류권 투쟁 및 재독한국여성모임의 결성에 대해서는 이 책의 제4장을 참고하라.

19 동일방직 노동조합은 해방 직후인 1946년에 노동쟁의를 수행했던 역사를 가지고 있다. 이후 대한노동조합 산하에 소속되어 있다가 민주적인 노동조합을 수립하게 된 것은 1972년 주길자 씨가 노동조합 지부장으로 선출되면서이다. 최초의 여성지부장 주길자 씨를 중심으로 한 동일방직 노동조합의 활동은 당시 도시산업선교회나 JOC 등 종교단체의 지원을 받았다. 이에 대해서는 다음을 참고하라. 동일방직 복직투쟁위원회, 1985.

대해 경찰과 섬유노조 관련자들은 방관 묵인하였고 회사 측은 124명의 노동자를 해고하였다. 유신체제 하에서 전체 시민사회가 숨죽이고 있을 때 YH노동조합과 함께 유일하게 자기 목소리를 냈던 20대 여성노동자 조직이었던 동일방직 노동조합은 1980년 5월 신군부에 의한 계엄조치가 있기 직전까지 민주노조 사수와 복직투쟁을 이어갔다. 당시 한인들의 정치조직인 민주사회건설협의회(이하 민건회)의 광범한 국제연대를 통해 한국 영등포 도시산업선교회로 취합되던 여성노동자들의 소식이 서독을 비롯한 유럽사회로 전달되었고, 여성모임에서도 이에 대해서 토론하게 된 것이다.[20] 여성모임 회원들은 자신들의 서명운동 경험이 생생한 상황에서 한국 여성노동자들의 권리투쟁에 깊이 공감하고, '백의의 천사'와 같은 우월의식에서 벗어나 독일로 돈을 벌러 온 '우리도 노동녀'라는 생각을 하게 되었다(최영숙 구술녹취록, 2005/I: 10). 1979년 1월 동일방직 해고노동자들은 재독여성모임 앞으로 자신들의 투쟁상황을 알리고, 멀리 독일로부터 격려와 지원을 받게 된 것에 놀라움을 표시하고 있다. 편지에서는 자신들이 1,000DM(=257,000원)을 전달받았으며, 멀리서 고생하는 재독여성들이 어렵게 모은 기부금임을 잘 알고 실천활동을 통해 보답하겠다고 썼다(KFD, 1978: 99).[21] 이후 재독한국여성모임은 공개적으로 한국 여성노동자 지원을 위한 모금활동을 전개하여 3,000DM을 전달하였고, 1979년 3월에도 강원혜, 김현숙 씨 이름으로 모금 성명을 내며 활동을 지속하였다(위의 자료, 98). 이와 같은 지원활동은 1970~1980년대 한국 여성노동자들의 YH노동조합, 원풍모방 노동조합, 이리 후레아패션 노동조합 투쟁에 대한 국제연대로 이어졌다.

특히 1987년 3월 독일의 아들러 회사의 하청기업이었던 한국 후레아패션

20 동일방직 사건은 독일 신문에도 보도되었다(Süddeutsche Zeitung, 1978. 04. 01).

21 이 편지는 재독한국여성모임 뮌헨 조직이 독일어로 번역하여 서명운동 문서집 마지막에 첨부되었다. 이후 진행한 모금활동을 위해 번역된 것으로 보인다.

(주) 여성들의 노동조건개선과 임금인상 투쟁에 대한 지원은 재독한국여성모임이 그 이전부터 노동자들의 상황에 대한 소식을 들으며 전개한 국제연대투쟁이기도 했다. 1986년 5월 재독한국여성모임은 독일 병원에서 일하다가 한국으로 귀국한 여성으로부터 이리지역 후레아패션 봉제공장 여성노동자들이 처한 상황에 대한 보고와 함께 본사인 서독의 아들러 회사가 해외생산공장의 여성노동자들에게 비인간적인 노동조건을 강요하는 것이 본의인지 확인해달라는 편지를 받았다(재독한국여성모임, 1990: 41).[22] 여성모임은 이 편지를 독일어로 번역하여 아들러 본사 및 독일 섬유노조, 관련 단체에 발송하고, 한국의 여성노동자들을 지원하기 위한 활동을 시작하였다. 11월에는 제3세계 운동을 지원하던 독일 여성단체모임 부코(BUKO)의 회의에 참여하여 후레아패션 사례를 발표하였다. 독일 여성인권단체인 테러 데 팜(Terra des Femmes)은 아들러 본사에 직접 문의 서신을 발송하였고, 12월 테러 데 팜 회원 3명과 여성모임 회원 2명이 취리히에서 아들러 본사 대표진과 회담을 하였다. 이와 동시에 독일 전역에 아들러 회사의 노동착취를 알리는 홍보활동을 시작하였고, 한국의 노동자들은 1987년 3월 본격적인 노동조합 투쟁을 시작했다. 1987년 9월 14일 이리 후레아패션에 민주노조가 결성되고, 11월 2일 2명의 해고노동자가 복직될 때까지 독일과 한국의 수많은 단체들이 연대활동을 전개하였다. 독일 단체로는 앞서 밝힌 두 단체 외에 가톨릭노동청년회(CAJ), 아자대학생장학회(ASA Soli-Fond) 연대를 위한 재분배 재단 여성분과(Stiftung Umverteilen), 남성세계의 여성모임(Arbeitskreis Frauen aller

22 재독한국여성모임이 발간한 자료집(전체 204쪽)에는 1986년부터 1989년까지 전개된 이리 후레아패션 노동자들과의 국제연대투쟁 과정에 대한 소개와 그동안 한국과 독일단체들이 작성했던 홍보자료 및 각종 공문서가 정리되어 있다. 나아가 이 연대투쟁과 연관된 국제경제와 제3세계 여성노동자들의 상황에 대한 조사자료 및 재독한국여성모임의 활동 평가를 볼 수 있다. 회원이자 화가인 송현숙 씨가 여성노동자들을 소재로 그린 작품이 표지이며, 편집을 담당했던 박재신, 이수복, 조국남 씨는 국제연대투쟁 경험에 대한 기록을 남기는 것이 중요한 일임을 밝히고 있다.

Herren Laender), 바이에른가톨릭모성회(Der Bayerische Mutterdienst), 프랑크푸르트산업선교회(Amt für Industrie und Sozialarbeit Frankfurt), 베를린평화시민모임(Friedensinitiative Wilmersdorf Berlin), 본천주교정의평화위원회(Juristia et pax Christi Bonn), 독일섬유노조(Gewerkschaft Textil und Bekleidung), 독일노조 콘스탄츠지부(DGB Kreis Konstanz), 백림공공운송교통노조 제3세계 연대위(ŐTV Berlin AG−Entwicklungspolitik internationale Gewerkschaftsarbeit), 베를린선교위원회(Berliner Missionswerk)가 있다. 1986년부터 1989년까지 한국 여성노동운동에 대해 보도한 일간지 기사는 41개로 서독 전 지역을 망라하고 있다(재독한국여성모임, 1990: 123~126).

또한 여성모임은 다른 단체들과 연대하여 한국의 민주화운동을 지원하였는데 중요한 계기는 1980년 광주학살이었다. 1980년 5월 22일 저녁, 독일 공영방송을 통해 광주 학살의 현장을 '시청'하게 된 여성들의 충격은 컸다. 독일 제1 공영방송(ARD · NDR TV)의 카메라 기자가 5월 20일 광주의 현장에서 촬영한 사진과 사건의 경과를 보도한 방송이었다.[23] 이에 의하면 한국의 신군부에 의해서 1979년 12월 쿠데타가 있었고, 군인들이 이에 반대하던 광주시민과 학생들의 데모를 강제진압하는 과정에서 무자비한 폭력을 행사한 사진과 동영상 등 구체적인 자료를 보도하였다. 우연히 한국에서의 '집단 학살'을 목격한 여성들은 사실의 확인과 대책을 위해 함께 활동을 시작하였다(재유럽 오월민중제 준비위원회, 2011: 4~7).[24] 새로운 단체를 조직하고, 단식을 포함한 공동행동, 성명서 작성, 주변 사람들에 대한 연락과 독일사회로의 홍보 등의 역할에 참여하였다. 최영숙 씨뿐만 아니라 재독한국여성모임 회원이었

23 당시 서울에 머물던 위른겐 힌츠페터(Jürgen Hinzpeter) 기자가 5월 20일 광주로 내려가 계엄군에 의한 폭력 현장을 촬영한 사진이다. 이것은 즉시 서독으로 보내져 전 세계에 방송되었다(경향신문, 2005. 05. 15; 폴 슈나이스 인터뷰, 2014).

24 광주학살에 항의하는 서독 교민들의 구체적인 활동에 대해서는 이 책의 제5장을 참고하라.

던 이민자, 김진향, 한정로 씨도 다양한 방식의 '반정부 시위'에 참여하였다. 안차조 씨는 김순임 씨와 마찬가지로 광주학살을 계기로 재독한국여성모임을 비롯한 사회참여활동을 시작하게 되었다. 광주학살에 대한 간접경험은 한국과 독일 교민사회 내에서 공통적으로 형성되었던 '반공의 규율'과 각종 정치적 금기를 깨는 힘이 되었다. 서독의 한인 여성들은 자신들의 노동 경험, 자율적인 조직 활동을 바탕으로 한반도 안팎을 지배하던 분단장치에 균열을 내기 시작한 행위자들이었다.

5. 통일된 독일사회의 이주공동체

2016년 4월 베를린의 프리드리히에버트재단 강당에서 '한국 간호여성 독일이주 50주년'을 기념한 토론회가 열렸다(Friedrich Ebert Stiftung, 2016). 과거 독일과 한국 정부가 맺었던 노동인력 모집협정에 대한 평가와 미래 독일 이주정책의 방향을 모색하는 자리였다. 한국 간호여성들을 대표하여 조국남 씨는 당시 협약에 명시된 노동조건과 현실상황 및 정책의 의미를 평가하였다. 1960~1970년대에 의료분야 인력이 극도로 부족한 상황에서 독일의 복지정책을 수행하기 위하여 아시아 여성들이 의료요양시설에서 노동한 것은 결국 서독이 당시 가난한 아시아 국가를 지원한 것이 아니라, 아시아 각국에서 훈련된 전문인력들이 서독의 복지정책을 지원한 것이었다(Yi, 2016). 토론회에 함께 참여한 김순임, 김진향, 안차조, 최영숙, 한정로 씨는 독일의 이주정책 담당자들과 과거 서독의 이주노동정책의 한계를 극복하고, 현재 유럽에서 주요한 문제가 되고 있는 '난민사태'를 해결하기 위한 방안에 대해서 논의하였다.

1978년 조직된 재독한국여성모임 회원들은 1970년대 말 노동조합 활동을 위해 싸웠던 한국의 동일방직, YH무역 여성노동자들을 지원하였다. 독일사회의 이주노동자인 자신들의 위치를 자각하며 한국의 여성노동자들과 연대하기 위해 거리집회와 모금운동을 하였다. 1986~1987년 한국의 이리 후레아패션 여성노동자의 투쟁 소식을 듣고 모(母) 회사인 독일의 아들러 회사와 소속 백화점들을 상대로 불매운동을 전개하는 한편, 독일의 여성운동 조직과 공동활동을 조직하기도 하였다(재독한국여성모임, 1988). 이것은 당시 제3세계 여성노동운동에 대한 국제연대활동의 성격을 띤 것으로 성공적인 사례가 되었다. 2007년 대전에서는 재외 한인단체인 한민족유럽연대와 한국의 이주노동자인권연대가 공동으로 심포지움을 개최하였다. 한민족유럽연대의 의장인 최영숙 씨와 김진향, 서의옥 씨가 참석하여 1990년대 말 한국사회에서 문제가 되기 시작한 이주노동자 인권침해 상황을 들으며 독일의 정책과 경험을 비교하여 토론하기도 하였다(한민족유럽연대, 이주노동자인권연대, 2007). 쾰른의 이주난민여성 지원단체인 아기스라의 대표인 주재순 씨는 독일사회에서 발생하는 이주난민 여성들의 건강과 폭력 및 차별에 대해 공동으로 대응하기 위해 상담과 교육활동을 하고 있다. 2016년 한국에서의 토론회에서 같은 해 독일로 온 100만 명의 난민, 특히 여성들이 차별받지 않고 독일사회에 정착하기 위해 좀 더 나은 삶의 조건을 가지도록 지원활동을 하고 있다((사)막달레나공동체, 2016: 32~33).

조국남 씨는 이주자들이 자주 직면하는 자신의 '뿌리'와 관련하여 "내 고향은 한국도 아니고 독일도 아니고 내 마음속에 있다. 내가 가서 있는 데가 내 고향이다"라고 정리했다(조국남 구술녹취록, 2017/ 4). 지금 돌아보면 태어난 고향인 김천에서 보낸 시간은 짧다. 그럼에도 불구하고 마음속 깊이 남아 있는 가족에 대한 그리움과 어린 시절의 기억이 강렬하다. 다른 한편 지난 50여 년 동안 독일사회에서 청춘의 시기를 보내며 일하고 가족을 꾸리며 열렬히 사회활동을 하였다. 이 과정에서 지적, 정서적으로 성장하고 변화했다. 그런 의미에서 과거의 고향과 현재의 고향은 조국남 씨의 삶 속에서 불가분하게 공존하고 있으며, 삶은 계속된다. 현재 조국남 씨는 독일의 78개 이주여성 단체의 연합조직인 다미그라(DaMigra)의 공동 대표로 활동하고 있다. 2011년 직장에서 퇴임 후 재독한국여성모임의 경험을 토대로 세계 각국에서 독일로 온 이주여성들과 함께 눈에 보이지 않는 차별과 일상의 어려움을 해결하기 위해 연대하고 있다(조국남 구술녹취록, 2017/ 20~21). 누군가가 이주여성들을 대변해 주기를 기다리는 것이 아니라 스스로 자신의 권리를 찾기 위한 활동이다. 1977~1978년 한국 간호여성들이 강제송환에 직면하여 스스로 싸웠던 경험이 이런 활동의 뿌리가 되었다. 독일에 먼저 온 이주여성으로서 통일 후 동독주민과 최근의 이주 난민 등 새로운 이주자들과 함께 살기 위한 노력이다.

내가 베를린에서 이 여성들을 만난 것은 20여 년 전이다. 1990년대 중반, 한국에서의 사회운동을 뒤로 하고 독일로 유학을 간 나는 그곳에서 다시 '운동권' 여성들을 만났다. 몇몇이 중년 여성들이 한국의 정치상황과 관련된 각종 시위와 토론회에 빠지지 않고 참석했다. 어떤 경우 '학생들은 한국으로 돌아가서 활동을 해야 한다'며 스스로 앞장서서 우리를 보호하고자 했다. 어리둥절한 경험이었다. 멀리 떨어진 베를린에서 누구도 주목하지 않는 활동을 하고 있다는 사실이 어떨 때는 무의미해 보이기도 했다. 어렵고 힘들게 돈을 모아가며 사회운동을 했던 1980년대 한국에서와 달리, 수십 년 동안 직장생활을 하며 이미 독일사회에 정착한 이분들의 조직활동은 훨씬 노련하고 풍요로웠다. 처음에는 '경찰에 잡혀갈 위험이 없는 독일에서의 여유'인가 생각하기도 했지만 당시 한국 언론에 소개된 '파독간호사'들과 비교하여 크게 다른 모습이었다. 또 한국에 있던 50~60대 여성들과도 달랐다.

재독 한인 여성들을 다시 생각하게 된 것은 내가 한국으로 돌아온 후이다. 물리적, 시간적 거리가 생기면서 재독 한인 여성 1세대의 삶을 그려보기 시작했다. 독일사회를 근본적으로 변화시킨 것으로 평가되는 68혁명의 용광로 속에서 아시아 출신 이주노동자로 20~30대의 청춘을 보낸 여성들이었다. 평생 전문직업인으로 일하며 가족을 꾸리고 독일 시민사회의 일원으로 활동하고 있다. 이주의 경험은 물리적 공간을 떠난 것으로 그치지 않는다. 자신이 태어나고 성장한 사회의 경험과 문화를 가지고 새로 이주한 사회에서 자신들만의 삶을 만들어간다. 국민국가의 경계를 오가는 경험을 통해 국적주의의 한계와 배제를 몸으로 겪는다. 서로 다른 사회의 문화적 경계를 오가며 눈에 보이지 않는 차별에 맞서 자존감을 지키고 인간임을 선언해야 한다. 40여 년 전 스스로의 힘으로 지켜낸 체류할 권리는 노동의 권리이자 삶의 권리였다. 이 글은 내가 지켜본 '용감한 여성들'에 대한 단상이다.

참고문헌

나혜심, 2012, 『독일로 간 한인 간호여성』, 산과글.

나혜심, 2013a, "트랜스내셔널 관점에서 본 독일 한인간호이주의 역사", 『의사학』 22(1).

나혜심, 2013b, "독일 초청노동자(Gastarbeiter) 고용정책(1955-1973) 너머의 외국인고용- 독일의 아시아 여성고용을 중심으로", 『독일연구』 25, pp.127-163.

정성화 엮음, 2013, 『박정희 시대와 파독 한인들』, 선인.

Friedrich Ebert Stiftung(FES), 2016, *Anwerben, Ankommen, Anpassen! Koreanische Krankenpflegerinnen in Deutschland-Erfahrungen aus fünf Jahrzehnten und neue Wege für die Zukunft.*

Korea Forum, 2013, *Der Anfang einer grossen Erzählung*, Berlin.

Koreanische Frauengruppe in der BRD(KFD), 1978, *Dokumentation.*

Koreanische Frauengruppe in Deutschland(KFG), 1995, *25 Jahre Koreanische Krankenschwestern in Deutschland. Eine Dokumentation der koreanischen Frauengruppe in Deutschland.*

Yi, Hee Young, 2016, "Verschicken und Verdienen. Die Folgen des Anwerbeabkommens in Südkorea," In: Korean Forum, *Der Anfang einer grossen Erzählung*, Berlin. pp. 66-69.

Yoo, Jung-Sook, 1996, *Koreanische Immigranten in Deutschland. Interessenvertretung und Selbstorganisation*, Hamburg: Verlag Dr. Kovač.

[기타자료]

동일방직 복직투쟁위원회, 1985, 『동일방직 노동조합운동사』, 돌베개.
(사)대한민국감사국민위원회, 2013, 『기적을 캐내고 나라를 구하라』, 대한민국감사국민위원회.
(사)막달레나공동체, 2016, 『언니들이 왔다: 이주와 사회참여』, 한독이주여성아카이브 특별전시 연계 심포지엄 자료집.
재독한국여성모임, 1990, 『국제여성운동 연대 자료집–이리 후레어 훼션의 노동투쟁 사례(아들러 기업의 생산 공장)』.
재독한국여성모임, 2014, 『독일이주여성의 삶, 그 현대사의 기록』, 당대,
재유럽 오월민중제 준비위원회, 2011, 『독일에서 5.18과 함께 해 온 30년. 재유럽 오월민중제 30년 기념 자료집』.
한민족유럽연대 · 이주노동자인권연대, 2007, 『한국과 독일의 이주정책과 이주운동, 미래를 향한 연대』, 이주노동자인권연대 한독공동심포지엄 자료집.

경향신문, 2005. 05. 15.
국민일보, 2013. 01. 28.
Süddeutsche Zeitung, 1978. 04. 01.

제4장

재독 한인 여성들의 체류권 투쟁과 정치

"자유란 정치라는 독특한 중개적 공간에서만 존재한다"

(Arendt, 2003: 12)

1. 신화적 투쟁과 '정치적인 것'

2014년 독일 현장조사 중 서독일방송사(WDR)의 영상자료 속에서 20대 한인 여성들을 보았다. 독일 말을 하고 있었으나 한국 여성들이었고, 공동의 문제에 대해서 토론을 하고 있었다. 아래의 장면(사진 1)은 한 공공장소에서 정장 차림의 독일 남성 서너 명이 왼쪽 탁자에 일렬로 앉고, 오른쪽에 60~70여 명의 한인 여성들이 앉아서 토론하는 모습 중 하나이다. 여성들의 머리 모양이나 옷차림이 다양하다. 어떤 여성들은 한 다리를 다른 쪽 위로 올리고, 어떤 여성들은 턱을 괴는 등 자유로운 자세로 이야기를 듣고 있다. 왼쪽 끝자리에서 안경을 쓰고 파마머리를 한 여성이 윗옷 주머니에 한 손을 넣은 채 앞의 남성들에게 이야기를 한다. 논리적이지만 여유 있는 목소리다. 뒤이어 긴 머리에 안경을 쓴 다른 한인 여성이 오른 손에 볼펜을 들고 왼손에는 메모가 된 종이를 쥔 채 앞선 독일 담당자의 설명이 현실적으로 어떤 문제를 일으키는지 구체적인 예를 들어가며 설명을 하고 있다. 이 한인 여성들은 누구일까?

〈사진 1〉 1978년 서독 뮌스터 공청회(WDR, 울리 샤우엔 기증)

영상자료의 목록과 관련 자료들에 의하면 이것은 1978년 3월 17~18일 서독의 중부 도시 뮌스터에서 서독일 연방 내무성 및 노동청 담당자와 한인 여성들 사이에 열렸던 공청회 상황을 녹화한 것이다.[1] 여성들은 이 자리에서 유창하고 논리적인 독일어로 당시 서독 정부가 간호, 요양분야 이주여성들의 체류허가를 중단하고 본국 귀향을 강요했던 조치에 대해 항의하고 있다. 40여 년 전 먼 서독의 한 도시에서 자신들의 권리를 주장하기 위해 모인 이 한인 여성들은 누구이며, 어떻게 이 자리에 모이게 되었을까?

한국사회의 집단기억(Kollektive Gedächtnis) 속에 1960~1970년대 서독으로 이주한 한인 여성들은 '파독간호사'로 각인되었다. 한국의 언론매체와 공공 박물관 전시 등에서 이들은 낯선 독일 병원에서 일하는 '백의의 천사' 등으로 소개되었다. 해외개발공사의 모집에 지원하여 서독으로 갔던 한인 여성들이 서독사회에서 힘들게 노동하여 한국의 가족을 지원하고 가난했던 한국경제를 일으키는 데 기여했다는 이야기가 1990년대를 거치며 한국의 언

1 WDR, 1978. 03. 23. Hier und Heute. Koreanische Krankenschwestern. 이 글에서 언급되는 WDR 자료는 Uli Schauen 씨가 발굴하여 2014년 현지조사 과정에서 필자에게 기증하였다.

론매체에서 자주 언급되었다. 특히 2013년 한독수교 130년을 기념하는 행사에서 이들은 '파독광부'와 더불어 '조국 근대화'의 공로자로 자리매김 되었다.[2] 반면 앞의 방송자료에서 등장하는 여성들의 활동, 즉 1970년대 중반 서독 정부가 경제사정을 이유로 아시아 출신 간호인력 모집을 중단하고, 귀국을 강제하는 상황이 발생하자 여성들이 광범위한 서명운동을 조직했으며 이를 통해 서유럽 이주노동자들과 동등한 체류권을 인정받게 되었다는 사실은 거의 알려지지 않았다. 더불어 이러한 체류권 운동을 토대로 한인 여성들이 서독사회에서 장기 지속적으로 사회참여활동을 하였으며 이것이 이들의 삶과 전체 한인공동체에 의미 있는 역할을 하고 있다는 점도 주목하지 않았다. 비슷한 시기에 서독의 광산지역으로 이주했던 한인 남성들은 서독의 광산 폐업 등을 겪으며 대부분 체류권을 얻지 못한 채 개별적인 선택을 해야 했다.[3] 이런 관점에서 당시 서명운동을 주도했던 한인 이주여성 집단은 특별한 위치를 갖는다.

서독 내 한인 이주여성들의 권리투쟁에 대한 사회적 무관심과 망각의 배경으로는 다음과 같은 서독과 한국의 상황을 들 수 있다. 첫째, 1970년대 소수 아시아 출신 이주자이자 여성집단이었던 한인 간호여성들의 사회적 위치는 서독의 주류담론 속에서 힘을 가지기 어려웠다. 당시 서독은 1950년대에 급속한 전후 복구를 거쳐 1960년대의 경제부흥 속에서 해외 노동력을 '수입'하였다. 전국의 병원과 요양기관에서 부족한 일손을 대신하여 의료복지를

2 대표적으로 2013년 한독수교 130년 및 파독광부 50년 기념으로 박근혜 정부의 대한민국감사위원회가 발간한 자료집 『기적을 캐내고 나라를 구하라』와 2012년 한국이민사박물관의 자료집 『젊음, 독일행 비행기에 오르다』를 들 수 있다.

3 광부 출신 한인 남성들 중 일부는 재독한인노동자연맹을 결성하고 개별 사업장 단위를 넘어 서독 체류권 문제를 해결하기 위해 노력하였다. 그러나 한인 여성들과 같은 조직력을 갖지는 못했다. 그런데 1980년 광주학살이 서독 언론을 통해 전 세계에 알려지게 되자 한인 노동자들의 체류권이 인정되었는데, 이는 전두환 정권에 의한 독재체제로부터 망명할 권리를 인정받은 성격이 강했다(재독한인광부인권협회 & ESG, 1981).

실질적으로 수행할 아시아 출신 간호여성들을 손님노동자(Gastarbeiter)로 데려온 것이다. 이들은 계약기간이 끝나면 돌아가야 할 사람들이었다. 고된 노동을 대신하는 이들에 대해 서독사회는 대체로 호의적이었으나, 이것은 이주민 여성집단을 가난한 나라와 가족의 '희생자'로 타자화시키는 전형적인 시선의 한 표현이었다. 68세대의 사회운동으로 광범한 정치사회적 변화를 경험하던 상황에서 소수 이주민 여성들의 권리에 주목한 서독의 종교단체와 언론인들에 의해 이들의 권리투쟁이 기록되기도 했다. 그럼에도 불구하고 극소수 한인 이주여성들의 권리투쟁은 조직의 측면에서나, 계층, 젠더의 측면에서 변방의 목소리였으며 얼마 지나지 않아 사라졌다. 둘째, 1972년 이후 유신독체체제를 이어가던 박정희 정권은 국내의 노동운동에 대한 탄압뿐만 아니라, 국경을 넘어 이주한 자국 노동자들의 권리투쟁을 외면했다. 현지 공관에서는 공공연히 이들의 집단행동을 만류하거나 방해하기도 하였다. 박정희 정권이 국내에서와 마찬가지로 '개발연대'를 거스르는 해외체류 자국 노동자들의 권리 요구를 인정하지 않고, '정치적으로' 억압하는 입장을 가진 결과였다. 셋째, 1990년대 한국사회에 산업연수원생 제도와 고용허가제 그리고 국제결혼 등을 통해 이주민이 급속히 증가하면서 '이주(migration)'가 주요한 사회현상으로 언론의 주목을 받게 되었다. 이런 배경에서 1960~1970년대에 독일로 이주한 한인들에 대해 조명하기 시작하였으나,[4] 현재까지도 박정희 정권의 경제개발 담론을 크게 벗어나지 못한 탓이기도 하다.[5] 최근 열린 소수의 공개 토론회와 대중전시 등을 통해 비로소 이들의 다양한 시민사

4 KBS, MBC, SBS와 몇몇 신문에 소개된 당사자들의 인터뷰와 수기들이 있다. 독일에서는 당사자들의 수기를 모은 자료집(재독한국여성모임, 2003; KFD, Heike & Choi(Hg.), 2006)이 발간되었고, 한국어판(재독한국여성모임, 2014)이 수정, 발간되었다.

5 대표적으로 2016년 한독이주여성아카이브 작업을 위해 방문한 남해 파독전시관에서는 이미 사실이 아닌 것으로 고증된 '차관담보설', 즉 박정희 정권이 파독광부와 간호사들의 월급을 담보로 독일 차관을 들여왔다는 설명과 함께 이들의 '애국적 헌신'을 강조하는 문구를 게시하고 있었다.

회 활동이 소개되기 시작하였다.[6]

또 한 가지 지적할 점은 최근 1970~1980년대 재독 한인사회 및 권리쟁취 운동에 대한 당사자들의 회고록이 발간되었는데, 이 기록들에서 한인 여성들의 활동에 대한 내용은 극히 미미하거나 아예 언급되지 않고 있다는 것이다. 예를 들어 재독 학자 송두율 교수의 회고록은 한국의 정치 상황에 대응한 해외 한인 지식인들의 활동에 초점을 맞추고 있다. 반면 '노동자연맹'이나 '재독한국여성모임'과 같은 한인 이주노동자들의 활동에 대한 언급은 전혀 없다(송두율, 2017). 또 서독 교민들의 한국 민주화운동을 주도했던 민주사회건설협의회(이하 민건회) 결성에 주도적인 역할을 했던 이삼렬 교수의 회고록에서는 1976년 재독 한인 여성들의 전국 세미나 등을 소수 민건회 유학생 여성들의 주도적인 활동으로 강조하는 데 그치고 있다(이삼렬, 2016: 421). 특히 이들의 기억과 기록 속에는 1977~1978년 한인 여성들의 체류권 쟁취를 위한 서명운동 및 여성조직의 결성, 이후 한국 민주화를 위한 장기 지속적 사회참여활동은 존재하지 않는다. 같은 시대, 같은 공간에서 한인 이주자로서의 존재 위치를 공유했지만, 사후적 기억과 기록은 각 개인에 따른 선택적 해석임을 알 수 있다. 또한 '기록'에 익숙하지 않은 다수 이주민들의 경험에 대한 '아래로부터의 역사 쓰기'가 주요한 과제임을 상기하게 된다. 자신들의 목소리를 드러낸다는 일차적 목적을 위해서만이 아니라, 과거에 대한 다양한 기억들이 각축하는 역사 쓰기의 과정에서 단일한 주류적 목소리에 균열을 냄으로써 과거에 대한 새로운 해석을 시도한다는 점에서 그러하다.

이 연구는 필자가 2004년부터 2017년까지 독일 현지조사 과정에서 이루

6 대표적으로 2016년 서울사진축제 심포지움 〈언니들이 왔다: 이주와 사회참여〉, 2017년 6월 서울역사박물관의 기획전시 〈국경을 넘어, 경계를 넘어: 독일로 간 한인 간호여성들의 이야기〉, 2017년 11월 서울예술의 전당 자유소극장에서 열린 연극 〈병동소녀는 집으로, 돌아가지 않는다〉를 들 수 있다.

어진 한인 여성들과의 만남과 인터뷰, 이 과정에서 수집된 문헌자료에 대한 분석을 통해 이루어졌다.[7] 독일 한인 여성들의 생애사 구술을 통해 이들의 집단기억과 기억의 장소를 재구성하고, 1977~1978년 재독 한국 이주여성들의 체류권 쟁취를 위한 서명운동의 전개과정을 추적하여 그것의 사회 역사적 의미를 고찰하고자 한다. 이 연구에서 주목하는 여성들은 1940~1950년대에 출생하여 정치, 사회적으로 재건시대라 불리는 1950~1960년대의 한국사회에서 교육받으며 성장했다. 1960~1970년대에 20대 전후의 나이로 자신과 가족의 미래를 위해 '잘 사는 서독'의 병원 등으로 이주했다. 그로부터 10여 년이 지난 후 이들 중 적지 않은 여성들이 서독의 노동이주정책에 반대하는 집단적인 운동에 참여했다. 무엇이 이들을 움직이게 했을까? 가족과 자신의 미래를 위해 간호조직의 규율을 성실히 받아들이며 일했던 여성들이 이주국의 노동정책에 정면으로 대항할 수 있었던 열정과 집단적 힘은 어떻게 형성되었을까? 개별 간호여성들이 노동권과 체류권이라는 공적 가치를 말할 수 있는 공간을 열어가게 된 과정에는 어떤 동시대 행위자들이 결합하였을까? 이러한 한인 여성들의 사회참여활동이 갖는 특징과 의미는 무엇일까?

1) '신화'로만 언급되던 1977~1978 서명운동

한인 여성들의 독일 이주에 관한 국내 학술연구는 1966년 해외개발공사를 통한 집단 이주로부터 40여 년이 지나 본격적으로 이루어지기 시작했다. 기존 연구 중 역사학 분야의 성과(나혜심, 2012; 2014)는 독일 연방문서보관소

7 독일 내 현장연구와 자료 수집은 2004~2007년 성공회대학교 노동사연구소, 2010~2013년 한국연구재단, 2014년 프리드리히 에버트재단, 2015년 독일재분배재단, 2016~2017년 서울시의 직, 간접적인 지원으로 이루어졌다.

의 자료를 토대로 1960~1970년대 독일 이주 한인 여성들의 규모, 노동조건, 독일병원협회와의 협약내용 등을 확인하고 분석함으로써 재독 한인 여성들의 이주사에 대한 객관적 토대를 마련하였다. 특히 1960~1970년대 간호여성들과 광부의 독일이주를 박정희 정권의 경제개발 담론과 직접 연결시켜왔던 '차관담보설'이 근거 없는 주장임을 밝힘으로써 이들을 둘러싼 '애국주의적 신화'를 해체하고 이들의 다양한 삶의 모습을 드러내는 데 기여했다. 또한 재독 한인들의 삶을 한국사회뿐만 아니라 이주한 사회인 전후 서독의 정치 경제적 연관 및 국제관계 속에서 바라볼 수 있는 지평을 제시하기도 했다(이유재, 2015). 그러나 재독 한인 여성들의 사회참여활동 및 정치적인 경험에 주목한 연구는 미미하다. 대부분의 연구가 이주민의 사회적, 경제적 적응과 통합의 관점에서 이루어진 결과라고 할 수 있다. 재독 한인 여성들의 사회참여 경험에 대해 최근 이루어진 소수의 성과 중에서, '이주의 여성화'라는 21세기 전 지구적 현상을 이주여성의 경험을 중심으로 분석한 연구는 서독 이주 한인 여성들의 경험을 하나의 사례로 분석하고 있다. 이 연구는 1960~1970년대 한인 여성들의 서독 이주가 68운동을 경험한 정착국의 정치 사회적 조건 등과 결합하면서 애초의 이주동기와 다른 새로운 권리자각의 계기가 되고 있음을 지적하고 있다(나혜심, 2016). 독일 체류 이주여성들의 다양한 사회활동에 주목한 연구는 중장기적인 사회참여 경험에서 드러나는 '탈정체화'의 특성을 포착하고 있다(양영자, 2016). 또 재독한국여성모임이 발간한 자료 분석을 토대로 조직의 결성과 '정치운동'의 내용을 연대기 순으로 정리, 분석하여 소개한 연구도 있다(한운석, 2017). 그런데 세 연구에서 공통적으로 서독 한인 여성들이 '1977~1978년 체류권 투쟁'을 통해서 권리주체임을 자각하고 조직의 결성 및 사회참여의 동력을 형성했다는 점을 강조하고 있지만, 정작 1977~1978년 체류권 운동이 어떻게 전개되었는지에 대해서는 조명하지 못하고 있다.

이 글은 이와 같은 기존 연구의 한계에 주목하여 서독 한인 여성들이 1970년대 중반 서독 정부의 강제송환정책에 반대하며 벌였던 1977~1978년 집단행동의 형성과정 및 의미를 살펴볼 것이다. 당시 여성들의 체류권 투쟁이 전개되었던 복합적인 배경과 이것을 전후로 이어지는 여성들의 사회참여활동이 갖는 특성과 의미를 조명할 것이다. 이를 위해 '백의의 천사'로 서독과 한국사회에 알려졌던 이들이 10여 년의 서독생활을 거치며 스스로의 체류권을 주장하고, 다양한 사회운동의 주체로 변화하게 된 배경 및 이들의 집단행동과 조직화의 과정에 직간접적으로 연관된 잡종적인 행위자들을 추적할 것이다. 나아가 개별 사건과 경험이 갖는 복합적인 연관과 다양한 차원의 의미를 고찰할 것이다. 이것은 주류의 역사에서 잊혀진 1세대 독일 이주 한인 여성들이 위치한 시민, 여성, 이주민, 분단의 구성원 등으로서의 행위와 실천이 응축되어 드러나는 열망의 지평, 즉 정치적인 장(the political field)을 포착하고, 이것의 현재적 의미와 사회학적 함의를 추론해보려는 시도이기도 하다.

2) '정치적인 것'에 대한 이해와 재구성

이 글에서 '정치적인 것(das politische)'은 정치조직 내 권력관계의 변화를 중심으로 생각하는 상식에 머물지 않는다. 한 사회 내에서 유형, 무형의 권력(power)을 어떻게 분배하는가의 문제로 정치를 생각하는 것을 넘어서, 인간의 삶에서 정치가 갖는 근본적인 의미와 역할에 대해서 주목한다. 이것은 정치가 자본주의사회의 경제체제 및 관료제에 대해서 비판적 입장을 유지하면서, 동일성의 정치를 넘어 새로운 가능성을 모색하기 위한 과정이기도 하다. 정치를 인간의 '자유'와 불가분의 관계 속에서 이해하는 한나 아렌트의 논의는 이런 문제의식에 출발점을 제공한다. 그에 의하면 정치의 실제적 '내용이자 의미'는 자유이며, 따라서 정치와 자유는 서로 분리하여 말할 수 없는 동일한 과정의 서로 다른 면이라고 할 수 있다(Arendt, 2000: 201; 2003: 35ff.). 그에 의하면 정치란 물질적 요구로부터 벗어난 개인이 자신의 체험에 기초한 의견(doxa)을 동등하게 표방함으로써 하나의 세계가 형성되는 것을 의미한다. 다시 말해 정치는 모든 개인이 행위로서의 말을 통해 자신의 판단을 드러낼 수 있는 자유를 보장하는 것이라고 할 수 있다. 누구나 '동등하게 말할 수 있는 자유'를 실천하는 것 자체가 정치인 것이다.

이와 같은 정치의 출발점으로 아렌트는 '인간의 복수성(human plurality)'을 강조한다. 인간의 복수성은 활동적인 삶 중에서도 행위를 위한 근본조건일 뿐만 아니라, 정치의 필요조건이자 가능조건이기도 하다(Arendt, 1999: 7). 그가 강조하는 인간의 복수성이란 두 가지의 측면을 갖는다. 첫째, 한 개인에게 있어서 복수성이란 자신과 대화할 수 있는 개인의 특성을 뜻한다. 이를 통해 인간은 타인과 구별되는 유일무이한 존재로 드러난다.[8] 그러나 서구적 고전에서 '노예상태'를 지시하는 것으로 번역되었던 가족(familia) 내에서 개인은 가부장의 뜻과 의지에 자신(self)을 일치시킴으로써 사유의 능력, 즉 자신과의 대화 능력을 잃었다. 둘째, 정치는 다양한 입장을 자유롭게 개진하는 복수의 개인에 근거한다. 근대 전체주의 사회에서 수많은 개인들은 있었지만, 이들은 서로 다른 관점을 제시할 수 있는 자유를 상실함으로써 세계를 상실했고, 더불어 개인들의 다양한 의견과 상호적 소통으로 탄생하는 정치의 멸실을 겪게 되었다. 전체주의 사회에서는 개인의 정치가 소멸한 것과 더불어 사회 전체에서 정치가 절멸된 것이다. 따라서 스스로 사유하는 개인 자체의 복수성과 더불어 각 개인이 체험하고 판단한 다양한 입장과 견해가 제시됨으로써 가능한 복수의 개인성을 통해 상호 소통의 세계가 형성되는 것이 곧 정

8 아렌트는 인간이 육체적 존재와 구별되는 인간으로서 스스로를 드러내는 양식이 바로 '말과 행위'임을 강조한다. 이를 통해 인간은 유일한 자신으로 '출현'하게 되며 죽은 삶이 아니라 '활기 있는 삶'을 살게 되는 것이다(Arendt, 1999: 176~177).

치라 할 수 있다(Arendt, 2003: 9ff.). 나아가 개인이 말할 자유를 동등하게 보장한다는 점에서 정치는 곧 자유의 실현이다. 이런 점에서 자유는 인간의 내적인 본성도 아니고 신의 창조물도 아니며, 오직 정치 그 자체를 통해 발현되는 과정이자 결과물이다.[9]

아렌트에 의하면 인간의 본성으로서의 정치적 자유는 '공간적 구조물'이라는 특성을 갖는다. 그리스의 전통으로부터 자유는 평등하게 소통할 수 있는 장소에 뿌리 내린 것이다. 자유의 공간인 아고라의 경계를 벗어나는 순간 개인은 더 이상 시민, 즉 정치적 자유를 가진 인간이 될 수 없기 때문이다. 폴리스의 경계 바깥에는 외국 영토가 있다. 이곳으로 추방된 사람들은 고향이나 조국을 상실한 것만이 아니라 자신이 자유로울 수 있는 유일한 공간을 상실한 것이기도 하다. 즉 자신과 평등한 사람들로 이루어진 공간이 소멸했기 때문이다. 또한 사적인 공간인 가정 내에서도 자유로운 공간을 구성할 평등한 개인이 존재하지 않기 때문에 정치적 자유가 실현되지 못한다고 보았다.[10] 개인의 복수성에 근거하여, 생명유지 활동으로부터 벗어난 개인들이 자유롭게 소통할 수 있는 공간의 형성이 정치의 전제이자 결과라고 할 수 있다. 따라서 정치는 특정한 목적을 달성하기 위해 수행하는 행위라기보다는, 인간의 복수성에 근거하여 말과 행위의 자유를 실현하는 과정이자, 자유로운 소통의 공간 그 자체라고 할 수 있다(Arendt, 2003: 39ff.). 이런 관점에서 개인은 자신과 대화하는 사유의 공간이자, 기존의 규범과 질서로부터 해방되어 새로운 가치를 생성하고 실천할 수 있는 행위의 공간을 만들어감으로써 정치적 인간이 된다. 이러한 정치의 과정을 통해 개인은 자신을 규정하는 사회역

9 자유와 정치의 관계에 대한 본격적인 논의는 다음을 참조하라. Arendt, 2000: 201~226.

10 아렌트는 공적 영역에서 자유와 갈등이 필수조건이지만, 가정에서 함께 살기 위해서는 자유의 결여가 필수조건이라고 설명하고 있다(Arendt, 2003: 44~45). '아렌트의 공/사 영역의 구분에 대한 논의는 이 글의 범위를 벗어나는 것이다. 다만 이에 대한 여성주의의 논의와 공/사 영역 구분을 '정치' 개념의 정초를 위한 하나의 장치로 이해하는 논의의 하나로 김선욱(2001)을 참조하라.

사적 질서와 통제로부터 벗어나 스스로의 삶을 결정하고 새로운 세계를 창조하게 되는 것이다.

인간의 사유에 근거한 '말(doxa)'을 자유롭게 소통할 수 있는 공간의 창출로 이해되는 아렌트의 '정치(das Politische)'는 현대사회의 개인과 집단을 심층적으로 이해할 수 있는 이론적 기반을 제공한다. 전 지구적 이주가 일반화된 현대사회에서 국경을 넘어 이동하는 개인의 존재적 위치를 '정치적 자유'의 관점에서 바라보게 될 때 국민국가체제의 국적주의를 벗어난 이해가 가능해진다. 또 개인과 집단의 권리 투쟁을 제도화 유무로 판단하는 사회운동론의 한계를 벗어나 행위 과정에 깃든 심층적 의미를 고찰할 수 있다. 이와 같은 논의에 기초하여 다음에서는 1960~70년대 박정희 정부의 노동중개를 통해 서독의 의료요양기관으로 취업했던 한인 여성들의 권리 투쟁 과정을 재구성하고, 이들의 정치적 체험을 살펴본다.

2. 서독 교민의 반독재 인권운동

1) 분단국가 남한에서 서독으로의 이주

1960~70년대 한인 여성들의 서독 이주가 갖는 특징은 국가의 정책적 지원에 따라 일정한 기간에 대규모로 의료요양 분야에 취업하였다는 점이다. 이와 같은 정책의 배경으로는 당시 한국과 서독 사회가 이주노동력을 보내고 받아들이게 되는 시장경제적 요인뿐만 아니라, 전후 미국과 소련을 대립점으로 하는 냉전체제의 구축을 들 수 있다. 전쟁이 끝난 후 얼마 지나지 않아 동독과 북한 사이에 직접적인 경제지원과 함께 북한 노동자들에 대한 기술연수 및 교육이 이루어진 것과 달리, 남한과 서독 사이의 경제 교류는 미국

과 영국 등의 압력에 의해 뒤늦게 이루어졌다.[11]

당시 서독은 1950년대의 경제부흥기를 거쳐 사회복지정책을 광범히 시행하고 있었으나, 의료요양제도를 뒷받침할 간호요양 인력이 절대적으로 부족한 형편이었다. 이에 힘들고 임금이 싼 병원과 요양시설 노동력을 인도, 필리핀 그리고 남한 등의 아시아로부터 받아들이기 시작했다. 이런 점에서 한인 여성들의 서독 이주는 한국에 대한 서독의 개발원조라기보다는 서독 내의 노동력 부족을 해결하기 위한 목적이 컸다. 다른 한편 박정희 정권이 1962년 이민법을 제정하고 해외개발공사를 통해 해외로의 노동력 송출정책을 실시하게 된 주된 목적은 국내 실업률을 해소하고 해외로부터 외화를 벌기 위한 것이었다. 구체적으로 1963년 한국 광부의 서독 광산 취업에 이어, 1966년부터 10여 년에 걸쳐 한국 간호여성들의 서독 이주가 이루어졌다. 처음 3년 계약을 통해 이주해간 1만여 명의 한인 간호여성들은 계약갱신 등을 통해 수년을 머물다 귀국하거나 혹은 서독사회에 정착하여 교민 1세대를 형성했다. 그 중 적지 않은 여성들은 미국과 캐나다 등으로 이주하기도 했다.[12]

1966년 1월 한인 여성들 제1진이 프랑크푸르트 지역 병원과 요양기관으로 취업한 것을 시작으로 중남부(NRW)지역으로의 이주가 이어졌다.[13] 한 자료에 의하면 1964년부터 한인 여성들이 서베를린의 병원으로 왔으며, 1965년에 이미 20여 명의 한인 여성들이 서베를린시립병원 등에서 일하고 있었다(베를린기독교한인교회, 2014: 56; Yoo, 1996: 183). 이들은 종교단체나 개인의 주선으로 취업한 것으로 추정된다. 해외개발공사의 모집에 선발된 한인 여

11 전후 동독과 북한 사이의 교육 및 기술원조에 대해서는 다음을 참조하라(Kim, 2007). 남한에 대한 서독의 경제원조와 노동력 수입의 배경에 대해서는 다음을 참조하라. 이유재, 2015: 326~327.

12 1966년 이후 대규모로 서독 의료기관에 취업한 이후 1976년까지 한국인 간호사 5800명, 간호보조원 4232명 등 총 1만 32명이 서독 병원에 취업하였다(국민일보, 2013. 01. 28). 한인 여성들의 고용계약 등에 대해서는 다음을 참고하라. 한국해외개발공사, 1972.

13 독일병원협회 자료에 의하면 그 이전인 1960~1965년 사이에 이미 종교단체나 개인의 소개로 대략 1천여 명의 한인 간호사와 간호조무사가 서독에 취업하고 있었다.

성 126명이 서베를린에 처음 도착한 것은 1966년 10월 15일이다. 냉전체제의 첨예한 현장이었던 서베를린으로 한인 여성들이 오게 된 것은 이 지역 병원의 요청에 의한 것으로 반공교육을 받은 한인 여성들에게는 내키지 않는 선택이었다. 해외개발공사의 소양교육 과정에서 성적이 좋은 사람만 선발한다는 설명과 함께 다른 지역과 달리 위험수당을 포함한 월급이 많다는 조건을 듣고 오게 된 차선의 길이었다.[14] 이렇게 시작된 이주로 1970년 당시 약 700명의 한인 여성들이 서베를린 내의 30여 개 병원 및 요양시설에 취업하여 생활하고 있었다.

당시 서독으로 취업한 한인 여성들의 대다수는 1940년대생으로 간호고등학교 혹은 간호대학을 졸업한 20대 초, 중반의 미혼 여성들이었다. 선발 시기에 따라 이미 결혼하여 한국에 남편과 자녀를 둔 여성들도 있었다. 교사 혹은 공무원, 대학생이었던 여성들 중에서 지원한 경우도 적지 않았다. 이들에게 경제적으로 어려운 가족을 돕고, 좀 더 나은 자신의 생활기반을 마련하려는 계획과 더불어 한국사회의 가부장적인 문화에서 벗어나 새로운 사회를 경험하고 싶은 기대도 컸다. 이런 관점에서 당시 서독으로의 이주는 이 여성들에게 전쟁으로 폐허가 된 한국사회의 경제적 어려움과 봉건적인 문화를 벗어나 새로운 미래를 계획할 수 있는 기회였다고 할 수 있다. 흥미로운 점은 성인이 된 딸에게 가족 생계부양의 책임을 지우는 한국의 가부장적 규범에 따라 이들이 해외이주를 선택하게 되지만, 동시에 이것이 그 문화로부터의 탈주를 위한 암묵적 혹은 적극적 선택이기도 했다는 것이다. 이처럼 서독 이주를 선택한 한인 여성들의 삶의 배경과 동기는 단일하지 않았다. 당시 독일로 갔던 한인 여성들은 공통적으로 경험한 경제적 어려움뿐만 아니라 이와 직간접적으로 연관된 사회적 불합리, 분단으로 인한 정치적 억압, 봉건적인

14 서베를린 당국은 적정 인구를 유지하기 위해 거주민에게 한 달에 100DM 정도의 위험수당을 지급하고, 병역면제의 혜택도 부여했다.

문화 등을 생애 경험으로 안고 있기도 했다.

2) 동백림 사건과 68혁명이 교차하다

세대 경험의 관점에서 주목할 점은 1940년대 전후에 출생한 이 여성들은 어린 시절 해방정국의 이념적 갈등으로 인한 분단과 한국전쟁을 직, 간접적으로 겪었다. 전쟁으로 인한 사회적 혼란 속에서 가족, 학교, 지역사회의 통제로부터 상대적으로 자유로운 시기를 경험하기도 했지만, 1961년 들어선 박정희 정권하에서 군사문화와 반공주의에 기초한 사회화를 겪었다. 또 국가가 독려하는 개발연대의 집단감성을 공유하고, 경제발전을 애국의 길로 생각하는 규범이 강했던 시기에 성인이 되었다.

서베를린에 도착한 직후 이들은 1967년 동백림 사건과 독일 68운동이라고 하는 두 가지 중요한 사건을 경험하게 되었다. 자료에 의하면 1966년 한국인 간호사들이 독일에 도착한 다음 해인 1967년, 소위 동백림 사건이 발생했다. 당시 한국의 중앙정보부는 독일과 프랑스로 간 유학생과 교민 194명이 동베를린에 있던 북한대사관과 평양을 오가는 등 간첩교육을 받으며 대남적화활동을 했다고 발표했다. 이들 중 간첩으로 지목된 사람은 중앙정보부 요원들에 의해 납치되어 한국으로 강제송환되었다. 1966년 당시 한국 유학생 및 교민들의 친목단체인 퇴수회 회장이었던 음악가 윤이상 씨와 한인 여성들의 독일 취업을 주선했던 이수길 박사 등이 '간첩 혐의'로 중앙정보부의 수사를 받게 되면서 독일 교민사회가 얼어붙었다.[15] 교민들은 급격히 '빨

---

15 당시 '간첩활동'을 한 것으로 발표된 사람들 중 윤이상 씨 외에 물리학자 정규명 씨, 한인 간호사와 광산 노동자 등 전체 12명이 서독에서 한국으로 강제송환되었다. 1967년 12월 1심 선고공판에서 34명에게 유죄 판결이 내려졌으나, 대법원 상고심에서 간첩혐의로 유죄판결을 받은 사람은 없었다(뉴스한국, 2007. 04. 05, 한국간호사 파독과 동백림 사건의 산 증인 이수길 박사 증언II).

갱이'와 그 외의 사람들로 구분되었다. 사건 관련자들과 가깝게 지내던 교민들 중에는 갑자기 이들과 관계를 끊어버리는 사람들도 있었다. 당시 독일로 온 지 얼마 되지 않은 채 병원 기숙사를 중심으로 생활했던 대부분의 여성들은 구체적인 사실은 잘 알지 못한 채, 한인 교회 등을 통해서 '빨갱이 유학생'들이 잡혀갔다는 소문을 들었을 것으로 짐작된다. 시간이 지난 뒤에도 교민들뿐만 아니라 어린아이였던 교민 2세들 사이에서도 '서로 놀지 못하는' 일들이 벌어지기도 했다.[16]

이처럼 남한과 서독의 한인사회가 1967년 동백림 사건과 1968년 김신조 간첩사건 등으로 경직되어간 반면,[17] 서독을 비롯한 유럽사회는 1967~8년을 전후로 한 68운동을 통해 '보수적 엄숙주의'에서 깨어나기 시작하였다. 1968년 독일 대학생들의 월남전 파병 반대 시위 등을 계기로 촉발된 정치개혁의 흐름은 1970년대를 관통하는 문화적 개혁으로 이어졌다. 히틀러의 인종주의적 민족사회주의 이념 아래서 유태인 학살에 직, 간접적으로 참여했던 정치인들에 대한 비판뿐만 아니라 가족의 일상과 학교 그리고 직장 등 사회 전체를 뒤덮고 있는 위선적이고 권위주의적인 문화 전체에 대한 비판으로 나아간 것이다. 반권위주의 운동(anti-autoritäre Bewegung)으로 표현되는 것이 그것이다. 남녀, 노소, 계급과 계층 사이에 존재하던 사회적 문화적 차별을 없애고자 하는 노력이 1970년대를 거치며 사회 곳곳에서 시도되었다. 어린이 놀이방에서 대학까지 반권위주의 교육을 실천하기 위한 토론과 실천들이 벌어지면서, 교사의 권위를 상징하는 교탁이 없는 교실과 넥타이를 매지 않는 교사들의 자유로운 옷차림, 체벌의 금지, 남녀평등법의 제정 등은 외

---

16 2014년 5월, 베를린에서 개최된 〈5월 민중제〉에서 성인이 된 교민 2세들이 어린 시절을 회고하던 중 이와 관련된 경험을 언급하였다.

17 1968년 1월 21일 북한 민족보위성 정찰국 소속의 북한군 31명이 청와대를 습격하기 위해 서울 세검정까지 침투했던 사건을 말한다. 이 사건을 계기로 북한의 비정규전에 대비하기 위해 향토예비군이 창설되었다.

형적 변화에 불과했다. 더욱 중요한 것은 시민적 정서의 변화였다. 위선적이고 권위주의적인 윗세대와 자신들을 구별하며 등장한 68세대는 개인의 욕구와 감성을 솔직하게 표현하고, 권위주의에 굴복하지 않는 자유로운 시민으로 자신들을 정의하고자 했다.[18] 1970년 독일의 라팅겐 지역으로 갔던 조국남 씨는 68세대의 일원이었던 남자친구와 주변 대학가를 방문했다가 김일성과 모택동 전집을 보고 깜짝 놀랐다. 당시 그는 마음속으로 "나는 절대 안 볼 거야라고 다짐했다. 결국 모르기 때문에 생긴 공포가 컸고, 점차 배우고 앎으로써 변화하게 되었다"고 당시를 기억했다(조국남 구술녹취록, 2017: I). 이는 대부분의 여성들에게 공통적이었을 것이다. 애초 3년의 계약기간이 끝나면서 대학준비과정인 베를린-콜렉에 입학한 조국남 씨는 진보적인 교사들의 영향을 받으며 '데모'의 이유와 의미에 대해서 다시 생각하게 되었다.[19] 적지 않은 여성들이 직장과 학교, 지인들을 통해서 당시의 개혁적이고 자유로운 독일사회를 경험하며, 야간고등학교를 졸업하고 학비가 없는 서독 대학에 진학하거나, 국제결혼을 하는 등 새로운 삶을 선택하기도 했다.

3) 재독 한인들의 민주사회건설협의회 결성

해방과 한국전쟁 그리고 군사쿠데타에 이르는 정치적 격변기였던 1950~1960년대에 남한사회를 떠나 해외유학 혹은 외교 관련 공무여행을 할 수 있었던 사람은 극소수였다. 1980년대에 이르러 여행자유화가 이루어지기 전까지 여권을 가지고 비행기를 타는 것은 일반인이 상상하기 어려운 일이었

18 독일의 68세대는 2차 세계대전 전후에 태어나 20대로서 1960년대 중반의 사회운동에 공감했던 사람들을 지칭한다. 대체로 1938~1948년 출생자들이 이에 속한다(Bude, 1997; 이희영, 2006).

19 베를린-콜렉(Berlin-Kolleg)은 서베를린주의 인문계고등학교(Gymnasium)가 아닌 실업계 혹은 공업고등학교를 졸업한 후 대학에 진학하기를 원하는 사람들이 2년 동안 대학지원 자격시험(Abitur)을 준비하는 과정(Institut)이었다.

다. 1955년 한국과 서독 사이에 상호 국가승인을 계기로 50여 명의 유학생이 서독으로 간 후 1960년대 초 서독에는 매년 10명의 DAAD장학생과 9명의 훔볼트 장학생을 포함하여 철학, 신학, 법학 그리고 독문학 등을 전공하는 100여 명의 남녀 유학생들이 있었다(이동기, 2013: 44). 1963년 결성되었던 학술토론회 성격의 퇴수회가 1964년 재독한인회로 이름을 바꾸었는데, 당시 한인회는 지금과 달리 유학생들 모임이었고 1대 회장 또한 음악가 윤이상 씨였다. 1963년 시작된 '파독광부'들의 취업과 1965년에서 10여 년간 이어진 한인 간호요원의 대규모 이주를 계기로 1970년대에는 1만 여 명 규모의 한인 사회를 형성하게 되었다. 소수의 유학생과 다수의 광산노동자, 의료요양 분야의 여성노동자들로 이루어진 한인들은 계급적 차이에도 불구하고 광산이나 병원 등의 계약기간 혹은 학업이 끝나면 한국으로 돌아가야 하는 단기 체류자들이라는 점에서 공통점을 가지고 있었다.

앞 장에서 살펴본 것과 같이 1967년의 동백림 사건으로 한인사회는 극도로 위축되었다.[20] 이런 분위기에서 서독 전역의 대학, 병원과 광산지역을 따라 흩어져 있던 한인들이 정치적으로 조직되기 시작한 것은 1969년 박정희 정권의 삼선개헌과 1971년의 재집권에 대해서 비판적이던 한국 유학생 40여 명이 1972년 11월 독일교회 장학처의 지원으로 개최한 토론회(Korea Seminar)를 통해서였다. 1968년 세계교회협의회(WCC)의 지원으로 괴팅겐대학으로 유학을 왔던 이삼렬 씨가 10여 개의 도시를 다니며 조직한 이 모임에서는 한국의 정치적 상황에 대해서 분석하고 지식인의 역할에 대한 열띤 토론이 이루어졌다. 이 만남이 계기가 되어 1974년 서독의 도시 본에서 간호

20 1968년 당시 서독에는 유럽 최대의 한국인(유학생, 광부, 간호사 포함 4~5000명)이 머물러 있었으며, 동서베를린의 지리적 특성으로 인해 특별한 어려움 없이 사회주의 국가를 오갈 수 있었다. 이런 점에서 동백림 사건의 배경을 박정희 정권이 간첩사건을 통해 국내정치적 안정을 꾀함과 동시에 재외 한국인들을 정치적으로 길들이기 위한 것으로 분석하는 연구도 있다(이유재, 2015; 최동하, 2016 서울역사박물관 워크샵 자료집).

사, 광부, 유학생, 종교인 남녀 55인이 모여 공개 대중연합체인 민주사회건설협의회(이하 민건회)를 결성하였다(이삼열, 2015: 474). 박정희 정권의 정치적 탄압이 절정에 있었던 유신체제하에서 학업이나 노동계약 기간이 끝나면 한국으로 돌아가야 할 처지의 유학생과 노동자들이 자신의 이름을 공개하고 반독재투쟁을 선언하였다는 점에서 동백림 사건 이후 한인사회의 침묵을 깨는 기폭제가 된 것이었다. 특히 이 과정에서 독일 개신교 조직들과 한국기독교협의회의 국제연대와 지원이 큰 역할을 하였다.[21]

민건회는 서독 내 한인들의 정치연합체였던 만큼 내부에는 서로 다른 정치적 성향을 지닌 집단이 공존하고 있었고, 남한 정부와 서독주재 한국대사관의 지속적인 정치적 탄압이 이들 사이의 갈등을 증폭시키는 역할을 하였다. 구체적으로는 북한에 대해서 우호적인 시각을 가진 교민과 종교인들 사이의 대립이 있었고, '빨갱이'로 낙인찍혔던 동백림 사건 관련자들에 대해서 거리를 두려는 사람들 사이의 갈등, 한국의 민주화운동에 주력하려는 유학생 중심의 지식인과 서독 내 광부와 간호여성들의 당면과제를 해결하려는 노동자들 사이의 입장 차이가 있었다(Yoo, 1996: 241~242). 민건회가 본격적으로 활동하게 되면서 단기 체류자로 형성된 한인 교포사회를 대상으로 한 활동보다는, 독일사회를 향해 한국의 인권 현실과 민주화운동을 홍보하는 활동에 집중하였다. 결국 민건회는 1976년 10월 3차 총회에서 한국사회의 민주화를 지원하기 위한 해외연대 협의체임을 공식적으로 선언하였다(이삼렬, 2016: 405~413). 인적 구성에 있어서도 유학생과 종교인이 중심이 되어 국제연대활동을 이끌어나갔다.

21 재독 한인과 한국 민주화를 제도적으로 지원했던 대표적인 독일 기독교 조직으로는 독일개신교연합(EKD), 독일교회동아시아선교부(DOAM), 서남독선교부(EMS)를 들 수 있다. 이들의 한국 영등포산업선교회와 크리스찬아카데미 등에 대한 지원은 산업노동자와 지식인들의 활동을 실질적으로 보호하고, 확장되게 하였다(Lutz Dresser Interview 2014; 이유재, 2015: 336).

이런 상황에서 1975년 11월 광산에서 생활하던 한인 남성노동자들이 재독한인노동자연맹(이하 노연)을 결성하였다. 노연은 민건회 소속 광산노동자 출신 회원 5~8명이 중심이 되어 고용계약의 만료로 인해 한인 광산노동자들이 당면한 체류권과 강제추방 등 각종 인권침해 현실을 직접 해결하기 위한 목적으로 결성되었다(Yoo, 1996: 243~245). 그런데 노연에서 활동하는 민건회 회원들로 인해 민건회 전체가 '용공 좌익집단'으로 몰릴 것을 우려하는 다른 회원들과의 갈등이 커지자, 1976년 10월 24일 상임위원회에서 노연회장과 4명의 회원을 민건회에서 제명했다(이삼렬, 2016: 418). 그리고 얼마 지나지 않은 1978년 기독교 조직을 중심으로 세계연대활동을 지향하던 회원들이 민건회를 나와 새로운 단체(한국민건회, 이하 한민건)를 결성함으로써 민건회는 진보적 유학생들 중심의 조직으로 남게 되었다(Yoo, 1996: 245~246; 이종현 구술녹취록, 2007/ 9). 이에 앞선 1976년 초 반공 이념을 지지하는 기독교인들과 남한 체제 안에서 민주화운동을 하려던 회원들이 민건회를 탈퇴하여 독자적으로 활동하게 되었는데, 이 중에는 베를린기독교한인교회의 정하은 목사도 있었다.

한국사회에서 박정희 정권의 유신체제가 시작되자 1974년 서독 내 한인 지식인, 종교인, 이주노동자들이 연합하여 대중정치조직이었던 민건회를 결성하고, 3~4년 동안 내부 토론과 대중활동을 통해 반독재민주화를 위한 국제연대활동을 수행하였다. 이 과정에서 회원으로 참여했던 한인 광산노동자들이 독자적인 노동자 조직을 결성하였고, 국제기독교 연대활동에 주력하던 종교인들은 한민건을 조직하는 등의 방식으로 분리되었다. 조직적인 관점에서 이러한 분화는 민건회가 서독 내 한인 지식인 중심의 단체로 축소된 것이며, 이념적으로는 다양한 정치적 입장을 가진 대중조직에서 진보적 이념을 지향하는 소수결사체로 변화된 것을 뜻한다. 그럼에도 불구하고 민건회는 적어도 1970년대 중반 서독을 중심으로 한 한인들의 활발한 소통과 다양한 사회적 실천을 가능하게 했던 최초의 정치적 공간이었다.

4) 서베를린 한인 기독교인들의 인권운동

독일 한인 여성들의 이주에 대한 현지조사 과정에서 흥미로웠던 점은 베를린기독교한인교회를 비롯한 서독 내 종교단체들이 한인 여성들의 권리쟁취운동에 중요한 역할을 한 사실이었다. 1963년 한국 남성들이 서독 루르지역의 광산으로 이주하게 되면서 1966년까지 이 지역(NRW)에 약 2500여 명의 한인 광부들이 생활하였고, 1966년에는 한인 간호사 1227명이 이곳을 포함한 인근지역으로 이주함으로써 대규모 아시아 출신 이주집단이 형성되었다. 낯선 독일에서 생활하게 된 이 한인들 중 다수의 기독교인들이 기숙사에서 자유로운 형식으로 기도모임을 가졌던 것이 이후 각 지역 한인 교회 설립의 기초가 되었다. 1964년 아헨 지역에 살던 한인들이 말도 통하지 않는 독일 교회를 방문하자, 독일개신교복지재단(Diakonischen Werk)이 당시 괴팅겐 신학대학에 있던 한국 유학생을 찾아내 예배를 주관하도록 요청하였다. 이를 받아들인 이영빈 목사가 1965년 라인주 교회의 디아코니로부터 정식 한국교회 담임목사로 임명되었다. 1969년 그의 임기가 종료된 후 3년 뒤에는 한국기독교회협의회(KNCC)에서 파견된 장성환 목사가 뒤스부르크를 중심으로 한 인근지역에서 한인을 위해 활동했다. 당시 한인 교회는 종교적 목회 활동뿐만 아니라 한인들의 사회적 문제 해결을 위해 법적 조언 등을 하였다. 교회는 이들이 한국에 대한 소식을 듣고 일상생활을 위해 필요한 정보를 교환하는 가장 중요한 장소였다. 기독교인이 아닌 사람도 예배에 참석하는 등 사회적 공간으로서의 특성을 가지고 있었다(Yoo, 1996: 92~94).[22]

22 1972년 한인들이 모여 있던 도시인 프랑크푸르트, 베를린, 함부르크, 뮌헨에서 설립된 한인 개신교회들이 재독한인교회협의회를 조직하였다. 그러나 이 조직은 교회단체 설립과 관련된 협의

서베를린에서는 독일인 크루제(Kruse) 목사 부부가 1966년 11월 한인 여성들이 일하던 하벨회에(Havelhöhe)시립병원을 방문하여 상황을 파악하고, 1967년부터 병원 기숙사에서 한국인을 위한 예배를 한 것으로 기록되어 있다.[23] 이들이 1970년 서베를린 북부지역인 슈판다우에 〈한국의 집〉을 열었을 때 베를린에서는 약 700여 명의 한인 이주여성들이 생활하고 있었다. 1972년에는 베를린주교회 교구청의 초청으로 한국에서 정하은 박사가 담임목사로 부임하였다. 당시 교인들의 다수는 한인 이주여성과 가족들이었다. 앞 장에서 살펴본 바와 같이 정하은 목사는 1974년 민건회의 창립위원으로 참가하여 한국의 민주화를 위한 교민활동에 참여하는 한편, 독일개신교회협의회(이하 EKD) 산하 외국인 목사회 등을 통해 한국 이주민들의 인권을 보호하기 위한 활동을 하였다. 특히 1975년 12월 한국인 간호사 홍신실 씨가 살해된 사건에 대해 베를린 행정당국과 교민사회가 관심을 보이지 않자 베를린의 독일 교회들과 함께 한국문제연구회를 조직하여 한국인 보호를 선언하기도 하였다(한국인권문제연구회, 1977: 1; 베를린기독교한인교회, 2014:13). 또 1977년 6월 서베를린에서 개최된 독일 '개신교회의 날' 행사를 앞두고 서독 정부의 노동력 모집중단 정책으로 강제출국의 상황에 처한 한인 여성들의 체류권과 영주권을 요구하는 활동을 결정하였다. 개신교회의 날은 2년마다 한 번씩 열리는 서독 기독교인들의 선교대회로, 개최 기간 중 해당 도시에 하루 6만여 명의 기독교인들이 모여 그들의 활동과 상황을 소개하는 대중집회였다. 한인 교회는 이 사업을 전담할 주체로 한국인권문제연구회(이하 인권연구회)를 창립하고,[24] 총회에서 정하은 목사를 회장으로 선출하였다. 인권연

를 하지 못하고 '목사모임'으로 유지되다가, 1979년에야 공식 재독한인교회협의회가 설립되었다(Yoo, 1996: 86 & 100).

23 베를린기독교한인교회는 이 시기를 교회 창립의 해로 기록하고 있다(베를린기독교한인교회, 2014: 표지).

24 Korea-Arbeitskomitee für Menschenrechte in Berlin West.

구회는 "재독 한인의 문제를 항속적으로 연구하고 그 해결을 위한 기구"임을 표방하였다(한국인권문제연구회, 1977: 8). 이런 점에서 한인 교회가 남한의 반독재민주화 투쟁에 주력했던 민건회와는 거리를 두고 있었음을 알 수 있다.

베를린기독교한인교회, 베를린신과대학 한국문제연구회 및 인권연구회가 공동으로 발간한 자료에 의하면 1977년 당시 서독에는 약 7천여 명의 한인 여성들이 체류하고 있었고, 그 중 1600여 명이 서베를린의 50개 병원에서 일하고 있었다. 인권연구회는 이 한인 여성들의 체류권 요구 운동을 위해 5월부터 한인 여성들이 많이 근무하는 31개 병원을 선정한 후 그곳의 한인 간호여성 중 695명으로부터 서명을 받기 시작했다. '독일에서 5년 이상 계속 근무한 아시아 간호여성들의 무기한 체류권과 영주권을 요구'하는 서명용지에 한 달 동안 518명이 서명함으로써 대다수의 한인 여성들이 서독사회에 머무를 수 있기를 희망할 뿐만 아니라, 한국으로 귀국할 경우에도 외국인법이 개정되어야 한다는 의사를 분명히 하였다(한국인권문제연구회, 1977: 2 & 5). 당시 국제결혼을 통해 체류권 문제가 이미 해결된 여성들도 서명운동에 적극 참여하였는데, 이들이 당시 상황을 개인 문제가 아니라 아시아 출신 이주여성들의 권리로 이해한 것이었다.

1977년 6월 8~12일 서베를린에서 열린 독일 개신교회의 날 행사에서 한인 교회는 부스를 설치하고, 교회 소속 한인들과 베를린신학대학 학생들이 공동으로 조를 짜서 매일 30분씩 인권연구회가 준비한 독자적인 프로그램을 진행하였다. 인권연구회가 발간한 인권시보는 당시의 상황을 다음과 같이 기록하고 있다.

> 6월 9일 오전 9시를 전후하여 20여 명은 우리의 전시장인 Halle 6에 모여 행사를 숙의하였고, 10시부터 2~3명씩 편성된 팀들은 가슴과 등에 외국인법 개선이라고 쓰인 조끼를 입고, 한 손에는 무기한 체류권을 요구하

〈사진 2〉 1977 개신교회의 날 서명운동 전시장, 강경신 기증

〈사진 3〉 1977 개신교회의 날 서명운동, 강경신 기증

는 전단을 들고 다른 한 손에는 서명용지를 들고 각각 담당 배치된 위치로 나서기 시작하였다. (한국인권문제연구회, 1977: 3)

위의 사진에서 알 수 있는 바와 같이 개신교회의 날 행사에 참여한 한인 교회 소속 여성들은 자신들의 요구사항을 직접 알리고, 이에 대한 연대의 방식으로 서명을 받는 활동을 조직적으로 수행하였다. 베를린기독교한인교회가

제공한 자료 〈사진 3〉에서 주목할 점은 서명운동을 위해 한인 교회 참여자들이 준비한 홍보자료에 외국인법의 개정, 무기한 체류허가 등의 요구사항 외에 남한 민주주의의 회복과 양심수 석방을 요구하는 문구도 포함되어 있었던 것이다.[25] 그 배경을 살펴보면, 1976년 3월 1일 한국의 명동성당에서 박정희 독재정권을 비판한 김대중 씨 등의 정치인과 종교계 인사 18명이 긴급조치 위반으로 구속되자 국내외에서 이에 대한 비판과 구명운동이 활발히 전개되었다. 독일의 민건회 또한 서독 개신교연합, 지역 인권조직(엠네스티) 등의 독일 단체들과 연대하며 구속자 석방을 위한 각종 모임을 조직하였는데, 서명운동 몇 달 전인 1976년 12월 20일 서베를린 요하네스교회에서 개최된 한국정치범 석방을 위한 연대모임을 통해 남한의 반독재 여론을 환기시키고 있었다(이삼열, 2016: 410~412). 이런 상황에서 개신교회의 날 행사에 참여한 한인 교회 소속 교민들도 체류권 문제뿐만 아니라, 한국의 반독재 민주화를 위한 운동에 참여한 것으로 짐작된다. 이런 활동에 비추어 당시 베를린기독교한인교회와 교인들은 1970년대 중반 한인사회 내에 존재하던 '레드 컴플렉스'에 대해 비판적 입장을 가지며, 스스로의 사회적 권리 쟁취와 출신국의 반독재투쟁에 '인권운동'의 차원에서 참여하고 있었던 것으로 보인다.

서명운동의 결과 첫날인 1977년 6월 9일 정오 무렵 천여 명이 서명에 동참했다. 다음 날인 6월 10일 오후 서명자가 3천 명을 넘어서면서 이미 요구사항이 개신교회의 날 정식 결의사항으로 채택될 수 있는 조건을 확보하였다. 6월 11일 오전 10시까지 진행된 서명운동의 최종 서명자는 5813명이었다. 이를 바탕으로 체류권과 노동권에 관한 두 가지 요구사항이 1977년 독일 개신교회의 날 정식 결의사항으로 채택되었다.[26] 1977년 6월 11일 서명운동이

25 Für Wiederherstellung der Demokratie in Südkorea & Für Freilassung aller politischen Gefangene(사진 3).

26 두 가지 요구사항은 다음이다. 첫째, 독일에 5년 이상 계속 근무, 체류한 자에게는 무기한 체류허

마무리된 직후부터 외국인법 개정을 위한 공청회가 개최되었는데, 토론의 쟁점은 서독사회에서 외국인 노동자들이 더 이상 이방인이 아니라 동료로 인정되어야 한다는 점과 이에 상응하는 체류와 노동, 생활조건이 개정되도록 제도적 변화가 있어야 한다는 것이었다.[27] 토론에 참석했던 서베를린 내무장관은 무기한 체류허가를 받지 못한 한국 간호원의 명단을 직접 검토하여 처리할 것이며, 외국인법은 동양인을 제외하지 않는다고 대답하였다.

개신교회의 날 서명운동이 마무리되고, 정하은 목사와 베를린 내무장관의 면담이 이루어진 후인 1977년 7월 23일, 서베를린주가 내무부 공식문서를 통해 개신교회의 요구사항이 실행되도록 할 것임을 통보하였다(한국인권문제연구회, 5).[28] 서독 언론에서도 5년 이상 체류한 한국인들은 베를린에서 무기한 체류할 수 있게 되었다고 보도하기 시작했다(Der Abend, 1977. 07. 28; Der Tagesspiegel, 1977. 07. 28). 같은 신문에서 서베를린 내무성의 이런 조치가 병원에서 뛰어난 능력을 보인 한인 간호사와 같은 "가치 있는 노동력"과 서베를린으로 오는 절대 다수의 비숙련 외국인 노동력을 구분하고 있다는 비판적 기사를 싣기도 하였다. 즉 당시 서베를린 내무성의 위와 같은 결정은 서독일 내 외국인 노동자 전체에 대한 권리보장이라기보다는 서베를린 주정부 차원에서 이루어진 '한인 간호여성'들에 대한 제한적 구제의 성격을 띠고 있었다. 또한 독일개신교회연합은 채택된 결의사항을 공식적으로 노동성, 내무성, 보건성 등의 관계부처에 전달하였고, 당시 진행 중이던 서독일연방과

가(unbefristete Aufenthaltsgenehmingung)와 무제한 노동허가(Unbeschränkte Arbeitser-laubnis)를 요구한다. 둘째, 독일에 8년 이상 계속 근무, 체류한 자에게는 영주권(Aufentahalts-berechtigung)을 요구한다(한국인권문제연구회, 1977: 3).

27 공청회 발표자는 베를린 부장판사 Dr. Fritz Franz, 의사 Dr. Athanasius, 독일 개신교 외국인 목사회 대표 Dr. J. Micksch, 국제 외국인노동자회 서베를린 대표 Fovzi Cakir, 독일 노동성 대표, 서베를린 내무장관 P. Ulrich등의 독일 개신교, 행정부 및 각 지역사회 대표들이었다(같은 자료, 4).

28 1977년 8월 15일 발행된 인권시보에 당시 서베를린 내무성에서 개신교 한국본부(Evl. Koreanis-ches Zentrum)로 보낸 공식 문서의 복사본이 실려 있다.

주정부연합의 외국인 정책, 통합정책 및 가족 이주에 관한 새로운 규정 마련에 영향을 미치고자 했다.[29]

베를린기독교한인교회는 2014년 창립 50년 행사를 위한 준비사업으로 당시의 활동을 회고하며, 1977년 서명운동이 한인 여성들의 인권을 지키기 위한 연대활동이었음을 강조하였다(조성호 목사 구술인터뷰, 2017). 한인 교회는 1960년대 이후 서베를린 지역으로 이주한 한인 여성들과 가족들의 기도모임으로 출발하여 당시 독일 68운동의 개혁적인 분위기와 나치에 저항했던 독일 개신교와의 연대활동,[30] 민건회를 중심으로 한 한인 민주화운동의 영향을 받으면서 서베를린 1세대 한인 이주여성들의 체류권 문제를 해결하기 위해 조직적인 운동을 전개하였다. 이 과정에서 교회 조직과 목회자들은 단기계약 '손님 노동자'였던 서베를린 지역의 한인 여성들이 안정적인 일자리와 체류권을 가진 이주민 1세대로 정착할 수 있는 법적 조건을 마련하는 데 기여하였다. 강제송환에 직면했던 한인 여성들은 교회 활동을 통해 체류권리를 인권의 차원에서 인식하고, 서독 개신교회 차원의 연대활동을 직접 체험하며 주체적으로 문제를 해결하는 전통을 마련하였다. 절대 다수의 한인 여성들로 구성된 한인 교회는 기독교적 가치를 토대로 개인들의 자유로운 소통을 가능하게 했던 종교적 공간이자, 정치적 공간이었다.

29 서독 정부는 해외 노동인력 모집중단으로 발생하는 이주자의 인권문제 등을 논의하기 위하여 1977년 2월 28일 연방-주정부협의회(Bund-Länder-Kommission)를 구성하여 외국인법 개정을 포함하여 통합정책, 가족이주에 관한 규정 등을 마련하고 있었다(IAB, 1988).

30 나치 독일에 저항하며 수난을 경험한 독일 개신교는 '고백교회(Bekennende Kirche)' 전통으로 인해 한국의 기독교가 수행하는 반독재 민주화운동과 신앙의 자유운동에 적극적인 지원을 하였다(이삼렬, 2016: 386).

3. 체류권 쟁취와 '재독한국여성모임'

1) 한인 여성들의 자치모임과 전국적인 서명운동

앞에서 살펴본 기독교 단체의 활동과 상관없이, 재독 한인 여성들의 자치 활동과 체류권을 보장하기 위한 노력이 서독 전역에서 광범하게 시작되고 있었다. 1960년대부터 이주해온 한인 여성들은 대부분 한국간호협회 회원으로서의 유대감으로 개별적인 친목모임을 하거나, 직장이나 일상에서 문제가 생긴 여성들을 서로 도와주는 역할을 하였다. 그런데 이들 모임은 이주 초기에 간호사 자격증을 가진 여성들이 주류였으나 점차 간호조무사의 수가 더 많아져 한국의 간호협회와 공식적인 관계를 맺지 못한 채 개별적인 만남을 유지하고 있었다.[31]

1974년에는 간호 모임과 상관없이 한인 여성 10여 명이 베를린자유대학 기숙사에 모였다.[32] 1966년 10월 서베를린의 병원에 간호사로 취업했다가, 대학입학 자격시험을 치르고 1969년 베를린자유대학 의과대학생이 되었던 이민자 씨는 다음과 같이 기억한다.

> 오선희 씨가 이종수 씨 부인이잖아. 또 오석건 씨 부인 이수복 씨, 또 우리는 [최]영숙이 하고 양광자하고 나하고는 친구들인데, **우연히 그냥 오라고** 오선희가 아마 오라고 했을 거야. 광자를 통해서인가 하여튼. 서로돕는 여성회가 결성된다고 우리 가보자 해가지고는 그렇게 간 거에요. 그걸 조

31 대한간호협회의 회원은 "국가고시를 통과한 간호사"로 규정하고 있었기 때문에 중학교를 졸업하고 간호조무사 양성교육을 받은 후 독일로 취한 여성들을 회원으로 인정하지 않았다. 1970년대 초부터 형성되었던 독일의 한인간호협회는 한국과 공식적인 관계없이 독자적인 활동을 하였고, 1986년에 이르러 재독한인간호협회가 공식 설립되었다(Yoo, 앞의 책: 186~188; 양희순, 2008).

32 재독한국여성모임, 2003, 창립25주년 기념문집, 4쪽에 동일한 상황에 대한 언급이 있다.

직하지는 않고, 그래서 거기서 첫모임이 돼서 내가 있던 학생 기숙사에서.

(이민자 구술녹취록, 2014 II/ 6)[33]

위의 구술에서 첫 모임을 알린 오선희 씨와 또 다른 참여자인 이수복 씨, 또 이들의 남편인 이종수, 오석건 씨는 모두 1974년 3월 결성된 민건회의 공식, 비공식 회원으로 활동하고 있었다. 이와 같은 인적 구성에 비추어보면, 당시 오선희 씨의 요청으로 첫 모임이 이루어진 베를린의 '서로돕는여성모임(Frauen Selbsthilfegruppe, 이하 여성모임)'은 민건회의 여성 회원들이 주도하여 시작된 것으로 짐작된다. 서베를린의 여성모임은 간호요원으로 독일에 취업했던 한인 여성들과 유학을 온 한인 여성들이 함께 참여한 친목조직으로, 광산에 취업한 한국 남성들만의 조직이었던 노연과는 다른 특성이 있었다.[34] 처음 한 자리에 모인 여성들은 직장에서 겪는 어려움뿐만 아니라 가족 분세, 출산과 육아, 부부 사이의 갈등, 재교육 문제 등을 공유하였다. 또 자신들의 문제를 좀 더 논리적으로 정리하고 말하기 위해 교육프로그램을 만들기로 했다. 이후 주변 사람들에게 모임을 알리면서 정기적으로 만남이 이루어졌다(Yoo, 앞의 책: 208). 1966년 10월 이민자 씨와 같은 비행기를 타고 서베를린으로 왔던 김진향 씨는 독일인 남자친구와 결혼하여 둘째 아이를 출산하고 있었다.

그때 76년도에 제가 그 요나스, 둘째 애기를 낳고 나서 집에 있는데 그, 물론 할프탁스[halbtags, 반나절] 병원에 가서 일을 했지만 나대로의 생활이 충족되지 않더라구요. 왜냐하면 남편은 아침에 근무 갔다가 저녁에 오

33 이 글의 구술녹취록 인용법이다. 이민자 씨의 2014년 II차 인터뷰의 구술녹취록 중 6쪽을 뜻한다.

34 고 유정숙 씨는 자신의 박사논문에서 베를린의 서로돕는여성모임은 다른 지역과 달리 '간호사들'만의 모임이었다고 기록했으나, 최영숙, 이민자 씨와의 2015년 인터뷰에 의하면 당시 몇 명의 유학생들이 참여했고 이민자 씨 또한 이미 의대 본과에 다니는 대학생이었다.

면은 너무너무 피곤해서 뭐 나하고 토론인가 뭔가도 못하고(웃음) 나는 애들하고 실컷 시달리기만 하고 나대로의 그 삶의 불만이 좀 쌓여서, 많았어요. 그래서 이제 [남편이] 어떻게 알아서, 재독한국여성회가 베를린에서, 서로돕는여성모임이라는 그런 게 있다고 (…), 77년부터 제가 거기에 나가기 시작했죠. (김진향 구술녹취록, 2014 I/ 11)

이처럼 여성모임은 입을 통해 사람들에게 알려지기 시작했고, 김진향 씨의 남편은 한국 여성과 결혼한 친구를 통해 여성모임 소식을 듣고 부인에게 참여를 권유하였다. 모임에서 만난 여성들은 일상에서의 독립적인 삶을 위한 태도와 한국에서 벌어지고 있는 인권침해의 상황 등에 대해서 토론하기도 하였다. 처음 박정희 독재정권에 대해 비판적 태도를 가지고 있던 남편의 말을 '한국에 대한 멸시와 비난'으로 받아들여 다투기도 했던 김진향 씨는 여성모임을 통해 한국사회를 다시 이해하게 되었다고 했다(김진향 구술녹취록, 2014 I).

당시 서베를린뿐만 아니라 하이델베르크, 뮌헨, 프랑크푸르트, 쾰른, 뒤셀도르프, 본 등 독일의 15개 대도시에서 유사한 지역차원의 여성모임이 결성되었는데, 민건회 회원 여성들이 개별적으로 참여하고 있었다(재독한국여성모임, 2003: 5). 이처럼 각 지역의 자발적인 토론모임이었던 여성모임이 단일한 조직을 구상하게 된 것은 당시 서독 안팎의 사회적 조건과 민건회 여성회원들의 요청이 배경이 되었다. 1974년 창립한 민건회에서 남편과 함께 활동하던 여성들은 모임에서 여성들의 의견이 진지하게 받아들여지지 않는 분위기를 자주 경험하였다. 이런 민건회 만남을 불편하게 생각하게 되었고, 여성들의 독자적인 모임이 필요하다고 생각했다. 한 여성은 인터뷰에서 "남자들은 민주주의 문제를 국가 사이의 역학관계나 한 국가 내의 권력관계로만 접근하는 경향이 있었다. 그러나 나에게는 여기서 더 나가 사회적 차원에서 가족과 개인, 여성과 남성의 관계 등을 민주주의 문제에 포함하여 토론하는 것이 중요했다. 민건회의 동력은 남성들에게서 나왔다. 나는 여성들이 한 조직에서 남성들과 싸우는 대신 따로 모임을 만들어야 한다고 생각했다"고 밝혔다(Yoo, 앞의 책: 209). 이러한 생각은 당시 진행되던 독일 68운동이 "사적인 것이 정치적이다"라는 구호로 일상에서의 평등과 민주주의를 주장했던 것으로부터 영향을 받은 것이기도 했다. 또 1975년 유엔이 '여성의 해'를 선포하자 전 세계적으로 여성들의 사회적 처지와 불평등에 관한 문제가 터져 나오기 시작한 분위기에 고무되어 민건회 여성회원이었던 강정숙, 박소은, 손덕수 씨가 앞장서 서독 전역에 흩어진 한인 여성들의 만남을 준비하였다(이삼렬, 2016: 421).

민건회 여성회원들은 자신의 학업 등을 미루면서 여성문제와 한국의 민주주의에 관심을 가진 각 도시의 한인 여성들에게 편지나 전화로 연락하였고, 참여 비용은 개인이 부담하였다. 결국 1976년 4월 16~19일 하이델베르크에서 한인 여성들의 1차 세미나가 개최되었는데 서베를린의 여성들도 참여하였다. 하이델베르크에 모인 50명의 여성들은 '여성문제의 시작과 한국 여성의 사회적 지위'를 주제로 토론하였는데, 이들은 간호(보조)사, 학생, 주부 등의 다양한 사회적 조건에 있었고, 여성문제나 한국의 민주주의에 대한 생각도 서로 달랐다. 처음 모임이었던 만큼 서로의 생각을 교환한 후 4개월 뒤인 1977년 9월 24~26일 같은 곳에서 2차 세미나를 열었다. '여성운동과 법'이라는 주제로 외부 인사의 발제를 듣고 토론하였으나, '재독 한인간호사 문제'에 대해서는 여성들이 스스로 준비하여 발표하였다(Yoo, 위의 책: 210). 이 모임에서 한인 여성조직의 필요성에 대해 문제가 제기되기도 했으나 뚜렷한 결정을 하지 못했다. 다음 해인 1977년 5월 19~22일 굼메르스바흐에서 '후진국과 여성'이라는 주제로 3차 세미나가 개최되었다. 이처럼 1976년 4월부터 1977년 5월 사이에 서독 전역에 흩어져 있던 한인 여성들이 세 차례에 걸쳐 공동 세미나를 개최했다는 사실만으로도 참여자들의 관심과 의욕적인 활동을 짐작할 수 있다.

3차 세미나 자료에 의하면 김윤옥, 강정숙, 김순환 씨가 전 세계 여성의 공통적인 문제와 한국 여성들의 현실에 대해서 발제를 하고 함께 토론했다. 이 자리에서 한인 여성들의 전국적인 단체를 결성하는 문제에 대해서 논의하였으나, 이 단체가 여성운동 조직인지 아니면 한국의 민주화운동을 중심에

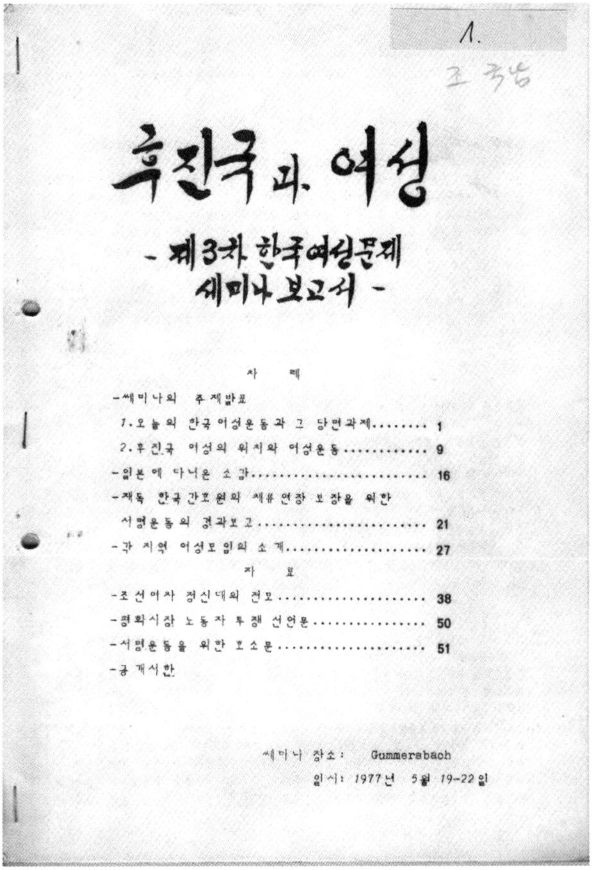
1.

조국남

후진국과 여성

- 제3차 한국여성문제 세미나 보고서 -

차례

-쎄미나의 주제발표

1. 오늘의 한국여성운동과 그 당면과제 1

2. 후진국 여성의 위치와 여성운동 9

-일본에 다녀온 소감 16

-재독 한국간호원의 체류연장 보장을 위한 서명운동의 경과보고 21

-각 지역 여성모임의 소개 27

자료

-조선여자 정신대의 전모 38

-평화시장 노동자 투쟁 선언문 50

-서명운동을 위한 호소문 51

-공개서한

세미나 장소: Gummersbach

일시: 1977년 5월 19-22일

〈1977년 굼메르스바흐 여성세미나 자료, 조국남 기증〉

둔 조직인지에 대해서 서로 다른 입장이 있었다. 또 박정희 정권에 의해 '빨갱이'로 낙인찍힌 민건회 소속 여성들에 대한 일부 여성들의 문제제기도 있어서 단체를 조직하는 것에 대해서는 결정하지 못했다. 반면 이 자리에서 '재독 한국간호원의 체류연장 보장을 위한 서명운동에 대한 경과보고'가 있었다. 참여자들은 당시 독일인 우선 취업을 보장하는 새로운 외국인법(Ausländergesetz)으로 인해 서독 내 한국 간호원 6천 명, 인도 출신 5천명, 필린핀 출신 2~3천 명, 인도네시아, 태국 등에서 온 간호여성들의 체류가 위협받고 있는 현실과 바이에른 지역에서 발생한 한인 여성의 체류허가 거부 문제를 들으며 한인 간호사들의 추방을 반대하는 서명운동과 독일 내 여론을 환기하는 활동을 하기로 결정하였다. 3회에 걸쳐 진행된 세미나에서 드러난 의견차이에도 불구하고, 인간으로서의 권리를 찾기 위한 여성운동의 필요성에 대해 공감대가 형성되었기 때문에 당면한 체류거부 문제에 대해 '행동'해야 한다는 의견이 모여지게 되었던 것이다. 특히 "6000여 명이나 되는 간호원들을 위해, 그들의 권익을 옹호하기 위해 있는 대사관 노무담당은 왜 한 번의 이의제기나 외교적 권력행사도 할 수 없는가?"라는 질문을 하면서 "우리 문제는 우리 스스로 해결해야겠고 어떤 시작을 해야 한다"는 생각으로 여러 가지 방법을 토론하던 중 서명운동이 결정되었다. 1만 명 이상의 서명을 받으면 서독 연방의회에 안건으로 상정할 수 있다는 목표를 세웠다. 1977년 6월 한인 간호사 추방에 반대하는 서명운동을 위한 준비모임이 결성되었고, 독일 정부에 보낼 요구사항과 서명용지의 내용을 결정했다. 첫째, 실업보험금 혜택을 받기 위한 체류연장의 보장, 둘째 무기한 체류연장을 가능하게 할 것, 셋째 독일에서 계속 일할 수 있는 권리를 부여할 것을 요구하는 호소문을 독일의 각 여성단체, 인권보호단체, 병원관련 노동조합, 교회 그리고 언론인들에게 배포하기 시작하였다(재독한국여성모임, 1977: 21~23). 1978년 작성된 경과보고서에 따르면 서명운동을 시작하면서 여성들이 가장 걱정한 것은, 어떻게 이 운동을 한국인들 속에서 전개하느냐 하는 것이었다. 당시 여성들은 다음과 같은 우려를 밝히고 있다.

> 서명운동이라면 우선 정치적인 냄새를 풍기는 것으로 동일시해버리기 쉬운 우리들의 단순화된 사회의식으로선 쉽게 받아들여지지 않을 것이라는 것과 "손님"으로 와 이곳에서 일하는 처지에 "주인"이 가라면 가는 것이지 무엇 때문에 치사하게(?) 더 있게 해달라고 나서서 그것을 위한 서명운동까지 할 수 있겠는가 하는 우리의 겸양지덕(?)의 인식을 흔들게 하는 것이 결코 용이하지 않기 때문이다. (재독한국여성모임, 1977/ 24)

앞에서 소개한 베를린기독교한인교회의 자료에서도 독일인들보다 한국인들의 서명을 받는 것이 더 어려웠다고 밝히고 있는데, 이것은 한국사회에서 정부에 대한 비판이나 문제를 제기하는 것은 곧 '반정부 행위'이자 '빨갱이'의 징표로 낙인찍던 상황을 경험했기 때문이었다. 더구나 1967년의 동백림 사건을 통해 한국인이 '빨갱이'로 몰릴 경우 어떤 정치적 박해를 당하게 되는지 지켜본 경험 때문에 이런 우려는 아주 현실적인 것이었다. 1977년 7월부터 시작된 서명운동은 각 지역모임이 중심이 되어 함부르크, 본, 쾰른, 보훔, 뮌스터, 베를린, 프랑크푸르트, 괴팅겐, 뮌헨, 튀빙겐 등 독일 전역에서 진행되었다. 특히 베를린의 경우 이미 1977년 6월 초 한인 교회 중심으로 서명운동이 성공적으로 마무리되어, 5년 이상 근무자에 대한 무기한 체류연장이 보장되었음에도 불구하고 가장 열성적으로 서명운동을 진행하였다. 대학병원 공공노조(ÖtV)에 서명을 알리는 성명서를 보내고 베를린에 있는 여러 여성단체와 조직적인 연대를 취했다. 무엇보다 각기 병원에 근무하는 동안 독일 동료들의 서명을 받고, 근무 외 시간을 모아 베를린 시가지에 나가 독일인들로부터 많은 서명을 받았다(재독한국여성모임, 위의 자료). 당시 베를린에서 서명운동을 직접 조직했던 이민자 씨는 다음과 같이 기억한다.

> 뮌헨에서 한국 간호원들을 강제 추방시키기 시작했어요, 자기 국민들을 쓰고 외국인들은 몰아내겠다고. 그래서 거기서 연락이 왔어요. SOS를 보내는 거야. 우리 강제추방 당하고 있다고, 그래서 그걸 듣고 다 모두가 화가 났지 가만히 당할 수 없다. 그래서 베를린 지역에서는 1년 전에 내가 있던 학생 기숙사가 기독교 기숙사인데 자유대학 바로 옆에 있었어요. 서른 몇 명이 강당에 모였어요. 한국 사람들이 강당에 모여 가지고는 좀 도와달라는 요청이 뮌헨지역에서 왔다 그러고는 강제추방을 당하고 있다고 그래서 우리가 이야기를 해가지고 (…) 서명운동을 했지요. 해가지고는 그 당시에는 병원에는 지금이야 아무 때나 방문해야 할 수 있지만 그 때는 오후 3시~4시에 한 시간 동안 정도밖에 방문할 수밖에 없었는데 그 때 되면 조그마한 책상을 옆에 놓고 삐라를 뿌렸어. 한국 간호원들은 여기에 계속해서 머물고 싶어한다, 우리는 상품이 아니고 인간이다, 당신들이 필요할 때 사와서 필요 없을 때 버리고 하는 상품이 아니고, 인간으로서 유엔헌장에서 인간은 누구나 자신이 원하는 곳에서 살 수 있다는 헌장이 있듯이 우리도 여기서 계속해서 일해야 한다고. (이민자 구술녹취록, 2015 I/ 18)

위에서 알 수 있는 바와 같이 서베를린 지역에서는 1974년부터 시작된 여성모임의 회원들이 주축이 되어 먼저 지역의 한인 여성들과 유학생들에게 함께 서명운동을 할 것을 요청하고, 자신들이 일하고 있는 병원과 거리에서 독일 사람들을 대상으로 서명을 받기 시작하였다. 1974년부터 야간근무를 하며 대학입학 준비과정인 베를린-콜렉에 다니기 시작한 조국남 씨는 1977년 대학입학 자격시험에 합격하고, 첫 아이를 출산하였다. 그리고 1977년 10월 10일 여성모임 회원인 오선희 씨를 통해 서명운동 참여를 요청하는 통지를 받았다. 1977년 10월 13일 서명운동을 할 예정이라는 것과 다음 여성모임의 장소와 안건(한국 역사공부, 제4차 세미나 준비위원 선출, 베를린 독일여성조직과의 공동토론회)을 적은 편지였다. 이미 사회문제에 대한 새로운 관점을 배우고 경험했던 조국남 씨는 서명운동에 공감하며 참가했다. 여성모임의 자료 중 오선희 씨 명의로 작성된 알림에 의하면 1977년 11월 24일 목요일 11시-15시 베를린공대 앞에서 서명운동이 진행되었고, 서명운동 후에는 여성모임을 통해 서로의 경험을 공유하고 국제결혼 토론회의 준비와 베를린 텔레비전 방송에 참여할 사람을 의논하였다(오선희 알림, 1977).

몇천 명이라는 소수 이주여성들의 문제에 독일인들의 관심을 불러일으키는 것은 어려운 일이었다. 그러나 여성들과 유학생, 지역 및 직장의 친구들, 남편을 비롯한 가족들이 합세하여 서명을 진행하자 다양한 서독의 조직과 언론에서 지원하였다. 먼저 가톨릭 사회사업단체인 카리타스 조직과 뮌헨지역의 독일병원협회(Deutsche Krankenhaus Gesellschaft, 이하 DKG)가 우호적인 입장을 표명하였고, 베를린의 한 일간지(BZ)와 여성잡지(Courage)에서는 호소문과 여성들의 사진을 1면에 싣기도 하였다(이민자 구술녹취록, 2015 I/ 19). 또 뮌헨 등의 텔레비전 방송에서는 관련된 한인 여성들과의 인터뷰를 내보내기도 하였다. 함부르크에서 발간되는 외국인을 위한 신문에서는 한인 여성들의 호소문을 스페인어로 번역하여 실었고, 이후 터어키어로 번역하여 재독 외국인근로자들의 연대를 도모할 것이며, 스페인 신문(En Lucha, Nr. 161) 1977년 8월 15일자에서도 사실을 알렸다는 격려 편지를 보내오기도 했다. 이런 활동의 결과 베를린과 NRW지역, 뮌헨, 함부르크 등에서 많은 서명을 확보하였다. 각 지역의 활동과정에서 여성들은 도서박람회 등의 행사에 참여하거나 대규모 병원을 방문하여 병원노조의 지지를 받았으며, 외국인위원회(Ausländerkomitee)와 같은 주정부 산하조직의 토론 등에 참여하여 문제를 알렸다. 또 67개의 서독 교회를 총괄하는 개신교 뮌헨 조직과 연대하여 서명운동을 하는 등 점차 범위를 확대하였다(재독한국여성모임, 1977: 24~25).

1977년 12월 말 현재 총 1만 1019명의 서명이 이루어졌고, 이것은 변호사를 통해서 연방의회에 제출되었다(KFD, 1978: 23). 이로써 서명운동을 통해 외국인법 개정을 위한 연방의회 청원을 하겠다는 애초의 목표를 달성하였다. 또 12월 10일 서명운동 결과를 토대로 준비위원 모임을 하고, 독일 연방, 각 주의 관계 당국에 공개서한을 보내고, 집회와 함께 기자회견을 하면서 요구사항을 대중적으로 알리기로 하였다. 특히 뮌스터의 가톨릭 사회복지기관인 카리타스의 조직적, 물리적 지원으로 1978년 3월 17~19일 뮌스터에서 공동집회와 공청회를 개최하게 되었다.[35] 이 날 공청회에서는 독일연방내무부, 연방노동사회부, NRW의 노동–건강–사회복지부, 독일병원협회를 대표하는 담당자들과 한인 여성 및 지원 단체 관련자 70여 명이 참여하여, 각 지역의 여성들이 직면한 체류연장 거부 상황을 정확히 알리고, 관계 부처의 입장에 대해 토론을 하였다. 이때 여성모임에서 적극적으로 활동했던 강원혜 씨와 이민자 씨가 토론회의 사회를 보았으며, 남부독일 라디오, 개신교 언론 대표, WDR 잡지 모니터 기자 등 다수의 언론 관계자가 참여하여 진행상황을 보도하였다(위의 자료, 24~35). 이 자리에서 연방내무부 관계자는 1978년 1월 연방정부 내각(Bundeskabinett)이 외국인법의 시행령 개정을 위한 안을 작성했는데, 이에 의하면 5년 이상 의료요양기관에서 일한 비유럽 출신 노동자들의 경우 무기한 체류권을 '줄 수 있다(kann)'에서 '주도록 한다(ist)'로 개정했으며, 이 안은 3월 17일 연방의회에서 통과되기를 기다리고 있는 바, 그 이전에도 유럽출신 외국인에게 적용되는 위의 규정에 따를 것이라고 밝혔다. 즉 한인 여성들이 서명운동을 통해 요구했던 사항들이 외국인법 개정을 통

35 카리타스는 각 관련부처 대표자들이 참여하는 공청회를 한인 여성들과 함께 조직하고, 공청회 장소 및 참여자의 교통비, 침식을 제공하였다(한국여성문제 세미나 준비위원, 1978. 02. 06. 초대장).

해 제도화 될 것임을 알린 것이다.[36]

1978년 3월 18일 뮌스터 공청회가 끝난 후 여성들은 대표단 기자회견을 통해 입장을 발표하고, 연방노동부, 사회복지장관, 내무장관, 병원협회 대표 앞으로 외국인법 개정과 관련된 6가지의 질문과 3가지의 구체적인 요구사항이 포함된 공개질문서를 발송하였다(KFD, 1978: 38~39). 뮌스터에서 공개된 개정 약속을 구체적으로 이행할 것을 촉구하는 내용이었다. 이후 독일의 여러 언론매체에서는 한인 여성들의 활동을 적극적으로 보도하였다. 1978년 3월 19일과 20일 바이에른 라디오와 자알란드 라디오, 서독일 라디오, 서독일 쾰른 텔레비전에서 한인 여성들의 당시 체류상황과 개정 요구사항을 알렸다. 3월 24일에는 서독일 텔레비전, 3월 27일에는 남부독일 라디오, 3월 39일 서독일 모니터, 4월 1일에는 북독일 라디오가 관련된 보도를 이어갔다(위의 자료, 93). 뿐만 아니라 서명운동 준비위에서는 연방내무부의 시행령 개정에도 불구하고 각 주정부하의 담당자들이 임의의 결정을 하게 되는 사례를 막기 위해서 각 주정부 산하 노동부, 사회부 등의 관련 부처에 연방내무부의 결정을 서면으로 전달함과 동시에 한인 여성들의 입장을 함께 밝히는 사후 작업을 진행하였다. 이런 활동의 결과 각 주 담당부서로부터 한인 여성모임에게 보내는 공식적인 답변이 서한으로 도착했다. 예를 들어 1978년 7월 7일에는 헤센주정부 수상이 외국인법의 수정된 시행령에 따라 비유럽 출신 외국인들 중 의료요양분야(Krankenpflege)에서 일하는 5년 이상 체류자에 대한 무기한 체류권과 8년 이상 체류자에 대한 영주권을 규칙적으로(regelmaßig) 배부하게 될 것을 알리는 공문을 보내왔다(위의 자료, 49).

지금까지 살펴본 한인 여성들의 1년에 걸친 서명운동과 각종 집회, 체계적이고 조직적인 홍보 등을 통해 그동안 유럽 출신의 외국인들에게만 적용되

36 이런 내용은 1978년 4월 13일 연방내무부가 재독한국여성모임에 보낸 공식문서에서 확인된다(1978: 43).

던 무기한 체류권과 영주권 규정이 비유럽출신 외국인들에게로 확대되었다. 그러나 이러한 시행령은 서독사회에서 여전히 노동력이 부족한 의료요양분야의 노동자들에게 한정된 것이었다. 그럼에도 불구하고 강제송환에 반대하는 한인 여성들의 권리 투쟁을 통해 최소한 의료요양분야에서 일하던 인도, 필리핀, 대만 등에서 온 노동자들의 체류권을 안정적으로 보장받게 되었다는 점에서 큰 성과라고 할 수 있었다. 평생 처음 외국 땅에서 참여한 권리투쟁에서 승리한 한인 여성들의 성취감은 대단했다. 아이를 업고 각 병원 입구에서 서명을 받았던 최영숙 씨는 자신의 권리를 자신의 힘으로 가지게 된 것에 대한 자부심을 강조했다.

> 그래서 인자 그때부터 내 자신이 생각하니까, 아 우리 일은 우리가 내 일은 내가 스스로, 하는 게, 정말 그러니까, 나는 뭐 그 당시 별로 정치의식도 없었고 그럴 여유도 없었는데 (…) 어- 그러면서 인자, 이거는 그- 정치의식하고 무관하게 인자 내 일은, 우리 일은 우리가 스스로 손에 쥐고 하면, 성공을 할 수 있다 그런 자부심이 생긴 거죠."
>
> (최영숙 구술녹취록, 2005 I/ 8~9)

수년에 걸쳐 이어왔던 여성모임과 세 차례의 세미나 그리고 1년에 걸친 서명운동의 과정에서 최영숙 씨를 비롯한 여성들은 독일사회 이주여성노동자로서의 권리에 대해서 자각하고 이를 일상 속에서 실현할 주체가 스스로임을 체감하게 된 것이다. 위의 텍스트에서 최영숙 씨는 일련의 과정이 자신의 사회적 권리는 스스로가 나서서 해결해야 한다는 자각을 하게 된 계기로 평가하고 있다. 서명운동에 참여했던 여성들은 이 일을 계기로 자신과 같은 경험과 문제를 안고 있는 다른 지역의 한국여성들과도 만나게 되었다. 이는 공동의 존재조건을 가진 개인들이 하나의 집단으로 자신을 호명하게 되는 순간이기도 했다. 소위 재독 한국 여성으로서의 집단적 정체감이 형성되는 공동경험이었다. 뮌스터에서 독일 관계자들에게 당당히 질문하고 공개 토론을 했던 조국남 씨는 서명운동을 통해 무기한 체류 및 노동허가를 얻어내는 과정에서 스스로를 "정치의 대상의 위치에서 정치활동의 주체로 인식하게 하였고, 그것은 다름 아닌 나 스스로를 정치화하고 해방시키는 의식화과정이었다"고 회고하였다(재독한국여성모임, 2014: 51). 서명운동뿐만 아니라 뮌스터에서 개최된 공청회의 사회를 보기도 했던 이민자 씨는 독일의 이민사에서 전무후무할 여성 이주자들의 승리로 평가하였다.

> 비스마르크 시대부터 이 사람들은 항상 외국인 노동자들을 썼거든요. 아무래도 독일이 경제적으로 유럽 내에서 탄탄하고 그런 게 있어가지고. 포르투갈, 스페인, 이태리, 폴란드 그런 데서 많이 왔었어요. 한 번도 이렇게 조직적인 노동운동을 펼쳐가지고 [목표 달성을] 이룩한 사람들은 없었어요. 거기다가 특히 여성으로써 우리가 유일무이한 그런 운동을 벌였었지요. (이민자 구술녹취록, 2015 I/ 20)

경제력을 바탕으로 이탈리아, 터어키 등에서 외국인 노동력을 수입해 온 독일사회는 암묵적으로 이들에 대해서 '우월한 위치'를 과시해 왔다. 독일어를 모국어처럼 하지 못한다는 사실만으로 외국인 노동자들을 '가르쳐야 하는 사람들'로 생각하는 등 자신들과 동등한 시민으로 인정하지 않는 경향이 강했다. 진보적인 독일 시민들 중에서도 '불쌍한 외국인 노동자'를 도와야 한다는 선의의 입장을 넘어서 자신들과 동등한 시민으로 연대하고자 하는 관점을 가진 사람들은 소수였다. 그런데 자기주장이 강한 독일 혹은 유럽 출신의 사람들에 비해서 상냥하고 친철하지만 상대적으로 '내성적인(zurückhaltend)' 아시아의 여성들이 텔레비전으로 중개되는 공개토론회에서 당당하게 자신들의 입장을 밝히고, 논리적인 근거에 따라 권리를 주장하는 사실 자체가 예상치 못한 것이었다. 나아가 이 여성들이 서명운동이라고 하는 사회 운동의 방식으로 기존의 독일사회가 유지해온 나쁜 관행, 즉 자신들의 이해관계에 따라 '임의로' 외국인들의 체류와 노동허가를 결정해 왔던 방식에 이의를 제기하고, 이것을 변화시킨 것이다. 1970년대 말 서독사회에서 아시아 간호여성들의 체류와 노동권 쟁취를 위한 운동이 승리한 것이다. 특히 독일이 1973년 공식적으로 외국인 노동력 수입을 중단한 보수적인 분위기 속에서 이루어진 이와 같은 운동의 승리가 갖는 의미는 각별하다.

2) 서독 이주노동자로서 한인 여성조직을 결성하다

1976년부터 진행했던 세 번의 전체 세미나와 1년여에 걸친 서명운동 경험을 토대로 1978년 9월 17일 프랑크푸르트에서 재독한국여성모임이 창립되었다. 전국에서 버스를 타고 70여 명의 여성들이 참여했으며, 그 중 30여 명이 서베를린에서 온 여성들이었다. 1977년 4월 뮌스터에서 열린 공개토론회에서 여성들은 독일 전역에 흩어져 있는 여성모임들을 아우르는 단일한 조직을 결성하기로 의견을 모았다. 각 지역의 여성모임들이 재독한국여성모임으로 결집된 것이다. 2차와 3차 세미나에서 여성조직의 방향을 두고서 이견이 있었으나, 서명운동을 통해 여성모임의 공통분모가 확인된 결과였다. 그 동안의 진행과정을 보면, 1976~77년 사이에 개최된 세 차례의 여성모임 세미나와 서명운동의 과정에서 민건회 회원이었던 여성 유학생들이 만남을 주선하고, 전체 세미나에서 여성운동의 필요성과 한국의 정치적 상황에 대한 이해를 위해 문제제기를 하는 역할을 하였다. 이를 위해 여성해방과 관련된 이론 및 서구와 일본의 여성문제 관련 사례들을 소개하고, 한국의 정치경제적 상황에 관한 정보를 제공하였다. 그러나 세미나가 진행되는 과정에서 다수의 여성들이 직면했던 서독사회 일상에서의 차별이나 이주노동자로서의 권리 등에 대한 문제보다 남한의 정치상황을 변화시키기 위한 반독재 민주화 투쟁을 우선적인 과제로 주장하면서 '유학생과 이주노동자들' 사이에 눈에 보이지 않는 긴장이 있었던 것으로 보인다. 이 과정에서 일부 민건회 회원들이 모임을 떠나고, 전체 세미나가 각 지역여성모임과 간호 요양분야 이주여성들 중심으로 변화하게 되었다(Yoo, 1996). 2003년 발간된 재독한국여성모임 25주년 자료집에 의하면 "재독 한국 간호사, 제3세계 여성문제 그리고 남한의 여성노동자 문제를 가지고 이론적으로 토론한 결과 '외국인 간호원 추방반대' 운동을 추진하는 것은 앞선 이론을 실천에 옮기는 것"(재독한국여성모임, 2003: 6)이었다. 결국 세 차례의 전국 세미나를 통해 참가자들 다수가 재독 한인 간호여성들이 직면한 서독사회 현실과 권리확보의 중요성에 대해서 인식하게 된 것이다. 독일 이주의 사회적 배경에 얽힌 한국과 국제정치 그리고 국제경제구조의 맥락 등에 대해서 상호 토론하면서 입장의 차이와 더불어 스스로의 문제를 객관적으로 이해하고자 노력했으며, 체류권투쟁이라는 공동의 실천을 통해 재독 한인 여성으로서의 공감대를 형성하게 된 것이다.

1978년 창립된 재독한국여성모임은 회칙에서 "인간이 인간을 지배하는 어떤 형태도 거부하는, 궁극적 인간해방을 구현하기 위한 본회의 행동방향을 민주적 원칙에 의해 실천해 나감을 목적으로" 규정했다. 또 여성모임의 4가지 행동방향으로는 한국의 모순에 처해 있는 모든 여성들과 연대하며, 재독한국여성들의 권익옹호와 사회참여의식을 고취하고, 여성을 비하하는 사회문화를 제기하기 위해 전인간의 의식화와 새로운 인간상 구축을 위해 노력할 것, 그리고 한국사회의 불합리를 해결하고자 하는 제 단체 및 인간해방을 실현하는 모든 단체와 유대관계를 가질 것을 명확히 하였다(재독한국여성모임 1978, 창립선언문). 조직적으로 여성모임은 창립당시 8개의 지역모임과 15개의 대도시에 사는 여성회원들로 구성되었다. 여성모임 내에서는 중앙집

중식 방식을 지양하고, 임원들 사이의 위계를 없애기 위해 회장제도 대신 회원들이 돌아가면서 2년씩 총무를 맡는 방식으로 역할을 배정하였다. 조직 내에서 주요한 결정을 해야 할 때는 각 지역모임에서 먼저 토론을 한 후, 그 내용을 대리하는 각 지역의 총무가 모이는 대표자 모임에서 논의하여 정하도록 하였다. 따라서 한 가지 사안에 대해서 결정을 하는 데 시간이 걸리고 번거로웠으나 최소한의 민주적인 절차와 과정을 실천하려고 노력하였다(재독한국여성모임, 2014: 263~265).

특히 여성주의를 주요한 가치로 생각했던 재독한국여성모임 회원들은 1970년대 독일의 고양된 여성운동의 분위기 속에서 제기되었던 반권위적인 일상문화(antiautoritäre Alltagskultur)를 실현하기 위해 노력했다. 베를린 모임에서는 나이와 지위, 학력을 불문하고 모두 '반말'을 사용하기로 결정하고 이를 실천했다. 베를린 여성모임에서 시작된 '반말하기 실천'이 시간이 지나면서 재독여성모임 전체로 확대되었다. 재독화가인 송현숙 씨는 프랑크푸르트에서 여성모임이 창립된다는 소식을 듣고 참여하였는데, 자기소개를 하면서 간호보조원, 간호사 혹은 대학출신이라는 것이 전혀 중요하지 않은 분위기에 놀랐다고 했다(재독여성모임, 2014: 254). 당시 모임에 참여했던 여성들은 출신지역, 나이, 학력 등에 상관없이 모두가 수평적인 관계를 실현하기 위해서 한국 혹은 독일식의 존댓말 대신 모두가 서로에게 '말 놓기(duzen)'를 했다. 지위, 혹은 언니 등의 호칭 대신에 이름을 부르며, 영어의 너(You)에 해당하는 독일식 대명사(Du)를 쓰기로 한 것이다. 독일말로 대화를 할 때뿐만 아니라 한국말로 대화를 할 때도 나이와 직위 등에 상관없이 서로 반말을 했다. 상대적으로 선후배 사이의 위계가 뚜렷한 문화가 여전히 확고한 현재 한국의 간호학교와 병원상황 등에 비추어볼 때, 이들이 1970년대 말에 이와 같은 시도를 했다는 사실은 놀랍다. 이런 배경에서 외부의 사람들로부터 "너희 학교 대선배에게 반말"하다니 "버릇없고 도리도 없다"는 비판을 받은 적도 있었다고 한다. 또 한국에서 독일을 방문한 한 목사가 이들의 반말 대화를 옆에서 듣고 "싸가지 없는 여성들"이라고 심하게 꾸짖은 적도 있다고 한다. 그러나 이것은 ○○부인 혹은 ○○엄마 등으로 자신의 이름을 제대로 알리지 못하고 살거나, 사회적 지위에 따라 여성들 사이에 위계가 생기는 관행을 없애기 위한 여성주의적 실천이기도 했다. 2015년 베를린에서 여섯 명의 여성들과 진행한 집단 인터뷰에서도 여성모임 내부에서 처음으로 반말쓰기를 했던 시도를 '획기적인 일'로 평가하였다. 당시의 이런 분위기 속에서 남녀가 모두 회원으로 있던 민건회 등의 다른 조직에서도 남성들이 적극적으로 식사준비를 맡는 등의 변화를 보이기도 했으나, 얼마가지 않아서 이전의 위계적인 문화로 돌아가게 되었다고 회상했다. 1980년대 후반 무렵부터 여성들 사이에 다시 언니, 동생 혹은 선배 등의 존칭어가 쓰이고, 여성과 남성 사이의 젠더 위계도 뚜렷해지게 된 것을 아쉬워했다.

이처럼 서독 한인 여성들은 1977~1978년 체류권 투쟁을 전후로 집약적인 '정치의 시간'을 겪고 있었던 것이다. 이들은 낯선 이주사회에서 스스로의 힘으로 일상의 체험을 털어놓고 소통하면서 한국사회에서의 규범과 질서를 돌아보고, 서독사회의 차별적 문화를 비판적으로 인식할 수 있는 소통공간을 마련하였다. 이러한 과정에서 학벌, 연령, 지역연고 등으로부터 자유롭게 개인의 의견을 드러내고 토론함으로써 새로운 '세계'를 형성하게 된 것이다. 나아가 재독한국여성모임 회원들은 1970년대 말 한국의 여성노동자들과 직접 연대하였고(재독한국여성모임, 1990), 1980년 광주학살이 발생한 후 이에 항의하는 교민들의 단체행동에 주도적으로 참여하였다(재유럽민중제준비위원회, 2011). 1990년대부터 현재까지 '일본군위안부' 문제를 유럽 내에 제기하는 등의 실천을 이어오고 있다(KFG, 1996). 이런 점에서 재독한국여성모임은 1970년대 한인 이주여성들의 정치적 자유를 실천하고 새로운 가치를 모색하는 정치적 장이었다. 2018년 현재 재독한국여성모임은 창립 40주년을 맞았다.

그동안 한국사회의 정치적 변화와 동서독 통일 등의 사회변동을 겪으며 독일 시민사회 내에서의 연대활동과 한국의 민주화와 통일을 위한 활동을 하였다. 이 과정에서 회원 사이의 갈등과 조직적 부침을 겪기도 했으나 여전히 재독한인 여성조직으로서의 전통을 이어오고 있다.

4. 정치적 경험과 새로운 세계의 형성

이 글은 2004~2017년 사이에 다양한 경로로 수집한 재독 한인 이주여성들에 관한 문헌과 구술 자료를 토대로 이들의 사회참여활동을 재구성하였다. 특히 기존연구에서 중요한 정치, 사회적 활동으로 언급되기만 할 뿐 구체적으로 알려지지 못한 1977~1978년 한인 이주여성들의 체류권 쟁취를 위한 서명운동의 전개과정과 이러한 경험의 의미를 고찰하였다. 지금까지 살펴본 내용을 정리하면 다음과 같다.

첫째, 이주에 대한 고전적인 연구들은 이주자들이 스스로 획득한 인적 네트워크를 최대한 활용하여 문화적 전유와 사회적 성취를 추구하는 경향을 보여준다. 정착국에서 형성된 새로운 인간관계와 정보들뿐만 아니라 출신국의 가족과 친구 등의 원거리 네트워크까지 적극 활용하여 문화적 재해석과 자본 축적의 경로를 만들어간다. 이런 관점에서 초기 형성되었던 간호협회 선후배를 중심으로 조직된 친목모임은 상호부조를 위한 자생적 네트워크라고 할 수 있다. 이와 달리 재독한국여성모임의 기반이 된 1970년대 서독 각 지역의 한인 여성모임들은 유학생과 노동자들이 결합한 인적 구성과 여성해방 등의 사회문제에 대한 이해를 주요한 활동내용으로 했다는 점에서 차이점을 갖는다. 앞에서 살펴본 바와 같이 1974년 결성된 민건회 여성회원이었던 유학생들이 한인 여성들의 지역모임에 참여함으로써 이주여성들의 동질적인 친목 모임이라는 틀을 넘어서고 있다. 뿐만 아니라 이주여성들 중에서 서독 대학에 진학함으로써 개인적 차원에서 계급적 전환을 실현하기도 하였다. 서독의 이주노동자로 3년 계약 기간이 지난 후 서독 대학생이 된 여성들은 함께 하는 '유학생'들의 계층적 한계를 지적하며, 여성노동자들이 적극적으로 목소리를 낼 수 있도록 지원하였다. 이와 같은 인적 결합을 바탕으로 여성들은 1970년대 서독사회 전반으로 확대된 68혁명의 세례를 받으며 새로운 사회화를 경험하였다. 이것은 여성모임이 체계적으로 체류권 투쟁을 수행하고, 특정 계급의 이해를 넘어선 정치의 장(the political field)이 될 수 있었던 하나의 힘이기도 했다.

둘째, 1977~1978년 진행된 재독 한인 이주여성들의 체류권 보장을 위한 서명운동은 다양한 차원의 연대투쟁이라는 특징을 갖는다. 이를 통해 사회운동의 관점에서 최대한의 '자원'을 동원할 수 있었다. 서독 내 각 지역 여성모임들의 자발적 연대로 출발하여, 노연, 민건회, 유학생 등의 한인단체 회원들의 참여, 베를린기독교한인교회, 독일개신교연합회 및 지역조직, 가톨릭사회복지단체(카리타스), 신학대학 등과 같은 독일 종교 관련 조직과의 연대, 독일병원협회(DKG)의 지지, 각 지역의 인권단체와의 연대를 통해 독일 시민들의 적극적인 참여를 가능하게 하였다. 이주여성노동자들이 중심이 되고 유학생, 학자, 언론인, 종교인, 변호사, 행정전문가들의 공동참여가 이루어지면서 전 서독 지역의 언론매체가 서명운동의 의미를 홍보하였다. 또 독일어로 된 법률조항에 대한 설명과 이것의 적용 방식에 대해 정확히 이해하고 문제점을 파악하여, 구체적인 요구사항을 제시했을 뿐만 아니라 이후 외국인법 시행령의 개정 내용을 각 주정부에 통보하는 과정에 이르는 까다로운 행정업무까지 수행할 수 있었다. 이와같이 광범하고 다차원적 연대가 가능할 수 있었던 것은 한인 여성들의 자발적 조직 활동의 경험뿐만 아니라, 68혁명의 과정에 있었던 서독 시민사회의 적극적인 지원과 나치 독재에 저항했던 고백교회(Bekennende Kirche)의 전통을 잇고자 하는 서독 개신교 및 가톨릭 조직의 헌신적인 참여가 배경이 되었다.

셋째, 1977년 6월에 베를린기독교한인교회 소속 여성들을 중심으로 진행된 서명운동은 이후 전국적 차원에서 진행된 한인 여성모임의 서명운동에 대해 선례를 제공했다는 점에서 큰 의미를 갖는다. 그러나 한인 교회의 공동행동은 기독교회의 주도로 조직된 공동행동이었으며, 독일 개신교회의 연례행사라는 공간 안에서 며칠에 걸쳐 단기적으로 수행되었다. 또한 서명운동의 성과가 이주여성들의 주도적인 역할보다 정하은 목사와 베를린 주 내무장관과의 면담을 통해 마무리 되었다는 점에서 종교조직의 역할이 두드러진다. 이런 점에서 1970~1980년대 군부 독재체제 아래서 한국의 지식인, 대학생, 노동자들의 민주화 투쟁을 '보호'했던 한국 종교단체들의 사회참여와 유사한 점을 보여주고 있다. 그럼에도 불구하고 베를린한인교회는 체류권 투쟁 경험을 교회공동체의 전통으로 삼아 재독한국여성모임과 더불어 현재까지 베를린 시민사회에서 한인 여성들의 사회참여를 가능하게 하는 하나의 정치적 장이 되고 있다.

넷째, 1년여에 걸친 여성들의 서명운동은 한인 여성들의 서독사회 체류권을 보장하는 제도 개선을 이루어냄으로써 이주여성들이 3년 단기계약의 손님 노동자(Gastarbeiter)라는 불안정한 신분을 벗어나 서독사회에 정착한 이주민 세대로의 전환을 가능하게 하였다. 독일 시민사회의 일원으로서 정치적, 문화적 권리와 활동을 해 나갈 수 있는 제도적 토대를 마련한 것이다. 현재 독일 교민 1세대와 이어지는 세대들이 미국, 캐나다 등의 타 지역 교민집단과 달리 경제기반과 더불어 안정적인 시민적 권리를 갖게 된 출발점이다.

다섯째, 더욱 주목할 점은 이들이 이주 전 한국사회의 경험에서 유래한 '개발연대'의 집단의식과 이념적, 정치적 공포를 넘어 공동의 실천행동을 통해 이주여성이라는 공동의 정체감을 형성하고, 1978년 9월 재독한국여성모임이라는 단일한 조직을 결성하였다는 점이다. 1977~1978년의 서명운동은 자신들의 권리를 제도화시켰다는 점에서 큰 의미를 갖지만, 요구의 관철과 더불어 동력을 상실하는 특정한 시기에 한정된 사회운동이었다. 그런데 여성들은 1년간의 사회운동 경험을 바탕으로 전국 차원의 단일한 조직을 결성함으로써 지속적인 정치적 공간을 마련하였다. 재독한국여성모임의 목적과 행동강령에서 보이는 바와 같이 여성들은 자신과 가족의 생계를 유지하기 위한 체류와 노동의 권리를 넘어서 인간의 해방과 민주주의 실현을 위해 스스로의 의식화와 광범한 연대를 지향하고 있다. 1980년 광주학살이 발생한 후 이에 항의하는 단체행동에 참여하고, 1990년대 '일본군위안부' 문제를 제기하는 등의 실천은 생존과 직접 연관된 삶(먹는 입)으로부터 삶의 새로운 가치를 고민하고 주장하는 삶(말하는 입)으로의 전환을 시사한다. 1977~1978년 체류권 투쟁을 통해 한인 여성들은 스스로의 힘으로 '정치'를 하고, 정치적 플랫폼을 마련한 것이다.

여섯째, 세대 연구의 관점에서 1940년대 전후에 출생한 한국 여성들의 경험에 관한 연구는 전무하다. 단지 2017년 정권교체의 과정에서 '태극기'로 상징되는 70대 여성들의 집단적인 정서를 추론해볼 수 있을 뿐이다. 같은 연령대에 속하는 1세대 재독 한인 여성들의 다수도 이와 같은 문화에 공감대를 가지고 있는 것으로 추정된다. 이에 비해 재독한국여성모임에 참여했던 한인 여성들의 생애과정에는 1970~1980년대, 즉 30대를 거치며 직접 겪어낸 서독사회의 68혁명과 1977~1978년 체류권 투쟁을 삶의 전환점으로 기억하며, 이후의 삶에서 공적 가치와 자신을 연관시키려는 실천이 두드러진다. 이런 점에서 1970년대 체류권 투쟁은 이들의 삶에서 '정치'의 원형질이라고 할 수 있다. 자신의 힘으로 스스로의 삶과 주변의 운명을 변화시켰던 당시의 압축적 경험이 새로운 삶을 만들어가는 동력이 된 것이다.

일곱째, 역사사회학의 관점에서 최근 민건회에 관한 회고록이나 재독학자의 회고록 등이 발간되면서 1960~1970년대 서독 이주 한인들의 민주화운동과 정치활동이 일부 소개되었다. 그러나 학자나 종교인 중심의 활동 외에 1970년대 교민 사회의 절대 다수를 차지했던 한인 이주여성들의 체류권 투쟁과 이후의 지속적인 사회참여활동은 거의 언급되지 않고 있다. 사회 정치적으로도 애국주의와 개발연대의 담론을 넘어서 독일 이주 한인 여성들의 활동을 조명하지 못함으로써 지난 시기 이주여성들의 유례없는 국제연대 활동의 성과들이 사장되었다. 이 글은 한국사회의 집단기억 속에서 호명되지 못한 재독 한인 여성들의 목소리를 불러내고 현재의 의미를 새기는 작업의 하나이다.

마지막으로, 지구적 차원에서 이주의 여성화가 상식이 된 21세기 현대사회에서 한인 이주여성들의 체류권 투쟁과 사회참여활동은 국경을 넘은 인간과 비인간 행위자들의 다차원적 결합이 내포한 정치적 잠재력을 보여준다. 1970년대 유신체제하에서 민주화투쟁을 전개하던 한국 개신교 조직의 국제연대, 68혁명의 과정에 있던 서독사회의 교육 및 복지제도와 광범한 시민사회운동조직이라는 유형, 무형의 행위자들과 연대하여 한인 이주여성들은 제도개선 투쟁을 전개하고, 독일 시민사회에서 자신들의 정치적 장을 마련하였다. 1970년대 한국사회가 유신체제하에서 정치의 멸실을 겪고 있을 때, 독일 내 소수자였던 한인 이주여성들은 '정치'의 주체가 되었다. 40여 년 전 한인 이주여성들의 이러한 경험은 1990년대를 거치며 이주민 정착국이 된 한국의 시민사회에 대해 국적주의를 넘어선 '정치'의 가능성을 보여주고 있다.

참고문헌

김면, 2007, "평화통일을 위한 재독 동포단체의 역할과 활동 양상", 『평화학연구』 8/3, pp. 71-92.

김보현, 2017, "개발연대 중동건설현장 취업자의 경제와 정치–돈과 노동, 조국과 가정", 『사회와 역사』 114호, pp. 245–284.
김선욱, 2001, "한나 아렌트의 정치 개념–"정치적"인 것과 "사회적"인 것의 관계를 중심으로", 『철학』 67, pp. 221–239.
나혜심, 2012, 『독일로 간 한인 간호여성』, 산과글.
나혜심, 2014, "독일로의 노동이주, 한인 독일 노동이주자에게 가족이 갖는 의미", 노명환, 윤용선, 정흥모, 유진영, 나혜심, 『독일로 간 광부·간호사. 경제개발과 이주 사이에서』, 대한민국역사박물관, pp. 223–321.
나혜심, 2016, "이주와 여성의 깨어나기", 『Homo Migrans』 14, pp. 5–34.
나혜심, 2016, "독일에서의 민주화운동(후편)-민주사회건설협의회를 중심으로", 『기억과 전망』 34, pp. 363–438.
베를린기독교한인교회, 2014, 『갈릴리』 56, 베를린기독교한인교회.
송두율, 2017, 『불타는 얼음』, 후마니타스.
양영자, 2016, "독일로 떠난 한인 간호여성의 사회운동 과정에 대한 생애사 연구– 탈정체화의 정치", 『비판사회정책』 53, pp. 48–95.
양희순, 2008, 『파독간호사 40년사. 여기에 40년! 독일 땅으로 그렇게 왔었지』, Stuttgart.
이동기, 2013, "한국과 독일: "멀지만 가까운 나라"의 130년 관계사", 『독일에 울려퍼진 아리랑』, 파독광부·간호사 50주년 세미나 자료집. 국가기록원, pp. 42–55.
이삼렬, 2015, "독일에서의 민주화운동-민주사회건설협의회를 중심으로", 『기억과 전망』 33, pp. 462–521.
이유재, 2015, "초국가적 관점에서 본 독일 한인 디아스포라", 『역사비평』 2권, pp. 321–343.
이희영, 2005, "이주 노동자의 생애체험과 사회운동 – 독일로 간 한국인 1세대의 구술 생애사를 중심으로", 『사회와 역사』 68, pp. 281–316.
이희영, 2006, "독일 '68'세대와 과거극복: 나치과거에 대한 세대경험의 연속성과 단절에 대하여", 『한국사회학』 40/3, pp. 32–61.
재독한국여성모임, 1977/1978, 『후진국과 여성–제3차 한국여성문제 세미나 보고서』, 재독한국여성모임 자료집.
재독한국여성모임, 1979, 『창간호』, 재독한국여성모임 자료집.
재독한국여성모임, 1990, 『국제여성운동 연대자료집–이리 후레어 훼션(아들러 기업의 생산공장)의 노동투쟁 사례–』, 재독한국여성모임.
재독한국여성모임, 2003, 『재독한국여성모임 창립 25주년 기념문집』, 재독한국여성모임 .

재독한국여성모임, 2014,『독일이주여성의 삶. 그 현대사의 기록』, 당대.
재독한인광부 인권협회 & ESG, 1981,『새활동』, Essen.
재유럽 오월민중제 준비위원회, 2011,『재유럽 오월민중제 30년 기념 자료집』, Berlin.
정용숙, 2013, "간호 요원 독일 송출의 역사 서술과 독일병원협회 기록물",『독일에 울려퍼진 아리랑』, 파독광부·간호사 50주년 세미나 자료집, 국가기록원, pp. 24–40.
한국인권문제연구회, 1977,『인권시보』1, Berlin.
한국해외개발공사, 1972,『파독간호요원 생활편람』, 한국해외개발공사.
한민족유럽연대·이주노동자인권연대, 2007,『한국과 독일의 이주정책과 이주운동, 미래를 향한 연대』, 이주노동자인권연대 한독공동심포지엄 자료집.
한운석, 2017, "'재독 한인 여성'에서 '한국계 이주민 여성'으로 –재독한국여성모임의 정치운동",『역사비평』8, pp. 347–385.
Arendt, Hannah, 1998, *The Human Condition. With an Introduction by Margaret Canovan,* Chicago & London: The University of Chicago Press.
Arendt, Hannah, 2000, *Zwischen Vergangenheit und Zukunft. Übungen im politischen Denken I,* Ludz, Ursula(Hrg.), München & Zürich: Piper Verlag.
Arendt, Hannah, 2003, *Was ist Politik? Fragment aus dem Nachlaß,* Ludz, Ursula(Hrg.), München & Berlin: Piper Verlag.
Bude, Heinz, 1997, *Das Altern einer Generation. Die Jahrgänge 1938 bis 1948*, Frankfurt/ M.: Suhrkamp
Friedrich Ebert Stiftung(FES), 2016, *Anwerben, Ankommen, Anpassen! Koreanische Krankenpflegerinnen in Deutschland-Erfahrungen aus fünf Jahrzehnten und neue Wege für die Zukunft,* Berlin.
Institut für Arbeitsmarkt- und Berufsforschung(IAB), 1988, *Cronik der Arbeitsmarktpolitik,* Nürnberg: Bundesanstalt für Arbeit.
Kim, Myun, 2007, "The History of Interchange between Former E. Germany and N. Korea through the Research on Oral Statements,"『국제정치연구』10/2, pp. 225-245.
Koreanische Frauengruppe in der BRD(KFD), 1978, *Dokumentation.*
Koreanische Frauengruppe in Deutschland(KFG), 1996, *In die Prostitution gezwungen. Zeugenaussagen aus dem japanischen Asien-Pazifik-Krieg,* Osnabrück: Secolo Verlag.
KFD, Berner Heike & Sunju Choi(Hg.), 2006, *Zu Hause. Erzählungen von deutschen Koreanerinnen*, Berlin & Hamburg: Assoziation A.
Yoo, Jung-Sook, 1996, *Koreanische Immigranten in Deutschland. Interressenvertretung*

und Selbstorganisation, Hamburg: Dr. Kovač.

[기타 자료]

김재엽, 2017, 〈병동소녀는 집으로, 돌아가지 않는다〉 자료집, 서울 예술의 전당 자유소극장.

대한민국감사위원회, 2013, 『기적을 캐내고 나라를 구하라. 파독광부, 간호사, 간호조무사 헌정기념전』, 대한민국감사국민위원회.

서울역사박물관, 2017, 『국경을 넘어, 경계를 넘어: 독일로 간 한인 간호여성들의 이야기』, 전시도록.

이희영, 2016, "언니들이 왔다: 이주와 사회참여", 『2016 서울사진축제. 천리의 강물처럼』, 서울사진축제도록, pp. 244-251.

한국이민사박물관, 2012, 『젊음, 독일행 비행기에 오르다. 파독광부 간호여성 이야기』, 한국이민사박물관.

제5장

이주여성과 분단장치의 재구성

1. 불온한 공간, 선망의 장소

1967년 한국사회를 뒤흔든 '해외 간첩단 사건'의 발생지인 '동백림'은 동서독일 분단 시절의 동베를린을 지칭한다. 동서독이 통일된 후인 1990년대 한국사회에서 '베를린'은 독재정권에 비판적인 사회운동 관련자들이 북한 방문을 위해 거치는 중간기착지 혹은 망명지로 자주 언급되었다. 1989년 임수경 씨의 평양세계청년학생축전 참가와 황석영 작가의 방북, 1991년 전대협 대표단 박성희, 성용승 씨의 방북, 1992년 독일 브레멘대학 경제학 박사 오길남 씨의 방북, 1994년 안기부 프락치 '배인오 사건' 등이 그 사례들이다. 그뿐 아니라 세계적으로 탈냉전의 분위기가 확대되고 한국사회의 정치적 민주화가 언급되던 2003년, 한국을 방문했던 재독학자 송두율 교수는 '해방 후 최대의 간첩'으로 구속되어 재판을 받았다.[1] 당시 송 교수의 일거수일투족이

1 당시 송두율 교수는 베를린에 거주하며 뮌스터대학에서 강의하고 있었다. 송 교수의 삶과 2003년 한국방문 당시의 과정을 다룬 다큐멘터리 영화 〈경계도시 1〉(2002), 〈경계도시2〉(2009)는 분단시

언론을 통해 보도되면서 한국사회는 '해외 간첩사건'으로 몸살을 앓았다. 이처럼 지난 반세기 동안 한국사회에서 독일의 수도 베를린은 주요 '간첩 사건'의 발생지로 등장해왔다.[2]

다른 한편, 독일은 1960~1970년대 독일로 간 한국인 간호여성들의 노동과 생활현장이기도 했다. '파독간호사'에 대한 한국 언론의 보도에서 서독과 베를린은 '선진국'으로 재현된다. 이때 서독은 '라인강의 기적'을 이루며 2차 대전의 폐허 속에서 경제대국이 된 선망의 유럽 국가이다. 1964년 서독을 방문한 대통령 박정희와 한국 이주노동자들과의 만남에 대한 보도가 대표적이다. 서독의 탄광과 병원으로 이주한 한인 노동자들은 '선진국' 서독에서 외화를 벌어 국가발전에 기여하는 '애국자'로 호명된다.[3] 이처럼 한국사회에서 서독과 베를린은 한편에서 대한민국의 안보를 위협하는 '불온한 공간'으로 호출되는 반면, 다른 한편에서는 대한민국의 경제적 모델이자 이상적인 사회, 즉 '선망의 장소'로 소개되는 분열적 시선이 존재하고 있는 것이다.

이 글에서는 한국 현대사에서 수많은 '간첩사건'의 공간임과 동시에 한인 이주노동자들의 역사적 장소인 독일 베를린에서 살아온 1세대 한인 여성들의 분단 경험에 주목한다. 특히 동백림 사건 이후 독일이 통일되고 국제적인 냉전질서가 해체된 1994년 베를린에서 공개된 '안기부 프락치 백흥용(가명 배인오)' 사건에 직간접적으로 연관된 한인 여성들의 경험을 재구성할 것이다. 이를 통해 한반도의 남과 북을 중심으로 형성되어온 분단장치(dispositive of division)가 국경을 넘어 독일로 간 한국인 여성노동자들의 삶 속에서 구성

절 베를린의 별칭을 따온 제목이기도 하다.

2 동서 베를린은 각종 정치적 사건의 현장일 뿐만 아니라, 문학적 상상의 공간이기도 했다. 동서독의 분단이 사라진 지 20년이 지난 뒤에도 독일/베를린은 여전히 한국문학 속에서 이념의 접경지대로 호출되었다. 대표적으로 김연수(2009)를 참고하라.

3 대표적으로 2013년 박근혜 정부 대한민국감사국민위원회가 발간한 자료는 '기적을 캐내고 나라를 구하라: 파독광부, 간호사, 간호조무사 헌정기념전'이라는 제목으로 출간되었다.

되고 변화하는 과정을 추적할 것이다.

한국 해외개발공사의 중개로 1963년부터 광부들이 탄광지역을 중심으로 이주하고, 1966년부터 공식적으로 간호여성들이 서독사회에 취업하면서 1세대 한국교민들이 형성되었다. 이들 중 적지 않은 사람들이 서독 시민사회의 일원으로 50여 년 동안 생활하고 있다. 20~30대의 나이에 수많은 간첩 사건이 발생한 불온한 공간이자, 라인강의 기적을 이룬 선진국가라는 두 얼굴을 가진 서독사회로 이주하여 현재까지 반백년을 살아온 한인 여성들은 한반도의 분단을 어떻게 경험하였을까? 특히 1994년 베를린에서 발생한 '안기부 프락치 배인오 사건'은 이들에게 어떤 의미가 있을까? 국경을 넘은 여성들의 이주와 한반도 분단의 행위자들이 중첩되고 갈등, 협상하며 새롭게 구성되는 과정은 어떤 특성을 가지고 있을까?

1) 이주 연구와 분단장치의 재구성

1960~1970년대 서독으로 이주한 한인 여성들은 오랫동안 한국사회에서 잊혀졌다. 1990년대에 국내로 들어오는 이주자들이 증가하면서 이들의 인권침해가 사회적 문제로 조명되고 이주(migration)가 한국사회의 중요한 현실이 되면서 오래 전 해외로 이주한 사람들을 소환하였다. 즉 한국사회가 직면한 이주노동자들의 '뜨거운 현실'이 역설적으로 해외로 이주해간 한인노동자에 대한 관심을 불러일으킨 것이다. 그러나 기존 연구 중 1940~1950년대 한국사회에서 출생하여 해방과 한국전쟁 그리고 박정희 정권의 반공주의를 경험하며 성장한 여성들이 서독의 시민사회에서 직면했던 '한반도 분단'의 경험에 대해서 주목한 연구는 일천하다. 특히 서독사회에서 발생했던 동백림 사건(1967) 등의 '간첩사건'들이 한인 이주여성들의 생활세계에 어떤 의미를 갖는지 주목한 연구도 부재하다.[4] 남한사회를 떠나간 이주민이었던 한인

여성들의 삶을 서독사회에서의 동화과정에만 주목한 결과이다. 국경을 넘어 이주하는 개인은 노동력을 담지한 주체이면서 자신이 유형, 무형으로 전유한 사회역사적 조건과 문화의 주체이기도 하다. 다시 말해 이들이 성년이 되기까지 경험한 한반도의 격렬했던 분단과정은 국경을 넘어가면서 사라진 것이 아니라 정신과 몸에 육화되었으며, 서독에서의 삶에서 일상적으로 호출되는 문화적 자원이기도 했다. 특히 한반도의 분단장치는 한국전쟁을 토대로 형성되었다는 점에서, 독일의 분단과 큰 차이를 가졌다.

또한 한인 이주여성들의 분단 경험에 대한 연구의 부재는 분단을 남북한 사이의 정치적 대결로만 바라본 결과이기도 하다. 최근 수행된 분단연구의 성과는 남북한 분단체제의 정치구조적 현실을 넘어서 사회와 개인의 행위와 일상 속에 내재한 수행적 측면에 주목할 것을 요청한다(홍민, 2011). 즉 분단은 남북한의 군사, 안보정책이나 제도, 언술, 혹은 간첩사건 등으로만 존재하는 것이 아니라 개인의 대화, 습관, 문화 및 교육과정, 제도, 규칙, 상징 등의 비인간적 행위자들 사이의 혼종적 네트워크로 끊임없이 재생산된다는 것이다.

이런 관점에서 이 글은 독일로 이주한 한인 여성들의 삶에서 '분단장치'가 재구성되는 과정에 주목하고자 한다. 이 글에서 분단장치란 한 사회의 물리적 분단을 기초로 생성된 담론, 제도, 법규의 결정, 행정상의 조치, 과학적 언표, 철학적, 도덕적 명제 등 인간과 비인간들로 구성된 혼종적 행위자-네트워크(hybrid actor-network)를 뜻한다. 분단장치는 통치기제일 뿐만 아니라 주체화의 과정을 포함한다.[5] 즉 분단된 사회의 개인이 특정한 가치를 내면화하면서, 다양한 실천을 통해 자기(self)를 구성하는 과정 자체가 혼종적 행위자-네트워크의 결과이며 분단장치의 실현이라고 할 수 있다.

4 분단경험을 직접 조명한 것은 아니지만 소수의 해외 교민운동에 대한 연구가 있다. 사회운동의 관점에서 해외 한인들의 민주화운동과 통일운동을 고찰한 것(조현옥, 2005)을 들 수 있다.

5 푸코의 장치(dispositive)라는 개념을 차용하였다(Foucault, 1978: 119).

2) 냉전과 한인 여성들의 서독 이주

독일의 경우 전후 동서독의 분할 점령과 1948~1949년 베를린 봉쇄를 거치며 철의 장막을 사이에 둔 냉전질서가 완성되었다. 즉 소련을 중심으로 한 동유럽과 미국을 중심으로 한 서유럽 동맹의 적대적 관계는 1989년 동서독의 장벽이 무너지고 통일이 될 때까지 이념, 정치, 경제, 문화적 대립과 정서적 갈등의 토대가 되었다. 이와 같은 40여 년의 역사적 과정에서 분단은 냉전질서의 결과이자 이것을 유지하는 현실 그 자체였다. 이 시기에 철의 장막 저편의 사회주의체제에 대항하기 위해 서유럽을 중심으로 한 자유민주주의 진영에서는 반공주의가 통용되고 사상통제와 검열, 취업제한 등이 제도화되었다. 그러나 서독에서는 68혁명을 거쳐 1970년대가 되면서부터 본격적으로 시민사회가 형성되고 반공주의가 토대가 약화되었다. 전 사회적으로 현실정치(Realpolitik)가 냉전을 대체하게 된 것이다(기외르기 스첼, 2015: 83~85).

다른 한편 남한에서 박정희 정권이 1962년 이민법을 제정하고 해외로 노동력 수출정책을 실시한 것은 한국전쟁 등으로 폐허가 된 남한사회의 실업문제를 부분적으로 해소하고, 외화를 벌어들이기 위한 목적이 컸다. 서독은 2차 세계대전 후 미국을 비롯한 서방국가의 지원 속에서 급격한 경제적 재건을 달성했다. 소위 1950년대의 경제부흥기(Wirtschaftswunder)를 거친 서독사회는 광범한 사회복지정책을 실시하였다. 이 시기에 노동조건이 상대적으로 열악한 의료요양 분야의 인력이 절대적으로 부족한 현실에 직면하여 아시아 지역 국가들(인도, 필리핀, 한국 등)로부터 여성 노동력을 수입하였다.[6] 그

6 이런 관점에서 서독으로의 한인 여성 이주는 한국에 대한 서독의 경제원조가 아니라, 오히려 열악한 서독의 의료요양 분야에 대한 한국사회의 고급 노동력 지원이라는 성격이 강했다(나혜심, 2014). 독일사회에서 한인 노동자들의 이주는 독일 노동시장의 필요가 아니라 냉전체제에서의 '개발원조'에 따라 이루어진 것이라는 주장이 확산되었으나, 관련 자료를 분석한 연구는 독일 의료요양분야 노동력 부족을 해소하기 위해 한국 간호여성들의 독일 이주가 결정되었으며, 여성들 스스

런데 흥미로운 점은 이와 같은 서독과 남한 사이의 이주정책이 전후(戰後) 미국과 소련을 중심으로 한 냉전질서를 축으로 이루어졌다는 것이다. 즉 자본주의와 사회주의 체제경쟁이 본격화되는 과정에서 각자의 진영을 강화시키기 위한 목적 속에서 이미 동독은 한국전쟁 중 북한에 대한 경제적, 의료적 지원뿐만 아니라, 1952년부터 기술 및 교육연수 프로그램을 진행하였다(Kim, 2007: 230~232). 전후에는 대규모의 경제적, 기술적 원조가 이루어졌다. 또 1964년 남한 대통령 박정희가 서독을 방문하기 훨씬 전인 1956년 북한의 김일성이 동독을 방문하여 경제원조를 요청했다. 이에 따라 사회주의 '형제국가'에 대한 지원이 이루어졌다. 이에 비해 남한에 대한 서독의 개발원조는 거듭되는 미국과 영국 등의 압력에 의해 뒤늦게 이루어졌다. 1958년부터 미국과 영국은 자신들이 지원한 서독 정부에게 '자유진영'의 통합과 방위를 위해 개발원조에 동참하라는 요구를 했다. 이에 따라 서독 정부는 1961년부터 남한 정부와 경제교류에 대한 협상을 진행하였고, 1982년까지 수차례의 경제원조가 이루어졌다. 또 1963년부터 1977년까지 한국인 광부가 서독으로 취업했고, 1950년대 말 독일 종교단체와 개인을 통해 시작된 한인 여성들의 서독 이주가 1966년부터 해외개발공사의 모집을 통해 확대되면서 1976년까지 이어졌다(이유재, 2015: 324~328). 이처럼 1960~70년대 한인 여성들의 서독 이주는 전후의 냉전질서의 실현과정에서 이루어진 것으로, 북한 노동자의 동독 이주, 남한 노동자의 서독 이주라고 하는 구체적인 양상의 일환이었다. 즉 서독으로부터의 경제원조와 노동력 송출을 통해 북한에 대항한 남한 사회를 안정시킴으로써 소위 사회주의 블록에 대항한 '자유진영'의 연대를 공고히 하려는 것이었다.[7] 이런 점에서 한인 여성들의 해외이주는 구조적 차

로의 선택이 작용한 것이기도 했다는 점을 밝히고 있다(Na, Hye-sim, 2016).

7 한반도와 독일의 관계를 넘어 냉전체제하에서 동서독과 제3세계 사이의 관계를 조망한 연구로 다음을 참고하라. Hong, Young-Sun, 2015.

원에서 냉전의 결과이자, 분단장치의 재구축 과정이었다.

1950년대부터 공식적인 노동력 모집이 중단되는 1970년대 중반까지 약 1만여 명의 한인 여성들이 서독의 의료요양기관에서 일했다. 1966년 해외개발공사의 모집으로 3년 계약을 하고 서독으로 이주한 여성들은 일정 기간 체류 후 귀국하거나, 첫 계약이 만료된 후 미국과 캐나다 등으로 재이주하기도 하였다. 또 적지 않은 여성들이 서독사회에 정착하여 교민 1세대를 형성하였다. 초기에 서독으로 이주한 대부분의 여성들은 1940년대 출생자들로 간호고등학교 또는 간호대학을 졸업하고 간호사 자격증을 가진 20대 초, 중반의 미혼 여성들이었다. 이후 모집 인원이 증가하고, 조건이 다양해지면서 결혼 상태이거나 간호보조원 자격증을 가진 여성들도 이주하게 되었다. 이 연구는 2005년부터 최근까지 이루어진 재독 한인 여성들에 대한 문헌자료 수집과 구술인터뷰를 토대로 이들의 분단 경험을 고찰하고자 한다.[8] 아래의 구술자들은 이 글에서 집중적으로 분석하게 된 인터뷰 자료의 주인공들이다.

주요 구술자는 해외개발공사의 모집에 지원하여 서독으로 이주했으며 1940년대 출생자 5명과 1950년대 출생자 1명이다. 이주 당시 모두 간호사

〈표 1〉 구술자 약력[9]

이름	고향 및 출생	이주 전 직업	첫 이주 지역	파트너/국적
김인숙	전남, 1944	양호교사	1966/프랑크푸르트	국제결혼/영국
서미경	대구, 1953	병원 간호사	1974/베를린	국제결혼/독일
안숙희	경남, 1945	보건소 간호사	1966/베르덴-알러	국제결혼/독일
이길선	일본, 1945	병원 간호사	1966/베를린	국제결혼/독일
김영옥	경북, 1943	병원 간호사	1966/베를린	국제결혼/독일
최선숙	경북, 1944	병원 간호사	1966/베를린	국제결혼/독일

8 독일 내 한인 여성들에 대한 인터뷰는 2005년, 2012~2014년, 2016~2018년에 이루어졌으며 한국으로 귀국한 여성들의 인터뷰는 2017년에 수행되었다. 전체 인원은 41명이다. 주요 문헌자료로는 재독한국여성모임, 재유럽오월민중제 준비모임, 재독양심수후원회의 기증 자료 등을 분석하였다.

9 구술자를 보호하기 위하여 이름과 개인정보의 일부를 바꾸었다.

자격증을 가지고 병원과 보건소 등에서 일하고 있었으며, 1970년대 서독에서 국제결혼을 하고 독일에 정착하여 현재까지 생활하고 있다. 6명의 여성들 중 4명은 한국에서 서베를린으로 직접 이주하였으며, 나머지 2명은 프랑크푸르트 등의 남서부 지역으로 간 후 서베를린으로 이사하였다.

2. 이주여성들과 1967년 '동백림 사건'

1) 분단의 상처와 탈출

이 연구에서 주목하는 한인 여성들은 1940~1950년대 출생자들로 어린 시절 일제에 의한 제국주의 전쟁과 남과 북의 한국전쟁을 차례로 겪으며 성장했다. 이후 군사정권이 남한사회를 지배하고, 반공주의에 기초한 사회화의 과정을 경험하였다. 또 일제를 매개로 전수된 가부장적 사회규범에 따라 일찍부터 가족 생계부양의 책임을 지게 되었고, 이것이 서독으로의 이주를 선택하게 된 배경이 되기도 하였다. 어려운 가족을 돕고, 미래의 생활 밑천을 마련하고자 하는 이들의 공통적인 목적 이외에도, 가난하고 답답한 한국사회를 벗어나 새로운 사회를 경험하고 싶은 욕구 등 이들의 이주 배경은 단일하지 않다.[10]

김인숙 씨는 1944년 전라도 지역에서 태어났다. 전쟁이 끝난 1950~1960년대에 7남매를 둔 가장이었던 구술자의 아버지는 중농 규모의 농사는 소작인에게 맡기고, 자신은 누룩공장의 공장장으로 일했다. 간호고등학교를 졸업하고 학교 양호교사로 일하던 구술자는 1966년 경향신문에 난 '파독간호

10 경찰가족의 일원, 지주 집안의 딸 등 한인 여성들의 다양한 계층과 배경에 대해서는 다음을 참고하라. 이희영, 2005; 2018; 재독한국여성모임, 2014.

사' 모집 공고를 보고 지원하였다. 그런데 해외개발공사의 모집에 선발되어 각종 교육을 받으며 출국을 준비하던 구술자는 신원조회에 걸려서 여권을 받지 못했다. 문의를 하자 친인척 중 소위 '적성분자'로 분류된 사람이 있어서 해외 출국을 할 수 없다는 대답을 들었다. 인터뷰에 의하면 구술자의 외삼촌이 해방과 한국전쟁의 와중에서 '활동'을 하다가 전쟁 후 처형되었다(김인숙 구술녹취록, 2017/ 4~5).[11]

> 제가 두서없이 얘기하는데 여기 오기 전에 신원조회에 걸린 거에요. 그 외삼촌 때문에, 어, 인제 제가 독일을 못 가게 됐어요. 그 큰 외삼촌 때문에 그래가지고 정보부에 있는 누구한테 봉투를 하나 주고 여권을 받았어요. 그래가지고 이제 나왔는데. (김인숙 구술녹취록, 2017/ 8)

'적성가속'으로 분류된 사람들은 직장에 취직도 할 수 없었던 시절이었다. 그런데 흥미로운 점은 구술자가 힘이 있다는 사람에게 '봉투'를 주고 문제를 해결한 것이다. 당시로는 거액에 해당하는 2만 원이라는 뇌물을 주고 '빽'을 썼다고 했다. 반공법의 서슬이 시퍼렇게 살아 있었지만, 사리사욕을 위해 부정부패가 거미줄처럼 얽혀 있어서 큰돈이면 안 되는 일도 없었던 시절이라서 가능한 일이었다. 김인숙 씨는 1966년 김포공항을 출발하여 프랑크푸르트 시립병원에 취업하였다.

1945년 경남에서 태어나 간호학교를 졸업하고 지역 보건소에서 간호사로 일하던 안숙희 씨도 해외개발공사의 '파독간호사 모집'에 선발되었다. 그러나 김인숙 씨와 마찬가지로 출국과 관련된 연락이 안와서 문의를 하니 아버지의 동생, 즉 친삼촌이 남로당 활동을 하여 연좌제의 대상이 되었다고 했다

11 이 글에서 구술녹취록을 인용하는 방식이다. 구술자 이름, 연도/쪽수를 뜻한다. 같은 연도에 다수의 인터뷰를 한 경우 I, II, III 기호를 사용하여 1차, 2차, 3차 인터뷰를 구별하였다.

(안숙희 구술녹취록, 2017/ 3). 한국전쟁이 끝난 지 얼마 되지 않았던 1960년대 박정희 정권하에서 반공이념을 기준으로 한 사상검증은 남한사회 내 국민들을 반공가족과 '빨갱이 가족'으로 분리, 통제하였고 이는 전 사회적으로 분단장치가 실현되는 과정이기도 했다. 결국 안숙희 씨는 함께 교육받았던 동료들이 먼저 떠나고 몇 달 뒤 선발된 여성들과 함께 1966년 서독 베르덴 시립병원으로 취업하였다. 신원조회에 문제가 있었던 구술자가 어떻게 출국할 수 있었는지는 알 수 없다. 서독의 의료요양기관으로 이주했던 한인 여성들뿐만 아니라, 1963년부터 서독 광산지역으로 취업했던 한인 남성들 중에서도 연좌제에 의한 정치적 탄압을 피해 국제이주를 선택하기도 하였다(이희영, 2005). 이런 경우 당시의 해외 취업은 암묵적으로 정치적 망명의 성격을 띠기도 했다.

2) 분단도시 서베를린에서 발생한 '간첩사건'과 교민사회의 분열

2차 세계대전의 패전국이 된 독일은 전후 연합군에 의해 동서 독일로 분단되었다. 수도였던 베를린 또한 소련군 점령지역인 동베를린과 미국, 영국, 프랑스 군이 점령하던 서베를린으로 분리되었는데, 1961년 동서 베를린 사이에 장벽이 세워지면서 서베를린은 지리적으로 동독 속에 갇힌 상태가 되었다. 동서 베를린 사이에는 7개의 검문소가 세워졌고, 이것이 양쪽을 오갈 수 있는 공식적인 통로였다.

1966년 10월 15일 해외개발공사 모집에 처음 선발된 126명의 한인 여성들이 서베를린에 도착하였다. 1970년 당시에는 약 700여 명의 한인 여성들이 서베를린 내의 30여 개 병원 등에 취업하고 있었다. 서독의 노동력 수입이 중단된 직후인 1977년 당시에는 약 7천여 명의 한인 여성들이 서독의 전역에 체류하고 있었고, 그 중 서베를린에 살던 여성들은 대략 1600여 명이었다

〈그림 1 동서베를린 사이의 검문소: Hertle & Elsner, 1999 속표지〉

(한국인권문제연구회, 1977: 2 & 5). 당시 여성들이 취업했던 서독사회는 1950년대의 경제발전을 토대로 전쟁의 폐허를 넘어서 사회복지를 제도화하고 있었다. 한인 여성들은 한국사회와 비교할 수 없는 경제적인 윤택함과 의료체계를 경험하면서 자유로운 일상문화를 접하게 되었다.

그러나 얼마 지나지 않은 1967년에 발생한 '동백림 사건'으로 인해 머나먼 한국사회의 반공정책을 직간접적으로 경험해야 했다. 1967년 7월 8일부터 17일까지 한국의 중앙정보부는 7차에 걸쳐서 '건국 이래 최대의 간첩사건'을 발표하였다. 이에 의하면 1958년 9월부터 1967년 5월까지 서독과 불란서 등지에서 공부하던 한인 유학생들이 동베를린 소재 북한대사관 등에서 활약하던 북한요원에게 포섭되어 평양을 방문하고, '지령과 공작금'을 받은 후 국내외에서 간첩활동을 하였다는 것이다.[12] 특히 3차와 4차 발표 등에서 상세하게 보도된 내용에 의하면 재독 작곡가 윤이상 씨 부부를 포함해 서

12 '동백림을 거점으로 한 북괴대남적화공작단 사건'(이하 동백림 사건)은 관련자가 총 194명에 달하는 '건국 이래 최대의 간첩사건'으로 보도되었다(조선일보, 1967. 07. 09).

독에서 체류하던 예술인, 학자, 유학생, 의사, 광부, 간호사 등이 사건의 당사자들이었다. 뒤이어서독 언론과 정부 당국에서는 한국 중앙정보부원들에 의해서 '납치'된 서독체류자 17명의 인적사항과 납치 전후의 정황에 대해서 상세하게 보도하면서 대한민국 중앙정보부원들에 의한 서독 '주권 침해'에 대해서 강하게 비판하였다. 소개된 사건 관련자 중에는 한국 간호여성들을 모집하여 서독 의료요양기관에 취업하도록 직접 주선했던 의사 이수길 박사의 사진과 함께 이 박사가 1967년 6월 20일 한국에서 온 손님들과 함께 집을 나간 후 실종된 지 한 달이 지난 정황이 소개되었다(Stern, 1967. 07. 23). 몇 달 뒤 발행된 서독 신문에 의하면 재독 음악가 윤이상 씨는 1967년 6월 17일 아침, 전화를 받고 음악회와 관련된 일로 두 명의 한국 사람을 만나러 나갔으며, 얼마 후 부인에게 본과 로마, 파리에서 중요한 회의가 있다는 전화를 했다. 그의 부인 이수자 씨는 6월 22일 본 주재 한국대사관으로부터 남편에게 전달할 옷 등을 챙겨서 남편과 동행해달라는 전화를 받고 자녀들과 헤어진 후 집을 떠났다. 며칠 후 부부는 서울에 있는 감옥에 갇혔다고 전했다(Zeit, 1967. 10. 20).[13] 이 사건에 대한 보도가 한인 여성들 사이에 알려지게 되면서 큰 충격을 주었다.

1966년 10월 15일 서베를린에 도착하여 시립 결핵병원에 취업한 최선숙 씨는 1년이 채 되지 않아 발생했던 '동백림' 사건을 자세히 기억하고 있었다(최선숙 구술녹취록, 2015/ 6). 구술자는 한국의 중앙정보부 발표 직후인 1967년 7월 초 서독신문에 보도된 '재독 한인 납치 사건'을 환자들을 통해서 전해 들었다. 누가 어떤 이유로 '납치'되었는지는 자세히 알지 못한 채, 한국의 중앙정보부 비밀요원(Geheimdienst)들이 한국 사람들을 서울로 강제 이송했다는 사실만 알게 된 것이다. 불과 며칠 사이에 십여 명의 사람들이 머나먼 서

13 이 신문기사에는 1967년 10월 13일 서독에서 활동하던 예술가 161명이 서명하여 발표한 호소문이 함께 실려 있다. 이들은 한국 대통령 박정희에게 윤이상의 석방을 요청하였다.

울로 납치되었다는 사실 자체가 충격적이었고 이로 인한 두려움과 공포를 생생히 떠올렸다. 이런 상황은 서베를린에 살던 한인 여성들에게만 국한된 것이 아니었다. 1966년 프랑크푸르트 근처의 병원에 취직했던 안숙희 씨의 경우도 마찬가지였다.

> 근데 그 1967년 그 저 [동백림]사건이 서독에 있었잖아요. 있었는데 그 때는 간호부장이 신문을 들고 와서 보라고 하더라고요, 단어 하나 정도도 이해를 잘 못했어요, 무슨 간첩인가보다 한국에서 소양교육을 받을 때 여기 베를린에는, 간첩[이 많다고 했는데], 정말 간첩이 있는가보다, 저녁에 6명이 같이 [서독으로] 왔는데 밖에 나가면 안 된다고, 움츠리고 앉아 있었거든요[저자 강조]. (안숙희 구술녹취록, 2017/ 4)

안숙희 씨는 병원의 동료를 통해 '동백림 사건'에 대한 서독의 신문기사를 접했지만, 서툰 독일어로 인해 사건의 주요한 내용을 이해하지 못했다. 단지 독일로 오기 전 한국에서 받았던 반공교육의 내용 중 '베를린에는 간첩이 많으니 조심하라'는 주의를 떠올리며 그것이 사실임을 확신하는 계기가 된 셈이었다. 자신이 살고 있는 서독사회에서 언제 어떻게 '북한 간첩'을 만나게 될지 모른다는 두려움과 공포로 인해 스스로의 활동 반경을 제한할 수밖에 없었던 것이다. 소식을 접한 대부분의 한인 여성들은 비행기로 2박 3일 걸려서 도착한 서독사회에서 느꼈던 '한국사회를 벗어났다'는 암묵적인 해방감이 순식간에 사라지고, 언제 어떻게 자신도 '납치'될지 모른다는 두려움과 불안을 갖게 되었다. 특히 동독지역에 섬처럼 고립된 서베를린의 한인 여성들이 느꼈던 고립과 공포는 더욱 컸다. 이런 이유로 한인 여성들 중에서는 독일 사람들보다 한국 사람들에 대해서 더욱 '거리'를 두는 경우도 적지 않았다. 특히 동백림 사건이 발생하기 전 서독 한인회의 전신이라고 할 수 있는 퇴수회의 회장이기도 했던 음악가 윤이상 씨가 '빨갱이'로 호명됨으로써 서독 교민사회는 급속히 분열하였다.[14] 동백림 사건 관련자들은 오랫동안 교민 사회에서 고립되었으며, 이들과의 직접적인 연관은 모두 '반공주의'의 관점에서 거부되었다. 동일한 지역 출신의 이주집단 내에서 같은 문화와 경험을 공유하며 상호 정보를 교류하고, 정주국 사회에서의 정착을 위해 공조하는 일반적인 경향과 달리, 한국인 교민사회에서는 냉전체제의 정치적인 '이념'에 의한 분열과 원심력이 강하게 발생한 것이다. 결국 '동백림 사건'은 현재까지 독일 교민사회가 소위 이념에 따라 극단적으로 분열하고 대립하는 갈등의 씨앗이 되었다. 이처럼 이념과 사상에 따라 교민들이 분리되어 서로를 불신하는 문화는 1세대뿐만 아니라 2세들에게도 전수되어 '함께 놀지 못하는' 일상의 분단이 확대 재생산되었다.[15] 이런 점에서 동백림 사건은 독일 한인사회에 형성된 분단의 원형질이라고 할 수 있다.

3) 재외공간의 국민화와 '간첩 프로젝트'

서독사회에서 '동백림' 사건은 대한민국 중앙정보부의 주권 침해와 관련자들의 인권침해에 초점을 두고 보도되었다. 이에 비해 한국에서는 1967년 7월 8일 1차 발표를 시작으로 17일까지 8회에 걸친 중앙정보부의 발표를 토대로 연이어 '최대 규모의 간첩사건'에 대한 상세하고 대대적인 보도가 이어졌다. 기존 연구에 의하면 이 사건은 가족상봉 등 다양한 이유로 재외 동포들이 동독 주재 북한대사관을 방문하거나 북한에 다녀온 사실이 왜곡, 확대, 과

14 1967년 윤이상 씨는 '동백림 간첩단' 조작사건에 연루되어 감옥생활을 하다가 1969년 독일로 돌아갔다. 1995년 선생이 독일에서 타계한 지 23년 만인 2018년 2월에야 유해가 고향인 통영에 안치되었다.

15 베를린의 한글학교인 〈세종학교〉 설립과 운영 경험을 담은 다음의 글을 참고하라. 재독한국여성모임, 2014: 155~173.

장되면서 1960년대 한국사회의 반공질서를 재구축하는 데 큰 역할을 하였다(국가정보원 과거사건 진명규명을 통한 발전위원회, 2006). 그런데 간첩죄와 잠입죄 등으로 구속 기소되어 재판을 받았던 주요 관련자들에 대해 대법원은 1968년 7월 진행된 상고심에서 '간첩죄'와 '잠입죄' 적용에 문제가 있다고 원심을 파기하여 고등법원으로 돌려보냈다. 과거사위 조사결과 등에 의하면 윤이상, 이응로, 정경모 씨 등 북한을 방문했던 사람들은 친구와 아들 등 지인의 생사를 확인하기 위한 목적이었으며, 이들의 금품수수가 생활비 지원 등의 의미를 넘어 간첩 공작금으로 보기 어렵다는 것이다. 또 이들이 북한 당국으로부터 간첩활동의 지시를 받거나, 남측 기밀을 북한에 넘기지도 않았다는 점에서 '간첩죄'를 적용할 수 없었던 것이다.[16] 이후 1969년 4월 재상고심에서 관련자 2명에게 사형, 1명 무기징역이 확정되는 등 재판이 마무리되었다. 그러나 주목할 점은 이 사건으로 실형을 선고받은 관련자 중 간첩죄가 인정된 사람은 한 명도 없었으며, 관련자 전원이 감형과 특사를 받아서 1970년대 말에 석방되었고 해외체류자는 모두 출국하였다. 애초 중앙정보부의 사건 발표와 언론의 보도에 비추어 당혹스러운 결말이라고 할 수 있다.

당시 중앙정보부가 중심이 되어 서독 교민들의 개별적인 북한 접촉행위를 대규모 '간첩사건'으로 과장하여 발표하고 기소한 '동백림 사건'의 배경을 살펴보면 다음을 들 수 있다. 첫째, 1950년대 후반부터 북한은 대외정치활동의 일환으로 유럽의 프라하와 동베를린에 대외 선전거점을 마련하였고 1960년대 이를 강화했다. 동베를린의 대사관을 조직거점으로 삼아 남한 출신 지식인들과 접촉하면서 이들이 남한과 해외에서 북한을 지지하는 선전 역할을 기대했다(유영구, 1992: 508~509). 그러나 이들의 목표는 북한의 지령에 따라 필요한 남한의 기밀을 북한으로 빼내는 '간첩'으로서의 활동이 아니라 폭

16 당시 여론에서는 이 판결이 간첩죄의 적용범위를 좁게 해석한 결과라는 비판이 컸다. 다음 자료는 이와 같은 입장을 자세히 피력하였다. 한옥신 편, 1969.

넓은 선전활동이라는 점에서 구별될 필요가 있다(오제연, 2017). 둘째, 동백림 사건 직전 박정희 정권은 1967년 6월 8일 실시된 국회의원 선거 부정 논란에 빠져 있었다. 선거과정의 부정을 규탄하는 데모 등 사회적 저항이 확대되던 상황을 무마하기 위해서 해외교포들의 북한 재외공관 접촉행위에 대한 제보를 과장하여 '간첩사건'으로 활용한 측면이 크다는 것이다.[17] 셋째, 중앙정보부의 동백림 사건 2차 발표(동아일보, 1967. 07. 11)에서는 서울대 학생들의 '민족주의비교연구회(이하 민비연)' 사건을 공개하였는데, 실제로 '동백림 사건'과 전혀 관련이 없었던 민비연을 동백림 사건의 일환으로 공개발표함으로써 해외체류 지식인들과 북한의 연계, 나아가 대학생들의 정부 비판 데모 등을 연결시키려고 한 것이다. 즉 유럽에 체류하던 윤이상, 이응로 등의 지식인들이 가족 상봉 등의 이유로 동베를린 북한대사관과 접촉한 행위는 중앙정보부가 발표한 '동백림 사건'의 일부였고, 중앙정보부가 그린 큰 그림은 '북한–지식인–학생' 연계구도의 완성을 통해 국내 민주화운동과 학생운동을 '북한의 사주를 받은 행동'으로 탄압하려던 경향도 있었다(오제연, 2017: 134~143). 1970년대 각종 공안사건을 통해 널리 알려진 북한 연계 지식인과 대학생이라는 박정희 정권의 정치적 탄압 공식을 형성하는 데 '동백림 사건'이 결정적인 계기가 되었다고 볼 수 있다. 나아가 박정희 정권이 한반도의 남쪽에서 수행하던 반공주의에 기초한 '국민화 프로젝트'를 재외공간으로 확대하는 분수령이 되었다(임유경, 2014). 이것은 서독으로 이주한 한인 여성들이 '국민화 프로젝트'의 직접 대상이 되었다는 것을 의미했다.

17 동백림 사건의 최초 제보자인 임석진이 1967년 5월 17일 박정희 대통령을 찾아 직접 자수한 후 6월 5일 중앙정보부가 수사계획을 작성하고, 6월 7일 해외 관련자 연행 계획을 수립한 점에 근거하여 '동백림 사건'이 6·8 부정선거 무마를 위한 사전 조작 사건이라고 보기는 어렵다(국정원 과거사위원회, 2006).

3. 사회참여와 독일 통일의 경험

1) 반공주의를 넘어선 시민적 각성

남한사회가 1967년 '동백림 사건' 등을 겪으며 유신체제로 나아간 반면, 서독사회는 '68혁명'을 겪으며 전 사회영역에서 권위주의를 철폐하는 시민적 노력을 경주하였다. 3년 계약으로 서독에 온 여성들이 재계약과 장기체류를 선택하면서 1970년대 서베를린은 한인 여성들의 생활공간이 되어갔다. 그러나 멀리 떨어진 서독 생활도 남북한의 분단으로부터 자유롭지 못했다. 1966년 서베를린의 시립병원에 취업하였다가 1969년 베를린자유대학 의과대학에 입학한 이길선 씨는 1972년 처음으로 한국을 방문하였다가 안기부의 혹독한 조사를 받았다.

> 내가 6년 만에 나간다고, 그때 처음으로 나갔거든, 중앙정보부에 붙들려가지고 힘들었어 (…) 백[가방]을 빼가지고 수첩을 하나하나 점검하는 거예요. 독일 이름, 한국 이름 말하면서 예쁘게 생겼으니까 틀림없이 학생들이 와가지고 점심 사줄까 저녁 사줄까 했을 텐데 그런 사람 이름 적으라고, 계속해서 그러더라고 그러더니 갑자기 손이 이렇게 오고 막 치려고. 야구 방망이로 위협을 하는 거야 그러니까 난 여기서 살아서 갈 수 있나는 그런 공포감이 오더라고. (이길선 구술녹취록, 2015/ 30)

인터뷰에 의하면 이길선 씨가 중앙정보부 조사실에 불려가게 된 것은 서베를린에서 서독 하노버 지역의 병원에 근무하던 친언니를 만나러 간 것 때문이었다. 비행기를 타면 동독 지역을 거치지 않고 서독을 갈 수 있었으나, 비행기 값이 비싸서 기차를 타고 하노버를 왕복하는 동안 이길선 씨의 여권에 동독 검문소의 도장이 두 번이나 찍힌 것이었다. 여권 연장을 위해 본(Bonn) 주재 한국대사관에 여권을 제출하자 '시말서'를 쓰라고 했고, 사실대로 기재하였으나 소위 '동독'과 접촉한 사람으로 분류되어 중앙정보부의 조사를 받게 된 것이다(이길선 구술녹취록, 2015/ 29). 또 프랑크푸르트에서 서베를린으로 이주한 김인숙 씨는 자신이 살던 기숙사로 '북한 삐라들'이 배달되자 너무 겁이 나서 삐라를 봉투에 담아 본 주재 한국대사관으로 보내며 '선처'를 호소하기도 했다(김인숙 구술녹취록, 2017/ 8). 이처럼 1970년대 서베를린에 거주하던 한인 여성들은 남한과 북한 정권의 감시와 선전 대상이었다.

얼마 지나지 않은 1974년 이길선 씨가 살던 서베를린 자유대학 기숙사에서 간호여성과 유학생 등 10여 명의 한인 여성들이 공부 모임을 시작하면서 '베를린 서로돕는여성회'가 결성되었다(이길선 인터뷰, 2014 II/ 6). 한인 여성들이 주기적으로 만나 독일사회의 문화와 제도에 대한 정보도 교환하고 일상생활의 문제도 함께 고민하는 자조모임이었다. 이후 베를린뿐만 아니라 하이델베르크, 뮌헨 등 전체 15개 도시에서 한국 여성들의 모임이 자발적으로 결성되었다. 1976년 국제기름파동을 겪으며 서독의 외국인노동자 고용정책이 중단되자 1977년 4월 바이에른주의 한인 여성들을 시작으로 전국에서 강제송환에 반대하는 한인 여성들의 서명운동이 이어졌다. 이들은 1년 가까이 진행된 서명운동을 통해 자신들의 요구를 관철시켰고, 체류권을 쟁취하였다. 또 1977년 3월 서독의 관련자들과 한인 여성들의 공개토론회가 이루어졌던 뮌스터에서 각 지역에 흩어져 있는 여성모임들을 아우르는 단일 조직을 결성하기로 의견을 모았고, 1978년 9월 재독한국여성모임이 창립되었다.[18] 이후 여성들은 각 지역모임과 전국 조직을 통해 한국과 서독사회의 역사와 제도, 정치 상황에 대해서 토론하며 자신들의 권리를 자각하였을 뿐만

18 서독 한인 여성들의 강제송환 반대 서명운동과 재독한국여성모임의 결성에 대한 구체적인 경과와 의미에 대해서는 이 글의 제4장을 참고하라.

아니라 한국의 여성노동운동을 지원하고 연대하였다.

또 한인 여성들의 삶에서 중요한 의미를 갖는 것은 1980년 광주 학살을 직, 간접적으로 경험하며 시민의식을 형성하게 된 점이다. 1971년 독일 남성과 결혼한 김영옥 씨는 1980년 5월 22일 저녁, 독일 공영방송을 통해 광주 시민들이 학살되는 장면을 목격했다.[19]

> 저도 에… 그걸 보고 이제. 믿어지지 않죠. 정말 그걸 보고 믿어지지 않습디다. 군인들이 사람들을 질질 끌고 가면서 폭행하고 하는 거. 그날, 그 텔레비전을 봤던 사람들이 많은데 그렇게 해서 아마 베를린에서 여러 사람끼리 서로서로 전화를 해서 그 이튿날 어디서 만나서 우리가 플래카드도 쓰고 토론도 하던 기억이 납니다. (김영옥 공동인터뷰, 2015/ 33).

서독에 살던 한국 여성들은 전투용 총과 칼을 든 진압군들이 비무장의 광주 시민들에게 폭력을 가하는 장면을 자신의 '안방'에서 지켜본 것이다. 서독 방송에서 한국 군인들이 신군부의 쿠데타에 반대하던 광주 시민과 학생들의 데모를 강제로 진압하며 잔인한 폭력을 행사하는 과정을 사진과 동영상 등을 근거로 보도하였으므로 믿지 않을 수 없었다. 자료에 의하면 1980년 5월 28일부터 프랑크푸르트와 베를린 공과대학에서 한국인 학생들의 단식 투쟁이 시작되었고, 5월 30일과 6월 10일에는 서베를린 시내에서 광주 시민과 연대하는 한국교민들의 시위가 열렸다. 당시 한 여성은 교민 자료에 다음과 같

---

19 독일 제1 공영방송(ARD · NDR TV) 기자 위르겐 힌츠페터(Jürgen Hinzpeter)가 5월 20일 광주의 현장에서 촬영한 사진과 사건의 경과를 보도한 것이었다. 당시 도쿄 특파원으로 서울에 와 있던 힌츠페터 기자는 도쿄에 있던 독일 개신교 소속 폴 슈나이스 목사로부터 광주에서 '중요한 사건'이 발생했다는 소식을 듣고 광주로 갔다. 한국에서는 이 자료가 2003년 5월 18일 KBS1 '80년 5월, 푸른 눈의 목격자'라는 제목으로 처음 방영되었다(경향신문, 2005. 05. 15; 폴 슈나이스 목사 인터뷰, 2014).

은 글을 투고했다. "지금까지 저희들은 반정부적 활동, 즉 민주화운동은 불순분자들의 배후조종이라는 정부의 선전에 반신반의해왔고, 또 고향의 가족들에게 모종의 피해라도 없을까 하는 염려에서 마치 달팽이처럼 들어앉아, 가끔 비겁하다고 느끼기는 했지만 좋은 게 좋지 하는 무사안일을 추구하는 심정으로 몸을 사려왔습니다. 그러나 이제 모든 것이 명백하게 드러난 이상 더 이상 가리고 말고 할 것이 없다고 생각되어 저 자신 떨리는 마음으로 생전 처음 소위 반정부 데모에 뛰어 들고 말았습니다."[20] 시민들에 대한 폭력행위는 평범한 독일 교민들이 '무엇이라도 하지 않을 수 없도록' 양심을 자극했다. 독일 각 지역의 한국교민들은 베를린에서의 데모를 시작으로 대략 5~6개월에 걸쳐 지속적으로 항의 데모와 국제적인 호소를 위해 활동했다. 재독한국여성모임 회원이었던 최선숙, 이길선, 김영옥, 서미경 씨도 각종 시위에 참여하였다. 회원이 아니었던 안숙희 씨와 김인숙 씨는 광주항쟁을 계기로 재독한국여성모임을 비롯한 사회참여활동을 시작하게 되었다.

당시 구술자들이 광주 시민에 대한 진압군의 폭력에 항의하는 서독 교민들의 집회를 준비하던 중 이를 비난하거나 반대하는 한인들의 목소리도 적지 않았다. 누가 정권을 잡아서, 어떤 정치를 하든지 상관없이 국민의 의무는 오직 대한민국이라는 국가를 위해 '외화를 버는 일'이라고 주장하는 사람들도 있었다. 한국 정부에 대한 어떤 종류의 비판과 문제제기도 반국가 또는 매국이라고 바라보는 것이었다. 평소 여성들은 남으로부터 이런 소리를 들을 때 자신의 행동에 대해 주춤하게 되기도 했다. 그러나 광주에서 벌어진 군인들의 폭력행위가 부당하다는 자기확신으로 인해 더 이상 이런 비난에 흔들리지 않게 되었던 것이다. 강제송환 반대 서명운동 등 지속적인 사회활동을 하며 스스로 판단하려고 애썼던 노력과 광주 학살에 항의하는 실천의 과정

---

20 재유럽오월민중제 준비위원회, 2011. 독일에서 5.18과 함께 해 온 30년. 재유럽오월민중제 30년 기념 자료집, 4~7 & 16~17.

에서 반공주의의 틀을 벗어나게 된 것이다. 광주 학살에 대한 문제의식은 한국과 독일 교민사회에서 공통적으로 전쟁과 반공이념을 바탕으로 만들어졌던 각종 금기를 깨는 힘이었던 것이다. 이를 바탕으로 1980년대 서독 교민사회에는 다양한 시민운동단체들이 결성되었다.[21]

2) 분단을 넘어 금기의 땅으로

1980년대 말 소련에서 시작된 사회주의 개혁, 개방의 물결은 동유럽뿐만 아니라 전 세계적인 파장을 일으켰다. 무엇보다 동유럽 사회주의체제 내에서 깊은 사회적 변화가 진행되기 시작하였고 이것은 동서독 사이의 관계변화에 중대한 배경이 되었다. 한국사회에서도 1987년 6월 항쟁 이후 집권한 노태우 정권이 1988년 '7.7 특별선언'[22]과 1989년 9월 11일 '한민족공동체 통일방안'을 제안하는 등 평화적 공존 노선을 밝혔다. 이어서 시민사회단체에서도 1988년 8월 '한반도 평화와 통일을 위한 범민족대회 추진본부'를 발족시키고 1988년 9월 범민족대회를 개최할 것을 제안하는 등 평화적 통일을 위한 움직임이 활발해졌다. 이런 상황에서 1989년 3월 전국민족민주운동연합(이하 전민연) 상임고문이었던 문익환 목사 일행이 북한을 방문하였고, 6월에는 전국대학생대표자협의회(이하 전대협) 대표로 임수경 씨가 평양에서 열린 제13회 세계청년학생축제에 참가했다.[23]

---

21 서독에서 결성되었던 한인들의 단체를 체계적으로 정리한 자료로 다음을 참고하라. Yoo, 1996. 간호협회와 같은 초기 직업 중심의 조직, 종교조직, 관변단체, 반정부단체 등의 분류가 흥미롭다.

22 이를 통해 남북 간의 교류와 사회주의 국가들과의 관계개선을 추구한다는 정책을 표명했다. 특히 첫 번째 항에서 "해외동포들이 자유로이 남북을 왕래하도록 문호를 개방한다"고 선언했다.

23 비슷한 시기에 평민당 소속 서경원 의원이 1988년 8월 북한을 방문하였다는 사실을 공개하면서 평민당 안팎에서 14명이 구속되는 등 통일과 관련된 정치적 행위와 탄압이 이어졌다.

> 아, 독일의 분위기야 당연하게 이제 동서독이 터졌으니까 89년부터 이제 우리는 많이 이야기를// 우리가 여기서 굉장히 이렇게 어, 베를린에서 사는 게 굉장히. 장점이 있었던 게 우리는 **동독 텔레비를 다 볼 수 있었잖아요, 예를 들어서 뭐 임수경이가 북에 가서 평축 행사 하는 걸 우리가 동독 테레비를 통해서 다 봤어요. 그래 우리가 제일 먼저 봤을 거라고. 한국 사람들 못 볼 때 우리가 본 거죠. 어. 보고// 그러니까 그 당시에 독일 통일의 열기가 한국 통일하고도 굉장히 많이 이렇게 관련이 있는 것처럼 우리한테는 그렇게 와 닿았던 게 왜 독일이 통일이 되었는데 한국이 통일이 안 될 게 어딨어. 우리도 곧 될 거같이 그런 느낌을 받았어//** 인제 브란덴부르크 문 앞에 가서 코리아에서 온 사람들과 같이 가서 시위도 하고 그랬었잖아요.[24] (최선숙 구술녹취록, 2015/ 16)

위의 인터뷰에서 최선숙 씨는 1989년 11월 9일 동서베를린을 갈랐던 베를린 장벽이 붕괴되고 "동서독이 터졌던" 날 베를린의 역동적인 분위기를 전달하기에 앞서, 불과 두 달 전인 1989년 7월 한국의 "여학생 임수경" 씨가 베를린을 거쳐 북한을 방문했던 상황으로 돌아가고 있다.[25] 서베를린 시민으로서 당시 동독 언론을 통해 임수경 씨가 '금단의 땅'이었던 북한의 평양에서 열린 세계청년학생축전에 참가하여 8월 15일 판문점을 통해 귀국할 때까지 한 달이 넘게 북한 각 지역을 다니며 한반도의 통일과 평화에 대해서 말하고 행동했던 상황을 생생하게 지켜본 것이다.[26] 구술자는 인터뷰에서 북한 정

---

24 //의 표시는 소주제(독일통일-임수경 방북-한국의 통일-독일 통일)가 바뀌는 곳을 분석하여 표시하였다. 굵게 표시된 부분은 구술자가 목소리를 통해 강조한 부분이다.

25 임수경 씨가 방북을 위해 베를린에 잠깐 체류하는 동안 재유럽민족민주운동협의회(이하 유럽민협)가 연락 등 필요한 지원을 하였다. 이후 유럽민협은 반국가단체가 되었고, 관련자들은 오랫동안 한국을 방문하지 못하는 등 어려움을 겪었다(어수갑, 2004: 244~256).

26 임수경 씨는 1989년 7월 1~8일 열린 세계청년학생축전에 참여하여 북한학생위원회 김창룡과 함께 '남북청년학생 공동선언문'을 발표하고 백두산에서 출발하여 한라산까지 국토를 종단하는 '한

보에 대한 통제가 있는 "남한사람들이 못 볼 때" 사회주의 동독 언론이 빠르게 전달하는 당시 상황을 누구보다 먼저 시청하며 냉전체제의 급격한 변화에 함께 했던 서베를린 시민으로서의 자부심을 표명하고 있다. 이어서 구술자는 1989년 11월 9일 밤 동서 베를린의 보른홀머 다리(Bornholmer Brücke) 등을 비롯한 주요 경계를 넘어 동독 주민들이 서독지역으로 넘어오기 시작하는 과정을 경험하였고, 분단의 상징인 브란덴부르크문 앞에서 "코레아는 하나다"라는 현수막을 들고 사진을 찍기도 하였던 것이다. 그런데 동독 주민들과 이를 환영하는 서독 주민들 사이의 환호와 감격의 분위기 속에서 구술자도 대부분의 한인들과 마찬가지로 남과 북의 통일을 떠올렸던 것으로 보인다. 당시 북한을 방문한 뒤 서베를린에 머물던 황석영 씨는 이 상황을 다음과 같이 회고했다. "어쨌든 인간을 제한하던 것들이 사라지는 장면은 언제나 멋있다. 저쪽 골짜기에 꽃이 피면 이쪽 골짜기에도 눈이 녹을까. 그러나 동독은 북한이 아니고 서독은 남한이 아니었다(황석영, 2017a: 303)."

동서 베를린을 가르는 하펠강 위의 글리니커 다리(Glienicker Brücke)와 가까운 임마누엘병원에 입원 중이던 이수현 씨는 저녁식사 후 텔레비전 뉴스를 보던 중 9시 45분경, 동서독 장벽이 무너졌음을 알리는 소식을 들었다. 서로 얼싸안고 축제 분위기를 벌이던 병원 내 의사, 간호사, 환자들이 곧 병원 입구로 나가 동독 사람들을 환영할 준비를 하였다. 병원 측은 이미 수많은 동독 시민들이 글리니커 다리를 건너 서독으로 행진해오고 있다는 사실을 알고 음료수, 빵, 과자, 과일 및 어린아이들을 위한 기저귀와 우유, 또 취침시설과 샤워장 등 만반의 준비를 한 것이다. 그들은 밤을 새우면서 다시 만난 친구처럼 축제를 펼쳤다(이수현, 2017, 406~407). 함께 현장을 지켜보며 "야 대한민국이 남과 북이 통일이 되면 어떨까 하는, 굉장히 울먹울먹했던" 김인선

반도의 평화통일을 위한 국제평화대행진'에 참가했다. 8월 18일 천주교 정의구현사제단 문규현 신부와 함께 판문점을 통해 귀환하였다가 구금되었다.

〈1989년 서베를린 장벽 앞의 재독한국여성모임 회원들, 김순임 기증〉

씨는 자신들이 먼저 겪은 '통일의 경험'이 남과 북의 통일과정에 어떤 식으로든 도움이 되기를 희망했다(김인선·이수현 구술녹취록, 2018/ 1).

이처럼 남한의 사회단체 활동가와 학생들의 북한 방문, 그리고 독일 통일을 직접 겪으며 독일 교민사회에도 남북의 교류와 통일에 대한 관심이 크게 증가하였다. 간호사로 생활하던 서미경 씨는 1990년 5월쯤에 장벽이 사라진 동베를린으로 소풍을 가서 그릴 파티 등을 하며 동베를린 주재 북한사람들을 만나보게 되었고, 점차 '북한'에 대한 공포와 두려움이 많이 사라지게 되었다고 했다(오마이뉴스, 2019. 01. 22.). 장벽이 붕괴된 다음 해인 1990년 8월 15일 판문점에서 '범민족대회'가 개최되는 것에 호응하여 해외교민들 다수는 북한방문단을 결성하였고 독일에서도 방문단을 모집하였다. 그해 8월 한인 여성들을 포함하여 오십여 명이 조선 민항을 타고 모스크바를 거쳐 북한 순안공항으로 향했다. 당시 참가자들은 노태우 대통령이 1988년 7.7 선언에서 밝힌 '해외교민들의 자유로운 고국 방문'의 일환으로 독일주재 한국대사관에 방문허가서를 제출하고 '합법적'으로 북한을 방문하였다.

> 처음으로 평양 땅을 그때 밟았는데, 어쨌든 지금 제가 생각하면 이렇게 그 당시 통일 열기가 있었기 때문에 평양 땅을 밟고 거기에서 시민들이 군중들이 환영을 나왔을 때, 정말 그 한 사람 한 사람 부둥켜안고 눈물을 흘리면서 반가워했어요. 정말 사람들이 소박하고 순수하고 정말 다들 조국에 사람들이 이렇구나, 아무런 거침없이 그렇게 동족끼리 만날 수 있었다는 거 (…) 정말 그 기억은 **그때 감동은 지금도 잊을 수 없어요**. 그렇게 우리를 환영해주고, **여기서 듣는 북에 대한 정세나 정보들에 대해서는 아주 판이하게 다르고**, 정말 사람들이 소박하고 뭐랄까, 우리는 민족으로 우린 정말 함께 분단이 없이 함께 만나야 된다는 같이 만나고 같이 살고 그래야 된다는 신념에 통일, 그걸로 인해서 통일에 대한 열기가 더 강해지더라고요. (김영옥 구술녹취록, 2013 II/ 1~2)

당시 방문단의 일원으로 범민족대회에 참가했던 김영옥 씨는 인터뷰에서 당시의 감동을 생생히 기억하고 있었다. 북한을 방문했던 한인 여성들의 경험 중 공통적인 것은 '소박하고 순수한' 느낌을 주는 북한 주민들과의 만남이었다. "애 둘에 유모차 끌고" 북한을 다녀온 서미경 씨도 "그냥 그 사람들(북측 인사들)도 보통사람들이구나"라고 느끼게 되었다(앞의 글). 그동안 직접 가보지 못한 북한에 대해서 듣고 생각했던 것을 직접 체험을 통해 판단할 수 있었던 계기가 되었다는 점에서 당시 북한 방문은 이들의 삶에 중요한 의미를 갖는 것이었다. 동서독 사이의 장벽이 사라진 통일 베를린 시민이었던 한인 여성들은 누구보다 먼저 '분단의 해체'를 경험하였다. 장벽 너머의 동독 시민들과 이웃으로 함께 살게 되면서 한반도 북쪽의 사람들도 이웃이 될 수 있는 가능성을 그리게 되었던 것이다. 이것은 한국전쟁 후 40년 동안 '금지된 땅'

이었던 북한 방문을 실행하는 배경이기도 했다. 독일의 '분단 이후'를 경험해 본 한인 여성들이 한반도의 분단을 넘어가기 위한 암묵적인 시도였을 것이다. 이를 통해 한반도의 '분단장치'는 균열과 해체를 거치며 재구성되고 있었다.

4. 간첩에서 프락치의 시대로

1) 1994년 백흥용 씨의 베를린 양심선언

1990년 8월 독일 교민들이 범민족대회에 다녀온 직후인 11월 20일 남, 북한과 해외의 정당, 사회단체 등이 베를린에서 조국통일범민족연합(이하 범민련)을 결성하였다. 동서 베를린 사이에 장벽이 없어지면서 베를린은 남한의 외교 및 정보기관뿐만 아니라 북한 이익대표부가 공식적인 외교활동을 하던 곳이었으므로 남북한 대표와 해외교민들이 자유롭게 모임을 할 수 있었다. 다음 해인 1991년 8월 박성희, 성용승 씨가 전대협 대표로 북한에서 열린 제1차 남북 해외청년학생 통일대축전에 참가한 후 판문점 귀환이 막히자 베를린으로 와서 통일운동을 하게 되었다. 범민련 유럽지부가 있던 베를린에 방북 작가 황석영 씨와 전대협 대표가 머물게 되면서 베를린은 남한과 북한의 통일운동을 연결하는 '핵심적인 공간'이 된 셈이었다.

이처럼 남북한과 해외동포들의 통일운동에 관한 활동들이 활발하던 1994년 백흥용(가명 배인오)이라는 안기부 직원이[27] 베를린의 조국통일범민족청

27 1961년 창설된 중앙정보부가 1980년 국가안전기획부(이하 안기부)로 개칭했다. 1999년 현재의 국가정보원이 되었다.

년학생연합[28] 사무실로 찾아왔다. 자료에 의하면 백흥용 씨는 1990년 초 노동문화운동에 관심을 갖고 영화운동을 시작했다가 1991년 남누리영상을 공동 창단하고 배인오라는 이름으로 '이름 없는 영웅들'이라는 16미리 영화를 제작하였다. 1992년 5월 재미한청과 영화상영 문제를 의논하기 위해 미국을 방문 후 6월 초 귀국했는데, 그 후 시작된 안기부의 '영화 관련 조사' 과정에서 안기부 정보원으로 일하도록 회유, 협박을 당했다. 자신과 가족에 대한 강한 협박과 양심의 가책 속에서 고민하다가 결국 안기부 정보원 활동을 받아들인 백흥용 씨는 안기부 지시에 따라 일본의 조총련 및 한통련 간부 등을 접촉하며 정보를 수집, 보고하고, 1993년 '김삼석, 김은주 남매의 간첩행적을 조작하는 활동'에 가담하였다(민주사회를 위한 변호사 모임·한국기독교교회협의회, 1994. 11. 09. 보도자료 & 주간전국연합, 1994, 28).[29] 이 사건에 대한 사회적인 논란이 제기되자 안기부는 백흥용 씨를 잠깐 숨어 지내도록 했다가 해외로 파견한 것이었다.

백흥용 씨는 1994년 9월 1일 김포공항을 출발하여 베를린에 도착한 뒤 범청학련 사무실로 전화해 방문의사를 밝혔다. 그리고 덴마크, 노르웨이 그리고 체코, 헝가리 등의 동유럽 국가를 여행하였다. 10월 19일 범청학련 대표인 박성희, 김정수 씨의 집에 한국에서 비밀리에 안기부 직원들의 대화를 녹화한 비디오테이프가 들어 있는 자신의 가방을 맡긴 후, 10월 20일 다시 사무실을 방문하였다. 그의 행동을 수상하게 생각한 범청학련 회원들이 가방 속에서 비디오테이프를 발견하고 녹화된 안기부 직원들의 대화를 근거로 구

---

28 1992년 8월 15일 서울대에서 열린 제3차 범민족대회에서 결성된 남북 및 해외 청년들의 통일운동 단체인 조국통일범민족청년학생연합(이하 범청학련)의 약칭이다.

29 1993년 9월 24일 안기부가 발표한 '김삼석·김은주 남매간첩단 사건(이하 남매간첩 사건)'을 말한다. 이 사건은 1994년 7월 7일 고등법원에서 유죄 판결을 받았고, 1994년 10월 25일 대법원이 피고인들의 상고를 기각하여 최종 확정되었다. 그로부터 며칠 뒤인 10월 31일 백흥용 씨가 '남매간첩 사건을 조작했다'는 양심선언을 했다.

체적인 사실을 추궁하자 그는 자신의 프락치 활동을 고백하고 양심선언 의사를 밝혔다(민주사회를 위한 변호사 모임·한국기독교교회협의회, 1994. 11. 09 a, 백흥용 진술서). 이 자리에 함께 있던 범청학련 관계자들과 최선숙 씨를 비롯한 교민단체 회원들은 크게 놀라 이 사실을 즉시 재독양심수후원회(이하 후원회)에 알리며 도움을 요청하였다.[30] 당시 상황에 대한 최선숙 씨의 기억은 다음과 같다.

> 영화 만든 친구잖아, 이 프락치를 하면서 안기부 사람과 같이 다니면서 몰래 카메라를 안막핸[anmachen: 작동] 한 거야, 그거를 가지고 독일에 온 거야, 박성희하고 김정수 (…) 그 집에 찾아와서 야[얘]가 카메라 테이프를 뜯은 거를 야[얘]들 집에 두고 간 거에요, 그래서 난리가 난 거에요 그때부터 그때 독일의 이○○ 씨가 하는 [재독]양심수 후원회에 연락하고 우리가 모여서 가만있으면 안 되겠다, 그 후에 [녹색당 등에] 연락을 해서 야[얘]가 양심선언을 했지. (최선숙 구술녹취록, 2018/ 6)

위의 구술에서 최선숙 씨는 '백흥용 씨를 기억하느냐'는 질문에 20여 년이 지난 당시의 상황을 단숨에 토하듯이 전달하고 있다. 범민련 임원이자 후원회의 일원이기도 했던 구술자는 그 이전에 북한을 거쳐 베를린으로 왔던 박성희, 김정수 그리고 황석영 씨의 난민인정 및 체류권 관련 일들을 지원하고 있던 중 백흥용 씨의 베를린 방문을 알게 된 것이다. 10월 22일 연락을 받은 후원회장이 베를린으로 와서 후원회가 이 일을 담당하기로 결정하고 여러 번의 회의를 거쳐 공개적인 양심선언을 준비하기로 하였다. 한국에서 크

30 1989년 한국에서 창립한 양심수후원회의 인권보호 활동에 동의하여 1990년 독일에서 자발적으로 조직되었다. 약 20~30여 명의 한인 회원들이 1990년대 말까지 활동하다가 자진 해산하였다(재독양심수후원회 자료).

게 보도되었던 '남매간첩 사건'을 직접 조작한 당사자의 양심고백과 안기부의 프락치 활동을 증명할 비디오테이프를 공개함으로써 사회운동에 대한 한국 정부와 안기부의 탄압을 밝히기 위한 것이었다(최선숙 구술녹취록, 2018/ 8). 후원회 자료에 의하면 10월 23일 엠네스티 인터내셔널(이하AI) 망명담당자에게 백 씨의 양심선언 취지와 신변보호, 거취문제 등과 관련된 협조를 요청하는 한편 10월 25일에는 독일 녹색당 시의원들과 기자회견에 대해서 논의하였다. 또 10월 31일 11시 양심선언 기자회견 전까지 후원회는 백씨가 작성한 진술문,[31] 백씨가 소지하고 있던 비디오 자료의 녹취록을 독일어로 번역한 자료,[32] 한국의 인권상황과 양심수에 대한 자료들을 준비하여 독일 기자들과 언론기관에 발송하였다. 동시에 국내의 민가협과 KNCC에 백흥용 씨의 진술서를 발송하여 보도하도록 하였다.[33] 이에 따라 '안기부 프락치 사건'이 독일과 한국에서 동시에 보도되었다.

1994년 10월 31일 독일 베를린 동맹90/녹색당 기자회견실에서 백흥용(가명 배인오) 씨의 양심선언이 이루어졌다. 그는 남한의 정보조직인 '안기부'를 위해 비밀리에 일해왔으며 베를린의 남한 학생그룹을 탐지하라는 지령을 받았으나, 비밀정보부 활동이 양심과 일치될 수 없기 때문에 양심선언을 하게 되었다고 밝혔다. 이런 사실에 근거하여 동맹90/녹색당 연합은 독일이 남

---

31 「안기부의 간첩조작을 폭로한 백흥용 씨 양심선언 경위 진술」이라는 제목으로 실려 있다(주간전국연합통신 28, 1994. 11. 07). 백흥용 씨가 직접 자신의 안기부 활동 내용과 양심선언까지의 과정을 기술하였다.

32 이 자료는 「안기부의 프락치 공작에 대한 증거 자료(비디오테이프 녹취록)」라는 제목으로 작성되었다. 이에 의하면 녹화는 백흥용이 '남매간첩단 사건' 직후 프락치로 의심받게 되자 1993년 10월 30일경 안기부 직원들이 자신을 낚시터로 피신시키기 위해 동승시킨 차량 안에서 비밀리에 이루어졌다. 자신이 살해될 경우 '남매간첩단 사건'과 관련된 내용이 담긴 비디오테이프라도 남기기 위해서 녹화했다고 한다.

33 다른 자료에 의하면 1994년 10월 31일 베를린에서 한국대학총학생회연합(이하 한총련) 사무실로 백흥용 씨의 기자회견문이 팩스로 전송되었으며, 이 자료가 전국연합과 민변 등 재야단체로 전달되었다(주간전국연합통신 28, 1994. 11. 07, 10). 한총련은 전대협을 계승하여 1993년 조직되었다.

한 정부에 대해 정치적 탄압을 중지하도록 압력을 행사할 것을 요구하였다(Bündnis90/Grüne, 1994. 11. 01). 또한 독일 매체들은 백흥용 씨가 안기부의 지시로 남한정권에 비판적인 김삼석, 김은주 남매가 북한의 간첩활동을 했다고 '조작된 증거'를 만들었던 사실을 전하며, 과거 1967년에 발생했던 동백림 사건을 비롯하여 남한의 정보부가 지속적으로 조직의 안정을 위해 '조작간첩 사건'을 이용하고 있다고 비판했다(Neues Deutschland, 1994. 11. 01). 다른 보도는 그동안 그가 공포 속에서 죄책감을 가지고 살았으며, 베를린에서도 공포를 가지고 살아갈 것이 틀림없다고 전하며 '안기부'의 피해자인 그의 망명신청을 지지하는 입장을 표명했다(Frankfurt Rundschau, 1994. 11. 03). 또 다른 신문에서는 독일 전역에 사는 5만 여 명의 한국인들 중 약 2천 명이 살고 있는 베를린이 안기부의 주요한 표적 중 하나임을 지적했다(Tageszeitung, 1994. 11. 04).

한국 언론에서는 백흥용 씨가 안기부로부터 진달래라는 암호명과 고유번호 7353을 지정받고 "한총련 등 국내 운동단체와 일본 한통련 등이 연결돼 있는 증거를 만들라"는 등의 지시를 받고 6차례 일본을 방문해 조총련계 인사들과 접촉하는 등 공작을 벌여왔으며, 베를린 범청학련 공동사무국에 가서 프락치 활동을 계속하라는 지시를 받고 독일로 출국했다가 양심의 가책을 느껴 10월 20일 범청학련 쪽에 양심선언을 했다고 전했다(한겨레신문, 1994. 11. 01). 10월 31일의 기자회견 내용은 앞에서 언급한 독일 일간지 외에 베를린 공영방송 SFDB의 라디오에서도 인터뷰 형식으로 방송되었다. 그러나 독일주재 한국 언론사 특파원들은 아무도 참석하지 않았다(재독양심수후원회, 1995. 03. 28). 당시 후원회원이던 서미경 씨는 쾰른에 거주하던 회장을 대신하여 백흥용 씨 후원활동을 전담하면서 자세한 활동 내용을 경과보고서로 기록하였다. 위의 구술에서 언급되는 '우리들'이었던 최선숙, 김영옥, 안숙희 씨도 후원회원으로서 독일 사회단체와의 연락, 자료정리, 기금모금

뿐만 아니라 백 씨의 망명신청, 일상생활을 위해 필요한 활동을 지원하였다. 1970년대부터 축적되어온 교민들의 사회운동 경험과 조직적 기반이 독일과 한국을 가로지르며 긴밀히 소통할 수 있는 기반이 되었다.

백 씨의 양심선언 소식이 한국에 알려지자 '김삼석·김은주 남매간첩단 사건'의 변호를 맡고 있던 이기욱 변호사와 전국연합 대외협력부장인 이덕우 변호사가 민변을 대표하여 백흥용 씨의 양심선언 진상조사를 위해 베를린으로 왔다. 후원회원들은 백흥용의 프락치 활동을 한국사회에 정확히 알리는 것이 중요하다고 판단하고 11월 3일~6일 사이 두 변호사들이 백흥용 씨의 진술을 비디오로 기록하고 백 씨가 녹화한 내용을 확인하는 작업을 적극 지원하였다. 이를 바탕으로 한국에서는 1994년 11월 9일 '안기부 간첩 공작수사 진상발표 기자회견'이 열렸으며, 정리된 보도자료가 발표되었다.[34] 특히 조사보고서에서는 1993년 9월 김삼석 씨의 안기부 연행으로부터 1994년 10월 25일 이 사건에 대한 대법원 판결(유죄)까지 '김삼석, 김은주 남매 조작간첩 사건'의 개요를 정리하였다. 이어서 백흥용 씨의 안기부 활동내용 및 양심선언의 배경을 정리한 후, 문민정부하에서 안기부가 백흥용 씨의 '프락치 공작활동'을 통해 김 씨 남매 사건을 조작하였음을 밝히고 있다.[35] 언론과 재야단체의 진상조사 요구를 받고 1995년 1월 10일 국회 정보위에 출석한 권영해 안기부장은 백흥용 씨가 안기부 공작원임을 인정하였으나, 그의 양심선언 내용은 전면 부인하였다(한겨레신문, 1995. 01. 27). 이후 백흥용 안기부 프락치 사건은 한국 언론에서 점차 사라졌다.

---

34 이 보도 자료는 백흥용 씨의 자필 서명이 들어간 진술서, 백흥용(배인오)씨 양심선언 조사 보고서 및 성명서로 구성되었다(민주사회를 위한 변호사 모임·한국기독교교회협의회, 1994. 11. 09).

35 이 자료의 내용은 주요 매체 중 유일하게 한겨레신문(1994. 11. 10)과 한겨레21(1994. 11. 17)에서 자세히 보도되었다. 또 말지는 특집 〈당신도 문민시대 안기부의 프락치가 될 수 있다〉를 통해 자세한 분석 기사를 실었다(월간 말, 1994. 12, 통권 102).

2) 누가 누구의 프락치인가?

백흥용 씨의 양심선언에 대해 베를린의 범청학련공동사무국(이하 공동사무국)은 문민정부가 조작된 공안사건에 대해 철저한 진상을 규명하도록 요구하는 입장문을 발표했다(재독양심수후원회, 1994c). 그런데 백흥용 씨와 베를린에서 함께 생활하며 그의 일상을 지켜본 교민단체 회원들과 한인 여성들은 공식적인 발표와는 다른 당혹스러운 경험을 하였다. 한국 언론매체와의 인터뷰나 기고문에서 백흥용 씨는 독일로 오는 비행기 안에서 범청학련에 가지 않을 것이라고 생각했고, 9월 1일 독일에 도착하여 10월 19일까지 유럽을 여행하는 동안 양심선언을 결심했다고 밝혔으나, 실제 베를린에서 그가 한 말과 행동은 여러 가지 점에서 차이가 있었던 것이다. 공개기자회견을 통해 양심선언을 하도록 지원했던 한인 여성들은 만일 1994년 10월 19일 박성희 씨 집에 맡긴 비디오테이프가 발각되지 않았더라면 백 씨가 양심선언을 하지 않았을지도 모른다는 생각을 했다. 특히 한 달이 넘게 유럽에서 여행을 했다고 하는 동안 그가 무엇을 했는지에 대한 의문도 컸다(재독양심수후원회, 1994. 11. 19 & 21, 팩스1&2). 11월 20일 백흥용 씨는 후원회의 도움으로 작은 아파트를 얻어 한국에서 베를린으로 온 약혼자와 함께 살게 되었는데, 한국에서 그의 양심선언이 대대적으로 보도된 상황에서 약혼자가 어려움 없이 베를린의 백흥용 씨를 찾아온 사실이 놀랍기도 했다. 후원회는 "현재 새로운 각도에서 진행되는 이야기들은 별도로 두더라도" 백 씨의 망명신청을 지원하기로 하였다(재독양심수후원회, 1994. 11. 19, 팩스1). 그러나 상황은 간단하지 않았다. 처음 백 씨가 양심의 가책으로 괴로워하며 양심선언을 결심했다고 하던 기간에 안기부에서 받은 돈으로 한국에서부터 동행한 여자친구와 함께 유럽 여행을 하고 있었다는 사실이 의도하지 않게 밝혀진 것이다. 또 그가 한국 언론 기고문에서 '남매간첩 조작사건에 대해 증언하기 위해 한국 귀국을 보장하라'고 한 것과 달리, 함께 난민신청 등을 의논하던 과정에서는 자신이 귀국할 경우 결국 투옥되고 안기부에 의해 죄가 조작될 것이라고 우려하며 귀국 반대 의사를 밝혔다.[36]

당시 후원회는 한국의 김선명 씨를 비롯한 수십 명의 비전향장기수와 국가보안법 위반으로 인해 구속된 사회운동가들을 지원하고 있었다. 남과 북의 분단을 이유로 양심과 사상의 자유를 침해하는 독재정권과 안기부 등 정보기관의 활동을 비판하며, 최소한의 인간적 권리를 보장하기 위한 활동이었다. 백흥용 씨의 경우 어려운 환경에서 성장하여 사회비판적인 영화작업을 했으나 이를 악용한 안기부의 협박으로 인해 프락치 활동을 하게 된 점에 비추어 인권을 침해당한 '피해자'로 인정한 것이다. 나아가 양심선언을 통해 안기부의 비인간적인 '간첩 공작활동'과 자신이 관여한 '남매간첩 조작사건'의 구체적인 과정을 고발하는 등 한국사회에서 처음으로 '안기부 프락치'의 실체를 드러냈다는 점에서 그를 지원하고자 하였다. 즉 지난 10월 31일의 양심선언을 통해 그가 '프락치'에서 '인권침해의 피해자'가 되었다고 이해한 것이다. 그러나 위의 자료에서 확인되는 것처럼 그가 사소하지 않은 사실들에 대해 암묵적 혹은 적극적인 은폐를 했다는 사실이 알려지면서 '공작정치의 피해자'라는 그에 대한 판단이 흔들리게 된 것이다. 적지 않은 말과 태도가 '피해자다운 행동'에서 벗어나면서 '프락치'에서 '인권 피해자'로 전환한 그의 정체성에 대한 불신이 커진 것이다. 결국 '그가 누구의 편인가'라는 물음이 해소되지 않은 채 남아 있었던 것이다. 이런 상황에서도 후원회원들은 11월 22일 망명신청과 12월 1일 망명심사를 위한 청문회가 진행되는 동안 법률지원과 생계를 위한 모금을 진행하는 동시에 변호사, 경찰, 검찰 등의 조사에

36 백흥용 씨가 손으로 써서 1995년 1월 12일 한겨레신문 국민기자석에 보낸 글에서는 "하루 빨리 귀국하기를 원한다"고 했다(재독양심수후원회, 1995. 01. 12. 김삼석 김은주 남매 간첩조작 증언할 수 있게 안전 귀국 보장해야).

동행하여 통역과 조언을 하였다. 다음 해 3월 후원회는 그동안의 활동을 정리하면서 백 씨의 양심선언이 남한사회에서 간첩조작 공작사건의 실체를 드러낸 최초의 일로 평가함과 동시에 그가 "가해자이자 동시에 분단이 키운 현 체제의 피해자"로 심한 공포와 불안에 시달리고 있음을 강조하였다. 따라서 그가 "운동권의 입장에서 보면 정말 미운사람"일 수도 있지만 망명이 가능하도록 배려하여 스스로 떳떳한 출발을 하도록 지원하는 것이 과제라고 밝혔다(재독양심수후원회, 1995. 03. 28).

1995년 4월 초 백흥용 씨의 독일 망명신청이 각하되자 재심청구를 준비하게 되었다. 그런데 재심청구 준비과정에서 다시 후원회가 백흥용 씨의 정체성에 대해서 의문을 갖게 되는 일들이 생겼다. 엠네스티 독일지부의 지원요청, 변호사 선임, 변호사 비용 조달, 생계활동 물색 등으로 동분서주하던 서미경 씨는 극심한 갈등을 경험하였고, 이것은 함께 활동하던 후원회원 및 관련된 교민단체들 모두의 문제이기도 했다.

> 집에 와서 생각하니 그 친구 말을 너무 액면 그대로 받아들인 건지 황당하기도 하고 어쩌면 조롱당한 느낌에 기분이 상당히 우울하더군요. 그러면서 새롭게 제기되는 의문은 그 친구가 왜 양심선언을 했을까 하는 것입니다 (…) 이제 와서야 자기 소유의 아파트에 대한 처분관계를 이야기하는 점, 그리고 안기부에 들어간 지 1년 후 정식요원으로 승격된 점 등이 우연히 [독일]경찰의 조사에 의해 내가 알게 된 점 (…) 흥용이의 돌발적인 행위에 대처할 자신이 없어지는군요. 한국에 가려는 것을 만류하지 말고 우리의 인도주의도 이만큼에서 해결을 봐야겠다는 생각이 드네요, 우리가 아무런 대안을 제시해 줄 수 없고.
>
> (재독양심수후원회, 1995. 04. 06~04. 10, 팩스3,)

1차 망명신청이 기각되자 백흥용 씨는 독일 망명 가능성에 대해서 회의적인 생각을 피력하며, 한국에 있는 자기 소유의 집을 처분하여 약혼자의 가족을 돕기 위해 귀국을 고려하는 중이라고 밝힌 것이다. 또 서미경 씨가 독일 경찰의 조사과정에 배석하여 통역을 하던 중 그가 안기부 정식요원으로 승진했다는 사실을 알게 되면서 경제적으로 어려웠던 그가 '남매간첩 조작사건'에 대한 포상으로 집을 마련한 것일지도 모른다고 추정하게 된 것이다. 그렇다면 백흥용 씨가 당시 남한으로의 귀국을 고려한다는 것은 어떤 의미였을까? 막강한 권력을 가진 안기부의 감시가 전국을 장악하고 있는 남한으로 돌아간다는 것은 결국 안기부와 어떤 식으로든 타협을 하겠다는 뜻이 아니었을까? 양심선언과 망명신청 등의 과정에서 가장 중요한 것은 개인의 양심과 스스로의 결정이다. 후원회는 개인의 결정을 지원할 뿐, 어떤 상황에서도 선택을 강요할 수 없다. 따라서 매 상황에 따라 극단적으로 바뀌는 백흥용 씨의 태도를 지켜보던 후원회는 무력감을 느끼게 된 것이다. 이런 상황에서 서미경 씨는 후원회가 백 씨의 '돌발적 행위'에 대처할 능력이 없으므로 인도적 차원의 지원활동을 중단할 것을 제안하고 있다. 인상적인 점은 후원회가 백 씨의 태도를 흑백 논리로 판단하지 않고 '대처능력의 한계'를 근거로 지원활동의 중단을 고려하고 있는 점이다. 다른 한편 백흥용 씨의 입장에서 지난 경험을 돌아보면 스스로 안기부를 비판하는 양심선언을 했다가 다시 경제적인 문제를 해결하기 위해 안기부의 권력이 장악하고 있는 한국으로의 귀국을 고려하는 등 상당히 대립적인 생각 사이를 오가게 된 것은 익숙한 방식이었을 것이다. 이미 자신이 대응하기 힘든 압력 속에서 '프락치 활동'을 수용하거나, 베를린에서 녹음테이프를 근거로 범청학련 대표들이 추궁하자 프락치임을 밝히는 등 소위 흑/백, 우리/적, 진보/보수, 좌/우 등의 경계를 오가는 경험을 하며 스스로의 생존을 지켜왔다고 할 수 있다.

같은 시기인 1995년 6월 백흥용 씨는 후원회와 변호사를 통해 자신에 대한 안기부의 위협적인 감시활동을 고발하였다. 독일 경찰에 제출한 그의 진술서에 의하면 1995년 3월 3일부터 5월 30일 사이에 수시로 안기부원으로 보이는 30~50대 한국 남성들이 자신을 미행하거나, 산책하는 백 씨에게 다가와 경제적 지원을 보장하며 망명취소와 귀국을 종용하였다. 억지로 백 씨의 주머니에 현금 봉투를 넣으려다 실랑이를 했다. 또 한국영사관 전화번호를 주며 '생각이 바뀌면 언제든' '○○ 영사'에게 연락할 것을 전했다. 심하게 위협을 느낀 백 씨는 집 앞에서 자신을 감시하는 남자들과 주차된 벤츠 승용차를 몰래 촬영하여 증거로 제시하였다. 결국 '생명의 위협'까지 느낀 백 씨는 여자친구와 함께 5월 27일 임시 거처를 구해 이사했다. 그러나 이사 직후인 6월 초 누군가가 빈집의 문을 부수고 들어왔으며, 그 과정에서 한국 언론사에 투고할 원고와 신분증이 없어지는 일이 발생하기도 했다(재독양심수후원회, 1995. 06. 08). 백 씨가 이 사실을 독일 당국에 공식적으로 알리고 조사와 보호를 요청하는 동안 후원회는 적극적인 지원을 계속했다.

그러나 후원회의 자료에 의하면 1995년 말 백흥용 씨와의 실질적인 관계가 중단되었다. 1996년 후원회는 담당 변호사에게 인적, 재정적 한계로 인해 1996년 2월 말을 끝으로 백흥용의 공식적인 후원을 종료한다는 편지를 발송하였다(재독양심수후원회, 1996. 03. 02). 몇 달 뒤인 1996년 10월 21일 독일 연방정부 소속 난민청이 변호사에게 백흥용 씨가 난민신청을 취소하고 본국으로 돌아가고 싶다고 한 요청을 받아들여 난민심사 절차를 종료한다는 통지를 전달했다(재독양심수후원회, 1996. 10. 24). 이 시기 백흥용 씨는 다양한 경로를 통해 망명지를 물색하였던 것으로 보인다. 베를린 주재 한국 "영사관과 귀국 문제로 접촉"하기도 했으나, 중국 등의 제3국으로 갈 수 있는 방법을 알려달라고 후원회에 부탁하기도 했다. 11월 말 백 씨는 국제인권위원회(AI)에 자신은 월북할 예정이라는 편지를 보냈다. 그리고 12월 중순 후원회는 한국 언론을 통해 북한의 노동신문이 발표한 그의 월북 사실을 들었다(재독양심수

후원회, 1996. 12. 27).[37]

3) '백흥용 프락치 양심선언'과 독일 교민사회

최근 인터뷰에서 서미경 씨는 백흥용 씨를 측은하게 '물가에 버려진 아이'로 기억했다.

> 하여간 무슨 말을 믿어야 될지 모를 그런 친구였다고. 그런데 이 친구를 한 1-2년 돌봤나 (…) **그래도 이렇게 보면 또 측은하고 도저히 (2) 복잡해지는 거지.** 그렇게 하고 이 친구는 아니 거기서도 이 친구가 신빙성도 없고 이 말했다가 저 말했다가 그래서 우리도 이제 다 끊었어요(…) 범청학련 친구들이 있을 때, 그런데 얘들은 그 일이 생기니까 딱 손을 떼버리더라고, 그러니까 관계가 빌어지더라고 우리하고, **우리는 어떻게 물가에 애를 내버려두고 할 수가 있느냐 정말 인도주의적 관점에서 [후원했고], 지금까지도 미운 생각은 안 들더라고, 정말 안 됐어요.** (서미경 구술녹취록, 2018/ 2~3)

위의 구술에는 안기부의 프락치 활동을 했던 백흥용 씨를 안기부 공작정치의 '피해자'로 판단하고 그의 독일 난민신청 과정을 지원하였던 서미경 씨가 느꼈던 곤혹스러움이 드러나 있다. 주목할 점은 한편으로 안기부의 감시와 협박을 받는 '측은한 친구'이지만 다른 한편 반복해서 신뢰할 수 없는 말을 하며 자신을 변호하는 '믿을 수 없는 친구'였던 백흥용 씨를 지켜본 후원회의 기본적인 입장을 '인도주의적 관점'으로 정리하고 있는 것이다. 비록 자신들에게 신뢰할 수 없는 말과 행동을 보이기도 했지만, 독일에서조차 안기

37 그로부터 몇 년 후 백흥용 씨가 북한을 탈출하여 동남아시아에 불법체류 중이라는 보도가 있었다(MBC, 2005. 06. 05. 이제는 말할 수 있다).

부의 감시와 회유를 받으며 불안과 공포를 느꼈던 백흥용 씨를 옆에서 지켜 보았고, 결국 안기부의 공포로부터 벗어나기 위해 '북한행'이라는 극단적인 선택을 한 백흥용 씨의 삶의 행로 자체가 남북한의 분단 때문이라는 사실을 잘 알고 있었기 때문이다. 백흥용 씨가 어떤 과정을 통해 북한으로 입국했는지 알 수는 없으나 당시 그가 처했던 상황을 타개할 수 있는 '대안'으로 북한행을 선택했다는 점에서 결국 백흥용 씨의 '남한 프락치 활동', 그 이후 독일에서의 양심선언' 및 북한과의 접촉 등으로 이어지는 주요 행적은 남한 안기부의 공작활동을 넘어 한반도 분단장치의 실현 결과이자 분단사회의 개인이 직면했던 치열한 정치적 주체화의 과정을 짐작하게 한다.

백흥용 씨가 베를린으로 왔던 1994년 당시 독일 교민사회는 1990년 결성된 범민련 중심의 통일운동 과정에서 극심한 갈등과 분열을 겪고 있었다. 범민련 결성과 함께 1980년대 말부터 활동하던 교민조직들이 해체되거나 범민련으로 사실상 '흡수'되는 결과를 낳았는데 이 과정에서 소위 '사상 검열'이라는 명분으로 개인을 공격하고 배제하는 일들이 비일비재하였다. 흥미로운 점은 범민련에 반대하거나 활동방식에 대해서 비판적인 의견을 제시하는 개인들에게 안기부 혹은 미국의 '프락치'라는 의혹을 제기하며 조직에서 배제시키거나, 사실상 관계가 고립되도록 하는 일이 많았다는 점이다(최선숙 구술 인터뷰, 2018). 수십 년 동안 함께 활동해온 주변 사람들이 '안기부의 프락치'로 의심받고, 서로가 서로를 공격하는 날선 말들로 인해 조직을 떠나는 사람들도 생기게 되었다. 이런 와중에 백흥용 씨가 안기부의 지시를 받고 공동사무국에 나타났던 것이다.

그의 양심선언은 그동안 교민사회에서 말로만 회자되던 '안기부 프락치 활동'을 실증하는 것으로, 한국의 사회운동 조직뿐만 아니라 머나 먼 독일 교민사회까지 프락치 활동의 대상이 되었다는 점에서 충격적인 사건이었다. 뿐만 아니라 양심선언과 함께 공개된 비디오테이프는 한국에서 발생한 '남매

간첩 사건'이 안기부의 기획에 따라 조작되었다는 사실을 보여주는 물증으로서, 대한민국 정보기관이 막강한 조직력과 정보 등을 동원하여 자국의 시민사회 활동가들을 '간첩으로 조작'하여 '내부의 적'을 만들어내는 공작을 하고 있다는 사실을 보여주는 것이었다.[38] 그렇다면 과연 누가 누구의 프락치이며, 누구를 신뢰하고 누구를 의심해야 하는가라는 질문이 절실하게 제기되었던 것이다. 이런 상황을 직접 경험했던 김영옥 씨와 최선숙 씨는 "북한 문제만 끼면 이상하게 광기가 생겼다"고 당시를 회상했다(김영옥·최선숙 공동 인터뷰 녹취록, 2015). 누구도 믿을 수 없는 팽배한 불신과 상호공격 속에서 범민련 유럽본부를 비롯한 재독 한인 사회운동 조직들은 사실상 내부에서 분열하고 조직적으로 약화되어갔다. 이런 와중에도 후원회를 중심으로 한 한인 여성들과 진보적인 교민단체 회원들은 독일의 언론 및 녹색당을 비롯한 정치조직, AI와 같은 국제인권단체들과 연대하여 백흥용 씨의 양심선언을 준비하고, 한국의 언론 및 사회운동단체들을 지원하여 국정원의 공작정치가 드러날 수 있는 중요한 계기를 마련하였다. 1960년대 중반 서독으로 취업하여 '동백림 사건'의 간접적인 피해자가 되기도 했던 여성들이 30여 년의 생애 경험을 바탕으로 1994년 '안기부 프락치 양심선언'을 조직하는 주체가 된 것이다.

4) 탈냉전 시대의 분단과 프락치 사건

지금까지 살펴본 베를린 한인 여성들의 분단 경험의 특징과 의미를 정리

---

38 1990년대 중반 베를린의 범민련 유럽본부에서 활동했던 '최창동'의 프락치 활동 결과 1999년 1월 베를린 주재 북한대사관의 서기관 김경필이 황급히 미국으로 망명하는 사건이 있었다(송두율, 2017: 162~165). 이에 의하면 당시 안기부는 독일 교민사회에 백흥용 외에 다른 프락치를 파견했던 것이다.

하면 다음과 같다. 첫째, 한국사회의 격변기라고 할 수 있는 1940~1950년대에 출생한 한인 여성들은 어린 시절부터 두 번의 전쟁과 이념적 갈등을 직, 간접적으로 겪으며 성장하였다. 1960년대 중, 후반 20대의 나이에 서독으로 이주할 당시까지 이들은 '반공교육'에 기초한 사회화를 경험하였다. 특히 연좌제의 직간접적인 피해를 입기도 하였다. 서독의 병원으로 이주한 여성들은 연이어 발생한 1967년의 동백림 사건으로 인해 '북한 간첩'에 대한 불안과 공포, 교민사회 내에서의 이념적 갈등을 일상적으로 경험하였다. 국제이주를 통해 분단된 한반도를 벗어났으나, 신체에 육화된 반공 대 용공의 이분법적 논리와 입장은 동백림 사건을 매개로 심화되고 확장되어 독일 이주사회의 일상 속에서 서로를 불신하고 분열하는 주요한 동력이 되었다. 이런 점에서 한인 이주여성들은 서독사회 내 분단장치의 주요 행위자라고 할 수 있다.

둘째, 구조적인 차원에서 1960~1970년대 한인 여성들의 서독 이주는 냉전체제의 유지를 위한 동독-북한, 서독-남한 사이의 정치, 경제적 지원 프로젝트의 일환이었다. 철의 장막에 대항하는 서방체제의 정치, 경제적 교류와 지원이라는 차원에서 동아시아 교두보인 남한에 대한 서독의 경제원조와 남한 노동자들의 서독 취업 등이 이루어지게 된 것이다. 나아가 1967년의 동백림 사건을 계기로 박정희 정권은 한반도의 남쪽에서 수행하던 반공주의에 기초한 '국민화 프로젝트'를 재외공간으로 확대하고, 적극적 통치의 대상으로 삼기 시작하였다. 앞에서 살펴본 바와 같이 동백림 사건은 1960년대 말의 급변하던 남북정세와 긴장관계 속에서 남, 북한의 두 체제가 냉전을 수행하던 방식인 '재외공간을 둘러싼 영토화 경쟁'을 드러낸 대표적 사건이었다고 할 수 있다. 또 이것이 의미하는 바는 지리적으로 멀리 떨어진 서베를린에 정착한 한인 이주여성들이 '국민화 프로젝트'의 직접 대상이 되었다는 점이다. 이런 관점에서 한인 여성들의 이주와 동백림 사건에 대한 경험은 한반도 분단장치가 독일사회로 확대, 재구성되는 과정이라고 할 수 있다.

셋째, 1990년대는 동유럽의 붕괴 등으로 세계적 차원에서 냉전이 해체되고, 공존의 시대로 전환되던 때였다. 한반도에서도 문민정부의 탄생과 새로운 통일정책에 대한 기대 등 오래된 군부독재 시기의 강압적 분단장치가 재구성되고 있었다. 이처럼 국제적 탈냉전의 시기에 진행된 '안기부 프락치 백흥용 양심선언'은 오랫동안 한반도의 분단장치를 유지해 온 '간첩사건'이라는 '블랙박스'가 해체되는 의미 있는 과정이었다고 할 수 있다. 1967년 동백림 사건 당시 공포와 불안에 떨었던 한인 여성들은 30여 년이 지난 1990년 중반 '안기부 프락치'의 양심고백을 청취하고, 독일 주요 정당 및 언론 기관 관계자들을 조직하여 '안기부 프락치의 양심선언을 위한 기자회견'이라는 새로운 공간을 구성하였다. 이를 통해 대한민국의 안기부가 대북 정보활동을 넘어 자국 시민들에 대해 '간첩조작' 활동을 해왔으며, 사회운동의 주요 활동가들을 포섭하고 협박하여 정보원으로 활용하는 등 분단장치를 유지하고 강화하는 주요 행위자였음을 재외공간에서 드러낸 것이다. '양심선언'은 단기적으로 독일 교민사회에 이념적 갈등과 불안을 증폭시켰으나, 중장기적으로는 안기부를 통한 남한 정부의 공작정치와 일상의 상식으로 자리 잡은 '적과 나'의 흑백구도에 균열을 일으키고 이념적 다원화의 토양을 마련하였다.

넷째, 1994~1996년 백흥용 씨에 대한 한인 여성들의 조직적인 지원활동은 재독한국여성모임 등의 자치활동을 통한 서독 시민사회의 경험과 광주항쟁을 계기로 시작된 '반공주의'에 대한 성찰 과정 그리고 독일통일과 북한 방문 등을 통한 '분단 이후', 즉 '금기' 너머의 경험이 배경이 되었다. 서독 시민이 된 한인 여성들은 남한사회에 대해 물리적, 정치적 거리두기를 통해 남과 북, 적과 나 등의 흑백논리 속에서 벗어날 수 있는 성찰을 하였을 뿐만 아니라, 동서독 주민들의 사회적 통합과정을 함께 겪으며 분단된 남과 북을 동시에 생각할 수 있는 실질적 경험을 쌓았던 것이다. 재독양심수후원회원들이 백흥용 씨에 대해 "[남한] 운동권의 관점에서 보면 얄미운 존재이지만" 결국 남과 북의 분단으로 인한 희생자라는 관점을 가지고 인도적 지원활동을 하게 되는 경험은 30여 년 독일 체류 이주민의 삶을 통해 남북 분단장치가 새롭게 구성되는 과정을 짐작하게 한다.

다섯째, 제2차 세계대전 후 베를린은 동서독 사이의 장벽을 경계로 냉전체제가 구축된 물리적 공간이었다. 그러나 남과 북의 냉전과 달리 일곱 개의 검문소라고 하는 공식적인 '통로'를 가진 분단의 전방이었다. 1967년 '동백림 사건'은 동서 분단지대의 통로를 통해 남북 탈/분단의 행위자들이 비공식적 접촉을 시도했던 역사적 과정을 짐작하게 한다. 그로부터 30여 년 후인 1989년 베를린 장벽이 해체되고 1990년 통일조약이 체결된 후 베를린은 남과 북의 분단 행위자들이 만나고 교류할 수 있는 공식적인 장소가 되었다. 구체적으로 1990년대 베를린은 독일 시민이 된 한인 이주자들, 남한 출신의 유학생, 지식인, 사회운동가들이 통일과 평화를 모색하던 장소이자, 남북한 정부의 외교 공관이 상주하며 공식, 비공식적으로 치열하게 분단의 정치를 수행하던 곳이었다. 이처럼 남북한 분단장치가 한반도의 물리적 경계를 넘어 작동해온 역사적 장소인 베를린은 통일 독일의 시민으로 살아가는 한인 이주여성들이 반공주의와 씨름하며 구축해온 탈/분단의 생활세계라고 할 수 있다. 여전히 한반도 분단에 포획되어 있지만 분단의 경계를 오가는 일상경험이 가능한 장소라는 점에서 분단의 내부이자 외부이다.

참고문헌

국가정보원, 2006,『1967년 동백림 사건』, 국정원 과거사건 진명규명을 통한 발전위원회.

국가정보원, 2007,『한국현대사와 간첩사건, 과거와 대화, 미래의 성찰: 학원·간첩 편 VI』, 국정원 과거사건 진실규명을 통한 발전위원회, pp. 240-670.

기외르기 스첼, 2015, "냉전의 국제정치와 서독의 내부화된 반공주의", 김동춘·기외르기 스첼·크리스토프 폴만 외,『반공의 시대. 한국과 독일, 냉전의 정치』, 돌베게, pp.

73-98.
김동춘·기외르기 스첼·크리스토프 폴만 외, 2015, 안인경·이세현 옮김, 『반공의 시대. 한국과 독일, 냉전의 정치』, 돌베개.
김면, 2007, "평화통일을 위한 재독 동포단체의 역할과 활동 양상", 『평화학연구』 8(3), pp. 71-92.
김병선, 2015, "행위자-네트워크로 본 간첩사건", 동국대학교 분단/탈분단연구센터 엮음, 『분단의 행위자-네트워크와 수행성』, 한울아카데미, pp. 264-297.
김연수, 2009, 『네가 누구든 얼마나 외롭든』, 문학동네.
나혜심, 2012, 『독일로 간 한인 간호여성』, 산과글.
나혜심, 2014, "독일의 대한개발원조와 한인 여성의 노동이주-개발원조 담론과 그 실체 사이에서", 『독일연구』 28, pp. 37-68.
나혜심, 2016, "이주와 여성의 깨어나기", 『Homo Migrants』 14, pp. 5-34.
송두율, 2017, 『불타는 얼음. 경계인 송두율의 자전적 에세이』, 후마니타스.
양영자, 2016, "독일로 떠난 한인 간호여성의 사회운동 과정에 대한 생애사 연구 - 탈정체화의 정치", 『비판사회정책』 53, pp. 48-95.
어수갑, 2004. 『베를린에서 18년 동안 부치지 못한 편지』, 휴머니스트,
오제연, 2017, "동백림 사건의 쟁점과 역사적 위치", 『역사비평』 119.
이동기, 2013, "한국과 독일: "멀지만 가까운 나라"의 130년 관계사", 『독일에 울려 퍼진 아리랑』, 파독광부·간호사 50주년 세미나 자료집, 국가기록원, pp. 42-55.
이수현, 2017, "내가 겪은 독일통일", 『베를린기독교한인교회 50년사』, 50년사 편찬위원회: 한울엠플러스.
이유재, 2015, "초국가적 관점에서 본 독일 한인 디아스포라", 『역사비평』 2권, pp. 321-343.
이하나, 2015, "1970년대 간첩/첩보 서사와 과잉 냉전의 문화적 감수성", 『역사비평』 112.
이희영, 2005, "이주 노동자의 생애체험과 사회운동--독일로 간 한국인 1세대의 구술 생애사를 중심으로", 『사회와역사』 68, pp. 281-316.
이희영, 2006, "독일 '68'세대와 과거극복: 나치과거에 대한 세대경험의 연속성과 단절에 대하여", 『한국사회학』 40(3), pp. 32-61.
이희영, 2018, "이주 여성들, 정치를 관통하다: 재독 한인 여성들의 1970년대 체류권 투쟁을 중심으로", 『사회와역사』 117, pp. 237-286.
임유경, 2014, "냉전의 지형학과 동백림사건의 문화정치", 역사문제연구』, 32, pp. 147-186.

재독한국여성모임, 2014, 『독일이주여성의 삶. 그 현대사의 기록』, 당대.

조현옥, 2005, "해외의 한국 민주화운동–본국과의 상호관계 및 정체성 찾기", 경『제와 사회』 66, pp. 72–64.

한성훈, 2015, "국가폭력과 반공주의. 고문조작간첩 피해자를 중심으로", 『반공의 시대: 한국과 독일, 냉전의 정치』, 김동춘·기외르기 스첼·크리스토프 폴만 외, 안인경·이세현 옮김, 돌베개, pp. 390–408.

한옥신 편, 1969, 『간첩재판의 판단과 사상–동백림 거점 공작단 사건을 중심으로』, 광명출판사.

허병식, 2014, "간첩의 시대 – 분단 디아스포라의 서사와 경계인 표상", 『한국문학연구』 46, pp. 7–38.

홍민, 2011, "행위자–네트워크 이론과 분단연구. 분단 번역의 정치와 '일상으로의 전환'", 『동향과 전망』 83, pp. 47–78.

황석영, 2017a, 『수인 1 경계를 넘다, 황석영 자전』, 문학동네.

황석영, 2017b, 『수인 2 불꽃 속으로, 황석영 자전』, 문학동네.

Choi, Sun-Ju; Lee, You Jae, 2009, "Umgekehrte Entwicklungshilfe. Koreanische Arbeitsmigration in Deutschland," in, Neue Gesellschaft für e.V.(NGBK)(Hrg.), *Shard·Divided·United*. Berlin. pp. 16-32.

Foucault, Michel, 1978, *Dispositive der Macht. Über Sexualität, Wissen und Wahrheit*, Berlin: Merve Verlag.

Hertle, Hans-Hermann; Elsner, Kathrin, 1999, *Mein 9. November. Der Tag an dem die Mauer Fiel*, Berlin: Nicolai.

Hong, Young-Sun, 2015, *Cold War Germany, the Third World, and the Global Humanitarian Regime*, Cambridge Uni. Press.

Jung, Yong-Suk, 2013, "Beyond the bifurcated Myth: The Medical Migration of Female Korean Nurses to West Germany in the 1970s," *Korean Journal of Medical History*, 20(2), pp. 225-265.

Kim, Myun, 2007, "The History of Interchange between Former E. Germany and N. Korea through the Research on Oral Statements," 『국제정치연구』 10(2), pp. 225-245.

Koreanische Frauengruppe in Deutschland(KFD), 1995, *25 Jahre Koreanische Krankenschwestern in Deutschland. Eine Dokumentation der koreanschen Frauengruppe in Deutschland.*

KFD, 1996, *In die Prostitution gezwungen. Zeugenaussagen aus dem japanischen Asien-*

Pazifik-Krieg, Osnabrück: Secolo Verlag.

KFD, Berner Heike & Sunju Choi(Hg.), 2006, *Zu Hause. Erzählungen von deutschen Koreanerinnen*, Berlin & Hamburg: Assoziation A.

Lee, You Jae, 2009, "Aufbauhilfe und Bildungsmigration zwischen DDR und Nordkorea bis in die 1960er Jahre," Neue Gesellschaft für Bildende Kunst e.V.(NGBK)(Hrg.), *Shard·Divided·United*, Berlin, pp. 43-56.

Na, Hye-sim, 2016, "Diplomatische Tauschgeschäfte? Eine alternative Ansicht zur Gastarbeit im Rahmen eines asiatischen Beispiels," *Historische Zeitschrift* 302, pp. 677-702.

Yoo, Jung-Sook, 1996, *Koreanische Immigranten in Deutschland. Interressenvertretung und Selbstorganisation*, Hamburg: Dr. Kovač, 김인건 옮김, 2017, 『독일 속의 한국계 이민자들. 이해관계 대변과 자치조직 연구』, 당대.

[기타 자료]

민주사회를 위한 변호사 모임·한국기독교교회협의회, 1994.11.09a, 안기부 간첩 공작수사 진상 발표 기자회견 - 보도자료: 백흥용 진술서.

민주사회를 위한 변호사 모임·한국기독교교회협의회, 1994.11.09b, 안기부 간첩 공작수사 진상 발표 기자회견 - 보도자료: 백흥용(배인오)씨 양심선언 조사 보고서.

베를린기독교한인교회 50년사편찬위원회 엮음, 2017, 베를린기독교한인교회 50년사, 한울엠플러스.

엠비씨(MBC), 2005. 06. 05, 이제는 말할 수 있다, 프락치: 사찰공화국의 고백.

월간 말, 1994.12. 102, 당신도 문민시대 안기부의 프락치가 될 수 있다. 나의 프락치 생활 30개월.

유영구, 1992, 동백림 사건 (上), (下), 월간중앙, 중앙일보사.

재독양심수후원회, 1994a, 문민정부의 공안사건 조작 및 프락치 공작과 관련된 배인오(가명, 28세, 본명 백흥용 씨의 양심선언 자료: 안기부의 프락치 공작에 대한 증거 자료(비디오테이프 녹취록).

재독양심수후원회, 1994b, Übersetzung des Gesprächs aus dem vom Baek aufgenommenen Videos.

재독양심수후원회, 1994c, 문민정부의 공안사건 조작 및 프락치 공작과 관련된 배인오(가명, 28세, 본명 백흥용 씨의 양심선언 자료: '문민정부의 공안사건 조작 및 프락치 공작과 관련한 배인오 씨의 양심선언에 대한 범청학련공동사무국의 입장.

재독양심수후원회, 1994. 11. 16, 기자회견, 민변 변호사 방문 등에 관한 메모.

재독양심수후원회, 1994. 11. 19, 팩스1.
재독양심수후원회, 1994. 11. 20, 후원회 재정관련 정리.
재독양심수후원회, 1994. 11. 25-29 사이, 11월 20-12월 1일 사이의 망명신청에 관한 일정 정리.
재독양심수후원회, 1994. 11. 21, 팩스2.
재독양심수후원회, 1995. 01. 03, LKA Manske와의 만남 메모.
재독양심수후원회, 1995. 01. 12, 김삼석 김은주 남매 간첩조작 증언할 수 있게 안전 귀국 보장해야.
재독양심수후원회, 1995. 03. 28, 백흥용 씨의 양심선언 후원사업 활동 및 경과보고.
재독양심수후원회, 1995. 04. 04, Amnesty International과의 만남.
재독양심수후원회, 1995. 04. 06-10 사이, 팩스3.
재독양심수후원회, 1995. 04. 10, 변호사 Arendt 씨와의 만남.
재독양심수후원회, 1995. 04. 21, An: Renate Künast, Fraktion Bündnis90/ Grüne.
재독양심수후원회, 1995. 06. 08, 백흥용 씨가 변호사 Frau Arendt-Rojahn에게 보내는 독일어 편지와 한글 일지.
재독양심수후원회, 1995, 주차장의 자동차(BE A 1142)를 찍은 흑백 사진 2장.
재독양심수후원회, 1995. 07. 20, 백흥용의 독일 신분증 사본.
재독한국여성모임, 1977/1978, 후진국과 여성-제3차 한국여성문제 세미나 보고서, 재독한국여성모임 자료집.
재독한국여성모임, 2003, 재독한국여성모임 창립 25주년 기념문집, 재독한국여성모임 .
재유럽오월민중제 준비위원회, 2011, 재유럽오월민중제 30년 기념 자료집, Berlin.
전진우, 1989, 동백림 사건과 '6.8부정선거', 신동아, 4월호.
주간전국연합통신 28, 1994. 11. 07, 자료 1, 안기부의 간첩조작을 폭로한 백흥용 씨 양심선언 경위 진술, 47-52.
진보저널, 1994. 12. 06, "나는 안기부의 프락치였다".
한국인권문제연구회, 1977, 인권시보 1, Berlin.
한겨레신문, 1994. 11. 01, 남매 간첩사건 조작, 안기부 프락치 백흥용씨 독일서 양심선언.
한겨레신문, 1994. 11. 10, '안기부 프락치' 폭로 사실 확인. 민변 등 베를린서 백흥용씨 만나 양심선언 내용 조사.
한겨레신문, 1995. 01. 27, "남매간첩사건 조작 폭로 백흥용씨 안기부 공작원". 권 안기부장 국회 정보위서 시인. '간첩조작' 국정조사를. 변협, 안기부 개혁-보안법폐지 검토 요구.

한겨레 21, 1994. 11. 17, '남매 간첩' 배후는 안기부였다. 20대 프락치 양심선언… "안기부 원 지시대로 조작에 가담".

한겨레 21, 1994.1 1. 24, 4건의 일본관련 간첩사건도 조작.

Amnesty International, 1994. 11. 16, "Renewed call for Release of Ripsnorter of Conscience following former South Korean Intelligence official's Revelations," News Service 261/94.

Bündnis90/Grüne, 1994. 11. 01, 남한 비밀정보부의 정탐, 베를린에서 자신을 공개[한글 번역문]

Frankfurt Rundschau, 1994. 11. 03, 남한 정탐, 죄책감을 더 이상 견디지 못하다[한글번 역문].

Neues Deutschland, 1994. 11. 01, 안기부, 베를린 망명 한국인들 탐지[한글번역문].

Stern. 1967. 07. 23, Die höflichen Entführer. Südkoreas Geheimdienst hatte leichtes Spiel in der Bundesrepublik, Heft Nr. 30/8-9.

TAZ, 1994. 11. 04, Opposition Aushorchen. Mitarbeiter des Südkoreanischen Geheimdienstes offenbart Spitzeltätigkeit/ Grüne fordern politisches Asyl für 28järigen.

Zeit, 1967. 10. 20, Die Entführung des Isang Yun. Ein Plädoyer für die Freilassung des koreanischen Komponisten 42(7).

제3부

분단을 딛고 한국으로 온 북한 여성들

제6장

새로운 시민의 참여와 인정투쟁

1. 탈북자 혹은 북한이탈주민

해방과 한국전쟁을 거치며 한반도에 형성된 분단이 지속되고 있다. 21세기가 탈냉전의 시대라는 말이 무색하게 남, 북한의 이념적 갈등과 그로 인한 분단의 흔적은 넓고 깊다. 그런데 1990년 중반 북한의 식량난을 계기로 대규모의 북한주민들이 대한민국에 정착하게 되었다. '금단의 땅' 북한사회에서 살아온 사람들이 대한민국의 국적을 가지고 이웃으로 생활하게 된 것이다. 대한민국에서 북한이탈주민[1]은 의미 있는 소수자 집단[2]이라고 할 수 있다. 70여 년 동안 공고해진 남과 북의 정치, 문화적 경계를 넘어 횡단하는 삶을 살고 있다는 점에서 그러하다. 지난 세기 냉전의 산물인 이념적 대립을 일

---

1 이 글의 초고가 집필된 2008년 현재 이들은 탈북자, 탈북이주민, 북한이주민, 새터민 등 다양한 명칭으로 불린다. 이 글에서는 공식적인 법률 용어인 북한이탈주민이라는 용어를 사용한다. 그러나 맥락에 따라 새터민, 탈북인 등의 용어를 같은 의미로 사용할 것이다.

2 소수자는 집단의 규모나 숫자로 정의되지 않는다. 오히려 사회적 '권력'과의 관계로 이해된다. 또한 사회의 변화과정에서 '소수성'은 새롭게 구성되는 개념이다(박경태, 2008: 12~64).

〈표 1〉 북한이탈주민의 정착 현황

연도	1996	1998	2000	2002	2004	2006	2008
남자	43	53	179	510	626	515	608
여자	13	18	133	632	1272	1513	2195
총계	56	71	312	1,142	1,898	2,028	2,803
연도	2010	2012	2014	2016	2018	2020	합계
남자	591	404	305	302	168	72	9,435
여자	1,811	1,098	1,092	1,116	969	157	24,317
총계	2,402	1,502	1,397	1,418	1,137	229	33,752

자료: 통일부 자료실(2020년 12월 말 입국자 기준)

상에서 경험해 온 행위자들이 정치적 전선의 반대편인 남한사회에서 만드는 삶(biographies)이야말로 개인과 사회가 상호적으로 구성하는 현실(social reality)이라는 점에서 중요한 사회적 의미가 있다.

통일부 자료에 의하면 1990년대를 거치며 한국사회에 정착하기 시작한 북한이탈주민의 수는 2020년 현재 3만여 명에 이른다. 2000년대 중반 이들의 숫자가 연간 2천여 명으로 급증했다가 2010년대에는 1천여 명으로 줄었다.

1990년대 말 '고난의 행군'이라는 북한의 국내 요인 이외에 다양한 정보 매체의 발달로 인한 '경계허물기'의 효과가[3] 겹치며 북한의 국경을 넘는 목적도 달라지고 있다. 식량위기를 피하기 위한 목적만이 아니라 '보다 나은 미래'를 위해 생사를 건 선택을 하는 북한주민들이 증가하고 있다는 조사연구(김인성, 2005)는 북한이탈주민의 생애체험이 갖는 역동적 변화를 시사한다.

법률적으로 북한이탈주민의 정치적 소속(political belonging)은 대한민국 국민이다. 그런데 개인의 사회, 정치적 체험과 이에 기초한 정체성은 법률적 소

3 구술증언에 의하면 2000년대 이후 국경지역에서는 한국 드라마를 담은 비디오를 시청하는 북한주민이 증가하고 있으며, 이 영향으로 한국의 대중가요나 문화가 상대적으로 친숙해지고 있다고 한다. 또 대중매체를 통해 접하게 된 한국사회에 대한 '환상'도 커지는 것으로 짐작된다(김열란 구술녹취록, 2008).

속으로 환원되지 않는다. 특히 한국전쟁을 배경으로 남한과 적대관계를 유지하고 있는 북한사회에서의 역사, 문화, 정치적 사회화를 체험한 북한이탈주민들이 남한사회의 '일반화된 타자(generalized others)'와 상호작용하며 어떤 사회, 정치적 체험을 하는지, 이를 통해 형성되는 행위지향의 특성이 무엇인지는 중요한 사회학적 질문이 아닐 수 없다. 이는 곧 남한사회의 '인정의 정치(politics of recog-nition)'에 대한 문제를 제기한다. 그러나 북한이탈주민에 대한 기존 연구에서는 이들의 사회, 정치적 정체성에 대한 문제가 심층적으로 다루어지지 못했다. 이와 같은 연구 경향의 배경에는 '북한을 이탈'하였다고 하는 이들의 선택이 곧 반(反)북한, 친남한이라는 정치적 입장으로 해석되는 정치적 프레임이 전제되고 있다. 또 국가보안법이 살아 있는 남한사회에서 개인의 정치적 입장을 자유롭게 표명할 수 없는 것은 남, 북한 출신의 개인 모두에게 예외가 아닐 것이다. 더구나 정치적 경계를 넘어서 남한사회로 온 이들에게 정치적 태도에 대한 남한사회의 이분법적 규범이 더 강력하게 작용하고 있는지도 모른다. 이것이 북한이탈주민과 연구자들 모두에게 이들의 사회, 정치적 정체성 혹은 지향에 대하여 침묵하게 하는 주요한 배경일 것이다.

1990년대 중반 이후 북한의 국경을 넘는 이주민들의 현황과 실태를 파악하기 위한 초기의 조사연구[4]와 이들의 한국생활에 관한 연구가 이루어졌다. 2000년대의 연구는 대부분 서로 다른 성별, 연령별, 집단별 '동화(assimila-tion)' 혹은 '적응(adaptation)' 양태를 고찰하고 있다는 특징을 갖는다.[5] 이에

---

4 초기의 대표적인 조사연구로 '(사)좋은벗들'이 1999년 발간한 자료 『북한 '식량난민'의 실태 및 인권보고서』가 있고, 2005년 '탈북자 현황'을 정리한 연구(김인성, 2005)가 있다.

5 북한이주민에 대한 기존 연구 중 '적응의 관점'에 대한 이론적 논의로는 '태도변용이론'을 검토한 연구(윤여상, 2002)가 있다. 그 외 사례연구로는 심리학적 관점에서 '탈북여성'의 남한사회 적응에 대하여 고찰한 연구(조영아 · 전우택, 2005), '가족'의 적응문제를 고찰한 연구(윤인진 외, 2007), '탈북 청소년'의 남한사회적응을 고찰한 연구(박윤숙 · 윤인진, 2007)를 들 수 있다.

의하면 남한에서 생활하는 북한이탈주민의 가족 내에 상대적으로 강한 남성 중심적인 역할구조와 관계가 유지되고 있다. 여성들의 경우 북한에서와 비교하여 상대적으로 가족 내에서의 역할과 영향력이 증가함에 따라 보수적인 부부관계에 대한 문제의식이 높아지고 있으며(윤인진 외, 2007), 이로 인해 다양한 일상의 문제에 직면하고 있음을 보여준다(조영아 · 전우택, 2005). 청소년들의 경우 부족한 사회적 지지가 남한사회 적응에 어려움으로 작용하고 있다(박윤숙 · 윤인진, 2007).

2000년대 연구에서 북한이탈주민의 사회, 정치적 정체성과 연관된 주제 연구 성과는 소수에 불과하다. 그 중 탈북주민의 '가치정향'에 관한 연구(독고순, 2001)는 북한이탈주민이 남한 주민에 비해 권위와 서열을 받아들이는 정도나 성취지향적인 성격과 관련된 '수직적 개인주의'의 성향이 높다는 양적 연구결과를 보여준다. 북한이탈주민의 사회적응 실태에 관한 연구(윤인진, 2007)는 이들이 자신들의 정치 성향을 보수(13.8%)보다 진보(27.6%)에 가깝다고 인식하고 있으며, 비록 한국에서 생활하지만 정서적으로는 북한에 좀 더 친근한 감정을 보여준다. 이와 같은 연구결과는 북한이탈주민의 남한사회 적응의 양태를 이해할 수 있는 중요한 정보를 제공한다. 그러나 상호작용의 한쪽 행위자인 북한이탈주민이 겪는 적응의 어려움과 갈등의 양상을 기술하는 것만이 아니라, 사회문제의 상호적 발생기원과 변화의 동력에 대한 고찰은 미진한 실정이다. 즉, 남한사회의 일반화된 타자와 북한이탈주민이 어떤 상호작용을 하고 있으며, 이러한 일상체험에 기초하여 어떤 특성을 갖는 사회, 정치적 행위지향이 구성되고 있는가에 대한 심층적인 연구 성과는 일천하다.[6] 이런 경향성은 이주민에 대한 초기 연구에서 자주 지적되었던 '적응'

---

6 다양한 연구방법에 의해 북한이탈주민의 복합적인 삶을 고찰한 연구 성과(정병호 · 전우택 · 정진경 엮음, 2006)와 '탈북청소년'의 사회화 과정을 고찰한 연구(이정우, 2006)는 이러한 문제의식을 공유하고 있다.

에 초점을 둔 연구관점이 갖는 한계와 연관된다. 아무리 확장된 정의(definition)를 차용한다고 해도 '적응'의 관점은 비교의 틀인 어떤 '중심'을 전제하고 있으며, 그것이 해당사회의 상대적으로 단일한 가치와 규범이라는 점에서 사회적 차별과 배제의 기제로 작동한다. 남한사회에 존재하는 북한이탈주민에 대한 다양한 형태의 편견은 이러한 중심의 문화를 '구별짓기'의 잣대로 삼는 상호작용의 결과이다.[7] 연구방법론의 관점에서도 앞에서 소개한 기존 연구들(독고순, 2001; 윤인진, 2007)이 통계 등을 활용하는 방식으로 이들의 사회, 정치적 정체성을 살펴보고 있다. 즉 한국사회의 자유민주주의적 질서와 자본주의 문화를 '기준'으로 이에 대한 적응의 정도를 계량적 지표에 의해 기술하는 접근방식을 취함으로써, 연구자가 설정한 적응의 범주를 넘어 행위 주체의 역동적인 정체성의 구성과정을 고찰하는 데 한계를 보인다.

이런 문제의식에서 이 글은 2000년대 중반 이루어진 인터뷰를 토대로 한국사회의 일상체험 속에서 (재)구성되는 북한이탈주민의 사회, 정치적 정체성에 주목하고자 하였다. 즉 반북이냐 친북이냐의 흑백논리에 의해 재단된 정치적 태도나 혹은 적응과 통합의 관점에서 본 '일탈현상'이 아니라, 서로 다른 생애체험을 배경으로 남한사회의 다양한 상호작용의 영역에 참여하고 실천하며 (재)구성되는 북한이탈주민들의 사회, 정치적 정체성을 이해하고자 한다. 이 글에서 중요하게 생각한 질문은 첫째, 구술자들은 어떤 생애사적 배경을 가지고 한국사회로 이주하였나? 둘째, 구술자들이 '의미 있게' 체험하는 한국사회에서의 일상적 상호작용의 내용은 무엇인가? 셋째, 이를 통해 (재)구성되는 구술자들의 사회, 정치적 정체성은 어떤 특성을 가지며, 이것이 갖는 사회학적 함의는 무엇인가?

---

7 남한사회에서 북한이탈주민을 타자화하는 다양한 기제를 심층 분석한 연구(강주원, 2002) 결과는 이와 관련하여 중요한 시사점을 제공한다.

2. 인정투쟁과 이주민의 정체성

1) 인정투쟁과 정체성

이 글의 중요한 이론적 개념인 사회, 정치적 정체성을 '인정투쟁'에 대한 기존의 논의와 연관하여 비판적으로 살펴보자. 정체성과 인정투쟁이라는 개념에 주목하게 된 것은 필자가 만난 북한이탈주민의 구술자료에 대한 가설추론적(abduction) 재구성의 결과이다. 북한이탈주민의 일상체험에 대한 사례를 분석하는 과정에서 사회, 정치적 정체성의 변화가 주요한 체험의 내용으로 등장하였으며, 이러한 특성을 좀 더 잘 설명해줄 수 있는 이론적 모색의 하나로 인정투쟁의 함의를 비판적으로 고찰하게 되었다.

정체성(identity) 개념은 이주 혹은 소수자 연구에서 빈번히 언급되지만 많은 비판에 직면해 있는 개념이다.[8] 본질론적이며 고정된 실체로 이해되는 정체성이 사회적 배제의 기제로 작동한다는 비판이 그 주된 내용이다(Riegel, 2004: 124). 이에 비해 헤겔과 미드의 '상호인정' 이론에 기초하여 개인의 정체성을 설명하는 인정투쟁에 관한 논의(Honneth, 1992; Taylor, 1995)[9]는 차이의 정치학이라는 관점에서 북한이탈주민의 삶을 이해할 수 있는 생산적인 단초를 제공한다.

호네스는 인간 주체들이 자신의 정체성을 상호주관적 '인정'이라는 경험으로부터 형성한다는 미드의 고전적인 테제가 헤겔의 상호주관성에 대한 논의를 형이상학의 틀로부터 구제하였다고 평가한다. 미드에 의하면 "공동체에

8 특히 니트함머는 집단적인 정체성은 배타적인 특성을 갖는 인위적인 개념(Plastikbegriff)에 불과하다고 비판한다(Niethammer, 2000).

9 '인정의 정치'에 대한 테일러의 문제제기는 1992년의 논문에서지만 이 글에서 인용한 문헌은 1995년 판이다. 헤겔의 '인정'개념에 대한 논의는 하버마스의 재해석 이후 호네스와 테일러 등에 의해 이어지고 있다.

서 유지될 수 있는 개인의 자기정체성은 바로 그것이 타인을 인정하는 것일 때 인정된다(Mead, 1963: 194).” 일반화된 타자의 관점에서 자신을 규정할 수 있는 개인들의 자기이해는 상호인정의 과정에 의한 것임을 뜻한다. 이처럼 개인은 사회화의 과정에서 사회가 부여하는 책임과 의무뿐만 아니라 자신에게 부여된 권리를 경험하게 된다. 각 개인은 이러한 권리를 통해 자신의 요구가 사회공동체 내에서 합법적으로 존중되고 있음을 이해함으로써 ‘자기존중(Selbstachtung)’에 이르게 된다. 사회구성원들이 개인에게 부여된 권리인정을 통해 개인을 하나의 특수한 인격체로 인정함으로써 개인은 자기긍정의 정체성을 가질 수 있게 되는 것이다(Honneth, 1992: 127~128).

이때 호네스는 사회적 권리의 상호인정을 가능하게 하는 개인의 심리적 기제를 ‘목적격 나(Me)’로 완전히 포섭되지 않는 ‘주격 나(I)’의 열정과 충동이라는 미드의 고전적 테제로 설명한다. 어떤 상황에서 ‘목적격 나’의 존재는 주체로 하여금 ‘주격 나’를 위해 새로운 인정 형태를 모색하게 함으로써 스스로의 도덕적 갈등을 적극적으로 해소할 수 있는 가능성을 열어놓는다. 테일러의 표현을 빌면, ‘자기 스스로를 해석하는 동물’인 인간은 타자와의 상호작용 속에서 자신의 희망과 행위를 재평가하며 이를 통해 자신의 해석적 지평을 확대해 가는 것이다(Taylor, 1976). 즉 ‘주격 나’의 충동과 열정이 일반화된 타자로서의 ‘목적격 나’에 의해 타당성을 획득하기 위해서 주체들은 현존하는 일반화된 타자 속에 구현된 규범들을 지속적으로 해체할 수밖에 없다. 호네스는 이처럼 개인이 권리인정 관계의 확장에 전력을 다하게 되는 행위기제에 기초한 사회적 실천 양식을 ‘인정투쟁(Kampf um Anerkennung)’으로 정의한다(Honneth, 1992: 136). 결국 인정투쟁의 과정은 개인의 정체성 구성(construction)의 다른 표현인 것이다.

호네스에 의하면 사회적 인정의 형태는 사회적 상호작용이 이루어지는 영역에 따라 사랑, 권리, 연대로 구별되며, 이에 따라 개인은 자기믿음(Selbstvertraun)으로부터 자기존중(Selbstachtung)과 자기가치부여(Selbstschützung)의 정체감을 형성하게 된다. 이에 비해 개인의 존엄성(Dignity)에 대한 어떤 형태의 무시와 모욕, 즉 사회적 인정의 철회는 개인의 정체감을 무너뜨릴 수 있는 파괴의 위험을 동반한다는 점에서 주목해야 한다. 신체적 불가침성을 무시하는 학대나 폭력 등의 경험, 개인의 사회적 불가침성으로서의 권리를 훼손당하는 차별과 배제의 경험, 나아가 어떤 사회적 가치의 위계질서가 특정한 생활방식과 신념을 열등하고 결함이 있는 것으로 평가절하함으로써 겪게 되는 사회적 동의의 부재에 대한 경험은 개인의 정체성 구성에 중요한 갈등요소로 작용하게 된다. 호네스는 이와 같은 무시와 굴욕, 수치 등의 경험에 기초하여 갖게 되는 '부정의 도덕적 감정'을 개인이 정체성을 침해당하는 체험이자, 사회적 인정투쟁의 동력을 형성하게 되는 매개로 파악한다(Honneth, 1992: 150쪽 이하). 이와 같은 문제의식에서 테일러는 개별성이나 보편성에 대한 인정뿐만 아니라 특수성에 대한 특권적 인정을 요구하는 '인정의 정치'를 주장한다. 그는 일반화된 타자와의 대화를 통해 개인의 정체성이 형성되며, 사회적 인정의 유보는 억압의 한 형태가 될 수 있다고 강조한다(Taylor, 1995: 1~230).

이러한 논의에 기초하여 이 글에서는 개인의 사회, 정치적 정체성의 구성을 개인과 일반화된 타자와의 상호작용에 의해 변화하는 인정투쟁의 과정으로 이해할 것이다. 인정과 차이의 정치라는 관점에서 개인의 정체성을 이해하는 이와 같은 논의는 소수자와 다문화주의 논의에서 중요하게 비판되는 '획일적 보편주의 혹은 절대주의'의 한계를 넘어 북한이탈주민의 삶을 이해할 수 있는 가능성을 제공한다. 즉 북한이탈주민의 행위만이 아니라 남한사회의 일반화된 타자를 상호작용이라는 관점에서 동시에 고찰할 수 있게 한다. 또한 남한사회의 문화에 일방적으로 적응해야 하는 대상이 아니라, 스스로 삶의 창조적 행위자인 북한이탈주민이 만들어가는 사회정치적 정체성,

즉 인정투쟁의 과정을 고찰할 수 있는 관점을 제공한다.

방법론의 관점에서 이 글은 생애사 재구성 연구(Rosenthal, 1995; 이희영, 2005)를 통해 북한이탈주민의 생애체험을 재구성할 것이다. 생애사 재구성 연구는 과거, 현재, 미래의 생애시간을 통해 이루어지는 개인의 정체성이 서사성(Narratives)을 매개로 하고 있음에 주목한다. 유형, 무형의 언어적 상징[10]을 매개로 한 타자와의 대화는 상호인정을 통해 자신을 새롭게 구성하는 과정이다. 또 서사적 인터뷰를 통해 정리된 구술자료를 이야기(talk)와 체험(experiences)이라는 서로 다른 차원에서 비교분석하여 심층적으로 일상체험을 고찰하고자 한다. 이와 같은 접근방식은 북한연구 방법에 대한 논의에서 고전적으로 지적되어온 자료의 특성과 연구자의 관점에 의한 '자의적 해석'의 문제를 중요한 연구과정으로 성찰한다(김근식, 2002; 경남대학교 북한대학원 2003). 또한 이 방법론은 최근 북한이탈주민에 대한 연구에서 이들의 남한사회 적응양태 혹은 생활경험을 이해하기 위해서 '탈북과정'에 대한 고찰이 필요하다는 문제의식(조영아·전우택, 2005: 19)을 담아낼 수 있는 가능성을 제공한다. 특정한 시기나 주제와 관련된 북한이탈주민의 체험을 전체 생애사적 지평에서 고찰하는 데 생애사 연구가 의미 있는 방법론적 도구라고 할 수 있다.

다음에서 소개하는 구술자들과의 만남은 2006년부터 2008년 사이에 다양한 경로를 통해 이루어졌다. 2006년 여름, 지인의 소개로 북한이탈주민 관련 학술행사에서 김주희 씨(사례 3)를 만나게 된 것이 그 출발이었다. 당시 필자는 다양한 정치적 '경계'를 경험한 사회집단에 관심을 가지고 현장연구를 하고 있었다. 필자가 처음 만난 북한이탈주민인 김주희 씨와 수년에 걸쳐 나눈 다양한 대화와 간접 체험이 이 글의 기초가 되었다. 또 북한이탈주민들을

10 구술자료를 매개로 한 연구방법론에서 '광의의 텍스트'는 녹취록뿐만 아니라 음성화되지 않은 다양한 신체언어 및 문헌자료(자서전, 편지, 메모 등)를 포함한다.

위해 활동해 온 불교단체 '좋은벗들'과 각 지역 탈북자 관련 단체들의 지원이 있었다. 이러한 세 가지 경로를 통해 북한에서 남한으로 온 구술자들의 생애 체험을 듣고, 기록하여 그 의미를 고찰하고자 하였다. 이 글의 주요 구술자들의 약력을 소개하면 〈표 2〉와 같다.

〈표 2〉를 통해 알 수 있는 구술자 약력의 특징을 살펴보면, 눈덩이 굴리기 방식에 의해 인터뷰한 구술자 8명 중에서 여성이 5명, 남성이 3명이다. 이는 입국자들의 절대다수가 여성일 뿐만 아니라[11] 상대적으로 여성들이 한국사회에서 적극적인 사회활동을 함으로써 각종 조직을 통해 접촉할 가능성이

〈표 2〉 구술자 약력[12]

사례 번호	이름 (성별)	출생년도 (현재 나이)*	고향/ 현거주지	북한에서의 활동 사항	북한 탈출	남한 도착	2008년 현재 활동
1	유지민(여)	1983(25세)	함북/경북	중학교 졸업	1999 (16세)	2003	대학생
2	조명희(여)	1977(31세)	함북/대구	학생	1997 (20세)	2002	전업주부
3	김주희(여)	1959(49세)	평양/서울	작가동맹 시인	1998 (39세)	1999	박사과정생 및 잡지 편집인
4	고순자(여)	1951(57세)	함북/서울	식품공장 운영 책임자 등	1998 (47세)	2003	새터민 관련 단체 활동
5	김열란(여)	1941(67세)	함북/서울	교사, 노동	2006 (65세)	2006	연금 생활
6	박태수(남)	1952(56세)	자강도/ 서울	경제관료/ 해외 근무 등	2002 (50세)	2002	학원 운영
7	조광모(남)	1945(63세)	함북/대구	의사	1995 (50세)	2000	자서전 출판 등
8	김철남(남)	1966(42세)	함북/경북	의료분야	2003 (37세)	2004	서비스직

11 통일부 자료에 의하면 1990년대 말까지 매년 다수의 남성이 입국했으나, 2003년 이후부터 대략 남성의 두 배에 달하는 여성들이 입국한 결과 2020년 현재 전체 북한이탈주민 중 여성이 차지하는 비중은 평균 72%이다. 앞의 〈표 1〉을 참고하라.

높은 현실을 반영한다. 실제 구술자들을 찾는 과정에서 북한 남성들이 사회 활동을 전개하는 데 여성들과 비교하여 어려움을 토로하는 경우가 많다는 평가를 접하게 되었다. 이러한 평가에는 복합적인 요인들이 있다. 하나의 예로 남성들이 가장 많이 하게 되는 육체노동의 경우 오랫동안의 식량 부족을 겪은 북한 남성들의 신체적 조건으로 견뎌내기가 쉽지 않은 것도 한 조건이었다.[13]

또 전체 8명 중에서 6명이 가족과 함께 한국사회에서 살고 있다. 가족 구성원들과 함께 탈북하여 한국으로 온 경우(사례 3, 4, 6, 8)도 있고, 순차적으로 개별 탈북하여 한국에서 다시 만나게 된 경우도 있다(사례 2, 7). 예를 들어 조명희 씨는 조광모 씨의 딸로 아버지가 먼저 탈북하여 한국으로 온 뒤 중국을 거쳐 한국에 입국하였고, 손 위의 오빠와 어머니까지 전 가족이 한국으로 이주하였다.[14] 현재 다른 가족 없이 혼자 사는 두 명의 구술자(사례 1, 5) 중 김열란 씨는 북한 거주 당시 독신이었다. 젊은 시절 결혼한 남편과 이혼한 뒤 단신 노동으로 생활하였다. 이에 비해 유지민 씨의 경우 청소년의 나이에 가족을 두고 탈북한 경우이다.

구술자들 대부분은 국경지역의 주민이었다. 이들은 모두 탈북안내자(일명 브로커)들의 도움으로 중국과 제3국을 거쳐 한국으로 이주하였다. 이에 비해 김주희 씨는 탈북 전에 거주하던 평양에서 추방명령을 받고 청진으로 이주 후 중국으로 탈출하였다. 고위직 경제관료로 해외근무를 하던 박태수 씨의 경우 국외에서 한국으로 직접 망명, 입국하였다. 나이별로는 20대에서 60대

---

12 구술자들의 개인정보 보호를 위하여 모든 인명과 지명을 가능한 익명으로 처리하였으며, 구술자에 따라 특정 사실을 부분 생략하거나 수정하였다. 괄호 안의 나이는 이 글의 초고가 작성된 2008년을 기준으로 계산한 것이다.

13 이와 같은 현실은 구술자 김철남(사례 8) 씨를 통해서도 확인할 수 있었다.

14 지금까지 알려진 탈북주민들이 중국에서 남한으로 오는 과정은 제3국(몽골, 베트남, 캄보디아, 태국 등)을 통해 입국을 하는 경우, 중국주재 외국기관을 통한 망명, 가짜 여권을 이용한 직항 입국 등으로 분류된다(정병호, 2006: 52).

까지를 포괄하고 있다. 구술자들은 1990년대 중반 북한사회가 직면했던 식량난, 즉 '고난의 행군'시기에 생활상의 어려움과 이로 인해 가속화된 사회적 갈등을 계기로 2000년대 초반 중국 등을 거쳐 한국으로 왔다.

3. 한국사회와 북한이탈주민의 일상생활

다음에서 소개될 4명의 생애체험은 전체 사례의 분석 및 재구성 결과에 기초하여 사회, 정치적 정체성 구성과정의 특성에 대한 최대비교와 최소비교의 관점에서 선택되었다.[15] 다음의 소개 내용 중 북한에 두고 온 가족을 염려하여 자신의 신분이 공개되기를 꺼리는 구술자들의 염려를 고려하여 중요한 구술의 내용이나 정보를 생략하거나 수정한 경우도 있다.

1) 나를 인정하는 어디서나 헌신하는 사람: 고순자

(1) 북한을 떠나는 "비(非)국민"

2008년 1월 ○○구의 자택에서 고순자 씨를 만나게 된 것은 한 불교단체의 소개를 통해서였다.[16] 모두 세 차례의 만남을 통해 이루어진 인터뷰에서 고순자 씨는 "북한에서 30년간 정치적 박해를 받은 집안"의 딸로 살아온 자신의 체험으로부터 생애이야기를 전개하였다. 고순자 씨는 1951년 12월, 일

---

15 다음에서 사례의 구조적 특징이 상호 공통점을 보이는 경우를 최소비교의 사례라고 표현하고, 차이점을 보이는 경우 최대비교의 사례로 표현할 것이다. 이에 대한 자세한 내용은 다음을 참조하라(이희영, 2005: 143).

16 한 북한이탈주민 지원 단체의 실무자로 활동하는 구술자는 연구자와의 만남에서 북한이탈주민에 관한 사정과 정보를 최대한 '전문적으로' 전달하기 위해 노력하였으며, 연구자에게 북한이탈주민 사회로의 '문'을 여는 역할을 하였다.

곱 형제 중 여섯 번째로 출생하였다. 구술자는 초기 이야기에서 "1964년 9월 20일 추석날" 아버지가 어딘가로 잡혀가 돌아오지 않게 된 상황을 이야기하며 통곡하였다(고순자 구술녹취록, 2008 I/ 6~7).[17] 구술자료에 의하면 일제 치하에서 의사였던 조부가 해외독립운동을 지원하느라 생계가 어렵게 되자 한때 구술자의 아버지는 일제가 국경지역 산림을 관리하던 일에 참여하였다고 한다. 그러나 1960년대 북한의 협동화작업 시기 이 경력이 근거가 되어 숙청된 것으로 보인다. 아버지의 체포 후 구술자의 가족은 공식적으로 "일제 지주이자 순사 집안"으로 분류되어 유형, 무형의 정치적 압박을 받았던 것으로 보인다. 1967년 구술자가 중등고등학교를 졸업할 때 지각 한번 없는 개근상과 최우등의 성적을 받았으나 "토대가 나쁜 집안"이라는 근거로 대학진학은 말할 것도 없고, 대부분 가기를 기피하던 고등농업학교 진학도 거부되었다.[18] 이후 구술자는 1978년 결혼할 때까지 10여 년 동안 인근 농장의 인부로 일하였다.

> 북한에서는 저는, 좀 최하층이지만, 그래가 뭐-- 농장 일을 하면서도 저는 남한테 뒤떨어지거나- 어쨌든 그러자나니까-- 우리는 남이 한 발 한 걸음을 디딜 때 우리는 열 걸음을 디뎌야 하고, 남이 열 뭐- 열 발자국 디딜 때 뭐- 우리는 백, 거, 백 발자국 뛰어야지, 우리는 남, 남만큼 따라갈- 그런 게 됐거든요-."[19] (고순자 구술녹취록, 2008 I/ 15~16)

17 이 글에서 녹취록을 인용하는 방식이다. 예를 들어 괄호 안의 표시는 구술자 고순자 씨의 2008년 1차 구술녹취록 중 6~7쪽에서 인용한다는 뜻이다.

18 이와 유사한 최소비교의 사례로 김열란 씨의 경우가 있다. 1947년 월남한 부모와 1970년대 말 숙청된 이모 때문에 구술자는 '요시찰 인물'로 분류되어 일상적인 어려움을 겪다가 탈북하였다.

19 구술의 내용을 최대한 반영하기 위하여 이 연구의 녹취록에서 다음의 기호를 사용하였다. (3)은 구술이 중단되고 있는 시간(초), (( )) 녹취자의 부연설명, --- 말 늘임표시, 굵은 표시는 큰 소리로 말하기, (밑줄) 또박 또박 강조하여 말하기, (…) 생략된 인용.

위의 텍스트에서 구술자는 자신과 가족들이 주어진 조건에서 최선을 다했고, 할 수 있는 능력을 다해 활동하였음을 강조하고 있다. 즉 그는 토대가 좋지 못한 사회적 조건을 만회하기 위해 "남들이 열 발자국 디딜 때 백 발자국을 뛰는" 눈물겨운 노력으로 가족을 부양하였던 것이다. 결혼 후 지역의 각종 사회참여활동에서 구술자의 이러한 성실성과 능력이 인정되어 1986년부터 탈북하기 직전에는 식품공장의 실질적인 책임자로 일했다.

다른 한편 일제 시기 독립운동에 대한 조부의 지원 활동을 밝히려고 했던 가족의 노력이 1990년대 중반 비로소 결실을 보아 '열사가족'으로 인정되었다. 그러나 당시 북한사회에서는 소위 '고난의 행군'이 공식적으로 시작되었다.[20] 평양 등의 대도시가 아닌 국경지역의 경우 정상적인 식량배급이 중단된 지 오래되었지만 1990년대 중반의 식량 부족은 점진적인 아사로 이어지고 있었다. 특히 조금이라도 이권을 가진 사람들은 '정복'을 입은 채로 뒷거래를 하고 있었다. 1998년 당시 선전대에 다니던 큰딸은 공식배급이 중지되어 아무런 임금과 배급을 받지 못한 채 일을 하고 있었다. 그러던 중 휴직을 받았다. 당시 주민들에게 휴직은 "일 안하고 장사 하든 뭘 하든 먹고 살라고 시간을 주는" 것이었으나 구술자의 가족은 장마당에 나갈 밑천이 없었다.[21] 결국 큰 딸은 장사 밑천을 마련하기 위해 구술자 몰래 중국행 브로커와 함께 국경을 넘었다. 일주일 뒤에 돌아오기로 한 딸이 돌아오지 않자 당시 나이 47세인 구술자는 "죽어도 같이 죽고 살아도 같이 살기 위해" 나머지 두 딸과 함께 1998년 6월 브로커를 따라 중국 국경을 넘었다. 2008년 인터뷰에서 구

---

20 북한의 배급제도에 의해 식량이 적절하게 공급되지 않은 것은 이미 제3차 7개년 계획의 실패 과정에서 여실히 드러났다. 이어 1994년의 냉해, 1995년 홍수 등을 겪으며 배급제도 자체가 무력하게 되면서 북한 당국은 1996년 신년 공동사설을 통해 "고난의 행군정신"으로 무장할 것을 촉구하였다(김상환, 1997).

21 1990년대 북한사회의 경제적 어려움이 증가하면서 집안에 있던 여성들이 장사를 통해 실질적인 가장의 역할을 하게 되었다. 가장 일반적인 경제활동으로는 다양한 형태의 장사이고, 다음으로는 가내작업반을 활용한 생계활동 및 외화벌이가 있다(이미경, 2006: 37 이하).

술자가 북한을 떠나기 직전 언니에게 편지를 쓰던 상황에 대하여 이야기하는 다음 텍스트를 보자.

> 언니 이- 편지를 볼 때쯤이면 나는 여기- 안 있을 것이라고 그래- 00이((큰딸 이름)) 찾으면 오고- 못 찾으면 내가 여기 못 온다 어쨌든--(3) 쯧((혀 차는 소리)) 그러면서도 속에 있는 소리 하죠-어- 원래 나는 그- 여기- 이 나라를 위해서 진짜 성심껏 살았는데 나는 너무나도 지금 생각해 보면 그렇다고서- 내가 주재소에 가면, 거기 가면 '인민을 위해 복무함'이라고 썼는데, '나'라는 사람은 그- 인민이라는 범주에 속하질 않는지 모르겠는데, 그 인민을 위해 복무한다는 사람이- 아무 근거도 없는 사람을 잡아넣고 이 간나 저 간나 하고 말할 수 있고 근거도 없이 와서 집을 다- 뒤져 가고--그렇게 할 수가 있는가--, (…) 이러면서 내가 그렇기 때문에 내가 이때까지 살아온 이- 나라에 대해서 별로 큰 애착을 못 느끼겠다고 내가 지금 썼거든요--그러면서도 어쨌든 그런-나라지만, 내가 자라나고 이때까지 살아온 땅이길래 내가 살던 이 나라가 잘 되기만을 빌면서 살겠다고- 그러면서 쭉 써 놓고서리- 그 다음에 짐을 다 정리했어요-(4).
>
> (고순자 구술녹취록, 2008 I/ 23~24).

위의 단락에서 구술자는 먼저 자신의 월경이 자식을 둔 어머니로서 택할 수밖에 없는 절박한 선택임을 강조하고 있다. 동시에, 자신을 '인민'으로 인정하지 않은 북한사회를 떠나는 강한 심정을 토로하고 있다. 이 부분에서 이야기의 시제가 '현재'로 바뀌면서 구술자의 고조되는 목소리는 10년 전 탈북을 앞두고 편지를 쓰던 1998년 당시로 돌아가 있다. 구술자는 '나쁜 출신성분'이라는 정치적 낙인과 차별을 상쇄하기 위해 '10배'의 사회 헌신으로 살아온 자신에 대하여 북한정권이 근거 없이 가족의 인신을 구속하거나 사생활을 침해하고, 뇌물과 비리로 가난한 자신을 착취한 이유가 자신을 인민으로 인정하지 않았기 때문임을 논증하고 있다. 사례분석에 의하면 비록 구술자의 가족이 1990년대 중반 '열사가족'으로 정치적 복권이 되었으나, 일상생활 속에서는 여전히 무시와 권리의 침해를 겪어야 하는 '비(非)인민'으로서의 상황이 지속되었다. 나아가 흉흉해지는 민심 속에서 여성공동체인 자신과 딸들이 사회적 존재 가치를 위협받고 생존조차 지킬 수 없는 상황에 이르게 되자 북한의 국경을 넘게 되었다. 달리 말해 1990년대 중반 이후 북한정권이 스스로 '열사가족'으로 호명한, 최고 가치를 지닌 사회구성원들조차 배려하지 못하는 정치적 무능의 상태였으며, 이러한 과정에서 개인은 자신이 속한 사회에 대한 자부심과 정치적 연대감을 상실하고 떠나게 된 것이다. 그럼에도 불구하고 마지막 단락에서 구술자는 자신이 살아온 땅에 대한 '정서적 연대'를 표시하고 있다.

(2) 신체적 학대와 남한으로의 이주

이 글의 여성 구술자들 대부분 북한을 탈출하여 짧게는 1년, 길게는 5~6년 동안 중국에서 생활하면서 다양한 형태의 신체적 학대를 경험하였다.[22] 불법체류자의 신분이 된 중국 사회에서 다시 북송되지 않기 위해 매매혼, 인신매매를 거치며 성폭력을 비롯한 가혹한 인권침해에 직면하기도 했다.[23]

고순자 씨는 중국 체류기간을 "아주 다시 정말 생각하고 싶지도 않은" 경험으로 표현하였다. 1998년 중국 각지에 팔려간 구술자의 가족들은 각고의

22 김열란 씨의 경우는 2006년 탈북한 며칠 후 브로커와 함께 중국에서 비행기를 타고 인천공항에 입국한 경우로, 중국에서 인권침해를 경험하지 않았다. 2000년대를 거치면서 탈북 후 한국으로 직접 입국하는 등 다양한 경로가 개발된 것으로 보인다.

23 한국으로의 입국 전 중국 및 제3국에서 난민으로 체험한 성적인 인권침해가 이후 한국에서의 정착과정에도 영향을 미친다는 연구결과가 있다(조영아·전우택, 2005: 19). 이 시기 중국 내 탈북여성들의 일반적인 현황에 대해서는 다음을 참조하라(백영옥, 2002: 247~253).

노력 끝에 다시 만나 베이징 주재 한국영사관을 통해 2003년 1월 한국으로 입국하였다. 중국에 머무는 동안 구술자와 딸들은 남한 라디오방송을 통해 탈북자들에 대한 소식을 들으며 남한으로 갈 수 있는 길을 꿈꾸었던 것으로 보인다. 이미 북한사회에 대한 정치적 연대감을 상실한 구술자는 중국에서 신체적 학대까지 받으며 언제 잡혀갈지 모르는 불안 속에 있다가 "진짜 등 떠밀려서 한국에 왔다"고 평가하였다(고순자 구술녹취록, 2008 II/ 34). 사회주의 중국이 북한과의 정치적 관계 때문에 탈북자들에게 행사한 정치적 압력이 역설적으로 이들의 한국행을 결정하는 중요한 배경[24]이 되었던 것이다.

(3) 나의 권리를 위한 헌신

구술자는 두 번째 인터뷰에서 자신이 대한민국에서 겪은 "실망스러운 일"을 소개하던 중 북한이탈주민 교육을 담당했던 공공기관 담당자의 차별과 비리에 대하여 구체적이고 생생하게 전달하였다(고순자 구술녹취록, 2008 II/ 43~44).[25] 사례분석에서 중요한 점은 담당자가 당시 구술자의 신변보호와 보안상의 목적을 위해 주어진 '권한'을 자신의 개인적 이익을 위해 행사했을 뿐만 아니라, 구술자가 직접 눈으로 보고 느낄 수 있는 상황 속에서 이와 같은 행위가 이루어졌다는 점이다. 달리 말해 당시 담당자들은 마치 구술자와 딸이 동일 공간에 존재하지만 자신들의 행위가 갖는 의미를 전혀 이해할 수 없는 존재, 즉 '비(非)인간'으로 전제하고 행동하였다는 점이다. 구술자가 인터뷰를 통해 항의하고 있는 것은 자신의 정당한 권리에 대한 무시와 함께 도덕적 존재로 인정받지 못함으로써 느끼는 굴욕감이다. 이를 통해 구술자는 당

24 미국의 전문민간단체인 'Refugees International'의 2004년 보고에 의하면 조사대상자 65명 중 절대 다수는 체포와 강제송환 등의 문제만 없다면 고향인 북한과 가깝고 혹시라도 돌아갈 가능성이 있는 중국에 살기를 희망하였다. 북한과 관계를 단절하고 살기를 희망한 사람은 거의 없었다(정병호, 2006: 58에서 재인용).

25 신변보호를 위해 이에 대한 자세한 구술내용을 생략하였다.

시 자신이 비록 대한민국 국적을 얻었지만 실질적으로는 동등한 인지적 능력을 가진 도덕적 존재로서 인정받지 못하고 있는 사회적 처지를 체험할 수밖에 없었던 것으로 보인다.

이어지는 생애사적 자료에 의하면 구술자는 4, 5년의 생활을 통해 북한이탈주민들의 자발적인 모임에서 비슷한 처지의 시민들과 정서적 교류 및 상호지원을 하는 과정에서 리더십을 인정받게 되었다. 이후 자연스럽게 북한이탈주민들의 멘토 역할을 하게 된 것으로 보인다. 사례분석에 의하면 다른 물질적, 사회적 자원이 없는 구술자는 자신이 할 수 있는 최대의 성실함과 노력을 바탕으로 현재 자신의 생활세계에 적극 참여하고자 한다.

> 저는 이 나이에 그렇게 저를- 내가 뭐- 열심히 글쎄 뭐- 맡겨주면 열심히 하기는 했지만은, 그렇게 해 준다는 게 저한테는 너무 고마운 거잖아요, 그래 어쨌든 최선을 다해서 나도 열심히 하면서(…) 지금 현재는, 저는 그저- 좌우명이 그렇습니다- 그냥 제- 그런-- 하루하루 그저 최선을 하는 것으로 그저 저는- 내 좌우명이에요. 매일매일을 그냥 최선을 다하는- 마지막에- 마지막 날처럼 최선을 다한다, 난 그게 좌우명이거든요.
>
> (고순자 구술녹취록, 2008 I/ 51~52).

위의 텍스트에서 구술자는 자신에게 실무자의 역할을 맡겨준 북한이탈주민을 위한 지원조직에게 감사하고 있다. 동시에 구술자는 짧은 텍스트에서 반복하여 "최선"을 다하는 자신의 노력과 성실성을 강조함으로써 암묵적으로 이에 대한 자부심과 사회적 인정을 강조하고 있다. 이 사례분석 과정에서 중요한 점은 구술자가 북한사회에서 인정받기 위해 "열배의 노력"을 경주했던 행위양식과 남한사회에서 실천하는 "최선"의 노력이 갖는 동형성이다. 즉, 친일 지주집안의 자식 혹은 탈북자라는 사회적 소수자의 위치에서 최소한의 사회적 인정을 획득하기 위해 구술자가 전유한 '헌신'하는 행위양식을 짐작할 수 있다. 고순자 씨의 생애사는 북한사회주의 혹은 남한자본주의와 같은 현실 정치적 이념과 상관없이 자신이 현재 속한 사회의 도덕적 가치와 규범을 최대한 존중하고 '헌신(devotion)'함으로써 자신의 권리와 사회적 가치를 인정받고자 하는 생애사적 노력을 보여준다. 이것은 구술자가 북한에서의 정치적 박해와 북한이탈주민에 대한 한국사회의 편견이라고 하는 일반화된 타자와 상호작용하며 평균 이상의 '헌신'으로 자신을 실현하는 정체성의 한 양식이기도 하다.

2) 대한민국의 대학생이 된 여성, 유지민

(1) 독립적인 인생을 위하여

이 글의 구술자 중 가장 어린 세대에 속하는 유지민 씨는 당원이 아닌 집안의 딸로 졸업 이후 마땅히 직장을 찾지 못하고 있던 중, 중국을 거쳐 한국으로 오게 되었다는 점에서 고순자 씨 사례에 대한 최소비교의 사례이다. 유지민 씨는 1983년 해외를 오가며 일하는 아버지와 전업주부인 어머니 사이에서 외동딸로 태어났다. 공부보다 천식으로 고생하던 어머니의 병구완을 해야 하는 어려움이 있었으나, 아버지의 수완으로 '고난의 행군' 시기에도 큰 배고픔을 느끼지 못할 만큼 경제적으로 유복한 환경에서 성장하였다. 그러나 사춘기였던 1995년, 구술자가 15살 되던 해에 어머니가 전염병에 걸려 사망하고 다음 해 아버지가 재혼을 하자 깊은 정서적 어려움을 겪었다. 일상을 같이 하던 어머니의 부재와 아버지의 재가는 형제 없는 구술자에게 '혼자라는' 존재적 자각과 '독립생활'에 대한 열망을 일깨웠다.

1998년 고등중학교 졸업을 앞두고 당원이 되는 꿈을 이루기 위해 군에 입대하려 했으나 가족의 반대로 포기하였다. 그러던 중 중국으로 갔다가 북송되어 돌아온 동네의 '여자동생'과 친숙한 관계를 맺게 되면서 가보지 못한 하얼빈 등 미지의 사회에 대한 동경을 갖게 되었다. 결국 1999년 17살의 구술자는 "6개월 일해서 장사밑천"을 마련하여 돌아오기로 하고 중국으로 향한 국경을 넘었다. 농사를 짓는 노부부의 노동 인력으로 팔려간 구술자는 2001년 다른 지역에 살던 북한 출신의 아는 언니 집으로 탈출하였다. 그곳에 머물며 가짜 중국인 호적을 사서 한국인 관광회사에 보조 가이드로 취직하였다. 그러나 합법적인 체류허가 없이 불안정한 생활을 하던 구술자는 자신이 다니던 회사 사장이 탈북자의 한국행을 주선한다는 사실을 알고 도움을 요청하였다. 구술자는 2003년 겨울 베이징 주재 한국영사관을 통해 한국에 입국하였다.

(2) 대한민국 '국민 되기'

2004년 하나원을 졸업하고 경북 지역에 임대주택을 배정받은 구술자는 혼자였다. 인터뷰에서 구술자는 "2004년이 제일- 눈물겨운 한 해"였다고 평가하였다. 무엇보다 자신에게 정서적 배려를 나누며 절대적인 지지를 해 주는 사람이 아무도 없다는 외로움이 컸다.[26] "뭐 아무 것도 아는 것도 없고 컴퓨터, 컴퓨터 할 줄 몰라, 문화, 문화 몰라, 말투, 말투 적응 못하는" 이방인으로서 "타지 사람인 (것) 자체가 낙인처럼 찍혀져 가지고 부끄럽고, 괜히 죄지은 사람처럼 수치심"을 느껴야 했던 것이 더 큰 어려움이었다. 이처럼 구술자에게 남한 출신이 아닌 것 자체가 '낙인'으로 체험되는 이유는 한국사회의 가치에 대한 위계질서가 북한이탈주민들의 생활방식과 신념을 '열등하고 문제가 있는 것'으로 평가절하하고 있기 때문일 것이다. 이를 통해 구술자는 자신이 가진 고유한 능력에 대하여 긍정적 가치를 부여할 수 있는 사회적 지지와 격

26 탈북청소년의 사회적 지지에 대한 연구(박윤숙·윤인진, 2007)는 남한청소년에 비해 이들의 지지기반이 부족하며, 긴밀한 지지관계가 일상생활에 중요한 역할을 하고 있음을 지적한다.

려가 아니라 무시와 굴욕이라는 '인정의 철회'를 체험한 것이다. 이런 관점에서 구술자에게 컴퓨터 등을 사용하는 방법은 단순한 지식이 아니라 자신과 '남한 국민'을 구별하는 징표이기도 했다. 이런 경험을 하면서 구술자는 탈북자라는 자신의 신분을 밝혀 따가운 사회적 시선을 감수하느니, 차라리 자신을 구별하는 낙인의 징표들을 바꾸고 적극적으로 '대한민국 국민'이 되기 위해 노력하였다. 우선 컴퓨터 학원에 다니며 사용법을 익히고, 한국 여행사에 다닌 경험을 살려 취직하기 위해 '적당한 정체성'을 만들었다. 탈북자가 아니라, 지역사회에 적당한 자신의 이력을 만들기 위해 말투와 고향을 강원도로 바꾸고 중국 체류경력을 부분적으로 수정한 것이다(유지민 구술녹취록, 2008 I/19). 이렇게 만든 새로운 이력서와 '밝고 활발한' 인상을 가진 구술자는 첫 직장으로 화장품 매장에 취직하였다. 그러나 어떤 직종보다 외국어가 넘치고, 유행에 민감하게 대응하는 수많은 품종을 다루어야 하는 역할을 알고 큰 위기감을 느꼈다고 한다. 회사별 제품명은 커녕 스킨, 로션, 스프레이 등 외래어로 된 품종조차 알지 못하는 자신을 동료들이 이상하게 느끼기도 했기 때문이다. 결국 3일 만에 회사를 그만둘 것을 고민하던 구술자는 "내가 죽음과 삶의 기로에서 삶을 선택했는데, 이거 하나 못 해내랴"는 생각으로 버텼다(유지민 구술녹취록, 2008 I/ 20). 그러나 자신의 처지를 솔직히 밝히지 못하고 눈치와 짐작으로 매장 일을 배워야 하므로 자신의 능력보다는 주로 청소를 하면서 겪었던 어려움은 상당했다. '핫도그'를 사오라는 사장의 주문에 핫도그가 먹는 것인 줄도 몰라 겪어야 했던 곤란함을 이야기하며 구술자는 탈북자로 커밍아웃을 해서 겪는 무시와 차별보다, 눈치와 짐작으로 한국의 주류문화에 동화되기 위한 노력을 할 수밖에 없었던 당시 심경을 피력하였다.

몇 달 후 매장을 방문한 중국 유학생들에게 유창한 중국어로 화장품을 판 경험이 힘이 되어 구술자는 좀 더 나은 미래를 위해 대학 진학을 결심하였다. 6개월간 "동시통역직업훈련학교"를 마치고 2004년 3월 지역에 있는 한 대학의 중국학과에 입학하였다. 중국에서의 생활경험이 중요한 생애사적 자원이 된 것이다. 구술자는 중국어를 원어민에 가깝게 할 수 있는 능력을 바탕으로 대학 동기들 사이에서 리더쉽을 인정받기 시작하였다(유지민 구술녹취록, 2008 I/ 24). 현재 다양한 동아리 활동과 함께 학과의 취업모임 회장으로 활동하는 구술자는 자신의 탈북경험을 밝히고 학생들에게 북한이탈주민 지원조직의 자원활동을 권유하기도 한다.

(3) 나는 누가 뭐래도 대한민국 국민

2004년 경북 지역에 정착한 후 2008년 인터뷰 당시까지 구술자의 생애 이력은 20대의 나이가 할 수 있는 집중적인 생애사적 노력을 보여준다. 자신이 일상적으로 직면하는 북한이탈주민에 대한 '따가운 시선'을 견디며 눈치와 짐작, 학습 등 자신만의 노력으로 소위 '대한민국 국민'으로서의 문화와 능력을 전유하게 된 것이다. 돈 버는 직장보다 미래를 위해 투자하고자 대학을 선택한 구술자는 현재 4학년 졸업반으로 "지금이 내 인생의 최고봉"이라고 평가하였다(유지민 구술녹취록, 2008 I/ 36). 전체 인터뷰에서 구술자는 비록 혼자 꾸려가는 경북지역에서의 생활이 외롭고 고단하지만 북한을 떠났던 과거보다 나은 미래를 만들고 있다는 강한 자부심과 희망을 피력하였다.

다른 한편 구술자는 올림픽 등의 경기에 등장하는 북한선수들을 보면 자연스럽게 눈물을 흘리고, 이기기를 기원한다. 구술자는 북한에 두고 온 가족을 생각하며 눈시울을 적시기도 하였다(유지민 구술녹취록, 2008 I/ 31). 비록 떠나온 사회이지만 구술자에게 북한은 자신에게 무조건적인 지지와 격려를 보냄으로써 자기믿음(selbsttraun)을 갖게 하는 정서적 토대인 것이다. 동시에 구술자는 힘주어 자신을 대한민국 국민으로 정의하였다.

> 누가 뭐라 그래도 제가 ㅁㅁ 사투리 써도 저는 대한민국 국민이에요. 법

적으로 저는 그렇게 돼 있고, 나는 그래서 이 나라에서 기여하면서 살 거니까. 제가 있으면서 물론 다른 사람들이 봤을 때, 기초생활수급자라고 '저 사람은 짐이 될 거야'라는 편견에 대해서 절대적으로 없다라고 얘기하죠. 물론 안 그런 사람도 있지만요. 내가 세금 내는 그 나라에 있을 때가, 내가 이 사회에 꼭 필요한 사람이 될 거야, 그런 사람이야, 나는. 나는 새터민들한테도 그런 말을 해요, 너희들은 다 필요한 사람이다, 필요하지 않은 사람이 어딨어요. 어떻게 그 사람들이 원하는 거만 필요한 건 아니잖아요. (유지민 구술녹취록, 2008 I/ 39)

위의 단락에서 구술자는 근대국가 구성원으로서의 법적 권리는 "북한 사투리"와 상관없이 개인에게 주어지는 권리여야 함을 강조하고 있다. 또한 '가난한 탈북자들은 여기에 와서 국가지원이나 받으며 사회의 짐이 될거야'라는 편견에 대하여 구술자는 이 나라에 "기여하고" "꼭 필요한 사람"이 될 것임을 다짐하고 있다. 구술자는 자신에게 부여된 법적 권리에 대한 대가로 사회적 기여를 약속하고 있는 것이다. 이것은 혈통이나 출생지 등에 의해 '자연적'으로 남한사회 구성원의 자격을 가진 것이 아니라는 자신의 조건을 만회하고자 하는 시도이기도 하다. 나아가 스스로 무임승차한 개인이 아니라 사회에 꼭 필요한 사회적 가치를 가진 존재로 인정받으며, 상호 연대의 관계를 맺고자 하는 강한 바램이라고 할 수 있다.

지금까지 살펴본 유지민 씨의 생애사는 한국사회의 문화와 질서에 '동화'되고자 하는 적극적인 노력을 보여준다. 이것은 사춘기에 국가 사이의 경계를 넘으며 정착한 한국사회에서 자신의 존재를 인정받기 위한 구술자의 각별한 생애사적 실천양식이다. 또한 "누가 뭐래도" 스스로를 대한민국 국민으로 자리매김하려는 구술자의 정체성 (재)구성 과정이기도 하다.

3) 북한주민과 연대하는 '비판적 지식인' 김주희

(1) 작가동맹 시인의 정치적 추방과 신체적 학대

김주희 씨는 1959년 평양에서 4남 2녀의 장녀로 태어났다.[27] 아버지가 평양 조소문학회 부위원장을 거친 교사였고, 어머니는 일본 유학을 한 점 등에 비추어 '지식인 집안'의 전통 속에서 자랐다. 구술자는 이러한 가족 분위기 속에서 자신의 문학적 꿈을 키웠다. 1977년 고등학교를 졸업한 구술자는 공장생활을 하다가 출판사 편집부 필사공으로 취직하였다. 이 시기 구술자는 평양 4.15 창작단 번역 실장으로 있던 오빠의 지도로 문학수업을 받았고 1980년 두 편의 시가 '평양신문'에 게재됨으로써 21살의 젊은 나이에 사회적 인정을 받게 되었다(김주희 구술녹취록, 2006 I/ 28~30). 1991년 김형직사범대학 작가양성반을 졸업하고 북한 최고의 문학잡지인 '조선문학'에 시를 발표함으로써 전문작가의 길을 걷게 되었다.

1994년 30대 중반의 나이가 된 구술자는 17년 연상의 상처한 남자와 결혼하였다. 김책공대 물리학부 초대 졸업생으로 북한 원자력공업부 간부로 있던 남편의 사회적 조건이 제공하는 생활기반과, 양육의 경험을 토대로 구술자는 안정된 창작활동을 하였다(김주희 구술녹취록, 2005/ 65~68). 그러나 결혼 3년 후인 1997년, 구술자 가족은 평양에서 △△으로 추방명령을 받았다. '고난의 행군'으로 사상투쟁이 심화되던 시기, 평소 김정일 찬양시에 적극성을 보이지 않는 구술자를 비판하던 당 조직에서 의붓아들의 일탈행각을 좋은 비판거리로 삼은 것이다. 1년여 동안의 진정과 호소 등 추방을 막기 위한 노력이 수포로 돌아가자 구술자의 가족은 1998년 5월 기차를 타고 △△으로

27 김주희 씨와의 인터뷰는 2006년 5월과 2007년 8월 두 차례에 걸쳐 이루어졌다. 인터뷰 자료 외에 구술자의 자전적 단행본(2005)과 석사학위논문(2006), 각종 기고문들을 토대로 사례를 재구성하였다.

갔다. 식량난의 와중에 직장을 잃고 지방으로 추방명령을 받은 구술자와 남편은 새로운 삶의 기반을 찾기 위해 이혼에 합의하고 헤어졌다. 이후 구직을 위해 백방으로 수소문하던 구술자는 이미 1980년대 말부터 만성화된 지방에서의 '미지급' 상태를 온전히 경험하였다. 두 달여 동안 △△ 주변을 오가며 직장을 구하려던 구술자는 공공연한 월경자(border-crossers)들을 목격한다. 우연히 만난 사촌동생의 권유로 배고픔을 해결할 수 있을 뿐만 아니라 자유롭게 창작활동을 할 수 있는 곳을 찾아 구술자는 1998년 7월 11일 이른 새벽 두만강을 건넜다.

중국으로 건너온 후 두고 온 아들을 데려오기 위해 중국과 북한의 국경을 두 번이나 더 건너는 것을 불사한 구술자는 중국 땅에서 여러 번의 인신매매를 경험하였다. 단행본 저서에서 구술자는 이 시기에 겪었던 성폭력과 생명의 위협을 생생하게 기술하고 있다. 1999년 1월 어느 날 구술자는 피와 땀투성이 내복 바람으로 아들을 안고 인근 교회 안으로 피신하였다. 연변지역 한인 선교사의 보호 아래 10개월간의 은둔생활을 하던 구술자는 1999년 11월 13일 몽골국경을 경유하여 한국의 김포공항에 도착하였다. 당시 심경을 묘사한 글(김주희 자서전, 2005: 295)에서 구술자는 자신을 '사랑하는 자로부터 버림받은 여인'으로 묘사하고 있다. 열렬한 구애와 헌신에도 불구하고 북한 정권으로부터 버림받은 자신이 결국 인생의 거친 격랑 속에서 '적국'이었던 남한까지 오게 되었음을 토로하고 있다. 이를 통해 평생을 예술가로 헌신한 자신에게 보호와 사랑으로 대답한 것이 아니라, 평양 추방을 명함으로써 삶의 기반을 잃고 기아와 인신매매 그리고 성폭력에 처하여 결국 '적국'이었던 남한 땅으로 내몰리게 한 북한정권에 대한 강한 원망을 엿볼 수 있다.

사례 재구성 결과에 의하면 구술자에게 1998년 북한으로부터의 탈출 그 자체가 아니라 평양 추방 이후 역동적으로 이어지는 기아 및 폭력의 체험을 매개로 한 사회적 추락과 반복되는 국가 간 경계 넘기(1998~1999년)가 상대적으로 긴 생애사적 전환기(biographical turning periods)를 구성하고 있다.

(2) '탈북인'이 아닌 작가로서의 성찰

한국에 도착한 구술자는 수개월 간의 정착교육을 받은 후 2001년 충청지역의 아파트를 분양받고 이주하였다. 그러나 문학을 계속하기 위한 준비로 2002년 서울의 한 여성학과에 진학하여 2006년 7월 졸업하였다. 대학원 과정을 다니며 자신의 탈북과정에 대한 자전적 수기를 발간하기도 하였다. 이 과정에서 구술자는 흑백논리에 의해 구성된 남북한의 역사에 대한 새로운 이해에 직면하게 되었던 것으로 보인다. 즉 과거 자신이 알고 있는 남한과 현재 남한사회에서 바라보는, 떠나온 정치적 타자로서의 북한을 자신의 생애사 속에 새롭게 자리매김해야 하는 과제에 직면한 것이다. 이와 같은 맥락에서 구술자는 단행본을 통해 "전대미문의 생애체험을 겪고서야 남과 북을 아울러 성찰할 수 있게 된 경계인으로서 나"라는 생애사적 관점을 보여줌으로써 자신과 상호작용하는 일반화된 타자에 대한 새로운 이해를 시도하고 있음을 짐작하게 한다. 이것은 구술자의 새로운 자기이해(self understanding)이기도 하다. 동시에 구술자는 2005년에서 2006년에 걸쳐 집필한 자신의 석사논문에서 북한의 여성시를 분석함으로써 여성시인이었던 자신의 모습을 투사하여 성찰하고 있다.

그러나 이러한 자기성찰과 함께 구술자는 자신을 '탈북자'로만 정의하려는 한국사회의 일상에 직면하곤 하였다. 구술자가 전하는 구체적인 사례에 따르면(김주희 구술녹취록, 2006 I/ 14~15) 자신이 다니던 대학원에서 여성학 관련 행사를 준비하던 중 구술자는 자신의 존재가 평가절하되는 모멸감을 느꼈던 것으로 보인다. 당시 상황에 대한 인터뷰에서 구술자는 식품을 전공하는 어떤 '비전공자'가 여성학 주제에 대한 발표를 맡았던 반면, 정작 여성학 '전공자'인 자신은 '탈북' 경험에 대한 발표자로 역할분담이 된 상황에 대하여 심각하게 문제를 제기하고 있다. 구술자는 이 과정을 지켜보며 자신이 가진 삶의 깊이와 학문적 연륜이 '사회적 가치'로 인정받지 못하고, 단지 '탈북자'로만 평가되고 있음을 느끼게 되었던 것으로 보인다. 즉 북한사회에서 최고의 예술가라는 '명예'를 체험했던 자신이 여성학 전공자가 아닌 다른 여성보다 평가절하되는 것에 대해 '수치'를 느꼈을 것으로 보인다. 나아가 집단 내에서 자신이 오직 '북한에서 탈출한 행위'만으로 정의되는 것을 직접 체험하게 된 것이다. 이처럼 어떤 사회의 도덕적 내용이 각각의 '개인성'이 아니라, 각 개인이 가진 성(sex), 피부색, 출신지 등의 특정한 조건으로 환원시켜 위계화하는 것은 사회적 배제와 차별의 전형적인 경우이다.

(3) 북한주민과 연대하는 지식인의 길

구술자는 2003년 북한을 탈출하여 일본에 거주하며 언론분야에서 활동하고 있는 현재 남편을 우연히 만났다. 3년 뒤인 2006년 두 사람은 결혼하였다(김주희 구술녹취록, 2007 II/ 16). 이어서 2007년 북한주민들의 생활을 전하는 한 잡지의 편집인이 되었다. 사례분석에 의하면 결혼 후 구술자는 남편을 통해 북한주민들이 제3국을 통해 내보내는 소식을 접하게 된 것으로 보인다. 그리고 남편과 함께 이들의 소식을 모아 세상에 알리기 위한 편집작업에 자신의 남은 인생을 바치기로 한 것이다. 잡지 창간호에서 구술자는 자신의 "뒤집혀진 삶"에 대하여 이야기하고 있다.

> 나는 이번 기회를 통해 한국에 온 후 처음으로 되는 나의 정체성 정사[성찰]를 해 보았다. 초기 몇 년간은 내가 열심히 공부하고 정착을 잘하면 한국인이 되는 줄로만 여겨오고 있었다. 그 후로 이어진 나날들은 북한사람 외에 나는 다른 어떤 존재도 아니었다는 사실을 걸음걸음 각인시켜주었을 뿐이다 (…) 북의 문제는 북에서 태여난 사람 자신이 해결해야 한다

는 력사적 숙명을 의식하게 해준 과정이었다. 나는 결국 하버드의 꿈을 포기하였다. 두 눈에 흙이 들어가지 전엔 절대로 돌아보지 않으리라던 북한을 나의 남은 미래의 전부로 받아들였다(…) 시인의 길-심장이 가리키는 운명의 길을 또 한 번 선택한 것이였다. (김주희 잡지 글, 2007: 9~10)

위의 단락에서 구술자는 북한을 버리고 남한으로 온 자신이 다시 북한을 받아들이기로 한 선택을 "시인의 길-심장이 가리키는 운명의 길"로 정의하고 있다. 또한 이러한 선택이 짧지 않은 한국에서의 생활에 대한 숙고를 통해 이루어진 것임을 강조하고 있다. 사례분석에 의하면 구술자는 남편과의 만남을 통해 자신이 떠나온 북한을 보다 사회과학적인 지평에서 바라볼 수 있게 되었다. 이를 통해 자신의 정치적 추방과 탈북이 사회주의적 신념을 실천하지 못한 자신의 잘못이 아니라, "총체적 미지급" 사태를 낸 북한정권의 구조적 무능력 때문임을 '과학적'으로 이해함으로써, 자신이 가졌던 암묵적인 죄의식을 해소할 수 있었던 것으로 보인다. 뿐만 아니라 김정일 정권의 무능과 부패로 인해 고통 받는 북한주민의 목소리에 공감함으로써 비록 몸은 남한사회에 소속되어 있으나 국경을 넘어 이들과 연대할 수 있는 정치적 가능성을 확인할 수 있었던 것으로 보인다.

지금까지 살펴본 김주희 씨의 생애체험은 남한사회구성원이라는 정치적 소속(political belonging)을 가지고, 대한민국이라는 영토적 경계를 넘어 북한주민과 연대하고자 하는 비판적 행위지향을 보여준다. 이것은 이념적 적대관계로 형성된 국민국가의 경계를 횡단하는 초국가적 체험을 통해 구성되는 구술자의 비판적 정체성의 표현이라고 할 수 있다. 이런 관점에서 구술자의 '비판'에 근거한 인정투쟁은 근대 국민국가라는 행위공간을 넘어서고 있다.

4) 나는 국제적으로 단련된 자본주의 사업가: 박태수[28]

앞의 사례들이 북한사회의 비당원으로 헌신하거나 생활하던 중 1990년대 중반 '고난의 행군'을 거치며 북한 국경을 넘어온 여성들의 사례라고 한다면, 박태수 씨의 사례는 북한사회의 최고엘리트로 생활하다가 1990년대 중반 정치적 숙청을 경험하며 북한사회를 탈출한 경우로 최대비교의 사례라고 할 수 있다. 구술자는 북한 경제 관련 부서의 지도급 간부였던 경험을 바탕으로, 북한사회의 단면을 논리적이고 체계적으로 소개하였다. 또한 북한과 남한에서의 생애체험에 대해서도 명료하고 거침없이 표현함으로써 '직선적이며 권력을 가진' 북한 남성 관료의 모습을 짐작하게 하였다.

(1) 해외 무역 관료의 숙청과 망명

1952년 사상노의 노동사 십안에서 출생한 구술자는 2008년 인터뷰에서 성인이 될 때까지 자신의 삶을 "한 번도 배불리 먹지 못하고 지낸 삶"으로 요약했다. 일찍 부모님이 사망한 뒤 어린 구술자는 고아와 같은 생활을 하면서 1969년 중학교를 졸업하였다. 이후 10년간 군수공장의 조선사회주의노동청년동맹(이하 사로청) 간부로 활동하였다. 결국 기본계급 출신으로 10여 년간 충성한 점을 인정받아 27살이 되던 1979년, 북한 최고의 경제대학에 입학함으로써 30대 이후 무역 관료로 "인생의 전성기"를 보낼 수 있는 기반을 마련하였다(박태수 구술녹취록, 2008 I/ 4).

구술자가 처음 해외무역활동을 시작한 것은 1986년으로, 30대 중반의 나이로부터 2002년 망명을 할 때까지 15년 간 각 나라를 두루 경험했다. 특히 동유럽사회의 붕괴과정과 중국사회의 개혁, 개방을 현장에서 지켜보았다.

28 구술자와의 인터뷰는 2008년 1~2월 중 2회에 걸쳐 이루어졌다. 구술자가 운영하는 학원 사무실에서 면담을 하는 동안 부인과의 간단한 인사도 있었다.

또 서구 자본주의사회의 삶도 직접 체험하면서 북한경제의 위기를 암묵적으로 느꼈던 것으로 보인다(박태수 구술녹취록, 2008 II/ 22~23). 인터뷰에서 구술자는 북한 최고의 경제관료로 해외를 오가며 무역사업을 하던 당시 자신이 느꼈던 갈등을 "서러운 사회"에 살았던 무역인의 처지로 평가하였다. 북한사회의 기본계급 출신으로 최고의 대학을 나와 무역엘리트가 된 자신이 "거짓말"을 하지 않으면 사회적 삶을 유지할 수 없었던 '서러움'을 드러내는 것이기도 하였다. 이처럼 사회주의체제의 공식적인 영역에서 강제되었던 사상과 규범이 일상적인 생활경험과 눈에 띄는 괴리를 갖게 된 것은 동유럽 사회주의체제가 붕괴할 수밖에 없었던 하나의 요인으로 지적되기도 한다(Niethammer et al., 1991). 이는 체제에 대한 자유로운 비판이 용인되지 않는 사회주의사회에서 체제의 이상과 현실 사이의 괴리가 빚어낸 결과였던 것으로 평가된다.

사례분석에 의하면 각종 무역활동을 거쳐 1996년 1월부터 A지역 경제대표로 나가 있던 구술자는 그해 여름 '고난의 행군' 중인 중앙당에 적극적인 충성을 표시하지 않았다는 이유로 일반 노동자로 강직되어 만 2년간 시골 농장에서 혁명화 사업을 수행해야 했다. 1996년 2월 공식적으로 배급제도가 중단됨으로써 체제의 무능이 공식화되자 권력의 중앙에서는 소위 '사상투쟁'을 강화함으로써 혹여 있을지 모르는 해외근무자들의 사상적 이탈을 막으려 했던 것으로 보인다. 혁명화사업을 수행하던 시기에 구술자는 맨몸으로 가족과 함께 농장에서 막노동을 하며 생계를 유지하였다. 1999년 천신만고 끝에 중앙기관에 재발탁되어 활동하던 중 구술자는 무역능력을 인정받아 2000년 7월, 3년 임기의 해외합작회사 사장으로 부임하였다. 그러나 2002년 2월 중앙당의 재숙청 움직임을 느끼고 그해 9월 부인과 막내만을 데리고 B지역을 거쳐 한국으로 망명하였다. 자신의 사회적 가치를 인정하지 않을 뿐만 아니라 생존까지 위협하는 북한사회를 등지고 "자신을 받아주기만 해도 좋은 곳"을 찾아 한국에 온 것이다.

(2) 자본주의 사교육 시장에서 경쟁하기

북한이탈주민 공식교육을 받은 후 서울의 집을 배정받자 구술자의 부인은 ○○교육 영어교사 연수를 받기 시작하였다. 해외활동을 통해 자본주의 시장원리를 누구보다 잘 아는 구술자가 한국 사교육시장에 주목한 것이다. 북한 최고엘리트 집안의 딸로 "김정일의 자식들이 배우는 뭐 스위스에 나가 미국 아이들한테 직접 배우기도 하고 유학도 한"(박태수 구술녹취록, 2008 II/ 17) 부인은 영어 사교육 교사자격증을 딴 후 방문과외교사로 활동을 시작하였다. 그러나 구술자가 살고 있는 지역의 학원 원장이 "북한 출신 교사를 받을 수 없다"고 거절하여, 다른 지역으로 배치를 받을 수밖에 없는 현실에 직면했다. 또한 구술자의 부인이 담당하게 된 학부모들이 "우리가 뭐 모자라서 탈북자에게 배우겠냐"라며 수강을 취소해버리기도 하였다. 결국 중요한 사회관계 속에서 구술자의 가족은 개인성이 아닌 사회적으로 평가절하된 '탈북자'집단으로 환원되는 경험을 한 것이다. 그러나 원어민급 영어 발음과 실력으로 남아 있던 학생들을 가르치기 시작하여 일 년 만에 인기 영어교사가 되었다. 구술자의 부인은 한국 사교육시장이 선호하는 우월한 외국어 능력을 바탕으로 사회적 가치를 가진 개인으로 인정받게 된 것이다.

또한 구술자는 청계천 복구공사 등의 건설현장에서 노동하며 생활비를 벌었다. 구술자료에 의하면 구술자의 가족은 모든 정착금과 생활지원금을 쓰지 않고 모은 데다 매달 부인과 구술자가 번 돈을 최대한 저축하여 3년 만에 사업자금 1억 원을 모을 정도로 집중적인 생활을 하였던 것으로 보인다. '최대의 경제활동과 최소소비의 원칙'에 따라 생활한 것이다. 이를 기반으로 2006년 중반 구술자는 주변의 무시와 편견을 깨고 해당 영어교육기관 산하의 지역학원을 개설할 수 있는 '권리'를 실현하였다. 또 학원 개소 후 1년이 된 2007년, 전국의 600여 개 산하단체 학원 중 최우수학원의 하나로 선정되어 상을 받기도 하였다. 이처럼 구술자는 북한의 대외무역 간부로 활동한 자신의 생애사적 자원을 바탕으로 남한사회의 유능한 사업가로 변신한 것이다. 나아가 구술자는 동유럽 사회주의의 변화를 지켜본 경험에 기초하여 북한이 통일될 무렵 북한 땅으로 들어가 "학원사업"을 펼칠 계획을 밝히기도 하였다. 요컨대 구술자와 가족은 남한사회의 핵심 사교육시장의 경쟁에 참여하여 우월한 외국어 능력과 경영수완으로 경제적 기반을 마련함으로써 사회적 인정을 받게 된 것이다.

(3) 사회적 명예의 상실과 절망

그러나 두 번째 인터뷰의 말미에 구술자는 자신의 최근 심경을 "절망감"으로 토로하였다. 지금까지 거침없이 자신의 생활과 입장을 이야기하던 태도와 달리 "못할 소리"를 풀어놓으며 자신의 심경을 피력하였다. 사례분석에 의하면 학원 경영을 책임지고 있는 구술자가 운영비를 절약하기 위하여 학원버스를 직접 운전하면서 어린이와 학부모들로부터 일상적인 '모욕'과 '무시'를 체험하지 않을 수 없는 것이다.

> 기니까 후들후들하니까 차를 아이들 태우고 밤에 가는데 어두운데 가는데 차가 갈 수가 있어요? 막 가슴에서 뛰는데. 차를 세우고 한- 사, 오 분 있다가 눈물이 쭈르르 나오는 기야요. 야- 이거 내가 정말 이게, 정말 조국을 버린 죄가 이렇게 크냐? 거기서 생각이 나는 거예요. 아니다, 이것도 참고 견뎌야 성공한다는데, 손바닥을 한 열 번 마주치고 가자 (…) 솔직히. 내가 이젠 정말 야- 내가 이러다 정말 죽겠구나. 아니 죽는 것보다도 고통 속에서 허덕이는구나 하는 게 절망감이 많이 나거든요.
>
> (박태수 구술녹취록, 2008 II/ 33)

위의 텍스트를 통해 남한사회에서 비록 경제적 기반을 가지기는 하였으나 '조국을 버림'으로써 상실한 '사회적 명예'와 탈북자에 대한 눈에 보이지 않는 무시와 차별이 구술자의 자기가치부여를 힘들게 하고 있음을 짐작할 수 있다. "해외를 훨훨 돌아다니던 자신"과 "짹짹거리는 에미나이와 애새끼들"의 멸시를 감내하는 현재의 자기(self) 사이에서 느끼는 자괴감이라고 할 수 있다.

지금까지 살펴본 박태수 씨의 생애사적 체험은 정치적 망명으로 상실한 사회적 명예와 인정을 경제활동 능력의 '우월함(supremacy)'을 근거로 극복하고자 하는 의지와 갈등을 보여준다. 즉 박태수 씨의 국제적으로 단련된 뛰어난 경제활동은 자본주의 한국사회에서 자신의 생애사적 자원을 바탕으로 수행하는 인정투쟁의 중요한 양식이다. 앞의 사례 재구성 결과는 탈북인으로서 겪는 무시 및 차별에 대하여 일상적인 인정투쟁을 전개하며 성공한 사업가로서의 '우월함'을 실현하는 구술자의 행위지향을 보여준다. 이러한 관점에서 성공한 경제인으로서의 '우월함'과 사회적 명예를 상실한 '좌절감'은 구술자의 정체성을 새롭게 구성해가는 핵심적인 양면(兩面)이기도 하다.

4. 새로운 시민의 인정투쟁

앞에서 소개한 구술자들은 1990년대 중반의 식량난과 이로 인해 생겨난 정치적, 일상적 긴장과 위기의 가속화라는 북한사회의 변동을 서로 다른 생애사적 조건에서 체험하며 북한의 국경을 넘게 되었다. 생존의 위협과 정치적 보복의 불안을 안고 중국과 제3국을 경유하여 한국으로 오게 되는 상대적으로 긴 '탈북의 과정'에서 구술자들은 자신이 살았던 북한사회에 대한 '가치공동체'로서의 연대감(Honneth, 1992: 221)을 상실하게 되는 것으로 보인다.

대부분의 구술자에게 남한사회는 합법적인 체류허가와 생존의 조건을 얻기 위한 차선(次善)의 땅이다. 적어도 2000년대 초까지는 북한의 국경을 넘으며 한국행을 염두에 둔 사람들은 극소수였으며, 중국에서 직면하게 되는 불법 체류자로서의 불안정한 존재조건과 경제적 어려움, 신체적 학대를 피해 남한으로의 이주를 선택하였다.

또한 한국에서의 일상생활을 통해 구술자들은 북한이탈주민에 대한 일반화된 타자의 위계적인 가치체계와 상호작용하며 다양한 형태의 배제와 차별을 경험하고 있다. 남한사회의 주류 가치체계에 의해 북한이탈주민의 고유한 문화와 가치가 열등한 것으로 평가되면서 도덕적 존재로서의 자존심을 훼손당하며, 수치와 모멸 등의 사회적 체험을 하게 되는 것이다. 이와 같은 남한사회의 '인정철회'에 대하여 구술자들은 자신들의 생애사적 체험을 자원으로 '헌신(devotion)', '동화(assimilation)', '우월(supremacy)', '비판(critic)' 등의 행위지향을 만들어가고 있다. 이것은 곧 구술자들의 새로운 정체성의 구성과정이 갖는 주요한 특성이기도 하다.

고순자 씨와 유지민 씨의 생애사는 북한사회에서 비당원 가족으로 살아오다가 경제위기를 계기로 북한 국경을 넘게 된 과정을 보여준다. 중국에서 경험한 신체적 학대와 생존의 불안을 피해 "등 떠밀려" 한국에 오게 된 고순자 씨는 자신을 국민으로 '인정'하는 대한민국에서 생애사적 자원인 '헌신'을 바탕으로 북한이탈주민지원 단체의 실무자로 활동하고 있다. 요컨대 고순자 씨의 생애사는 서로 다른 정치적 이념에 기초한 사회를 횡단하며 사회적 인정을 획득하기위해 '헌신(devotion)하는 개인'으로서의 정체성을 보여준다. 이에 비해 10대 말의 나이에 새로운 미래를 꿈꾸며 북한의 국경을 넘은 유지민 씨는 남한사회의 문화적 기호와 자원을 적극 전유함으로써 '북한이탈주민'에 대한 사회적 평가절하를 반증하고자 한다. 즉 남한사회의 가치체계에 '동화(assimilation)할 수 있는 개인'임을 보여줌으로써 시민적 권리를 인정받고자 한다. 화장품 외판원을 거쳐 중국학과 졸업반이 된 유지민 씨는 스스로를 현재 자신이 살고 있는 대한민국의 '국민'으로 정의한다. 나아가 한국사회의 위계적 가치체계가 북한이탈주민들의 문화와 가치에 대하여 '인정'할 것을 요구한다.

고순자 씨와 유지민 씨 생애사의 최대비교 사례인 박태수 씨와 김주희 씨 생애사의 공통점은 구술자들이 남한사회로 이주하게 된 구체적이고 강력한 계기가 북한정권의 정치적 숙청이라는 점이다. 자신들이 평생을 바쳐 헌신하고 일체감을 형성했던 북한정권으로부터 사회적 권리를 박탈당하고 생존의 위협에 직면하게 되자 마지막 피신처로 남한사회에 오게 된 것이다. 이런 관점에서 두 사례는 적어도 생애 이력의 차원에서, 사회주의에서 자본주의 사회로의 급격한 정치적 전환과 사회엘리트에서 소수자라고 하는 수직적 신분변화를 동시에 보여준다. 노동자의 아들로 당에 대한 오랜 충성을 바탕으로 1980년대 중반부터 해외무역관료로 활동했던 박태수 씨는 북한사회에서 두 번째의 정치적 숙청에 직면하여 자신을 '합법적으로 받아주는 곳'인 남한으로 망명하였다. 오랜 기간의 해외무역 활동을 통해 자본주의사회의 잉여축적방식을 체득하고 있는 박태수 씨는 자신의 '우월한' 경제활동 능력과 부인의 영어실력을 생애사적 자원으로 삼아 자본주의 남한사회에서 성공한 사업가로 독립하였다. 그러나 학원운영을 위한 일상생활 속에서 체험하는 사회적 명예의 상실은 경제적 성공으로 상쇄할 수 없는 생애사적 과제로 존재한다. 결국 성공한 경제인으로서의 '우월함'과 사회적 명예를 상실한 '좌절감'은 구술자의 정체성을 새롭게 구성해가는 핵심적인 양면(兩面)이기도 하다. 또한 김주희 씨의 사례는 정치적 숙청 후 이혼, 기아, 성폭력 등의 급격한 사회적 추락과 생존의 위협을 겪으며 남한사회로 오게 될 때까지 북한 사회주의체제의 규범과 가치를 절대화하였던 북한 최고의 엘리트집단으로서의 삶을 보여준다. 북한 사회주의체제의 모순을 알면서 충성했던 박태수 씨에 비해 김주희 씨는 예술가 특유의 비판의식과 거리두기에도 불구하고 체제의 모순에 대해 근본적인 문제제기를 할 기회가 없었다는 점에서 차이를 갖는다. 이런 관점에서 남한에서의 대학원 생활 및 문필활동을 통해 지속되는, 상대적으로 긴 구술자의 '자기성찰'은 북한의 최고엘리트로서의 '자기이해'로부터 거리를 두고, 남한과 북한사회를 동시에 성찰하고자 하는 '비판적 지식인'으로의 변화과정이라고 할 수 있다. 동시에 북한정권뿐만 아니라 남한사회의 위계와 자본주의적 가치실현 방식에 대한 '비판(critic)'은 현재 구술자의 정체성을 구성하는 중요한 실천양식이다. 또한 북한주민들의 일상생활을 바깥세계로 알리기 위해 잡지편집인으로 활동하는 구술자는 '대한민국 국적'의 시민으로서 정치적 경계를 넘어 북한주민과 '연대'하고자 하는 행위지향을 보여준다.

이와 같은 구술자들의 개인적 정체성은 이념적 적대국가인 '북한이냐 혹은 남한이냐'라고 하는 양자택일의 상식적인 틀을 벗어나고 있다. 구체적으로 고순자의 씨의 경우 남한과 북한 모두를 한민족이라는 관점에서 수용하여 헌신하는 이원적 정체성을 보여준다. 이에 비해 유지민 씨는 북한사회에 대한 정서적 믿음에도 불구하고, 자신이 현재 속한 남한사회에 보다 적극적인 일체감(royalty)을 가지려고 노력함으로써 개인화된 특성을 짐작하게 한다. 박태수 씨의 경우 자신이 전유한 경제활동능력을 토대로 남, 북한사회와 관계맺기를 하고 있다. 즉 정치적 신념을 토대로 남한, 혹은 북한이라는 정치공동체의 구성원이 되기보다는 자신의 경제활동을 위한 이해관계 속에서 남한, 혹은 북한을 평가하는 사사(私事化)화된 관점을 보여준다. 반면 김주희 씨의 경우 남한과 북한을 국민국가의 차원에서가 아니라, 계급/계층의 관점에서 비판적으로 평가하며 연대하고자 한다. 즉 법적으로 남한사회의 시민인 김주희 씨는 남북한 정권 모두에 대해 비판적인 거리를 유지하며 북한시민과 연대하고자 하는 노력을 보여준다.

구술자들의 사회정치적 정체성 구성과정이 갖는 공통적인 특징을 살펴보면 첫째, 구술자들의 생애사 속에서 북한사회는 더 이상 자신들에게 사회구성원으로서의 익명화된 가치인 법적권리를 보장하거나, 사회적 가치부여를 공유하며 연대하는 대상이 아니다. 그러나 북한은 이들에게 여전히 자기믿음(Selbstvertraun)의 토대인 정서적 인정관계 속에 존재한다. 많은 구술자들은 북한에 남아 있는 가족과 친인척들을 위해 물질적 지원을 아끼지 않고 있다. 또한 직, 간접적인 소통과 교류가 이루어지고 있다. 둘째, 구술자들은 사회주의사회에서의 체험을 바탕으로 남한사회의 일상적 가치규범에 대하여 거리두기를 한다. 이와 같은 '북한 출신'으로서의 거리두기와 '경계'는 북한이탈주민에 대한 남한사회의 '인정철회'에 대한 강한 문제제기이자, 도덕적 존재로서의 자기믿음에 대한 확인의 방식이라고 할 수 있다. '이방인(der Fremde)'(Schütz, 1972)이라는 사회적 지위가 부여하는 '낯선 눈'으로 한국사회의 일상적 질서에 대하여 질문하고 있는 것이다. 예를 들어 사회주의사회에서 '강한 국가'가 수행했던 역할이 자본주의 시장질서에 내맡겨지는 한국의 현실에 대한 이들의 문제제기가 단지 사회주의 국가에 '의존적인' 개인의 불평이 아니라 시장만능주의에 대한 '새로운 시민들'의 체험적 비판으로 이해할 수 있을 것이다. 이런 관점에서 '새로운 시민'인 북한이탈주민의 사회참여가 한국 시민사회의 새로운 비판적 동력으로 작용할 수 있는 가능성을 시사한다.

사회학적 관점에서 앞의 사례연구 결과는 첫째, 북한이탈주민들의 한국에서의 일상체험이 다양한 '인정투쟁'이라는 성격을 띠고 있음을 시사한다. 남한사회의 일반화된 타자와 상호작용하며 북한이탈주민들이 직면하는 상호인정의 부재는 일상적인 정체성 (재)구성의 계기가 되고 있는 것이다. 외국인노동자와 비교하여 북한이탈주민은 합법적으로 대한민국 국민이라는 정치적 권리를 가진 반면, '이념적 적대국가 출신'이자 '식량난민'이라고 하는 사회적 평가절하로 인해 고유한 집단문화와 가치에 대한 자기존중과 사회적 가치부여를 유보당하고 있는 것으로 보인다. 이러한 구술자들의 삶의 체험은 국적법에 의해 보장된 대한민국 국민으로서의 '정치적 소속'을 넘어 시민적 권리를 확보하기 위해 '헌신(devotion)', '동화(assimilation)', '우월(supremacy)', '비판(critic)'을 중요한 실천양식으로 하는 정체성 (재)구성과정을 드러낸다. 또한 이와 같은 정체성의 재구성 과정은 이들의 정체성이 '북한이냐 남한이냐'와 같은 상식화된 양자택일의 틀을 벗어나고 있음을 보여준다.

둘째, 대부분의 북한주민들이 비록 차선으로 한국사회에 이주하게 되고 복합적인 인정투쟁의 과제에 직면하게 되지만, 많은 경우 현재의 삶을 '탈북' 이전으로 되돌리기를 희망하지 않는다. 이 글의 사례연구가 보여주는 일상생활에서의 노력은 서로 다른 사회체제를 경험한 북한이탈주민들이 생애사적 자산과 함께, 정치적 소속과 사회문화적 경험 사이의 간극을 가진 '이방인'이라는 존재 조건에 기초하여 '새로운 시민'으로 등장할 가능성을 시사한다. 요컨대 북한이탈주민의 생애사적 체험에 근거한 다양한 '거리두기'가 한국의 주류적 가치체계에 대한 '부적응'이 아니라, 한국 시민사회의 새로운 비판적 동력이 될 수 있는 하나의 가능성을 시사한다.

이와 같은 연구결과는 북한이탈주민에 대한 연구와 관련하여 다음과 같은 이론 및 방법론적 과제를 시사한다. 기존의 '적응(adaptation)'의 관점에서 수행된 북한이탈주민에 대한 연구틀을 넘어 이들을 적극적인 다문화적 시민사회의 주체로 이해하고 고찰할 수 있는 이론적 성찰이 필요하다. 이러한 관점에서 호네스와 테일러에 의해 제기된 인정투쟁에 대한 논의는 유의미한 이론적 틀을 제기한다. 이러한 이론적 함의에도 불구하고 호네스의 '인정투쟁'이 암묵적으로 근대적 국민국가 내에서의 인정투쟁을 의미함으로써 북한이탈주민의 국가 간 경계 넘기를 통해 실현되고 있는 이주와 소수자로서의 삶을 포괄하기 어려운 한계를 드러낸다. 따라서 지구적 차원의 이동성의 증가가 개인의 삶에 요구하는 복합적인 '위험과 기회(risk and chance)'를 정체성의 논의 속에 담아내기 위한 새로운 이론적 모색이 필요하다. 또한 북한이탈주민의 일상적인 삶을 심층적으로 고찰하기위한 질적 접근방법이 적극적으로 수행되어야 한다. 단순한 이주현황과 생활적응의 실태에 대한 양적 기술을 넘어서 역동적인 삶의 체험을 이해의 지평으로 끌어올릴 수 있는 방법론적 시도를 통해 북한이탈주민에 대한 연구의 지평을 심화, 확대해야 한다.

이 글의 사례연구 결과는 2000년대 초반을 넘어서면서 북한 국경지역 주민들의 생활세계의 변화를 시사하고 있다. 2010년을 넘어서면서 '식량난민'이 아니라 새로운 미래를 위해 국경을 넘는 이주민이 증가하고 있다. 1990년대 중반 이례 남한사회에 정착하기 시작한 북한이탈주민이 형성한 국가 간 경계를 넘어선 인적 네트워크와 다양한 정보매체에 힘입어 통일 전 동독사회를 연상하게 하는 정치, 문화적 '경계허물기'의 효과가 증대하고 있는 것으로 보인다. 또한 개인의 생활세계의 차원에서 제3국을 거쳐 남, 북한사회를 오가는 유형, 무형의 경제적, 문화적 상호소통이 국가보안법이 현존하는 한국의 정치적 현실을 넘어 어떤 사회변동의 기제로 작동하게 될지가 앞으로의 중요한 연구과제이다.

참고문헌

강주원, 2002, "탈북자 소수집단에 대한 남한사회의 구별짓기", 한양대학교 문화인류학과 석사학위논문.

경남대학교 북한대학원 엮음, 2003, 『북한연구 방법론』, 한울아카데미.

권나혜, 2006, "남한 내 탈북이주민 대학생의 정체성과 생활경험", 연세대학교 대학원 사회학과 석사학위논문.

김근식, 2002, "북한의 인권: 안으로부터의 시작", 한국인권재단 편, 『한반도 평화와 인권 1』, 사람생각.

김상환, 1997, "김정일시대 '고난의 행군' 무엇을 의미하나", 『북한』 312, pp. 42-49.
김윤영, 2002, "탈북 아동들의 남한 학교생활과 정체성", 한양대학교 대학원 문화인류학과 석사학위논문.
김인성, 2005, "탈북자 현황분석: 탈북, 중간기착, 정착까지의 전과정의 총체적 분석", 『민족연구』 14, pp. 6-34.
김정미, 1999., "탈북여성의 정체성 변화에 관한 연구", 이화여자대학교 여성학과 대학원 석사학위논문.
독고순, 2001, "탈북 주민의 가치 정향에 관한 비교 연구", 『한국사회학』 35(1), pp. 149-174.
박경태, 2008, 『소수자와 한국사회』, 후마니타스.
박성애, 2002, "북한이탈주민의 생활경험과 자아정체성에 관한 연구", 한국정신문화연구원 한국학대학원 석사학위논문.
박윤숙·윤인진, 2007, "탈북 청소년의 사회적 지지 특성과 남한사회 적응과의 관계", 『한국사회학』 41(1), pp. 124-155.
박흥순, 2007, "다문화와 새로운 정체성. 포스트콜로니얼 시각을 중심으로", 『한국에서의 다문화주의. 현실과 쟁점』, 한울아카데미, pp. 111-134.
백영옥, 2002, "중국 내 탈북 여성실태와 지원방안에 관한 연구." 『북한연구학회보』6(1): 241~264.
윤여상, 2002, "탈북자 적응에 관한 '태도변용이론'의 적용 가능성", 『대한정치학회보』 10(1), pp. 195-223.
윤인진·박영희·윤여상·장혜경·임인숙, 2007, "북한이주민 가족의 사회적응과 가족관계의 변화", 『한국가족복지학』 12(2), pp. 89-108
윤인진, 2007, "북한이주민의 사회적응 실태와 정착지원방안", 『아세아연구』 50(2), pp. 106-182.
이미경, 2006, "탈북여성과의 심층면접을 통해서 본 경제난 이후 북한여성의 지위변화 전망", 『가족과 문화』 18(1), pp. 33-55.
이용필 편저, 2002, 『세계화 과정에서 공동체주의 이념과 국가』, 신유문화사.
이정우, 2006, "탈북 청소년의 사회화 과정에 대한 질적 연구", 『사회과교육』 25(1), pp. 195-219.
이희영, 2005, "사회학 방법론으로서의 생애사 재구성", 『한국사회학』 39(3), pp. 120-148.
정병호, 2006, "탈북난민 문제의 탈정치화", 정병호·전우택·정진경 엮음, 『웰컴 투 코리

아. 북조선 사람들의 남한살이』, 한양대학교 출판부, pp. 47−63.
정병호·전우택·정진경, 2006,『웰컴 투 코리아. 북조선 사람들의 남한살이』, 한양대학교 출판부.
정진헌, 2007, "탈분단. 다문화시대, 마이너리티 민족지. 새터민, '우리'를 낯설게 하다",『한국에서의 다문화주의: 현실과 쟁점』, 한울아카데미, pp. 136−166.
조영아·전우택, 2005, "탈북 여성들의 남한 사회 적응 문제: 결혼 경험자를 중심으로",『한국심리학회지: 여성』10(1), pp. 17−35.
(사)좋은벗들, 1999,『북한 '식량난민'의 실태 및 인권보고서』, 정토출판사.
최진이, 2005,『국경을 세 번 건넌 여자, 최진이』, 북하우스.
Honneth, A., 1992, *Kampf um Anerkennung*, Frankfurt am Main: Suhrkamp (문성훈·이현재 옮김, 1996,『인정투쟁: 사회적 갈등의 도덕적 형식론』 동녘).
Mead, G. H., 1963, *Mind, Self and Society*, Chicago and London: The University of Chicago Press.
Niethammer, L., 2000, *Kollektive Identität. Heimliche Quellen einer unheimlichen Konjunktur*, Reinbeck bei Hamburg.
Niethammer, L., A. V. Plato and D. Wierling, 1991, *Die Volkseigene Erfahrung*, Rowohlt: Berlin.
Riegel, C., 2004, *Im Kampf um Zugehörigkeit und Anerkennung. Orientierungen und Handlungsformen von jungen Migrannten. Eine sozio-biografische Untersuchung*, Ffm & London: IKO-Verlag für Interkulturelle Kommunikation.
Rosenthal, G., 1995, *Erlebte und erzählte Lebensgeschichte. Gestalt und Struktur biographischer Selbstbeschreibungen*, Frankfurt/ M.: Campus.
Schütz, A., 1972, "Der Fremde. Ein sozialpsychologischer Versuch," pp.53-69 in. Schütz, *Gesammelte Aufsätze, Bd. I.* Den Haag: Martinus Nijhoff.
Taylor, Charles, 1976, *Erklärung und Interpretation in den Wissenschaften vom Menschen*, Ffm: Suhrkamp.
Taylor, Charles, 1995, "The Politics of Recognition," pp. 225-256 in *Philosophical Arguments*, Cambridge:Harvard University Press.

제7장

북한 여성의 섹슈얼리티와 공간 경험

1. 섹슈얼리티와 사회 재생산

2000년대 이후 북한의 사회주의적 규범과 질서가 상대적으로 신뢰를 상실하는 한편, 개인적인 생존전략이 일상생활에서 새롭게 구조화되고 있다. 이 과정에서 일상의 성적 경험과 실천 또한 변화하고 있는 것으로 보인다. 이 글은 최근 북한주민들의 일상생활 속에서 '성(性)'에 대한 경험과 태도가 어떻게 변화하고 있는지에 주목하였다. 이를 토대로 북한사회의 섹슈얼리티 재구성(reconstruction of sexuality) 과정을 고찰할 것이다. 이것은 사회적으로 구성되는 '섹슈얼리티'를 매개로 북한사회의 변동에 접근하고 하는 시도이다.

섹슈얼리티는 성적인 욕망을 지시, 표현하며 이를 조직하고 창출하여 다양한 성적 정체성을 가진 사회적 존재를 만들어가는 과정을 뜻한다(Foucault, 1976: 125; Weeks, 1986: 19). 즉 섹슈얼리티는 일상생활에서 성적 행위를 뜻하는 섹스 혹은 성적 환상이나 욕구로 축소된 어떤 것이 아니라, 특정한 사회,

역사적 시공간에 위치한 개인들이 성별, 신체조건, 나이, 계급, 민족, 인종 등의 소속에 기초하여 수행하는 사랑과 관계 및 이를 둘러싼 결혼, 임신, 출산, 양육, 교육 등의 사회적 제도 및 성적 욕망과 정체성을 포괄한다. 이러한 관점에서 섹슈얼리티는 사회의 중요한 구성 기제(technology)로서 눈에 보이지 않는 정치, 문화적 권력지배의 양식이다. 누가, 왜, 연애, 결혼, 사랑 등의 관계에서 주도적인 역할을 하도록 주체화되며, 어떤 맥락에서 특정한 결혼제도와 사랑의 방식이 사회적으로 칭송되는 반면 특정한 성적 결합은 금기시되는지, 혹은 역사 속에서 여성의 거래가 권력의 재생산을 위해 어떻게 구조화되어왔는지에 대한 연구성과들은 섹슈얼리티가 생물학적 성에 고착된 본질적인 것이 아니라 사회, 역사적 과정의 구성적 산물임을 분명히 하였다.[1]

역사적 사례의 하나인 그리스사회의 성에 대한 푸코의 연구(Foucault, 1976)는 성에 관한 규범과 제도가 당시 귀족 남성들의 주체형성에 관련된 것임을 보여준다. 성을 악으로 규정하고 금욕을 찬미했던 중세시대와 달리, 그리스 사회의 도덕은 남성들이 성을 적절히 조절하고 분배할 수 있도록 하는 능력에 관하여 자세히 기술하고 있다. 왜냐하면 사회의 중요한 주체인 귀족 남성들이 삶과 죽음의 과정에 대해서 잘 인지하면서 일상을 유지하는데 성적 활동이 관련되기 때문이다. 예를 들어 남성들이 무절제한 성행위를 통해 기력이 쇠하는 것을 방지하기 위하여 성행위가 이루어지는 적당한 시기와 조건에 대해서 언급하고 있다. 또한 그리스 사회의 도덕이 결혼한 남성에게 적절한 성행위를 권고하는 것은 혼외 관계를 금지하기 위한 것이 아니라, 자유인인 남편이 자신에게 속한 아내에 대하여 행사하는 정당한 권리양식을 보여주기 위한 것이다(Foucault, 1984: 235). 그리스 사회의 성에 대한 도덕 중 독특

1 섹슈얼리티의 사회 구성적 특성에 대한 미국과 유럽에서의 대표적인 논의는 다음을 참고하라. Butler, 1990; Jackson & Scott(eds.), 1997; Benhabib, Buttler, Cornell & Fraser, 1993; Hradil(ed.), 1997.

함을 드러내는 성인 남자와 소년 사이의 연애술에 대한 기술 또한 사회적 관계 속에서 작동하는 수동성과 능동성이라고 하는 동일성의 원리에 따르고 있다. 즉 미래의 성인이 될 소년과 연상의 남자와의 성관계가 동성애이기 때문에 문제로 취급되는 것이 아니라, 양자 사이에서 한 쪽이 소위 '열등한 여성'과 같은 수동적이고 지배당하며 복종하는 역할을 어떻게 받아들여야 하는가의 문제가 중요한 내용으로 등장한다. 이러한 그리스 사회의 성도덕을 고려하고 실천하면서 당시 귀족 남성들은 지배계급으로서 자신을 주체화하였던 것이다. 요컨대 앞에서 간단히 기술한 '특정한 양식'의 섹슈얼리티가 당시 그리스 지배계급의 권력행사 및 주체화의 중요한 기제 중 하나였던 것이다(이희영, 2009).

이성애에 기초한 일부일처제를 소위 '정상' 제도로 규정한 근대사회의 섹슈얼리티는 동성 사이의 성적 친밀성과 결혼제도 바깥의 친밀성[2]을 '비정상'으로 간주하여 배제할 뿐만 아니라, 젠더화된 특성(gendered sexuality)을 갖는다. 젠더화된 섹슈얼리티란 사회적으로 형성된 성(性)인 젠더(gender)와 성적 욕망을 뜻하는 섹슈얼리티를 상징적, 경험적으로 결합시키는 사고방식 및 행위를 뜻한다. 예를 들어 사회적으로 수동적인 행위와 상징(gender)을 생물학적 여성의 성적 특성으로 결합시키고, 사회적으로 능동적 혹은 공격적인 것으로 평가되는 행위와 양식을 남성의 성적 특성으로 간주하는 현상을 지적하는 것이다. 이를 통해 성기구조를 중심으로 한 개인의 생물학적 차이가 마치 사회적인 여성성과 남성성을 본질적으로 생산하는 것처럼 상식화되는 것이다. 그러나 근대사회의 서로 다른 사회문화 속에서 '정상'의 잔여로

2 국가가 승인하는 결혼만을 가족재생산 혹은 친밀한 관계의 배타적인 제도로 인정하는 사회적인 규범은 1960년대 이후 광범하게 비판되었다. 한 연령대의 절대다수가 결혼하는 한국이나 일본과 달리, 현재 서구 유럽사회에서 결혼제도를 받아들이는 인구는 한 연령대의 1/3 정도이며, 나머지 다수의 개인은 자유로운 친밀성의 관계(동거)를 형성하고 있다(Beck & Beck-Gernsheim, 1990).

간주되는 동성애, 양성애 등의 성적 취향과 특정한 형태의 성적 실천의 양식들은 역설적으로 섹슈얼리티가 소위 정상적인 여성성과 남성성이라는 이원적 규범에 의해 사회적으로 구획되고 있음을 드러낸다. “여자로 태어나는 것이 아니라 여자로 만들어진다”는 보바르(제3의 성)의 명제는 여성과 남성이 사회적으로 구성되는 특성(젠더)을 밝히는 것일 뿐만 아니라, 이분화된 젠더의 프레임으로 섹슈얼리티를 상상하고 실천하도록 하는 현실을 시사하는 것이기도 하다. 이 글에서는 사례분석의 편의를 위해 생물학적인 성(sex), 사회문화적인 성(gender), 성적 욕망으로서의 섹슈얼리티라는 기존의 개념을 차용하지만, 이 세 가지가 모두 사회역사적 산물이며 권력의 사회적 재생산의 기제라는 관점에서 북한사회의 섹슈얼리티 재구성 과정을 고찰할 것이다.

2000년대 북한사회에서 식량난의 영향으로 가족이 흩어지고 이혼 및 사실혼이 증가하는 경향이 나타나고 있다. 또 권력 관계의 하위에 놓인 북한 여성들이 생존을 위해 자신의 몸을 자원화하는 경험이 증가하고 있는 것으로 보인다. 식량난으로 북한 국경을 넘어 중국 등 제3국에서 생활하고 있는 여성들뿐만 아니라 북한사회 내에서도 성(性)을 생존자원으로 삼는 경향이 증가하고 있는 것으로 추정된다(박성순 외, 2009; 이미경, 2006; 임순희, 2004; 조정아 외, 2008). 다른 한편 북한주민들이 식량을 구하기 위해 개척했던 중국–북한 사이의 밀무역 길을 통해 새로운 생활윤리가 형성되고 있는 것으로 보인다. 주민들이 국가가 중단한 배급을 스스로 해결하는 경험을 통해 자본주의적 이윤추구의 윤리를 터득함과 동시에 일상에서 소위 ‘혁명적 동지애’와는 구별되는 성문화 및 생활규범이 생겨나고 있는 것이다(조정아 외, 2008: 249~262). 이것은 정치적 토대와 당에 대한 충성을 기준으로 형성되었던 북한 사회주의체제의 재생산 구조가 미묘하게 변화되고 있음을 시사한다. 달리 말해 가족의 계급적 토대와 정치적 경력을 가장 중요한 조건으로 형성되던 성적 경험 및 연애, 결혼제도의 관행이 자본과 생존원리를 중심으로 변화하면서 북한 사회주의 권력의 재생산 기제가 미묘하게 변화되고 있음을 추정하게 한다.

2. 북한사회의 성교육과 결혼제도

다음에서는 북한사회의 성(性)에 대한 교육, 사랑 및 연애에 대한 북한주민들의 태도와 경험, 결혼관계 및 부부생활, 결혼제도 밖의 성(性) 경험 및 실천들에 대해서 살펴볼 것이다. 식량난 전후 북한사회 남녀의 일상생활 속에서 섹슈얼리티의 변화를 살펴보기 위해 서로 다른 계급, 계층에 속한 남녀의 생애사적 경험을 재구성하였다. 2010년 필자가 수행한 북한주민에 대한 구술 인터뷰 중 이 장에서 소개할 사례는 아래 8명(여성 5명과 남성 3명)의 생애사이다. 구술자는 1960~1970년대 출생자로 2010년 인터뷰 당시 30~40대의 나이였다. 세대의 관점에서 이들은 '김일성 · 김정일 시대'의 사회화를 경험했으며, 성인이 되어 식량난을 겪었다. 2001~2008년 사이에 북한 국경을 넘어서 인터뷰 당시 한국에 정착한 지 1~4년 정도가 되었다.

개인정보 보호를 위해 위의 구술자 인적사항은 모두 익명화되었다. 구술

〈표 1〉 구술자 약력

이름(성별)	출생연도	출신지역/현 거주지	북한에서의 활동	입국연도	현재 활동
김철영(남)	1969	함북/경남	노동 및 장사	2007	양봉업
도진아(여)	1970	함북/경남	호텔관리원	2008	양봉업
진남수(남)	1969	함북/서울	교수	2008	대학원생
이옥순(여)	1974	함북/서울	교사	2007	문화강사
도진선(여)	1962	함북/경남	창고장	2007	서비스직
홍희숙(여)	1975	양강/경북	물자관리원	2009	학원생
윤미라(여)	1967	함북/서울	농장원	2006	생산직
노호철(남)	1968	함북/서울	농업노동자	2008	회사원

자 중 김철영 씨와 도진아 씨, 진남수 씨와 이옥순 씨는 각각 결혼한 부부이다. 그리고 도진아 씨와 도진선 씨는 친자매이다. 2010년 진행된 인터뷰에서 위 여덟 사람의 전체 생애사에 대한 구술을 채록하였으며 이에 대한 분석 및 재구성 과정을 통해 북한의 일상생활 속에서 경험한 성적 규범 및 실천의 양식, 즉 섹슈얼리티의 특성을 이해하고자 하였다. 이를 위해 다음의 연구 질문에 주목하였다. 첫째, 북한주민들의 연애, 결혼, 사랑 및 가족의 일상적 수행이 갖는 특성은 무엇인가? 둘째, 북한사회의 성에 대한 규범과 주민들의 일상적인 성적 체험 사이의 관계가 갖는 특성은 무엇인가? 셋째, 최근 북한사회에서 드러나는 섹슈얼리티의 변화는 무엇이며, 이를 통해 짐작할 수 있는 사회 재생산 기제는 어떤 특성을 갖는가?

1) 부모의 성(性)과 성교육

봉건적인 유교 문화의 영향이 큰 아시아사회의 일상에서 성(性)에 관한 언술은 대부분의 경우 금기시된다. 한국사회와 마찬가지로 북한사회에서도 자식들이 경험하는 부모는 '무성(無性)'적인 존재인 것으로 보인다.

> 제가 철이 들어서는- 내가 시집간 담에 집에 자식들이 다 시집 장가가고 하니까 아버지 엄마가 같이 자더라고요. 한 번도, 내가 철이 들어서 아버지 엄마가 같이 자는 거 시집갔을 적까지 한 번도 못 봤어요. 우리 어머니 월경하는지도 몰랐어요. 그게 그렇게 철이 없었어요. 제가- 그렇게 우리 아버지 어머니가 철저했어요, 자식교양 이런 데는-.
>
> (도진아 구술녹취록, 2010/ 22)

1970년에 출생한 도진아 씨의 구술에 의하면 어린 시절 구술자의 부모는 자식들에게 부부 사이의 성관계 혹은 이와 관련된 어떤 행동이나 말도 하지 않았을 뿐만 아니라 함께 잠자리에 들지도 않았다고 한다. 5남매의 막내로 태어난 도진아 씨의 아버지는 안전부에서 활동하였고, 가족들 또한 당원으로서 소위 정치적 '토대'와 직업이 좋은 집안이었다. 위의 구술에서 도진아 씨는 이러한 부모들의 태도를 철저한 '자식교양'으로 평가하고 있다. 즉 부모들이 자식들 앞에서 부부간 애정표현을 하지 않을 뿐만 아니라, 동침조차 하지 않았던 사실을 당시 북한사회가 권장하던 자식교양사업의 일환으로 소개하고 있다. 이러한 태도는 애정에 기초한 부부관계가 가족의 중심이 아니라 부자 사이의 관계가 중심이 되는 봉건적 유교 관습에 따른 것으로 짐작할 수 있다. 나아가 북한 '사회주의 대가정'의 일상 윤리에 기초한 것이기도 하다. 북한은 사회 전체의 '혁명화'를 위해 '가정의 혁명화'를 강조해왔다. 사회의 기초단위인 가정의 혁명화가 사회 전체의 혁명화에서 차지하는 중요성을 강조하며, 부모와 자녀의 혁명화를 가족의 중요한 역할로 규정하고 있다(박현선, 2003: 134). 이런 관점에서 부부 사이의 애정표현과 같은 행위는 '혁명적 가정'의 자식교양에서 암묵적으로 배제되어온 것으로 짐작할 수 있다. 수령과 당에 대한 수직적 충성과 애정이 사회적으로 강조되는 반면 부부 혹은 애인 사이의 수평적 사랑과 온정은 상대적으로 낮게 평가되는 것이다.

위의 단락에서 짐작할 수 있는 것처럼 성(性)에 관한 지식과 경험이 북한의 가족 내에서 적극적으로 전수되지 않을 뿐만 아니라, 학교에서의 성교육에서도 '생물학적인 내용'에 그치고 있다.

연구자: 그러면은 북한에서는 성교육 같은 건 안 시키나요?

구술자: 없지요. 없고 어: 토끼를 놓고 생물시간에 배워주는데 여학생 실습이라는 게 있는데. 여학생 실습에선 여자들이 어, 그거 있잖아요. 그 생리하는 걸- 그걸 월경이라 하거든요. 북한에 월경하는 걸 13살 때 배

워주거든요. 월경이라는 거 여학생 위생시간에 배워줘요. 그거는 위생시간에 배워주거든요. 여학생 실습에서는 밥하고 바느질하고 이런 걸 배워줘요. 근데 대체로 위생시간이 별로 없거든요. 위생시간이 어: 대체로 보게 되면 중학교 4학년 때 위생이라는 게 생기는데, 어 1년에 위생시간이 기껏해야 한 뭐 열 번 정도나 과목 있겠는지- 그리고 없어요. 없는데 위생시간에 어떤 걸 배워주는가 하면 얼굴에 나는 뾰드라지(…) 그 담에 손 깨끗하게 씻고 음식을 깨끗하게 먹고 뭐 이런 걸 배운 거 같아요. 근데 남녀 간에 이런 건 안배우고 생물시간에 토끼를 놓고 이렇게 하는데 종부하면 새끼를 낳는 것, 종부는 이렇게 교미하게 되면- 새끼를 낳는 것 배워주대요. 그래도 그때까지도 학교 때는 몰랐어요. 성교육이라는 거는 할 수도 없고, 여학생 실습시간에는 유방이 커지게 되면 가슴띠를 차는 걸 이거 배워주고요 ((웃으며)) 저 그래서 스무 살 때까지 남자 여자 임신되는 것 몰랐다니까, 손대서 임신 되는 줄 알아서 막 울었다니까- 손대서 임신되는 긴가 하고 막 울었어요.

(도진아 구술녹취록, 2010/ 21~22)

도진아 씨의 구술에 의하면 1970~1980년대 북한의 학교에서 성교육은 암묵적으로 여학생들의 월경, 여드름, 가슴띠에 대해서 설명하는 위생시간에 언급되지만, 정작 성행위(sex)에 대해서 언급하지 않아 성인이 될 때까지 임신 과정에 대해서 알지 못했다. 1970~1980년대 남한사회의 극히 빈약한 성교육과 유사하게 북한의 학교에서도 성(性)에 대해 직접 언급하는 것을 꺼려하는 태도를 알 수 있다.[3] 이러한 문화가 학생들에게 성(性)이란 공공연히 말

3 2010년 9월 26일 '세계 피임의 날'을 기념해 한국을 포함한 미국, 유럽, 아시아 태평양 지역 전 세계 25개국의 15~24세 남녀 청소년 총 5253명을 대상으로 실시한 성(性)과 피임에 대한 인식과 행태에 대한 설문조사 결과에 따르면, 한국 청소년들은 피임에 대한 인식이 아주 낮을 뿐 아니라, 성

할 수 없거나, 부정한 것이라는 인상을 심어주었을 것으로 보인다. 뿐만 아니라 임신에 대해 막연한 공포를 갖게 하거나, 원치 않은 임신으로 인해 어린 여성들의 건강을 해치는 사례가 빈번한 것으로 보인다.

> 거기[북한]는 피임이라는 거 모르잖아요. 거기선 제가 있을 때도 몰랐어요. 콘돔이 뭔지도 몰랐구, 뭐 좀 약 먹는 것도 몰랐구-, 그니까 애들이 그냥 [태아를] 버리구 그냥- 자면은 가지는 거예요. 뭐 저녁 때 그렇잖아요. 뭐 잤다 하면은 (막 애가) 생기구, 몇 개월 지나면 배가 불르구, 막 얼굴도 이상해지고 막- 막 그런 경우 많아요. (윤미라 구술녹취록, 2010/ 22)

1967년생으로 함경북도에서 농장원으로 생활했던 윤미라 씨의 경험에 의하면 30대의 나이에 남편과 아들을 두고 중국으로 장삿길을 떠날 때까지 약품 혹은 기구 등에 의한 피임법을 알지 못했다. 앞에서 살펴본 바와 같이 학교의 위생시간에 성행위(sex)와 임신에 대해서 언급하지 않음에 따라 자연주기법에 의한 피임도 실제 결혼 생활을 통해서 알게 되기도 한다. 따라서 임신과 피임에 대해 잘 알지 못하는 어린 여성들의 경우 이로 인해 건강을 해치고 사회적 곤경에 처하게 되는 경우가 많은 것으로 짐작할 수 있다. 적극적인 출산 조절법인 피임은 성(sex)을 출산으로부터 독립시켰다. 특히 출산을 정신과 몸을 통해 직접 경험하는 여성에게 피임은 쾌락으로서의 성(sex)을 가능하게 하였다. 그러나 사회적으로 피임에 대한 교육과 약품 및 기구가 적극적으로 제공되지 않을 경우 성(性)은 재생산(출산)에서 자유롭지 못한 특성을 갖

관계 경험이 있는 청소년 응답자 중 54%는 성관계시 피임을 하지 않았다고 응답해 청소년들이 원치 않는 임신의 위험에 노출되어 있는 것으로 분석된다(매일경제, 2010. 09. 24). 이처럼 온라인과 오프라인을 통해 성에 대한 담론과 지식이 넘쳐나는 남한사회 청소년의 피임에 대한 '무지'는 '성'에 대한 남한사회의 '가부장적 문화'를 짐작하게 한다.

게 된다. 나아가 대부분의 경우 이에 대한 책임을 여성이 지게 됨으로써 여성들의 사회적 명예를 훼손하고 적극적인 사회활동을 가로막게 된다. 이런 관점에서 피임이 적극적으로 실행되지 못하는 북한주민의 성적 경험이 세대재생산과 여성의 몸에 결박된 특성을 보여준다.

2) 혁명적 동지애와 국가가 통제하는 연애

북한사회는 '혁명적 동지애'에 기초한 사랑을 권장한다. 북한사회주의 수령과 당에 충성하며 사회주의 혁명 대오에 앞장서는 동지들 사이의 결합을 이상화하고 있다. 이에 따르면 개인 사이의 사랑의 감정보다 사회주의 혁명에 대한 헌신과 각오가 중요하다. 즉 혁명성이 사적인 결합에 있어서도 우선적인 가치를 갖는 것이다.

> 그 연애를 많이 통제합니다. 북한에서는 다 통제합니다. 통제하고 그: 그 집단에 그런 연애하는 분위기가 설까봐 수정주의 날라리풍이라고 그건 당에서 딱 찍어가지구 수정주의 날라리풍이라고 정해가지고, 청춘남녀간에 고상한 당을 향한 이 우정과 연애는 있을 수 있지만 그 안일, 해이한 태도는 버리라, 이럽니다. 여기처럼 자기 이상에 맞게 자기 성향에 맞게 친할 수 있고, 서로 연애하고 또 사랑할 수 있잖아요? 그런데 그 북한에선 그거 100프로 반댑니다. 당에 대한 충실성의 척도에 따라서 동지를 사귀며- 그 동지라 합니다. 인자 혁명의 길을 함께 갈 혁명적 동지라 그렇게 해서 혁명적 동지에 기초한 혁명적 사랑을 하라 그 외에는 없다는 깁니다.
>
> (노호철 구술녹취록, 2010/ 23).

1968년도 함북지역에서 장남으로 태어난 노호철 씨의 구술에 의하면 "혁명적 사랑”은 당을 향한 우정과 연애인 반면 청춘남녀의 사랑과 연애는 “수정주의 날라리 풍”에 의한 안일하고 해이한 태도로 비판된다. 개인 사이의 연애와 사랑이 당사자들의 문제가 아니라 사회적인 비판의 대상이 되고 있는 것이다. 이것은 섹슈얼리티에 대한 사회의 공식적인 규제를 의미한다. 사회적으로 선호하는 개인 사이의 결합이 존재한다는 것은 그 반대의 경우인 선호하지 않는 혹은 꺼려하는 개인 사이의 결합이 존재한다는 것을 의미한다. 이러한 사회적 규제는 직, 간접적으로 사회구성원의 성(性)적 기호와 실천에 영향을 미치게 된다. 위의 구술에서는 당을 향한 충실성이 혁명적 동지애의 척도가 되는 반면 개인 사이의 연애, 즉 사적인 ‘친밀성(intimacy)’은 집단의 분위기를 해치는 것으로 비판되고 있다. 즉 수령을 정점으로 한 북한 노동당에 대한 집단적 정체감에 우선적인 가치를 부여함으로써 개인의 사랑을 사회주의적 집단 정체감의 원천으로 포섭, 조직하는 것이다.

구술자: 저기는[북한은] 비(非) 혼인관계에서 그 뭐 가정 안 가진 상태래두 미혼 상태에서 그 둘이 한자리 들지 않았습니까? 그거는 경찰도 단속합니다. 그거 걸리면 그거 무조건 그 죄목에 있습니다-, 단속합니다.

연구자: 무슨 죄목이죠?

구술자: 그 죄목 그 우리는 그 범법, 법에 대해 공부 아니합니다. 무조건 당이 생활에서 법인가 하기 때문에- 근데 그게 죄목에 있습니다. 그래서 야, 저 집이 저기 누구 둘이 뭐이 요양원, 요양원이라든가 요양소라든가 휴양지에서 남녀 둘이 갔다하면 소장이 통제할 권한이 있고, 둘이 동침 들어가 현장에서 발각되면- 그래서 북한사람들은 그 뭐 솔직히 말해 그저 정말 인권인데 그것도 그거는 사람들이 죈줄 알고 두려워서 남이 보는 게 창피해서가 아니라 발각될까봐 그 숨어서 장난하는 경우가 많지요. 그래서 이혼 관계라 해두, 둘이 동침하는 거는 법적으로 금지돼

있습니다. 그렇게 사람들이 머리에 있습니다.

(노호철 구술녹취록, 2010/ 28~29)

위의 단락에 의하면 북한사회는 개인의 자유로운 성관계를 규제하고 있다. 일부일처제 사회에서 결혼한 남녀의 혼외관계뿐만 아니라, 비혼 혹은 이혼 상태의 남녀 개인들이 동침하는 것까지 법적으로 통제하고 있는 것이다.[4] 아버지가 김일성대학 2기생으로 인텔리 집안의 아들이며 스스로 북한의 사상체계에 정통하다고 자부하는 노호철 씨는 개인의 성관계에 대한 통제의 법적 기준은 모른다. 단지 '혁명적 동지애'라는 당의 10대 원칙 등이 법을 대신하고 있다. 이처럼 북한의 공적 영역에서 개인들의 자유로운 성관계가 불법이므로, 결혼한 부부가 아닌 개인의 성관계는 비공식적인 영역에서 이루어지고 있다. 이 연구의 구술자들 중 일부는 연애관계에서 비공식적으로 임신하게 되었고, 부모들의 사후 승인을 얻어 결혼하였다. 어떤 경우에는 연애관계를 부모들에게 밝히고 가족관계 내에서 암묵적인 인정을 받으며 사귀다가, 임신한 후 결혼식을 하기도 하였다.

오죽하면 북한에 이런 속담이 있겠습니까, 그 이런 대본들이 민간에 돌겠습니까- 남녀간에 북한에서 그 당의 유일사상체계 확립 10대 원칙,[5] 10대원칙에 따라, 그에 기준하여 살게 됐는데, 남녀 간에 결혼해서 첫날밤에

4 이 글의 초고를 쓰던 2010년 남한의 경우 결혼한 남녀의 혼외관계를 법적으로 규정하는 간통법(형법 241조)이 있었다. 당시 이러한 법조항을 가진 나라는 전 세계에서 극소수에 불과했다. 당시 간통죄가 헌법에서 정한 성적자기결정권을 침해한다는 비판과 함께 법무부 형사법개정특위에서 폐지를 고려하고 있었다(MBC, 2010. 03. 19). 이 법은 2015년 2월 26일 헌법재판소의 위헌판결에 따라 1953년 제정된 후 62년만에 폐지되었다.

5 북한의 주체사상 및 수령론을 강화하기 위해 1974년 2월 북한노동당 제5기 8차 중앙위원회 총회에서 채택된 노동당 규약으로 10개의 원칙과 65개의 세항으로 구성되어 있다. 이 규약은 북한의 모든 성문법에 우선하여 사회구성원의 생활지침이 되고 있다(김병로, 2000: 24~27; 같은 책 부록).

그 남자가 여자 몸에 손대니까 여자가 "동무, 10대 원칙에서 이렇게 하라고 했습니까?" 할 정도로 이 말이 돌 정도까지 사람들이 그 세뇌되고 그 남녀사랑 간이나 연애 간에서두 그렇게 기형이 됐다고 봐야죠.

(노호철 구술녹취록, 2010/ 24)

한 사회에 통용되는 속담은 일상생활에서 형성된 무형의 윤리가 제도화된 형태이다(Berger & Luckmann, 1967). 속담은 일상생활의 예를 통해 훈계하고 풍자함으로써 사회적으로 인정되는 교훈을 전달한다. 위에서 소개되는 북한 속담은 결혼한 부부의 첫날밤에서조차 환기될 정도로 '유일사상체계 확립 10대 원칙'이라는 당규약이 북한사회의 일상에서 절대적인 규범으로 작동하고 있음을 짐작하게 한다. 즉 "위대한 김일성 수령 동지의 혁명사상으로 온 사회를 일색화하기 위하여 몸 바쳐 투쟁하여야 한다"로 시작하는 10대 원칙이 사적인 신혼부부의 친밀성의 공간에서 작동하는 행동윤리로 강조되고 있는 것이다. 북한사회에서 친밀성의 공간과 정치 사회적 공간 사이에 동일한 윤리적 문법이 강조되고 있음을 알 수 있다. 동시에 이런 속담 혹은 에피소드를 일상에서 '냉소적'으로 소비하는 주민들의 태도 속에서 공식담론과 일상적 실천 사이의 거리를 짐작할 수 있다.

제가 조혼인데 북한에서 말하는 조혼인데 당에서는 조혼을 철저하게 반대합니다. 혁명의식이 마비되고 그: 자기 정열과 청춘을 당에 바칠 생각 안하구 그 가정과 사랑에 바치길 그거 원하지 않거든요.

(노호철 구술녹취록, 2010/ 24)

북한에서는 사회주의 윤리 원칙에 따라 긴 군대 생활을 마친 후 소위 '적령기'에 결혼할 것을 권장한다.[6] 1970년대 사회적으로 부족한 노동력을 동원하기 위하여 남성과 여성의 결혼연령을 각각 32세와 28세로 정한 이후 결혼연령이 크게 상승하였다. 이에 비해 노호철 씨는 군복무 중 24살의 나이에 현재의 부인과 연애하여 결혼하였다. 노호철 씨는 20대인 1986년, 정치범으로 구속되었던 아버지의 권고로 지방 대안사업소에 자원하여 산간오지를 개간하며 생활하다가 결혼했다. 대부분의 북한 남성들이 30세 전후에 결혼하는 것에 비해 일찍 결혼한 편으로, 이를 두고 구술자는 위의 단락에서 '조혼'이라 표현하고 있다. 사례분석에 의하면 노호철 씨는 정치범의 가족이라는 신분상의 제약을 일찍 파악하고 1980년대 중반부터 산골에서 농사를 지으며 북한사회에 상대적으로 거리를 둔 생활을 했으며, 연애와 결혼 또한 사회적인 규범과 상관없이 본인의 의사에 따라 하였다.

북한사회에서 정치적 경력을 쌓기 위해 가장 기본이 되는 것은 군복무와 노동당 입당이다. 이를 위해 많은 남녀가 고등중학교를 졸업한 10대 말 군에 입대하여 6~10년 복무를 하면서 무상노동을 제공한다. 이때 중요한 것은 중대장 이하의 군인들은 결혼할 수 없다는 점이다.

그래서 장교들도 중대장 이상급 장교들만 결혼하게 돼 있거든요. 그니까 소대장 그 다음에 중대장 (XXX) 중대장 부중대장 각종 이제 이런 중대급 장교들은 결혼 못하게 돼 있어요. 다 총각으로 돼 있거든요. 그런데 그

---

6 1946년 제정된 북한의 남녀평등권에 대한 법령에는 "남자는 18세, 여자는 17세부터 결혼할 수 있다"고 정하고 있다. 이것은 당시의 봉건적 유산인 조혼제도를 철폐하기 위한 것이었다. 이를 통해 근대적 핵가족의 토대를 마련하고자 하였다(박영자, 2004: 306~308). 그러나 1970년대에 들어 산아제한을 권장하고 노동력 공급을 원활히 하기 위한 정책의 일환으로 1971년 6월 사로청 제6차 당대회에서 '남자는 32세, 여자는 28세' 이상으로 결정하였다(이태영, 1984: 38). 이후 북한은 1990년 '조선민주주의인민공화국 가족법'을 채택하여 이와 관련된 규정을 시행하고 있다(김영규, 2008: 24~25). 그러나 '고난의 행군'으로 가족해체와 출산기피 현상이 두드러지자 최근 다자녀 출산을 권장하고 있다(조정아 외, 2019).

다: 비밀 각시집이 다 있지. 결혼은 안하고 중대장들 다 그런 것도 실제 이제 대대 이제 뭐 대대참모나 뭐나 대대급으로 이제 올라가야지만이 결혼하거든요. 그니까 뭐 실지 중대장 소대장들 자기가 장교를 하면서 이제 여자하고 이제 막 동거를 하면서 이제 아를 낳고 막 이런 거가 있어요. 그래가지고 막 그 사회적으로 제기 돼가지고- 근데 이 여자는 이제 그 남편 이름을 대면 남편이가 군복을 벗어야 되거든요. 그리고 방침군 보내니까 이제 그니까 끝끝내 안대는 거죠. 그니까 출생증도 못하고 있다가 이제 남자가 이제 중대장에서 이제 대대급으로 이제 조정이 되면은 이제 바로 이제 결혼을 하면서 아이 출생증까지 띠어내는 거지. 그런 현상도 많아요.

(진남수 구술녹취록, 2010/ 29)

위의 단락은 1968년생으로 군사전문대학 등을 졸업하고 대학교수로 생활하다가 2008년 한국에 온 진남수 씨가 자신과 군 고위급 간부였던 아버지의 경험을 통해서 본 북한군인들의 생활을 구술한 것이다. 사회주의 혁명화를 위해 10대 중반에서 20대 중반의 남녀를 최고 10년까지 군인으로 동원하는 북한사회에서 중대장 급 이상의 간부가 되기 전에는 결혼할 수 없도록 정함으로써 합법적인 사생활의 영역이 조절되고 있다. 즉 북한사회의 공적 영역에서 좋은 정치경력을 갖고자 하는 모든 개인은 학교 졸업 후 군대를 제대할 때까지인 20대 중반까지 친밀성의 공간을 가질 수 없도록 제도화한 것이다. 북한주민들은 이러한 공식 규정을 지키면서, 동시에 자신들의 사적인 관계를 지속하는 일상의 생활윤리를 관철하고 있다. 군 생활 중 "비밀 각시집"에서 동거를 하며 관계를 형성하기도 하는 것이다. 구술에 따르면 군 생활 중 형성된 비공식적인 '개인 관계'가 이후 합법적인 인정을 받기도 하지만, 경우에 따라서는 '결혼'에 이르지 못하기도 한다. 이러한 경우 상대방 여성들이 일방적으로 사회적 책임을 떠안게 되기도 한다. 뿐만 아니라 각 지역을 옮겨

다니는 군 간부의 생활 특성으로 인해 적지 않게 혼외관계가 형성되고 있는 것으로 보인다. 사례분석에서 중요한 것은 위의 구술이 일회적인 사건을 전달하는 것이 아니라 반복된 경험에 대한 묘사(description)로서, 이와 같은 사적인 관계들이 '불법'이지만 공식적으로 문제제기만 되지 않으면 묵인해주는 관행이 되고 있음을 시사한다는 점이다.

지금까지 살펴본 바에 의하면 북한사회에서는 당과 수령에 대한 충성과 사회주의 혁명화가 사회주의체제 재생산의 중요한 원리이며, 이와 같은 정치적 원리가 공적 영역을 넘어 개인의 친밀성의 공간에서도 적용되고 있다. 구체적인 법조항이 아니라 '유일사상체계 확립 10대원칙'과 같은 당 규약이 북한주민의 일상생활을 통제하는 규율로 작동하고 있다. 이에 따라 결혼한 부부의 성관계와 애정 표현은 극도로 자제되며, 20대 중반의 나이가 될 때까지 결혼이 금지된 군인과 비혼상태의 모든 개인 사이의 자유로운 성관계가 금지되고 있다. 따라서 친밀성의 공간이 극도로 제약된 공적인 영역이 아닌, 비공식적인 방식으로 북한주민의 성적인 욕망과 실천이 이루어지고 있다. 즉 공적인 영역에서 강조되는 '혁명적 섹슈얼리티'와 비공식적 영역에서의 '친밀성의 섹슈얼리티'가 동전의 양면과 같이 공존하고 있다.

북한주민의 성적인 실천이 대부분 비공식적인 관행으로 이루어짐에 따라, 일제 식민지시기를 거치며 잔존하고 있던 가부장적 규범이 공적인 영역에서 관철되는 소위 사회주의적 근대성의 윤리와 거리를 둔 채 사적 관계에서 작동하게 된다는 점이다. 예를 들어 동거관계 혹은 애인 사이인 개인들에게 작동하는 권위적인 태도나 폭력, 혹은 임신, 출산, 양육 등으로 인한 갈등이 발생해도 공식적으로 사회제도에 의한 조정을 요청할 수 없으므로 남성 중심의 가부장적 관행에 따라 무마되는 것이 일반적이다. 따라서 많은 여성들이 남성 파트너의 부정행위, 폭력 혹은 비합법적 임신과 출산 등으로 인해 정신적, 육체적 고통을 겪게 되는 것이다.

3) 북한사회의 결혼과 사랑, 그리고 이혼

북한사회에서 전통적으로 선망의 대상이 되는 결혼은 가족의 정치적 성분(토대)이 좋으면서, 주요 권력기관인 군고위간부, 국가안전보위부, 사회안전성, 검찰소, 재판소, 국가검열성 등에서 근무하는 파트너와 결합하는 것이다. 이는 '혁명적 동지애'에 상응하는 것으로, 가족 구성을 위한 제도의 하나인 결혼이 정치적 성향에 의해 조직되는 것이다. 대표적인 경우가 당 조직지도부 제5과를 통해 선발되는 소위 당 고위 간부들을 위한 서비스직 여성들의 결혼이라고 할 수 있다.[7]

1980년대부터 본격적으로 북한 중앙당 조직지도부 제5과를 통해 여성들이 선발되기 시작하였다고 한다. 매년 북한 전역 고등중학교 졸업 무렵의 10대 중반 여학생들 중 예체능 분야의 능력이 출중한 사람들을 '100배수 원칙'에 따라 추천받은 후 얼굴형, 신장, 체격 등 각종 기준에 따라 최종 대상자가 결정된다. 이들은 북한의 주요 권력기관에서 고위 간부들을 위한 서비스 활동(비서, 간호사, 연예활동 등)에 종사하게 된다.

> 우선 5과에 가면 그 영광으로 가문에 영광으로 생각한다 말입니다. 그 다음에 가서는 그 다음에는 다 그 당에서 조직하는데, 당에서는 남자, 여자두 붙여서 결혼하는 게 많습니다(…) 그니까 지정해주죠, 대상을- 직접 대상을 선정해주는 경우도 있습니다. 그러니까는 여자들 올라갔다가

7 이들은 북한의 당 고위 간부들에게 필요한 다양한 형태의 서비스를 제공하기 위해 엄격한 기준에 따라 선발된 미혼 여성들을 지칭한다. 자료에 의하면 선발된 여성들은 보통 6개월 정도의 교육기간에 기초적인 의료 서비스 및 각종 기예 등을 익혀 조별로 활동한다. 이러한 북한 여성들을 남한의 언론과 자료에서 소위 '기쁨조'라고 칭하기도 하였다. 이들의 존재에 대해서는 최근 당 5과에 선발되어 활동했던 여성 탈북자 혹은 조직 관련자들의 증언뿐만 아니라 외신을 통해서도 확인되고 있다(http://www.nknet.org).

뭐 그 이성 세계도 또 알게 되겠지. 되고 그: 우리 북한에 있을 때부터 알고 있었는데 뭐 대남공작대 말하자면 여기 왔다가 간 사람들이라든가 여기 파견된 사람들이 그: 결혼 시켜 준 걸로 하고, 또 해외에 파견한 사람들이 있는데 또 그런 여자들 결혼시켜 주고, 또 당에서 필요한 사람인데 쭉 문건 뒤져보고 '이 여자되겠다.' 하면 그 여자를 가져다가 이 여자가 결혼하게끔 당에서 권고한다 말이예요. 권고란 게 명령이죠, 대부분은- 거긴 권고란 게 뭐 권고 없습니다. 당에서 하라면 하는, **딱 '당이 결심하면 우린 한다.'** 이렇게 구호가 있습니다. 그니까 당에서 와서 "이 사람 어때?" 하면 "예, 알겠습니다." 하고 살지요. 그런 경우- 그 뽑혀 올라간 5과 태생들은 대체로 그리 결혼합니다. 자기 이상에 맞게 결혼하는 게 없고-.

(노호철 구술녹취록, 2010/ 32~33)

중앙당 5과에서 선발되어 활동하던 여성들은 만 25세 정도가 되면 소위 계급을 받아 명목상 인민군 군관이 된다. 이 과정에서 많은 경우 당의 추천에 따라 결혼하는 것이 관례라고 한다. 노호철 씨의 구술에 의하면 5과에 선발된 여성들은 사회적 출세의 길이 열린 것으로 여기고, 전체 가족이 "영광"으로 생각한다. 일정한 기간 5과 소속으로 활동을 하는 경우 당 고위 간부와 결혼할 가능성이 크기 때문이다. 위의 단락에서 주목할 점은 여성들이 간부들의 노동세계 속에서 맺게 되는 사적인 관계에 의해서가 아니라, 당 조직의 필요에 의한 결혼대상이 되기도 한다는 점이다. 예를 들어 대남공작원이나 해외파견자들과 같이 당에 대한 헌신의 정도가 큰 남성들의 결혼 파트너로 선정되고, 이를 받아들이는 것이 관행인 것이다.[8] 이러한 결혼 과정에서 중요

8 윤미라 씨는 인터뷰에서 자신의 고등중학교 친구가 5과에 선발되어 갔던 일을 소개하였다. 그 친구가 이후 돌아와서 "막 좋아서 갈 일이 아니다"라는 말과 함께 전달했던 경험은 정해진 상대와의 결혼 뿐만 아니라 다양한 '정치적 역할'을 담당하는 것으로 짐작된다.

하게 작동하는 원리는 당에 대한 충성과 헌신, 즉 사회주의 혁명성이다.

> 뭐 얼굴도 모르는데 "니하고 니 살아라." 하고 그냥 다음날 결혼식 올리는 거예요. 정 싫지만 않으면- 근데 벌써 중앙당에 벌써 남자고 여자고 맺어줄 땐 여자는 인물이 빼어난 건 말할 수도 없고, 남자들도 벌써 그만한 정치적인 토대- 다 정치적 토대를 우선 먼저 보거든요. 뭐 그럼 벌써 정치적 토대하고 인물하면 다 된 거죠. 뭐 다른 게 있어. 그 사람 마음이 나쁜지 뭐 마귀 같지만 않으면야 뭐 살면 다 정이 드는 그렇겠죠, 뭐- 다: 하거든요. 그걸 여자들인 경우 다 부러워하지요. 그만큼 아니 뽑혀 올라갔을 때는 인물도 인물이지만 정치적 토대는 더 말할 수도 없거든요. 그런 사람들은 막 사돈에 8촌까지 보거든요. 토대- 아무리 내가 인물이 빼어나면 뭘 해? 집에 뭐가 걸리는 있으면 못 올라가거든요. 그럼 뭐 다른 거 볼 것도 없거든. 그게 또 남자들도 똑같고- 남자 5과들두- 그럼 거기서 짝을 지어주면 그 사람은 그냥 국가 그거 기관에서 봉급을 타먹으면서 일생을 그냥 그렇게 편안하게 사는 거예요. 여기서처럼 치열한 경쟁이 없어요. 내가 완전한 정치적인 과오가 없는 아들이면 그냥 죽을 때까지 그게 보장이 다 되는 거예요. 이걸 누가 싫어하겠어요? 다 부러워하는 대상이었지.
>
> (이옥순 구술녹취록, 2010/ 32)

아버지가 북한 중앙당 고위 간부였고 본인 또한 군복무 후 교사로 활동하다가 남편과 함께 한국으로 온 이옥순 씨의 위 구술에 의하면, 당사자들이 당의 결정을 받아들여 결혼하게 되는 배경에는 사회적 지위에 대한 보장이 중요하게 고려되고 있다. 제5과에서 선발된 여성들의 경우와 마찬가지로 당에서 추천하는 남성들 또한 정치적 토대가 좋을 뿐만 아니라 직업 또한 권력의 중심에 있기 때문이다. 당이 추천한 상대가 대부분 사회주의 북한사회에서 선망하는 성(性)적 대상인 것이다. 남한사회에서 인물과 함께 경제적 능력을 파트너의 중요한 조건으로 선망하는 반면 북한사회에서는 정치적 토대와 권력을 선망하고 있다. 자본주의사회에서 경제적 능력이 핵심적인 사회구성의 원리인 것과 달리, 사회주의사회에서는 정치적 권력이 핵심원리로 작동하는 것이다. 이러한 관점에서 북한사회의 상층 핵심계급이 사회주의 혁명성이라고 하는 정치적 원리에 의해 배타적으로 재생산되고 있음을 짐작할 수 있다. 즉 사회주의적 정치이념의 토대가 훌륭한 집안이면서 현재 북한 정치권력의 핵심부에서 활동하는 젊은 개인들 사이의 결혼이 목적의식적으로 이루어짐으로써 한편으로는 정치권력의 재생산이 이루어지며, 다른 한편 '혁명적 동지애'에 기초한 섹슈얼리티가 재구성되는 것이다. 사회주의적 정치이념과 권력을 겸비한 개인들 사이에서 친밀성을 형성하게 하는 사회적 윤리와 제도적 장치가 존재함으로써 '혁명적 섹슈얼리티'가 구성되고 있다.

이와 같은 권력 상층부의 계급재생산의 원리는 북한사회의 일반적인 가정에서도 적용되고 있다. 1960~1970년대 출생자인 이 연구의 구술자들은 대부분 부모들의 정혼에 따라 결혼했다. 김철영, 도진선, 홍희숙, 윤미라 씨는 부모들이 추천한 파트너와 결혼하였다. 이들은 대부분 애인이 있었으나 결국 부모의 요구에 따라 결혼을 하게 되었다고 한다. 이런 과정에서 애초 부모들의 기대와 달리 상대방의 정치적 경력 등으로 인해 갈등이 발생하는 경우가 적지 않았다.

처음에 결혼할 때는 뭐 나를 속이구 데려간 거죠. 당원이 아닌데 당원이다- 네. 그런 그렇게 속아서 갔고, 처음에는 진짜 그런 말 듣구 북한에 있을 때까지만 해두 당원이 아니면은 사람 구실을 못하는 걸로 취급을 하고 했으니까- 이제는 남자로 태어나서는 당에 입당은 해야 되구 군대는 갔다와야 되구- 근데 뭐 군대도 안 갔다오구- 그러니 결혼할 때두 다 속은 거죠. 처음엔 그 막연했어요. 뭐 애들 잘 낳아서 둘 다 똑똑하게 낳아서 그래두 나라에 뭐 민족간부라도 진짜로 해야 되구 뭐 이런 꿈이란 게 있잖아요. 여자들은 자식이 내가 못한 거만큼은 자식 시킬려고 하구 막 이런 부푼 꿈을 갖고 있었는데 어느 날 그 말을 딱 그게 착 깨지는 날에 '어, 그러면 이제부턴 그냥 동물처럼 먹고 사는 데만 신경 쓰구 살아야 되나-' 그런 생각도 했고, '이혼을 해야 된다. 애 앞날을 봐서래두 아빠를 바꿔줘야 되는 거 아닌가-' 이런 생각도 많이 했었어요.(윤미라 구술녹취록, 2010/ 11)

1967년 6남매의 막내로 태어난 윤미라 씨는 소위 집안의 엄한 가정교육을 받으며, 당세포비서로 활동하던 아버지와 농장활동을 하던 어머니의 권유로 결혼하였다. 그러나 위의 구술에서 짐작할 수 있는 바와 같이 군복무를 마친 당원으로 알고 결혼했던 남편이 토대가 나쁜 집안 출신이자 군 복무도 하지 않았다는 사실을 알고, 이후 자신의 삶을 '먹고 사는 데만 신경 쓰는 동물 같은' 생활에 비유하고 있다. 사례분석에 의하면 북한주민들 사이에서 동요계급 및 적대계급 출신의 개인과 결혼하는 것을 꺼려하는 경향이 크며, 이로 인해 출신성분을 속이는 경우가 적지 않은 것으로 보인다. 또 출신계급과 함께 입당 및 군복무와 같은 정치적 경력이 '연좌제'의 형식으로 이후 자녀세대의 삶에 영향을 미친다는 점을 짐작할 수 있다. 남편의 토대와 경력이 나쁠 경우 아내뿐만 아니라 자식들 또한 사회활동을 하는 데 불이익을 받게 되며, 이로 인해 사회적인 명예에서 배제된 채 생계만을 유지하는 삶을 살게 되는 것이다. 따라서 북한사회에서 정치적 토대와 경력이 나쁜 남편 혹은 아버지는 이혼의 대상이 될 수도 있다. 개인 사이의 친밀성에 기초한 사랑보다 사회주의 혁명성이 가족 구성의 기본적인 원리가 되었으므로, 가족 재구성의 원리 또한 당적 및 군 경력과 같은 사회주의 혁명성에 따른다고 할 수 있다. 예를 들어 이혼 및 재혼을 통해 부부 중 한쪽 당사자의 정치적 토대를 개선할 수 있다면 이를 인정하는 사회적 규범이 관철되고 있음을 알 수 있다.

북한사회에서 정치적 혁명성에 기초한 부모의 권고가 기본적인 결혼방식이지만 당사자의 연애에 의한 결혼도 적지 않게 이루어지고 있다. 예를 들어 노호철, 진남수, 이옥순 씨는 자신이 희망하는 파트너와 사귀다가 부모들의 사후 승인을 받아서 결혼하였다. 물론 이들의 연애 파트너의 정치적 토대와 경력이 크게 문제가 되지 않았기 때문이기도 하다. 이에 비해 사례 30의 도진선 씨는 부모가 정한 파트너를 두고 정치적 토대가 나쁜 애인과 결혼하여 가족으로부터 배척당하기도 하였다(도진아 구술녹취록, 2010/ 17). 정식 결혼식을 치루지 못했을 뿐만 아니라 이후 결혼 과정에서 친정가족의 정서적, 물질적 지원을 받지 못했다. 결국 친정가족의 정치적 경력을 위해 이혼하게 되었다.

근데 그 남편이 결국에는 지주: 지주 둘째 딸의 손자잖아요. 토대가 걸려도 한참 걸려요. 그래 우리 큰애가 결국에는 발전이 없는 거예요. 그 남편도 발전이 없고 그 아들 삼형제가- 그러니까 그거 그 영향이 우리 오빠한테까지 미치는 거예요. 정치대학을 나와서 배치를 "정치 일꾼으로 배치 받아야 될 사람이 행정 일꾼으로 배치 받는다" 이런 결론이 떨어지니까 형님이 와 울고 사돈 사돈댁도 다 보위부 계통인데 와 막 우는 거예요. 좀 어떻게 오빠를 살려달라고- 우리한테는 맏사위고 한데 형님은 형님대로 맏오빤데- 이러는 거예요. 우리는 정말 사랑했어요. 근데 할 수 없이 이혼할 당시에는 '토대 때문에 이혼한다' 그러고 했어요.

(도진아 구술녹취록, 2010/ 7~8)

위의 텍스트에서 알 수 있는 바와 같이 친정 가족을 떠나 시댁 가족 속에서 결혼생활을 하던 도진아 씨는 결혼 3년 무렵 남편의 출신성분으로 인해 친정

가족 전체가 사회활동에서 불이익을 받고 있다는 끈질긴 애원과 요청에 따라 오랫동안 고민하던 중 결국 이혼하였다. 북한은 공식적으로 각종 사회계급에 대해 광폭정치(廣幅政治)[9]를 실시한다고 강조한다. 즉 부모 혹은 조부모의 과거 정치적 활동이나 토대와 상관없이 당사자의 혁명성에 기초하여 사회적 대우를 한다는 것이다. 그러나 도진아 씨는 당이 표방하던 광폭정치와 달리 토대가 좋지 않은 사회구성원(남편)을 차별하는 현실을 직접 경험하고 분노하였다(도진아 구술녹취록, 2010/ 8). 사례분석에 의하면 도진아 씨의 남편은 할머니가 지주의 딸이라는 이유로 핵심계급에서 배제되었다. 조모세대의 출신계급에 의해 연좌제가 적용된 것이다. 뿐만 아니라 이러한 계급적 차별제도가 4대째인 구술자의 아들에게도 영향을 미치고 있다. 북한사회의 일상속에서는 토대가 나쁜 집안의 자손으로 분류된 경우 세대에 걸쳐 정치적 박해를 받게 되며, 나아가 성적 결합의 과정에서도 회피의 대상이 되고 있다.

3. 결혼제도 안팎에서의 성적 체험과 실천들

1) 부부의 서로 다른 경험

부부 사이의 성관계는 가족 재생산이라는 출산의 목적을 넘어서 쾌락을 매개한 친밀성의 표현이자 소통방식이다. 일부일처제 사회에서는 파트너 사이의 친밀한 정서를 나누는 유형, 무형의 행위를 통해 배타적인 관계가 형성된다. 구술자들의 생애 경험에 의하면 대부분 부부 사이의 친밀성을 표현하는 방식이 전형적인 가부장적 위계에 기초하고 있다. 윤미라 씨는 결혼 전 아

9 1990년대 초부터 북한의 공식문건에 등장한 표현으로, 김정일의 '통이 큰 통치방식'을 뜻한다.(북한용어사전)

는 언니를 통해서 소위 '부부관계'에 대해서 간접적인 조언을 들었다.

절 아는 선배님이 그러시더라구요(…) 여자는 무조건 신랑이 하자는 대로 해야 된다, '왜지?' 그럼 우린 생각하잖아요. '왜 신랑이 하자는 대로 해야 되지?' 그래서 밤에 늦게 들어와서 신랑이- 늦게 들어오고 또 늦게 들어와서 잠자자고 해도, 굳이 그 말인지 몰랐어요. 잠자자고 해도 싸우지 말고 그냥 하자는 대로 해, 해야 응? 집안이 소리 없이 소리, 소문 없이 잘 살 수 있다구-, 그래서 그게 뭔 소린가 했죠. (윤미라 구술녹취록, 2010/ 16)

20세가 될 때까지 성관계를 통해 임신이 되는 과정을 몰랐던 윤미라 씨는 지인의 조언을 이해하지 못했다. 구술자의 지인은 결혼한 여성으로서 북한 사회에서 통용되는 부부 사이의 일상윤리에 대해서 언급하고 있다. '가정의 평화'를 지키는 것은 부인이 남편의 성(性)적 요구에 순종하는 것이다. 예를 들어 늦은 밤 남편의 성적 요구에 부인이 순응하지 않을 경우 부부갈등의 원인이 되고, 보통 그 책임을 여성에게 전가하는 것이다.

남편이 요구하자면 하는 거지요. 여자는 또 응당 남편이 하자하면 해야지. 그걸 물리치지 못하잖아요. 그거는 될 수도 없는 일이에요. 북한에서는- 어떻게 내가 남편이 하자는데 못 한다 그래요. 그럼 맞아 죽었지. 오늘 낮에는 장마당에서 일하고 밤에는 '(남편이) 이리 오라.' 또 이래하면 해야 되지, 그거는- 북한 그렇게, (돼 있어요) 그니까 북한 여자들이 안주게 되면 집안이 시끄럽지요. (도진아 구술녹취록, 2010/ 24)

많은 구술자들은 부부 사이에서 남성 가장이 폭력을 행사하는 경우가 빈번하다고 전한다. 또한 스스로 남편의 폭력을 직접 경험한 사례도 적지 않다.

위의 구술에서처럼 부인이 남편의 성적 요구를 거절하는 경우 남편은 물리적 폭력으로 대응하는 것이 흔한 상황이기도 하다. 따라서 부인은 남편의 성적 요구에 순응하는 것을 의무로 생각하고, 이를 거부하는 부인에게 폭력을 행사하는 남편의 태도를 당연한 것으로 여기게 된다. 이런 관계에서 부부 사이의 성관계는 서로의 자유의사에 따른 애정의 표현이라기보다는 남성가부장이 자신의 성적 욕구에 따라 행하는 권리이자, 여성의 일방적인 의무라고 볼 수 있다.

부부 사이의 성관계가 친밀성의 표현이기보다 남성가부장의 일방적인 권위에 의존하는 경우 성관계의 즐거움을 경험하지 못하는 북한 여성들이 적지 않은 것으로 보인다. 도진아 씨는 가족들의 반대를 무릅쓰고 20세였던 1990년 연애하던 첫 남편과 결혼하였다. 그런데 도진아 씨는 남편과의 성관계에서 전혀 쾌락을 알지 못했다(도진아 구술녹취록, 2010/ 23). 그는 인터뷰에서 자신을 비롯한 북한의 아내들이 경험하는 성관계를 '수령 아버지'를 생각하며 누워 있는 행위에 비유하였다. 부부 사이의 성관계가 남편과 아내 사이의 정서적, 육체적 교감을 뜻하는 것이 아니라 사회주의 '수령 아버지'에 대한 충성의 표현으로 묘사되고 있다. 이는 사회주의 혁명을 위해 '가족 혁명화'를 요구하고 있는 북한사회의 정치윤리와 동일한 구조의 비유다. 북한사회의 공적 담론에서 부부의 애정과 쾌락이 정치적 수령에 대한 충성으로 대체되고 있다(박영자, 2006). 이러한 성적 규범의 실천과정에서 여성들의 섹슈얼리티는 많은 경우 쾌락의 부재라는 특성을 갖게 된다. 또한 도진아 씨는 중국에서 성(性)에 관한 영상물을 보게 된 것을 계기로 부부 사이의 성적 쾌락에 대해서 비로소 알게 되었다고 전한다. 인터뷰에서 구술자는 "그런 영화'에 대한 경험을 통해 마치 그 이전과는 질적으로 다른 새로운 세계를 발견한 것으로 묘사하고 있다(도진아 구술녹취록, 2010/ 24). 성적 쾌락에 대한 지식과 상상이 부재했던 구술자의 생애 경험 속에서 부부 사이의 성관계는 '가정 혁명화'를 위한 아내의 의무이다. 이와 유사하게 부부 사이의 성적 즐거움을 경험하지 못한 것은 도진선, 윤미라 씨의 경우도 마찬가지였다.

다른 한편 사례 이옥순 씨와 홍희숙 씨는 이와 다른 경험을 전한다. 1975년 양강도에서 출생한 홍희숙 씨는 대학교수였던 아버지 덕분에 대학을 졸업할 때인 1990년대 중반까지 생활 걱정을 모르고 지냈다고 한다. 아버지가 중앙당 간부였던 이옥숙 씨의 경우 상대적으로 여유로운 생활을 했던 것으로 보인다.

> 우리는 솔직히 조건이 좀 좋았어요. 우린 내가 또 돈을 벌어가지고 갔었고 생활 자체를 단독생활을 했거든요. 결혼해서부터 자기 집을 가지고 살았거든요. 솔직히 [남들이] 재미를 못 느꼈다 하는 말이 맞을 수도 있어요. (…) 솔직히 우리는 북에 살면서도 음: 북에 쫌 나는 그래도 많이 개방을 좀 했다고 봐요, 내가- 내가 그러다나니까 이렇게 밤에 잘 때는 어: 드러내놓고 다 드러내놓고 자는 편이거든요, 나는- 내가 편하게 우리 신랑도 그런- 그렇게 하고 편하게- 잠자리해도 내가 다 벗으면 시원하니까 다 하는 편인데, 우리 오빠들이랑 사는걸 보면 그렇게 안 하더라고요. 우리 형님들이랑 얘기 들어보면 (…). (홍희숙 구술녹취록, 2010/ 22)

위의 단락에서 홍희숙 씨는 부부생활의 공간을 비교의 관점에서 묘사하고 있다. 경제적 형편이 상대적으로 좋았던 구술자 부부의 경우 부모들로부터 독립하여 '단독생활'을 하며 자유롭게 몸을 드러내는 '개방생활'을 했던 반면, 그렇지 못한 다른 부부들의 경우 아이들과 함께 사용하는 공간에서 제대로 성생활을 하지 못하는 것으로 기술하고 있다. 극소수의 상층 이외에 하층계급에 속하는 대부분의 개인들이 방 1칸에서 부모와 자식들이 함께 생활하고 있는 북한사회에서[10] 독립적인 생활공간이 없으며, 이로 인해 정서적, 육체적으로 극히 제한된 부부생활이 이루어지고 있음을 시사한다. 정치적 계층에 의해 차별적으로 분배된 주거공간에 의해 부부의 성적 경험 또한 구조화되고 있는 것이다.

> 요즈음 앉으면 쌍소리[음담패설]도 대단히 잘해요. 예를 들면 부부간에 자는데 숙박검열이 왔어요. (…) 밤에 정말 북한에선 숙박검열 자주 오거든요. 밤중에도 문 탕탕탕 두드려요. "숙박검열" 이래요. 인민반장이 물론 먼저 두드리지만은 둘이 뭐 하다가라도 일어나야 되고 문 열지 않으면 안 되는 거예요. 그냥 문 두드리기 때문에 문 깨고라도 들어와야 돼요.
>
> (도진아 구술녹취록, 2010/ 25)

북한사회에서 숙박검열은 통행 제한의 일환으로 행해진다. 수시로 해당 지역에 거주하는 주민들과 외부인의 존재 여부를 확인하는 제도이다. 위의 구술에 의하면 국가의 숙박검열은 개인의 사생활에 대해서 일방적인 우위에 있다. 숙박검열관은 부부의 잠자리까지도 침입할 수 있는 합법적인 권리를 가지고 있다. 즉 북한사회의 일상 속에서 사회주의 당 조직의 통제와 규율은 언제든지 부부의 사생활에까지 개입함으로써 개인의 배타적인 친밀성의 공간이 극도로 제한되고 있다.

2) 사회적 인정과 여성(女性)의 충성서약

여성의 몸(body)이 사회적으로 거래 되어온 역사는 길다. 신분제 사회에서

---

10 북한사회에서는 개인의 정치적 권력에 따라 차별화된 주거생활을 하고 있다. 대부분의 하층계급 주민들은 공동화장실에 단칸방 생활을 하고 있다(조정아 외, 2008: 90~92).

여성은 신분과 성(性)이라고 하는 중층적 구조에 의해 차별받는 위치에 놓여 있었다. 대부분의 여성들은 사회적 권력의 우위를 점하는 남성들의 성적 대상으로 취급되었다. 여성들의 사회적 가치가 남성 개인의 성적 욕구를 충족시키는 도구화된 성(性)으로 평가되어온 것이다. 신분제도가 해체된 근대사회에서도 여성에 대한 차별은 없어지지 않았다. 단지 다른 방식으로 구조화되었을 뿐이다. 남한사회를 비롯해 자본주의적 사회질서 속에서 여성이 상품화된 성으로 취급되는 현실은 인신매매 혹은 성매매와 같이 노골적인 사회문제에서만이 아니라, 각종 대중매체와 결혼시장, 가족 및 친족관계의 일상 속에 직, 간접적으로 존재한다.[11]

북한사회에서는 1946년 '남녀평등에 관한 법령' 제정 등을 통해 봉건적인 성차별을 해소하고 남성과 여성의 평등을 이루고 있다고 주장한다. 그러나 현대 북한사회주의 가부장제를 경험한 대부분의 여성 및 남성 구술자들은 북한 여성(女性)들의 사회적 위치를 "값이 없는 신세"라고 표현하였다.

> 내가 어려서부터 계속 예술, 예술을 하다나니까 아 ○○○쪽으로 뽑혔어요, 제가- 뽑혀서 갔는데, 그냥 선전대 **발전, ○○시 **발전소 선전대로 들어갔댔어요. 한 1년을 제가 거기서 근무를 했는데, 아 아빠가 예술을 하지 말라하대요. 북한은 예술 하는 사람들은 잘 못살아요. 못살고 우리 아빠는 그때 당시 그걸 생각했나봐요. 내가 예술 그- 계통에 그냥 있으면, 남녀관계 있잖아요. 북한은 예술 하는 사람들이 그렇거든요. 여기는 뭐 성추행 성폭행 이걸 이해할 수도 없는 일이예요, 정말 꿈도 못 꾸는 일인데, 북한은 그래요, 어느 회사 다닌다든지 뭐 어느 예술단 다닌다든지 거기 단장이 내[를] 곱게 생각해서 나를[하고] 하루 밤 자자고 신청해서 하면 말 못하는 거예요. 간부가 해먹는데, 거기다 대고 제기한다든지 이

11 2010년 당시 남한사회의 섹슈얼리티에 대한 담론 연구는 다음을 참고하라. 이희영, 2010.

런 게 없어요, 북한은- 뭐 어디 회사 사장이라 하면 저기 자기 직원은 응당 하룻밤 자는 거쯤은 북한에서는 막말로 잡아먹는다 하거든요. 그걸 여자를 해먹는 걸 '해먹는다, 잡아먹는다,' 영광으로 생각하고 거기는 응당 '그래야 되는갑다' 해야 돼요 (…) 간부들이 누구를 해먹었다면 그거는 강간이 아니에요. 절대로 강간이 될 수도 없는 거예요. 그래요, 북한 실정이 그래요. (도진아 구술녹취록, 2010/ 14)

토대가 좋은 집안이자 안전부에서 활동했던 아버지를 둔 도진아 씨는 위의 단락에서 고등중학교를 졸업하고 직업 활동을 하게 된 과정에 대해서 구술하고 있다. 그런데 어려서부터 예술 활동을 했던 도진아 씨가 다른 분야의 직업으로 전환하게 된 배경으로 당시 예술 분야에 관행이었던 것으로 짐작되는 소위 '성상납'[12]에 대하여 언급하고 있다. 안전부에서 활동하던 구술자의 아버지가 딸의 장래와 관련하여 걱정했던 점은 남성간부의 성적 요구에 대한 우려였다. 위의 텍스트를 통해서 짐작할 수 있는 당시 북한사회의 관행은 직장의 남성 상급자가 여성 직원에게 성적인 요구를 하는 경우가 적지 않으며, 이에 대하여 여성들은 거절이나 항의와 같은 "제기"는커녕, 오히려 "영광"으로 생각해야 하는 것이다. 여러 사례분석에 의하면 여성 구술자들이 남성 상급자의 성적 요구를 긍정적으로 평가하는 이유는 이에 대한 반대급부를 기대하기 때문이다. 대부분의 경우 남한사회에서와 유사하게[13] 직장 내에서의 편의 혹은 이권의 분배가 이루어지고 있다. 그런데 북한 여성들이 남성 상급자의 성적인 요구에 대하여 단순한 부응을 넘어서 '영광'으로 여기게

12 남한사회의 연예분야에서 광범하게 정착된 '성상납'의 사례로는 2009년 장자연 씨 자살을 통해 드러난 사건과 2010년 가수지망생에 대한 성상납 강요를 들 수 있다.

13 남한사회에서 남성 상급자와 여성 하급자 사이의 성관계를 매개로 직장 내에서 승진 이루어지는 경우를 '소파 승진'이라고 부르기도 했다.

되는 사회문화적 맥락은 무엇일까?

> 우리 친구들도 자기가 어: 그런 건 군에서 좀 있다고 봐야죠, 군에서 군에 갔다 오면 입당을 해야 되는 게 법칙으로 생각하고 있거든요. 입당을 못하고 오면 병신이다 여기거든요. '자[저 아이]는 애가 모자라가지고 입당도 못하고 왔다.' 이런 관념이 있으니까- 솔직히 군에 가면은 상사한테, 입당을 한 여자들이 들어보면 상사한테 몸을 안 바쳤다는 애들이 없거든요. 그렇게 안하면 안시켜 준대요. 사회생활은 안 그래요. 내가 싫으면 안 하는 거지. 그 사람한테 바랄게 없으니까, 내가 잘하면 되니까-.
>
> (홍희숙 구술녹취록, 2010/ 21)

대학교수의 딸로 1970~80년대에 풍족한 어린 시절을 보냈던 홍희숙 씨는 성적 거래의 관행이 주로 군에 입대한 여성들이 입당하기 위해 선택하는 강제된 의무로 평가한다. 북한사회에서 고등중학교를 졸업한 10대 말의 어린 여성들이 군대에 가는 이유는 사회주의 혁명성을 입증하여 정치적 경력을 쌓기 위해서이다. 나아가 북한사회에서 출세하기 위해 필수 조건인 당원 자격을 얻기 위해 노력하게 되는데, 여성들의 경우 자신의 입당 절차에 큰 영향을 미치는 남성 상급자에게 '몸'을 바치는 것이 암묵적인 전제가 되고 있는 것으로 보인다. 북한 가부장적 사회주의체제에서 입당이라는 사회적 인정의 반대급부로 여성에게 성상납이 요구되기도 하는 것이다. 북한사회주의 권력체제의 핵심인 노동당에 북한 여성들이 편입되는 동시에 남성간부들의 성적 대상이 되는 성별화된 권력구조를 짐작할 수 있다. 다른 한편 위의 단락에서 홍희숙 씨는 군대와 일반 사회생활의 차이를 강조하고 있다. 즉 군에서 생활하며 입당하려는 경우가 아니라면 남성간부의 '성적 요구'에 따를 필요가 없음을 강조하고 있다.

그러나 이 연구에 참여한 구술자들의 사례에 의하면 위에서 살펴본 상급자의 성적 요구가 군대에만 국한된 것은 아닌 것으로 추정된다.

> 그 비서 그 당비서의 뭐 그 문건에 따라서 얘를 입당시켜줄 수도 있고, 정말 10년을 나가서 건설현장에서 뼈를 바치는 사람도 입당하기 힘든데 비서한테 그냥 잘 보이면 몇 개월 1년이면 입당을 할 수도 있거든요. 문건을 정치적 문건을 만들기 탓이니까- 아, 그러니까 그냥 한두 번 자주는 게 더 쉽지- 이렇게 생각할 게 아니네요. 머리가 도는, 벌써 그런 사람은-.
>
> (이옥순 구술녹취록, 2010/ 31)

> 그 바람피우는 사람들 보면 제일 그 많은 비중 차지하는 게 당비서들이에요. 편안하고 실권을 많이 가지고 있으니까 (…) 거기는 초급 당비서가 그 여자를 남의 처녀나 그 무슨 이런 남의 뭐 부인이면 부인이든 어쨌든 그 막 자기 가질 능력이 법적으로 돼있진 않지만 자기 마음대로 주무르는 건 사실이고 그 주무르는 게 또 노출되면 그 초급 당비서는 목이 떨어집니다. 무조건 떨어집니다. 근데 에: 내가 또 잘못 제기하면 능력이 있어서 더 높은데 이길 수 있는데 제기해야지, 잘못 제기하면 내가, 제기한 사람이 또 까꾸로 곤두박질하지요. 그래서 바람피는 비중이 제일 많은 게 당 비서들이고, 당일꾼들도 또 당의 눈치를 보고. (노호철 구술녹취록, 2010/ 31)

중앙당 고위 간부 집안의 이옥순 씨 또한 이와 비슷한 상황에 대해서 기술하고 있다. 먼저 구술자는 입당과정에서 당비서의 정치적 문건 하나가 10여 년의 건설현장 노동과 같은 헌신을 좌지우지 할 수 있는 영향력을 가지는 현실을 북한사회의 일반적인 생활원리로 인정하고 있다. 즉 당비서가 어떤 정치적 평가를 하는가에 따라 10년 노동을 하고도 입당하지 못할 수 있는 반면, 당비서에게 잘 보이면 몇 개월 혹은 1년 이내에도 입당할 수 있는 가능성이 있는 것이다. 이어지는 단락에서 구술자는 당비서에게 잘 보이기 위해 "그냥 한두 번 자 주는 것"을 더 쉬운 일로 선택하는 사람들이 있으며, 이들을 "머리가 일찍 도는 사람들"로 평가하고 있다. 사례분석에 의하면 이옥순 씨는 다른 단락에서 고난의 행군을 겪으며 당 배급체제로부터 독립하여 소위 자본주의 영리를 깨달아 부를 축적한 사람들을 '머리가 일찍 도는 사람들' 이라고 평가하였다. 구술자는 이들과 중앙당 고위 간부의 딸인 자신을 암묵적으로 구분하고 있으나, 전체 사례분석에서 이러한 현상을 합법적이지 않지만 실리를 위해서는 현명한 행위로 여기고 있다.[14] 이러한 맥락에서 구술자는 남성간부의 성적 요구와 입당을 위해 이에 응하는 여성들 사이의 성적 거래를 좋지는 않지만 보다 나은 미래를 위해서 선택하는 '현실적인 태도'임을 인정하고 있는 것이다. 다른 한편 사회적 출세와 거리를 두고 살았던 주호철 씨의 경우 위의 두 번째 인용문에서 성적 거래의 주된 책임을 당비서들의 권력남용으로 평가하고 있다. 당비서들이 여성들의 정치적 성향 및 능력 평가에 대한 결정권을 미끼로 여성들의 몸/성에 대해 권력을 행사하는 것이다. 요컨대 전자의 이옥순 씨가 '머리가 빨리 도는' 여성들의 실리적인 선택을 강조한 반면 후자의 노호철 씨는 북한의 일상적 생활세계에서 권력을 가진 남성들이 대부분인 당비서들의 가부장적 권력행사를 강조하고 있다.

14 교사였던 구술자는 1990년대 중반 '고난의 행군' 시기 배급이 중단되자, 이전부터 하고 있던 개인지도 학생의 부모들로부터 경제적 지원을 받았다. 처음에는 배급 이외에 다른 수입이 없는 선생님의 형편을 염려한 학부형들의 지원이었으나, 시간이 지나면서 이전 월급의 서너 배 이상에 달하는 고정적인 '과외 수입비' 및 현물 지원으로 변화하였다. 결국 구술자는 교사활동을 그만두고 '사교육'을 전적으로 하며 생활하였다.

3) 성공적인 생애 계획과 성(性)

북한에서 대학교수로 일했던 진남수 씨는 직, 간접적으로 경험했던 사례들에 대해서 다음과 같이 이야기하였다.

> 저기 우리 교수들: 이제 교원들에 경우에도 여자들이가 여자 교원들 여성들이 뭐 기본 좀 불륜 쪽으로 좀 많이 좀 가는 거기가 이제 당연화하고, 사업을 좀 많이 해야 됩니다. 왜냐면 입당을 좀 빨리할라면- 그니까 이제 교원을, 자기가 아무리 이제 교원 경력이 어리다 해도 입당을 못하면 그 자기가 다문 이제 분과장도 못해먹거든요. 그니까 뭐 분과장이나 이제 강좌장이나 자기 이제 상급교원이나 뭐 이렇게 돼서 물론 이제 교원 이제 급수 자격이가 급수, 자기가 이제 연한에 대해서 이렇게 치지만은 그 입당하고 항상 이제 결부돼 있기 때문에 입당을 위해서 좀 그런 이제 간부들하고 이제 좀 있는 거죠. (진남수 구술녹취록, 2010/ 32)

위의 구술에서 진남수 씨는 교직사회 내에서 불가분의 연관을 맺고 있는 승진과 입당의 관계에 대해서 설명하고 있다. 아무리 어린 나이에 교원발령을 받아서 급수가 높아도 노동당원이 아닐 경우 결격사유가 되기 때문이다. 이처럼 북한사회에서 노동당 입당은 사회적 인간으로서 가져야 하는 기본적 인정인 셈이다. 이어지는 단락에서 짐작해 볼 수 있는 것은 교직사회에서 활동하고자 하는 여성들의 경우 결혼 전 입당을 '바람직한 생애경로'로 여기며, 가족의 정치적 지원 등 다른 힘이 없는 경우 암묵적으로 남성간부의 성적 요구에 응하게 되는 것으로 보인다. 이러한 관행에 의해 북한사회의 결혼한 남성간부와 미혼의 여성 하급자 사이에 소위 혼외관계가 형성되고 있다. 즉 북한사회주의 노동당원으로의 인정투쟁을 중심으로 형성되는 섹슈얼리티의

한 양식(style)을 짐작할 수 있다.

지금까지의 사례분석을 통해 사회주의 혁명성이라고 하는 정치사상 및 경력이 핵심적인 사회활동의 규범이자 윤리인 북한사회에서 노동당 입당이라는 기본적인 사회적 인정을 매개로 여성의 성이 거래되고 있음을 알 수 있다. 이것은 곧 '정치'를 통해 북한사회의 섹슈얼리티가 구성되는 기본 양식이기도 하다. 다음의 구술은 사회주의 북한사회에서 권력관계를 매개로 여성의 성이 거래되는 기본양식이 어떻게 주민들의 일상에 정착하게 되는지를 이해하는 데 많은 것을 시사한다.

> 음, 많아요. 그건[여성에 대한 성적 요구와 응대] 사실이에요. 사실이구요, 어: 그게 왜 그렇게 되냐면은 간부니까 거절을 못하는 거예요. 그리고 여자는 그냥 하면은 좋은데 우리 상사니까 여자들의 상사니까 그냥 내가 무조건 따라야 된다는 이런 인식이 그렇게 돼 있어요. 그니까 이런 성교육에 대한 교육이 없으니까 그런 거 같아요. '그냥 여자는 남자가 끌면 끄는 데로 가야 되는가-' 이런 관점들이 많아요. 막 당당하게 내가 아닌 내 생각과 다르게 '니 생각이 뭐냐?' 이런 게 없잖아요. 북한에는 우선 교육이란 게 무조건 위에서 간부들이란 작자가 당일꾼들이 당에서 하라는 대로 해야 된다고 교양사업을 하고 막 학습하고 막 이런 게 이러다 보니까 그게 자연히 생활도 따라와요. 그니까 거절을 못하는 거예요.
>
> (윤미라 구술녹취록, 2010/ 21)

앞에서 자식들의 정치활동을 위해 비(非)당원이며 군대 경력이 없는 남편과의 이혼을 고려하기도 했던 윤미라 씨는 당비서 등의 남성들에 대한 여성의 성상납을 북한사회의 성교육 및 사회주의 교양사업의 관점에서 설명하고 있다. 2000년대 초 장사를 위해 중국 국경을 넘었던 윤미라 씨는 북한으로 돌아가지 못하고 2006년 남한사회에 입국하였다. 2009년 연구자와의 면담 때 '여성의 인권'이라는 말을 듣지 못하고 살았던 자신의 생활을 반복하여 언급했던 구술자는 2010년 위의 구술에서 지나간 자신의 체험을 성찰하고 있다.[15] 남성간부의 성상납 요구를 받아들이게 되는 북한 여성들의 처지, 즉 "그게 왜 그렇게 되"는지를 자신의 체험에 근거하여 돌아보고 있는 것이다. 구술자는 성(sexuality)에 대한 자기결정권이 존중되는 교육이 부재한 상태에서 가족과 학교 등의 공간에서 암묵적으로 통용되는 가부장적 생활윤리, 즉 "그냥 여자는 남자가 끌면 끄는 데로 가야 되는" 일상적인 성적 규범을 체화하게 되는 것이 중요하다고 지적한다. 뿐만 아니라 북한사회주의 국가의 수령을 중심으로 위계화된 사회에서 "당에서 하라는 대로 해야 된다"는 교양사업은 공적인 주체인 개인이 사회, 정치적 영역에서의 비판적 행위보다 순응을 기본으로 하는 행위양식을 체화하게 한다. 따라서 남성이자 상사인 당간부의 행위는 사회적 도덕과 규범을 통해 인정되고 있으므로, 여성이자 일반인인 개인은 이를 비판하거나 거부할 수 있는 권력을 갖지 못한 것이다. 이것은 암묵적으로 스스로를 남성과 당에 순응하도록 인정하는 북한사회주의 가부장체제하의 자아형성 과정이자 섹슈얼리티의 재구성 과정이다.

4. 식량난과 성적 정체성의 재구성

1) 외화벌이와 가족의 묵인

1990년대 식량위기 이후 국내외의 상거래를 통해 외화벌이 사업을 하는

15 탈북여성들의 생애체험에 대한 연구는 이들의 '인권 민감도'가 상대적으로 차이가 있음을 지적한다(박순성 외, 2009: 123~127).

사람들에 대한 북한사회 내에서의 선호도가 높아졌다. 배급제도와 상관없이 돈을 벌 수 있을 뿐만 아니라 일반적으로 구하기 힘든 음식과 물건을 가질 수 있기 때문이다(조정아 외, 2008: 208). 이 연구에 참여한 다수의 구술자들은 외화벌이 사업을 하는 사람들에게 암묵적으로 사회적 권력이 형성되고 있음을 강조하였다.

외화벌이를 보고 부화벌이 이제 교화벌이-[라고 하는데], 그 이제 부화벌이라는 거는 거기에 그런데 들어가면은 무조건 이제 불륜이 있다는 겁니다. 그래서 이제 남녀 이제 대충 문제가 무조건 있고, 교화벌이 그거는 이제 거기에서 오래 있고 이제 또 그러면 교화간다 그럽니다. 노동교화- 그래서 이제- 네. 부화벌이, 교화벌이 그런 얘기 하거든요, 외화벌이를- 그래서 그게 실질적으로 여자들이나 남자들이나 그게 이게 들어가면 그거를 이제, 음난한 것으로 이렇게 해서 그 남자들 자체도 지가 외이프가 그 외화벌이 회사에 취직을 하겠다 이렇게 하면 척 딱 그 그저 표상이가 뭐 그건 거죠. 그래서 일단 거길 가서 자연히 또 환경이가 그렇게 됐기 때문에 여자가 그렇게 가지만 여자는 또 가정을 위해서 돈을 벌어오니까 그거를 또 감안을 해야 되는 거죠. 그니까 이젠 다 공식적으론 그런 이젠 뭐 사회 여론화가 됐고 실지 그 안에 생활에 들어가면은 이제 그런 생활이 아예 뭐 불가피하게 존재는 하지만 그거를 가정들에선 감안을 해야 되는 거죠. 남자나 여자나-. (진남수 구술녹취록, 2010/ 33)

진남수 씨는 외화벌이 사업에 관여하는 사람들의 현실적인 상황을 두 단어로 압축하고 있다. 첫 번째 단어인 “부화벌이”가 무엇을 의미하는지 단번에 이해하기는 힘들다. 다만 일반적인 용례에 비추어보면 먼저, 외화벌이를 통해 각종 부귀영화(富華)를 누린다는 뜻으로 해석할 수 있다. 다른 해석에 의하면 비법(非法)인 남녀 관계의 부화(孵化) 행위를 뜻하는 것으로 이해할 수 있다. 이와 같은 "부화벌이"와 관련하여 주목할 점은 구술자가 이러한 관행을 예외 없는 것으로 평가하고 있는 점이다. "무조건", "척 딱 표상이", "공식적으로 사회여론화" 등의 표현을 통해 북한사회에서 일반적으로 행해지는 일임을 강조하고 있다. 뿐만 아니라 결혼한 부부 사이에서도 부인의 성상납과 이를 통해 형성되는 남성간부와의 혼외관계를 '불가피하게 존재하는 관행'으로 감안하고 있는 것이다. 위의 단락에서 진남수 씨가 처음에는 성상납의 관행을 "불륜", "남녀문제", "음란한 것" 등으로 표현하다가, 중반 이후의 단락에서 부부 사이의 관행으로 기술할 때는 "그런 것" 등의 대명사만으로 표현함으로써 남편과 부인이 입으로 직접 거론하지 않는 관행임을 암묵적으로 드러내고 있다. 이를 통해 식량난 이후 외화벌이 사업소로 대변되는 자본주의적 상거래의 관련자들이 소위 사회적 권력으로 인정되고 있으며, 성상납이 개인적 차원이 아닌 가족 혹은 결혼한 부부차원의 암묵적 인정을 획득하고 있음을 시사한다. 나아가 외화벌이 사업소의 남성과 여성이 선망하는 결혼상대로 여겨지고 있는 것은 사회주의 노동당 입당을 둘러싼 인정투쟁을 매개로 형성되는 혁명적 섹슈얼리티와는 구별되는, 경제적 이윤 및 축적을 매개로 한 성적 관계가 새롭게 형성되고 있음을 추정할 수 있다.

2) 식량난과 이혼, 중혼 그리고 사실혼

1980년대에 경제적 어려움을 겪으면서 북한은 남녀평등에 관한 법령에 기초하여 사회적 생산영역에 동원했던 여성인력을 가족과 지역단위의 재생산영역으로 배치하였다. 나아가 가족법 제정을 통해 그동안 국가가 책임졌던 가족 부양의 의무를 가족에게 돌림으로써 결국 여성들이 그 책임을 떠안게 되었다.[16] 1990년대 중반 식량난이 본격화되면서 국가의 배급이 중단되자 여성들은 가족 생계를 위해 장사에 나서게 되었다. 거주의 이전이 통제되는 반면 국가의 계획에 따라 사회적 분배가 이루어지던 북한사회에서 공급 중단이 일상화되자 생계보존을 위한 사회적 이동(social mobility)이 비공식적으로 높아지게 된 것이다. 이것은 소위 '달리기' 등을 하며 생계활동을 하는 여성과 남성의 숫자가 늘어나면서 지역공간에 고정되었던 가족의 안정성이 크게 낮아지게 된 것을 뜻한다. 이전에 겪어보지 못한 극심한 식량 부족과 가족 구성원의 잦은 부재로 인해 북한사회에서 사실상의 이혼과 가족의 해체가 광범위해진 것으로 추정된다.

> 실지 이혼하는 게 보게 되면 쌀독에 쌀이 많아야 인심이 있잖아요. 그런데 쌀독에 먹을 게 없다나니까는 부부간에 싸움이 잦은 거예요. 그니까 북한이 이혼 그게 막: 많이 들어오는데, 이혼도 뭐 고일[뇌물로 바칠] 뭔가가 있고 뭐 이런 사람들은 이혼이 쉽게 되지만, 없는 사람들은 이혼도 안 되는 거예요. 그럼 갈라서 사는 거예요. 거기서 이혼도 못하고 시집도 못가고 장가도 못하고- 이렇게 하고서 말로만 이혼했지, 법적으로는 이혼이 안 됐잖아요. 그렇게 사는 게 북한은 부지기수에요. 그 나라 사정이 (XXX)부터 시작해서 다 이혼하는 거예요. 입(食)건사[해결]를 못하니까- 뭐 남편은 남편대로 "어머니 집 가서 살겠습니다." 그러고 처는 처대로 어머니 집 가서 살고, 이렇게 입 건사를 못하기 때문에 다 가는 거예요. 먹을 게 없어가지고 이혼해요, 북한은- 뭐뭐 의사- 여기는 뭐 우리들이 의사소통이 안 되고 무슨 이런 게 맞지 않아서 이혼한다 이러잖아요. 북한은 아니예요. 먹을 게 없어 이혼해요. 딱 까놓고 말하면- 가족이 흩어지고 먹을

16 북한은 1990년 10월 24일 처음으로 '조선민주주의인민공화국 가족법'을 채택하면서 그동안 국가가 책임졌던 가족부양의 의무를 가족으로 규정하였다. 이를 통해 법적으로 가족부양의 의무를 진 여성이 가족 생계에 대한 떠안게 되었다(박현선, 2003: 136~137; 최진이, 2004: 77).

게 없고 부모 자식 간에 헤어지는 것도 다 그렇게 헤어지는 거예요.

(도진아 구술녹취록, 2010/ 20)

생계가 보장되지 않는 극심한 식량난으로 인해 부부 사이의 갈등이 커지고 이로 인한 이혼 요구가 높은 반면, 합의 이혼이 아닌 재판이혼만이 허용되는 북한사회에서 이를 위한 비용을 대지 못해 형식적인 부부이지만 사실상 이혼상태의 부부가 많은 것이다. 어린 시절 친 아버지가 정치범으로 체포된 이후 학교와 일상생활에게 정치적 박해를 체험한 김철영 씨는 결혼 당시 부인의 가족에게 자신의 가족 배경을 밝히지 않았다. 이미 재혼한 어머니의 전 남편인 생부의 정치범 경력을 밝히지 않은 것이다. 이로 인해 결혼생활 동안 '장인이 한 번도 따뜻한 말'을 하지 않는 등 처가로부터 암묵적인 소외를 경험하였다. '고난의 행군' 시기 정치적 경력과 거리를 두었던 구술자는 일찌감치 중국과의 무역을 하던 중 부인으로부터 이혼을 '당했다'. 1990년대 후반 약초거래와 함께 중국 도자기 밀매 등의 비법(非法)활동을 하던 구술자가 열흘 혹은 한 달 이상 연락두절의 상태가 되자 이를 불안하게 여기던 부인이 이혼 신청을 한 것이다. 상대적으로 일찍 자본주의적 영리활동에 참가했던 김철영 씨는 식량난 이후 북한의 가족관계에 대하여 다음과 같이 구술하였다.

제 친구 한 친구는 그 친구가 처를 세 번 바꿨는데, 별로 흠이 없습니다 (…) 보면은 제 친구들도 무슨 뭐 몇 년씩, 내보다 더 오래 연애하다가 무슨 안 살고 다른 여자하고 결혼하고 사는 것도 많은데-(…) 아 배 안에 아[아이]가 있어도 이혼하면 그저 끝납니다, 그건-(…) 이혼 안 해도 이혼을 법적으로 승인 안 해도 뭐- ((웃으며)) 안 살면 됩니다. 그리고 다른 여자를 데리고 살지 않습니까? 자기가 맞는 여자를 데리고 살면 에: 오래 그걸 살면 중첩생활이라 그런 그 그걸 해가지고 법에서 잡아끄는데 그것도 돈만

맥이면은 또 무마 됩니다, 그건-. (김철영 구술녹취록, 2010/ 17)

구술자는 위의 단락에서 정치적 경력과 상관없이 생활하는 북한 일반주민들의 경우 '고난의 행군'을 경험하면서 상대적으로 결혼과 이혼의 사례가 증가하고 있으며, 이혼에 대한 사회의 부정적 태도가 변화하고 있음을 지적하고 있다. 개인의 생존 논리가 최우선적으로 작동하는 식량난의 시기에 결혼과 이혼에 대한 기존의 사회적 규범이 이완되면서 법적인 이혼이 되지 않은 상태에서 이루어지는 동거나 혹은 중혼의 경우가 적지 않으며, 이러한 경우에도 돈이라는 경제력만 있으면 합법적인 승인을 받기도 하는 것이다.

제 몸을 팔아도 남자- 남자를 하나, 그 애인 관계지요. 이 한국으로 말하면? 그렇지요? 그거보고 뭐라고- 애인이라고 봐야 되는가요? 그거? 유부남을 만나는 경우-(…) 혹 총각을 만나도 자기가 경제적으로 도움 많이 받지 않습니까. 그거가지고 누가 비웃지 않습니다. 이전엔 비웃었는데 지금 현시대 그- 또 그런 여자들한테 남자들이 많이 붙거든요(…) 그거가지고 또 비웃지 않습니다, 옆에서-, 어제 오늘 일이 아닙니다.

(김철영 구술녹취록, 2010/ 19)

위의 단락에서 구술자가 전하는 여성과 남성의 관계는 상호적이다. 생존을 위해 여성이 유부남 혹은 남성과 성적인 관계를 맺거나, 장사활동을 하는 여성에게 '붙어서' 생활하는 남성들의 경우 등 북한사회의 하층계급 내에서 생존을 위한 실용적인 성적 관계가 광범위하게 형성되고 있으며, 이러한 행위가 더 이상 북한사회에서 비난의 대상이 되지 않고 있음을 강조한다. 또한 김철영 씨는 당일꾼, 법관 등의 행정일꾼, 보위부 간부나 안전원들이 자신의 권력을 이용해 "뻔뻔하고, 당당하게" 뇌물 혹은 성적 서비스를 받아먹는 것에 비교하여, 하층계급에 속한 개인들의 성적 거래를 "미안한 마음"으로 행하는 생존방식으로 표현하고 있다(김철영 구술녹취록, 2010/ 25).

> 그러게, 어떤 경우에 어떤 사람을 만나느냐에 따라서 그게 좀 인제 차원이 달라지기도 해요. 뭐 똑같이 장사를 하면서 똑같이 어: 장사에 그리도 가겠죠. 왜냐면은 ㅇㅇ이라든지 어떤 좀 돈이 좀 고가를, 많이 들어가는 그런 장사를 한 사람들은 그 돈을 벌기 위하고 또 그 돈을 붙이기 위해서 어떤 한 열차에- 아니면 (3) 하여튼 그런 중요한 직책에 있는 사람을 한 사람을 사귀면 그 사람에 의해서 뭐 뭐든지 여행증명서라든지 그리고 뭐 기차에 이동할 때 옮겨 옮겨갈 때 물건을 옮겨 싣고, 옮기고 해야 되잖아요. 그러면은 뭐 열차 안전원이나 아니면 보위부에 뭐 증명서 해주는 그 기관에 안전원이라든지 이런 사람들을 사귀야 되겠죠.
>
> (윤미라 구술녹취록, 2010/ 24)

1990년대 후반 '고난의 행군' 시기에 약초팔기 등 중국과의 장사에 관여했던 윤미라 씨는 위의 단락에서 가족의 생계를 위해 장사에 나선 여성들이 흔히 처하게 되는 상황을 전하고 있다. 돈이 많이 들어가는 반면, 이익이 많이 남는 비법적인 물건 거래를 눈감아주는 대신 여행증명서 등의 발행 권한을 가진 남성간부들이 성적 요구를 하거나 혹은 여성들이 돈 대신 성적 대가를 지불하는 경우를 암묵적으로 기술하고 있다. 앞서 언급한 바와 같이 남성 상급자의 요구를 거역할 수 없는 일상의 윤리와 함께 하층계급 여성들의 경우 생계를 위해 돈 대신 '신체적 자원'을 거래하기도 하는 것이다.

3) 국경을 오가는 여성들과 '본처찾기' 운동

식량난 이후 가족과 본인의 생존을 위해 중국 국경을 넘어간 북한 여성들이 성매매조직으로 거래되거나 혹은 매매혼을 하게 되는 인권침해 사례들이 여러 연구를 통해 알려져 있다 국경을 넘어 중국으로 건너간 북한 여성과 남성들은 제3국을 거쳐 한국으로 오거나, 혹은 많은 경우 중국사회에서 불법체류자의 신분으로 비인간적인 상황을 경험하고 있다. 국경을 넘어서는 순간 '비(非)국민'인 북한 여성들은 중국사회에서 최하위의 계층으로 매매되고 거래되는 성으로 취급되기도 한다.[17]

이 연구에 참여한 구술자들의 사례를 보면 정치범이었던 아버지의 조언에 따라 수년간 준비하여 탈북한 노호철 씨를 제외한 7명의 경우 직, 간접적으로 중국무역을 통한 장사를 하다가 정치적 규제가 심해지자 탈북하였다. 윤미라 씨의 경우 2000년대 초 아는 언니를 따라 국경을 넘어 중국으로 갔다가 2006년 남한으로 올 때까지 다양한 형태의 인권침해를 경험하였다. 홍희숙, 도진아, 김철영 씨의 경우 수년에 걸쳐 중국을 오가며 장사를 하다가 돈으로 무마할 수 없는 비법행위가 발각되어 탈북하게 되었다. 이 과정에서 주목할 점은 2002년 경제조치를 통해 상거래가 부분적으로 합법화되면서 여성들의 장사활동이 상대적으로 사회적 의미를 갖게 된 것이다.[18]

구술자: 잘 살면 "야: 니는 정말 마누라 잘 만나서 잘사는구나." 남자는 뭐

---

17 이와 관련된 자료는 (사)좋은벗들(1999), 김인성(2005)과 같이 탈북주민들의 현황에 관한 조사연구와 백영옥(2002), 이미경(2006), 임순희(2005a, 2005b), 박순성 외(2009)와 같은 학술논문으로 나눌 수 있다.

18 북한은 2002년 7월 1일 〈경제관리 개선조치〉를 통해 배급제 폐지를 추진하는 대신, 기업의 자율권을 확대하고, 가격, 임금, 환율을 인상하는 것을 골자로 하는 경제정책을 단행했다. 또 2003년 3월에는 농민시장을 종합시장으로 개편하는 조치를 단행하였다.

를 하면 솔직히 남자가 못할 그기 뭐냐면 여자는 뭐 불법을 해도 간단히 용서래도 받고 사회적으로 뭐 "너는 왜 그렇게 이렇게-" 정말 위신이 깎일 일이 없어요. 먹고 살자하는 뜻 그거는 당연히 여자가 뛰어가지고 먹고 살아야 된다- 그게 사회적 풍조로 돼있기 때문에, 그런데 남자가 일단 불법을 한다든가 뭘 먹고 살자고 장사를 한다든가 하면 머저리처럼 간주 돼가지고- '저 남자로 생겨가지고 어떻게 저렇게 할 수 있나?' 아직은 그런 개념이 있기 때문에 여자가 버는 세대가 돼버렸어요 (…) 그러니까 여자가 먹여 살리면 가정에서 그런 분위기가 생기죠. 사회적으로는 없어도- 내 가정이 내가 마누라 잘 만나 먹구 사니까 남편은 당연히 자기 마누라를 거하게 되고 없어서는 안될 사람이 되고- 또 당연히 여자는 남편이 벌어다도 못주고 자기가 버는 거는 애나고 하니까 남편은 또 불필요한 존재로 또 여기게 되고, 점점 또 그렇게 돼요. 지금 실상이-

연구자: 근데 왜 사회는 그런 걸 인정을 안 해 줄까요?

구술자: 사회가 인정해 줄 수가 없죠. 사회가 체제- 아무튼 사회가 인정해 주자면 사회에서 여자가 할 수 있는 일이 있어야 되는데 사회적으로는 여자가 능력을 낼 수 있는 게 없다 말이에요.

(홍희숙 구술녹취록, 2010/ 25~27)

홍희숙 씨는 1990년대 말 기아를 피해 중국으로 넘어가 돈을 벌었을 뿐만 아니라, 2000년대 초 결혼한 후 장사로 가족 생계를 책임지고 살았다. 결혼 후 남편이 대학을 다니는 동안 약초, 술, 담배, 비디오 등을 중개하는 비법 활동으로 많은 돈을 벌었으나, 중국으로 탈북한사람들의 북한 내 가족을 찾아주는 브로커 활동을 하다가 '역적죄'로 보위부의 조사를 받던 중 2008년 탈출하였다. 이처럼 홍희숙 씨는 '고난의 행군'을 통해 형성된 북한사회의 비공식적 '무역인'이다. 북한사회가 공식적으로 개방되지 않았으나, 1990년대 중반 생존을 위해 국경을 넘었던 개인들의 경험이 중국과의 국경에 무수한 무형의 '구멍들'을 만들어 낸 것이다. 사례분석에 의하면 홍희숙 씨는 1970년대에 태어나 사회주의 혁명화의 주역을 꿈꾸며 성장하였다. 그러나 1990년대 후반 탈북과 자본주의적 거래를 경험하면서 소위 비법을 통해 사회적 출세를 추구하는 새로운 세대로 자신을 정체화하고 있다. 위의 텍스트에서 구술자는 여성들의 경제활동이 가정에서는 작은 변화를 만들고 있으나, 사회적으로는 인정받지 못하고 있다고 평가한다. 가정 내에서의 작은 변화는 아내와 남편 사이에 작동하는 권력관계이다. 즉 남성가부장은 가족생계부양자이며 아내는 가족재생산의 담당자라는 가정 내에서의 역할이 깨어지면서 실제 가족재생산과 생계부양을 동시에 책임지는 아내의 권리의식이 높아진 반면 경제능력을 상실한 남편은 가족 내에서의 권위와 힘을 부분적으로 상실한 것이다. 그러나 중요한 점은 이러한 여성들의 경제활동 및 재생산노동이 사회적으로는 인정받지 못한다는 것이다. 위의 단락 마지막 부분에서 홍희숙 씨는 여성들의 장사와 같은 활동을 "사회적으로 능력을 낼 수 있는 게" 아니라고 확정하고 있다. 왜냐하면 사회주의체제인 북한사회에서 자본주의적 이윤을 추구하는 '장사'를 비판하고 있을 뿐만아니라, 대부분의 장사행위가 북한체제의 공식적인 법과 규정을 어기는 비법적인 방식으로 이루어지기 때문이다. 이런 점에서 '고난의 행군'을 거치며 광범위하게 장마당 경제활동에 참여하게 된 북한 여성들에 대한 사회적 인정의 한계를 짐작할 수 있다.

다음으로 주목할 점은 장사를 하기위해 북한의 각 지역을 오가거나, 혹은 중국으로의 국경을 오가는 경험이 증가하면서 새로운 삶의 방식에 대한 경험과 정보가 축적되고 있는 것이다. 대표적인 경우가 각종 영상자료이다. 앞의 단락에서 도진아 씨는 중국에서 보게 된 성에 관한 동영상을 통해 처음으로 성적 쾌락이 가능하다는 사실을 알게 되었다고 고백하였다. "혁명적 동지애"를 위해 주체화된 자신의 섹슈얼리티에서 상상할 수 없었던 성의 세계를 간접적으로 체험한 것이다.[19] 비슷한 경우로 홍희숙 씨가 중국을 오가며 거래했던 물건 중에는 북한 물건으로 위장된 각종 영상자료가 있었으며, 남편이 보기도 했을 뿐만 아니라 간부들의 부탁을 받아서 중개하기도 했다(홍희숙 구술녹취록, 2010/ 23~24). 또 대학교수로 지내다가 2000년대 초 남한 드라마 시청 주모자로 발각되어 강등되기도 했던 진남수 씨의 경우도 있다.

> 근데 그 영어강좌 선생님들도 많이 좀 친했고 하니까 영어강좌 선생님들하고 우리 이제 강좌하고 해서 이제 그 TV 그 '남자의 향기' 있지, 이 남한 드라마- 그거를 본 거지. 이 딱 닫아걸고 서리 문, 커텐 다 치고 이럭하고 몰래 봤는데, 거기가 이제 그런 이제 내가 이제 군대 때 하던 이런 정보원이가 거기 계속 있은 거지. 그 다음날에 바로 이제 호출을 당한 거죠.
>
> (진남수 구술녹취록, 2010/ 19)

진남수 씨의 구술에 의하면 장사길을 통해서 수입된 각종 영상물이 북한 대학의 교수 사회에서도 광범하게 시청되고 있다. 이것은 영상자료가 교육 교재로 일반화된 조건과 연관되어 있다. 1990년대 이후 북한에서도 교육기관의 각종 재교육 자료로 외국어 원어민 프로그램을 활용하게 되면서 교육용 CD가 일반화되었고, 교수들이 이러한 영상자료를 이용할 수 있도록 기자재가 구비된 것이다. 그런데 '고난의 행군' 시기 중국과의 비공식적 장삿길을 통해 한류열풍으로 제작된 한국 드라마들이 북한 장마당에서 소위 '광명비디오'라는 껍데기를 쓰고 거래되기 시작한 것이다. 2000년대를 넘어가면서 남한 드라마 시청은 교직사회에서도 "일상적으로 말하는 정도"가 되었다(진

19 이러한 영상물 중 '음란물 CD'가 북한주민들 사이에서 성생활의 쾌감을 보급하는 일종의 성교육 교과서의 역할을 하고 있다는 평가도 있다(이교덕 외, 2009: 116).

남수 구술녹취록, 2010: 25-26). 이러한 드라마 시청이 북한주민들의 일상에 복합적인 영향을 미친 것으로 짐작된다.[20] "실지 남자가 깡패지만은 여자를 위해서 어쨌든 남자가 이제 희생되는 이런 어쨌든 항시 긍정적인 면은, 이런 거기 때문에 보는 거죠"(위의 녹취록, 26)라는 표현 등을 통해 적어도 '혁명적 동지애'로 환원될 수 없는 남한사회 섹슈얼리티의 실현과정을 간접 경험할 수 있었을 것으로 짐작된다.

20대 초반 중국으로 탈북하여 "온갖 것을 다 경험한" 홍희숙 씨는 북한사회 내에서의 변화를 다음과 같이 전한다.

> 내가 배우던 시기가 아니잖아요. 이제는 우리 부모들 시대 우리 또래가 다 부모가 되고 그랬는데 이제는 내 새끼를 김일성역사를 배워주고 싶지 않거든요. 내뿐이 아니에요. 지금 부모들 정신상태가 그렇거든요. 여자애들이면 피아노 배워줄려고 하고 예능 쪽으로 나갈려고 하고, 우리 남아들인 경우에는 영어를 배워줄려고 하고 수학을 잘해야 되고 컴퓨터를 잘해야 된다- 이렇게 생각 하거든요. 똑같잖아요, 지금- 시대차가- 지금 그래서 북한에서도 이 문화적 침투를 제일 무서워하는 거 같애요. 이, 내처럼 비디오를 날라오는 사람들, 남한의 비디오 날라오고 아무튼 옷이고 화장품이랑 이런 거 들여오고 이러는 사람들 제일 청산을 제일 많이 했거든요. 비디오를 날라오는 거는 문화적 사상문화적 침투를 하기 때문에 그게 누구마따나 전쟁을 일으키는 것보다 더 무섭다고 하거든요, 북에서는- 실지 사상전쟁이잖아요. 드라마가 들어오면 그걸 보고 느끼니까 그게 제일 빠른 거잖아요. 사람이 절실히 느끼는 데는- 그러니까 지금 이제는 드라마가 뭐 10년 동안 2000년대 들어서서부터는 뭐 한국 드라마가 이젠 다 퍼

20 중국 국경을 오가며 각종 전자기기를 밀수하는 도강자들이 많아지면서 북한 전역에 중국 및 한국 영상물이 퍼져나갔다. 이러한 과정에 대한 분석과 사회적 의미에 대해서는 다음을 참고하라. 이희영, 2012.

졌어요. 이젠 여기 와서 보면 북한에서 보던 드라마가 많이 나오거든요.

(홍희숙 구술녹취록, 2010/ 25)

1970~1980년대 북한의 강성대국 노선에 따라 성장했던 구술자는 20대 이후 북한사회에 들어온 외부 영상물이 자본주의적인 문화사상적 침투를 매개하는 역할을 하였다고 평가한다. 위의 단락에서 구술자는 2010년대에 아이를 키우는 30~40대 북한주민들의 의식변화를 기술하고 있다. 부모세대와 자신이 속한 세대의 시대차를 자식에 대한 교육관의 차이를 들어 설명하고 있다. 이어지는 단락에서 북한 당국에서 가장 두려워하는 문화사상적 침투에 대해 설명함으로써 이와 같은 "시대차"의 중요한 원인이 비디오, 옷, 화장품 등을 통해 전달되는 남한의 문화와 사상에 있음을 시사한다. 요컨대 북한의 배급중단 사태를 대체하였던 중국으로부터의 밀무역 상품들이 소리없이 북한주민의 일상생활 문화와 생각에 '변화'를 일으키기 시작한 것이다. 김일성 역사 대신 피아노와 컴퓨터, 혹은 제국주의 언어인 영어를 중요하게 생각하는 일상문화가 생겨나게 된 것이다. 다른 한편 2005년 정도부터 소위 '본처찾기 운동'이 생겨났다.

그때- 그니까 그 본처찾기 운동이라는 기 그게 2006년도부턴가? 2005년도부턴가 그렇게 해서 그 이제 재판에서 이제 일단 이혼 했었는데 그: 뭐 어쨌든- 여기서는 그거보고 조강지처라고 뭐 이런 소릴하는 데 거기서는 조강지처라는 말은 없고 이 본처찾기 이기가 있어가지고, 이전에 이혼했던 자기 이제 본처하고 이제 뭐 결합을 하겠다- 이렇게 나오면 재판소에서 그: 이짝에 이제 지금 새 가정에 이혼 사유가 되는 겁니다 (…)우리도 그때 충격을- 그게 2005년도 맞겠다, 2005년도- 그래서 그 했는데, 결국은 이제 재판소에서 이제 그 이혼사유라는 게 이제 본처하구 자기네 무조건 살기로 이렇게 당에서 결론을 했다니까 후처에 대한 이제 일상적인 이제 그 그니까 완전히 뭐 무슨 뭐 구타를 했다던가 뭐 바람을 폈다던가 이런 이제 뭐 이제 딱 그 이혼조건이 없이도 성립이 된 거죠.

(진남수 구술녹취록, 2010/ 35)

북한사회에서 '고난의 행군'을 거치며 사실상의 이혼, 재혼, 동거 등의 관계들이 급격히 증가하였다. 그런데 식량위기로 인한 사회적 불안이 중장기적인 상황으로 전환되던 2005년 무렵, 헤어졌던 본처와 살겠다는 남편의 주장이 있으면 재판소에서 남편과 새 부인 사이의 결혼관계를 해소하는 판결을 내리기 시작한 것이다. 즉 남편과 새 부인의 이혼을 인정할 수 있는 다른 조건이 없어도, 본처와 재결합하겠다는 남편의 의견만 있으면 이혼이 성립되게 된 것이다. 이는 국가가 개인의 이혼과 재혼을 사실상 통제한 것이다. 왜냐하면 첫 번째 결혼관계의 절대적 우위를 인정하고 있기 때문이다. 또 남편의 일방적인 요구를 인정함으로써 남성가부장의 권위를 재확인하는 의미를 갖는다. 이러한 조치는 '고난의 행군'을 통해 신뢰를 상실하게 된 가부장적 사회주의체제의 복구를 위한 국가의 대응이라고 볼 수 있다. 즉 장마당에 대한 규제와 화폐개혁 등의 경제조치[21]가 사회주의 계획경제의 기본적인 틀을 유지하려는 노력이라면, '본처찾기'에 대한 사법적 인정은 사회주의 혁명화의 기본단위라고 할 수 있는 가족의 혁명화를 유지하려는 노력이라고 볼 수 있다.

21 북한은 2008년 초부터 40세 미만의 여성들이 장마당에서 활동하는 것을 금지하고, 2009년 화폐개혁 단행 및 장마당 폐쇄 등을 통하여 '자본주의적' 경제활동이 확대되는 것에 대한 규제 조치를 실시하였다.

5. '혁명적 섹슈얼리티'와 실용적 실천

이 글에서는 식량난을 겪으며 2000년대에 한국사회로 온 북한주민들의 생애사를 통해 북한사회의 섹슈얼리티가 갖는 특성을 분석하고 재구성하였다. 2000년대의 변화하는 섹슈얼리티는 이 시기 북한사회의 변동을 나타내는 주요한 범주이다. 북한사회에서 '혁명적 섹슈얼리티'는 가부장적 사회주의 체제를 구조화하는 중요한 공적 담론이자, 기제로 작동하였다. 소위 정치적 토대가 좋은 집안 사이의 결혼이 혁명적인 사랑으로 칭송되고, 실천됨으로써 주체식 사회주의를 체현하는 개인과 가족 및 사회적 관계가 재생산된다. 동시에 "수정주의 날나리풍"에 대한 사회적 구별짓기(Broudieu)를 통해 사회 구성원들 사이의 친밀한 관계를 규율함으로써 가부장적 사회주의사회의 규범과 윤리가 재생산된다. 북한사회의 공식적인 담론인 '혁명적 섹슈얼리티'가 일상생활 속에서 계급적 위계를 재생산함으로써 가부장적 사회주의 권력의 재생산 기제가 되는 반면, 북한주민의 사적인 영역에서는 '친밀성의 섹슈얼리티'가 성적 욕망과 실천의 원리로 작동하고 있다. 예를 들어 결혼 적령기가 되기 이전에 형성된 친밀성의 관계들은 가족 내에서의 인정의례(부모들과의 상견례), 묵인되는 동거(비밀 각시집 등)를 거치며 결혼제도에 흡수되기도 한다. 이러한 묵인과 관행들은 북한주민들의 일상에서 '혁명적인 것'으로 환원될 수 없는 개인의 욕구를 실현하는 양식으로서 식민지시기를 이어온 가부장적 잔재에 기초하고 있다. 북한사회에서 친밀성의 섹슈얼리티는 불법은 아니지만 '비법'으로 전유된 사적 영역에서의 성적 윤리라고 할 수 있다. 즉, 북한주민들의 성적 욕구와 실천은 혁명적 섹슈얼리티와 친밀성의 섹슈얼리티라고 하는 서로 다른 윤리를 통해 동전의 양면처럼 구조화되는 경향이 있다. 개인은 일상에서 양자사이의 긴장된 줄타기를 내면화함으로써 북한식 사회주의체제의 구성원으로 주체화된다.

기존의 북한사회 권력 분배구조는 정치적 토대(계급)와 충성도(헌신)에 따라 위계화될 뿐만 아니라, 성별에 따라 '젠더화'된 특성을 보여준다. 수령을 정점으로 하는 노동당 최고위 남성간부들과 이들에게 필요한 서비스 제공을 주된 임무로 특화된 중앙당 조직지도부 제5과 소속의 여성들 사이의 관계는 이를 상징적으로 드러낸다. 정치적 토대를 기반으로 북한 권력의 최고엘리트가 선발, 조직되는 과정에서 권력 담지자와 권력의 보조자는 남성과 여성으로 젠더화된다. 마찬가지로 사회주의 권력체계의 핵심이라고 할 수 있는 노동당 입당 과정에서 남성들은 계급적 성분과 충성도에 의해 구별되지만 여성들은 계급적-성적으로 구별된다. 사례분석에 의하면 북한의 가부장적 사회주의 권력은 여성의 노동당 입당을 인정하는 동시에 남성 권력자의 성적 대상으로 구조화하는 경향이 있다. 이러한 관점에서 사례로 확인되는 북한 여성들의 암묵적인 성상납은 노동당 입당, 직업에서의 승진 등을 위한 '충성서약'의 성격을 띠고 있다.

1990년대 중반의 식량난을 경과하면서 국가의 사회적 분배가 중단되자 북한사회의 하층계급뿐만 아니라 사회 전반에서 여성의 몸/성이 정치, 경제적 자원의 재분배를 위한 '실용적인 관점'에서 이해되는 경향이 있는 것으로 추정된다. 이혼, 사실혼, 중혼의 확대를 통한 가족의 재구성은 식량난의 시기 '위기의 가족'으로 형성된 것이지만 성적 경험을 매개로 한 '실용적 가족' 구성의 시도가 삶으로 지속된다는 점에서 주목할 필요가 있다. 또한 이것은 식량난 시기 생존을 위해 비공식적으로 개척된 중국과의 밀무역 길을 통해 자본주의적 이윤추구의 윤리만이 아니라 개인의 발견과 자기실현의 장이 형성되고 있는 것과 직, 간접적인 연관이 있는 것으로 보인다. 이에 대하여 2000년대 중반 등장한 '본처찾기 운동'은 사회주의 노동당이 '혁명적 섹슈얼리티'에 기초한 결혼제도를 재강조함으로써 체제재생산의 기제를 회복시키고자 하는 성격을 띠고 있다. '고난의 행군' 이전의 결혼관계를 상징하는 본처관계를 국가권력으로 복구시키고자 하는 노력은, 경제적 차원에서의 화폐개혁이나 시장통제와 동일한 원리로 새롭게 형성되는 북한주민들의 '실용적 섹슈얼리티'를 재구조화하기 위한 노력으로 보인다.

참고문헌

김병로, 2000, 『북한사회의 종교성: 주체사상과 기독교의 종교양식 비교』, 통일연구원 연구총서.

김영규, 2008, "최근 남북한 가족법의 변모와 그 접근가능성", 『법학논총』 제20집.

김인성, 2005, "탈북자 현황분석," 『민족연구』, 제14호, pp. 6-34.

박순성 외, 2009, 『탈북여성의 탈북 및 정착 과정에서의 인권침해 실태조사』, 국가인권위원회.

박영자, 2004, "북한의 남녀평등 정책의 형성과 굴절(1945~70): 북한여성의 정치사회적 지위 변화를 중심으로", 『아시아여성연구』제43집 2호, pp. 306-308.

박영자, 2006, "선군시대 북한여성의 섹슈얼리티 연구: 군사주의 국가권력의 성(性) 정체성 구성을 중심으로", 『통일정책연구』 제15권 2호, pp. 129-161.

박현선, 2003, 『현대 북한사회와 가족』, 한울아카데미.

백영옥, 2002, "중국 내 탈북여성실태와 지원방안에 관한 연구", 『북한연구학회보』, 제6집 1호, pp. 241-264.

(사)좋은벗들, 1999, 『북한 '식량난민'의 실태 및 인권보고서』, 정토출판사.

이교덕 외, 2009, 『북한체제의 행위자와 상호작용』, 통일연구원.

이미경, 2006, "탈북여성과의 심층면접을 통해서 본 경제난 이후 북한 여성의 지위변화 전망", 『가족과 문화』 제18집 1호, pp. 33-55.

이태영, 1984, "북한여성의 가정생활", 『통일한국』 제2권 2호.

이희영, 2005, "사회학 방법론으로서의 생애사 재구성", 『한국사회학』 제39집 3호, pp. 120-148.

이희영, 2009, "도덕은 성(性) 중립적인가-젠더와 섹슈얼리티에 대한 도덕", 김광기 외, 『대한민국은 도덕적인가: 한국사회 도덕 살리기 프로젝트』, 동아시아.

이희영, 2010a, "섹슈얼리티와 신자유주의적 주체화: 대중 종합여성지의 담론 분석을 중심으로", 『사회와 역사』 제86집, pp. 181-219.

이희영, 2010b, “북한 일상생활 연구자료의 생성과 해석”, 박순성·홍민 엮음, 『북한의 일상생활세계: 외침과 속삭임』, 한울아카데미, pp. 200-247.

임순희, 2004, 『식량난과 북한여성의 역할 및 의식변화』, 통일연구원.

임순희, 2005a, “식량난 이후 북한 여성의 삶의 변화”, 『평화연구』 제30호, pp. 115-140.

임순희, 2005b, “식량난이 북한여성에게 미친 영향”, 『통일문제연구』 제43호, pp. 167-191.

조정아 외, 2008, 『북한 주민의 일상생활』, 통일연구원.

Beck, Ulich & Elizabth Beck-Gernsheim, 1990, *Das ganz normale Chaos der Liebe*, Frankfurt am Main: Suhrkamp Verlag.

Benhabib, Seyla; Buttler, Judith; Cornell, Drucilla; Fraser, Nancy, 1993, *Der Streit um Differenz. Feminismus und postmoderene in der Gegenwart,* Frankfurt am Main: Fischer.

Berger, Peter L.; Luckmann, Thomas, 1967. *The Social Construction of Reality, A Treaties in the Sociology of Knowledge*, Penguin Books.

Butler, Judith, 1990, *Gender Troble: Feminism and the Subversion of Identity*, NY: Routledge.

Foucault, Michel, 1976, *Histoire de la sexualité. Tome 1 La volonté de savoir*, Callimard(이규현 옮김, 2004, 『성의 역사 1. 앎의 의지』, 나남출판).

Foucault, Michel, 1984, *Histoire de la sexualité. Tome II,* 『성의 역사 2. 쾌락의 활용』, 나남출판.

Hradil, Stefan(ed.), 1997, *Differenz und Integration. Die Zukunft moderner Gesellschaften*, Frankfurt a. M; New York.

Jackson, Stevi; Scott, Sue(eds.), 1997, *Feminism and Sexuality. A Reader,* Edinburgh University Press.

Rosenthal, Gabriele, 1995, *Erlebte und erzählte Lebensgeschichte. Gestalt und Strukturbiograpischer Selbstbeschreibungen,* Frankfurt/ M.: Campus.

Weeks, Jeffrey, 1986, *Sexuality*(서동진 외 번역, 1997, 『섹슈얼리티. 성의 정치』, 현실문화연구).

[기타 자료]

최진이, 2004, “여성 ‘기본존엄’ 보장 안 되는 왜곡된 성문화 만연”, 『월간 말』 9월호.

제8장

북한 새세대 여성들의 이주와 시민사회

1. 새세대 여성과 북한의 여성정책

1990년대 말 식량난을 피해 국경을 넘었던 북한 여성들이 한국사회에 정착한 지 20여 년이 되었다. 한국에 정착한 북한이주민 1세대가 북한에 두고 온 친척공동체와 2세대의 연속 이주가 이어지고 있다. 그중에서 어린 시절에 식량난을 겪고 장사와 시장거래를 일상적으로 경험한 여성들이 성인이 되어 남한으로 이주하고 있다. 북한 '새세대' 여성들이[1] 한국사회의 시민이 되고 있다.

경제난과 시장화를 거치며 북한사회에서는 3세대 세습 권력이 자리를 잡았다. 북한 사회주의체제의 근간이었던 배급제도가 무너진 상황에서 김정은

1 북한 청소년에 대한 연구는 1980년대 중반~1990년대 중반 사이에 태어난 연령집단을 '새로운 세대'로 명명하였다. 경제난이 시작된 시기에 유아기 혹은 중학교 시절을 보내고, 이후 시장경제를 일상적으로 경험한 공통분모를 바탕으로 이전 세대와 다른 감성을 가진 것으로 본다(조정아 외, 2013).

정권이 집권했다. 국가가 남성 가구주에게 직장을 통해 식량 등을 배급하고, 여성들은 '혁명전사'의 양육과 재생산 활동을 주된 임무로 삼던 식량난 이전의 핵심적인 사회체제가 작동하지 않게 되었다. 소수의 상층계급 및 군인 가족 외 대부분 가족은 남성들이 공식직장을 통해 완전한 배급을 받지 못하자 여성들이 비공식 영역인 시장활동을 통해 벌어들인 소득으로 살아가게 되었다. 이전 시기 남성들의 '부양가족'이었던 여성들이 가족 전체를 실질적으로 '부양하는' 역할을 하게 된 것이다. 20여 년의 시장활동 경험을 토대로 현재 북한사회에는 남성의 공식노동과 여성의 비공식노동이라고 하는 새로운 성별 분업체계가 작동하고 있는 것으로 추정된다.[2]

이처럼 1990년대 경제난 이후 급격한 사회변동을 거치고 있는 북한사회에서 여성들은 어떤 삶의 전망을 가지고 생활하고 있을까? 특히 배급제도가 유명무실해진 상황에서 성장한 새세대 여성들은 어떤 삶의 경험을 가지고 남한으로 이주하게 되었을까? 한국사회의 시민이 된 새세대 여성들과의 사회적 연대를 위한 과제는 무엇일까?

현재 북한의 대표적인 여성정책은 김정일 정권 말기인 2010년 제정되고 김정은 시대에 실질적인 효력을 갖게 된 여성권리보장법[3]이다. 법 제정의 주요한 배경은 경제난을 겪으며 가족을 부양해온 여성들의 불만과 새롭게 등장한 사회적 요구들이었다. 이 법은 사회 전 분야에서 여성들의 권리를 보장하여 여성의 지위와 역할을 높이는 것을 목적으로 한다(제1조).[4] 특히 여성들의 상속권과 재산권을 보장하고 가정폭력을 금지하는 등 시장활동을 통해

2 김정은 시대의 젠더 정치에 대한 심층연구 결과로 공식노동과 비공식노동의 성별 분담방식을 분석한 다음을 참고하라. 조정아 외, 2019.

3 2010.12.22. 정령 제1309호로 채택, 2011.7.05. 정령 제1743호로 수정보충, 2015. 6. 30. 정령 제566호 수정. 〈https://www.unilaw.go.kr/search/totalsearch.do#〉(검색일: 2021. 09. 24).

4 이 법은 북한법 중에서 "최초로 여성의 권리와 지위를 보장하는 내용을 종합하고 체계화한 단일법률"로 평가된다(황의정·최대석, 2015: 11).

경제력을 획득한 여성들의 현실적인 요구사항을 수용하고 있는 점에 주목할 필요가 있다. 제5장 〈인신 및 재산적권리〉 중 제42조(가정에서 녀성의 재산권)에서는 결혼한 여성이 가정재산에 대한 소유권을 남편과 공동으로 가지며, 수입에 관계없이 남편과 평등하게 가정재산을 점유, 이용, 처분할 수 있도록 규정하였다. 또 이혼할 경우에도 여성이 개별 재산권을 주장할 수 있도록 하였다. 제43조(재산상속에서의 남녀평등)에서는 여성이 남성과 평등한 재산상속권을 가지며 상속순위가 같은 경우 성별을 이유로 여성을 차별하지 말아야 한다고 명시하였다. 이것은 경제난 이후 비공식 영역에 해당하는 시장활동 등을 통해 가족생계를 위한 소득을 창출하고 재산을 형성하는 주체가 되어온 여성들의 경제활동을 암묵적으로 인정하는 것이며, 시장활동을 통해 축적한 여성들의 재산권을 보장하는 것이기도 하다.

여성권리보장법 제6장 〈결혼, 가정의 권리〉 제44조에서는 여성과 남성이 평등한 결혼 및 가정의 권리를 가진다고 규정하고, 제45조에서는 여성의 자유결혼의 권리를 명시하였다. 또 제46조(가정폭행의 금지)에 가정에서는 여성에 대한 온갖 형태의 폭행을 하지 말아야 하며, 지방인민위원회를 비롯한 관련 조직에 가정폭행이 나타나지 않도록 하는 역할을 부여하였다. 이것은 북한이 2001년 비준한 여성차별철폐협약과 유엔 여성차별철폐위원회의 권고사항을 반영한 것이기도 하다(황의정 · 최대석, 2015: 9). 그런데 이 조항은 역설적으로 북한의 부부관계가 정신적, 물질적 상호존중에 기반하지 않음을 시사한다. 또 조선민주여성총동맹의 기관지인 〈조선여성〉을 분석한 연구는 2012~2014년 기사에서 부부 사이에 '야비한 언사'나 '몰상식한 언어 표현'을 쓰지 않도록 하고, 갈등이나 충돌이 발생할 때 여성들이 남편의 기분을 달래주도록 권고하는 등 다양한 형태의 가정폭력이 사회문제가 되고 있음을 인정하나, 여성들의 '기분 맞추기'로 문제를 해결하려는 한계를 지적하였다(조정아 외, 2019: 45). 제49조(미성년자녀보호에 대한 권리와 의무)에서 여성은 남편과 평등하게 미성년 자녀를 보호할 권리와 의무를 갖지만, 남편이 사망하는 등 부득이한 사정으로 미성년 자녀의 후견인이 될 수 없는 경우에만 여성이 후견의 권리를 갖도록 하였다. 제50조(출산의 자유)에서는 여성이 자녀를 낳거나 낳지 않을 권리가 있음을 밝히지만, 국가적으로 여성이 자식을 많이 낳아 키우는 것을 장려하고, "삼태자 다태자를 낳아 키우는 녀성과 어린이에게" 특별한 배려와 혜택을 돌린다는 규정을 통해 사실상 여성에게 인구 재생산의 '의무'를 부과하고 있다.

김정은 정권은 2012년 '제4차 전국어머니대회'를 개최하고 11월 16일을 '어머니날'로 제정하였다. 세계여성의 날인 3월 8일을 국제부녀절로 정하고 기념해왔으나, 따로 어머니날을 정한 것이다. 1961년 제1차 전국어머니대회가 개최된 후 50여 년 만에 개최된 2012년의 제4차 대회에서 여성들이 애국충정과 모성애로 선군혁명계승자들을 키워가는 어머니이며, 사회주의 대가정의 사랑이라고 칭송하였다.[5] 즉 사회주의 국가 북한에서 여성들은 혁명계승자를 양육하는 주체로 호명되고, 이런 역할을 완수할 것을 요청받은 것이다. 국제부녀절이 혁명의 수레바퀴 중 하나인 여성들의 혁명적 역할을 강조하는 국가적 재현의례라고 한다면, 어머니날은 자녀출산 및 양육을 담당하는 모성적 역할에 사회적 가치를 부여하는 것이다. 형식적으로 김정은 정권은 '어머니날'을 제정하여 '자랑스러운 어머니'의 가슴에 꽃다발과 훈장을 달아주며 칭송하였으나, 경제난 시기 헌신적인 노동으로 가족을 부양하고 사회를 지탱해온 여성들의 사회, 경제적 활동이 아니라 모성애를 바탕으로 한 가족 재생산의 역할을 더욱 강조하고 인정한 것이다.

2016년 개최한 제7차 당대회를 통해 김정은 정권은 '과학기술중시 기풍'을 세워 사회주의 강국을 건설할 것을 제시했다. 여성들 또한 전문직 활동을

5 로동신문, 2012.11.16, "제4차 전국어머니대회 진행".

통해 국가의 번영을 위해 헌신하는 부강조국 건설자로 호명되고 있다.[6] 최근 각종 매체에서는 가정주부이자 어머니이면서 공업대학 연구사, 과학자, 전투비행사 등 전문적인 책무를 다하기 위해 노력하는 여성들의 모습이 부각되고 있다. 김정은 시대의 새로운 여성상을 담은 사회적 담론의 특징이기도 하다. 다시 말해 한편으로 '혁명 강국'을 건설하기 위한 여성들의 노고를 위로하고 사회적 참여를 강조하지만, 여전히 기존의 사회주의 가부장제를 근간으로 하고 있다는 점이다. 이런 관점에서 국가정책과 기관지 등의 공식 담론에서 제시된 여성의 역할에 대한 칭송과 전문 과학기술 분야로의 진출 및 환대가 북한 일상생활 속에서 실질적인 힘을 가질 수 있을지 주목할 필요가 있다.

다음에서는 2019년 인터뷰를 했던 북한 여성들의 생애체험을 소개한다. 1987~1997년 사이에 출생한 20~30대 여성들로 2015~2018년 사이에 북한을 떠나 한국으로 왔다.[7] 모두 성인이 되기 전에 경제난과 시장화를 경험했고, 김정은 정권이 들어선 북한사회를 지켜보았다. 12명의 여성 중 북한에서 결혼한 경우는 2명이었다. 대학을 졸업한 1명의 여성 외 다른 사례는 고등중학교를 졸업하고 공장 등의 직장에 다니거나, 장사를 했다. 함경도, 양강도, 평안도, 평양시 출신으로 경제적 정치적으로 상층계급에 속했던 여성은 2명이다.

6 로동신문, 2015. 03. 08, "과학기술로 부강조국거설을 추동해나가는 미더운 녀성들"; 로동신문, 2016. 03. 08, "과학전선에 애국의 자욱을 새겨간다"

7 2019년 통일연구원의 공동과제(조정아 외, 2019)를 위해 인터뷰한 구술자료를 새로 분석하여 집필하였다. 구술자의 구체적인 인적 사항은 개인정보 보호를 위해 익명으로 처리하였다.

2. 평양 그리고 지역 여성들의 노동과 이주

1) 전문직 엘리트를 꿈꾸던 평양 대학생

송진경 씨는 1991년 '귀국한 재일동포 집안'의 장녀로 강원도에서 태어났다. 남한 출신인 조부모가 일제 강점기에 일본으로 이주했다가 1960~1970년대에 북송선을 타고 북한으로 갔다. 송진경 씨의 부모님은 일본에서 출생한 재일동포 2세로 어린 시절 각각 부모와 함께 북한에 정착했다가 결혼하게 되었다. 북한사회에서 재일동포는 혁명적 토대가 아니므로 정치적으로 성공하기 어려웠다. 사회문화적 동질성에 따라 재일동포 집안끼리 혼인하는 경향이 있었다. 재일동포 집안의 3세대에 속하는 송진경 씨가 유치원과 소학교를 졸업하고 중학교에 입학할 무렵인 2003년 가족은 승진한 아버지를 따라 평양으로 이사했다. 사례분석에 의하면 구술자의 부모는 1990년 일본의 먼 친척으로부터 안부편지를 받은 후 일본에서 회사를 운영하던 할아버지와 연락하게 되었다. 이후 친척이나 할아버지가 매년 북한을 방문하여 엄청난 돈을 기부하는 등 구술자 가족을 지원했다. 배급이 중단되기도 했던 식량난 시기에 일본으로부터의 경제적 지원은 어머니가 대규모 식당을 운영하고, 아버지가 상당한 권력을 가진 ○○ 휴양소 소장에 이어 평양의 직장으로 승진하는 데 결정적인 역할을 했다.

인터뷰에서 송진경 씨는 부모를 잘 만나서 본인이 태어났던 1991년부터 2006년까지 가족들이 "정말 잘사는 시기"였고, 사람들이 말하는 '고난의 행군'을 듣지도 못하고 보지도 못하는 "딴 세상"에서 살았다고 했다(송진경 구술 녹취록, 2019/ 2). 부유한 환경에서 피아노를 전공한 구술자는 평양의 음악전문대학에 다니다가 2004년 무렵 일반대학으로 진로를 변경하였다.

ㅇㅇ대학교 들어갈 때 차 한 대를 내고 들어갔거든요. 저는. 트럭. 이스즈라는 일본차 네, 그거 트럭 한 대를 내고 ㅇㅇ대학에 입학을 했는데 그거를 버리고. 거기 들어간 돈이 얼만데 엄마가 거길 나오겠다고 그러냐 많이 하시다가 끝내는 한 달 정도 니 하고 싶은 거 해라 그래서 ㅇㅇ대학교를 중퇴하고 그 일반 학교로 넘어와서 저는 공부를 시작했어요. 늦깎이 공부를 시작했거든요. 제가 14살 정도부터. 공부를 한 3~4년 빡세게 공부하고 정말 생각은 어린 시절은 하기 싫은 피아노 막 맞으면서 했던 기억이 있고요. 다 커서는 그냥 선생 개별 개인레슨, 선생님들이 집에 와서 영어선생, 수학선생, 화학선생님 각 선생 별로 시간 쫙해서 11시까지 공부만 했어요. 3년 동안. 해서 대학교 입학을 했죠. 대학교는 돈이 있어서 갈 수 있는 게 아니거든요. 실력이 웬만큼 돼야지 조금 뭐 1점, 2점 부족한 부분에서 돈이 효력이 발생이 되는 거지 공부 아예 안 되는데 돈 많다고 대학교 입학은 안 되거든요. (송진경 구술녹취록, 2019/ 3)

피아노 레슨을 받으며 보냈던 어린 시절과 원하는 평양의 대학에 입학하기 위해 개인 과외를 받으며 고등중학교 3년을 보낸 송진경 씨의 경험은 현재 대한민국 중상층 가족의 자녀 교육과 상당히 유사해 보인다. 주목할 점은 부모님이 음악전문대학 진학을 위해 이스즈(ISUZU) 트럭을 기부하는 등 엄청난 재력을 갖추고 있었으며, 소위 북한사회의 엘리트가 되기 위한 진학과정에 개인의 수학능력 외에 반드시 경제력이 있어야 한다는 점이다. 2008년 구술자는 희망하던 모 대학에 입학하였다. 상층계급의 여성들이 엘리트가 되기 위해 진학하는 대학에 다니던 7년 동안 구술자는 "7시 출근해서 저녁 7시까지 12시간을 대학교에 있으며" 강의를 듣거나 각종 행사에 1~2달 씩 동원되는 생활을 하였다(송진경 구술녹취록, 2019/ 3). 이 시기 구술자는 다른 대학 남학생과 데이트를 즐기며 연애를 하기도 했다.

2010년 구술자가 백두산 답사를 하던 중 아버지가 심장마비로 사망했다. 북한사회에서 상당한 정치 경제적 권력을 가졌던 아버지의 사망으로 구술자의 가족은 큰 영향을 받았다. 2010년 당시 평양의 일류 고등학교를 졸업하고 의과대학 진학을 준비하던 남동생은 결국 대학을 포기하고 2011년 일반 사병으로 군 복무를 시작했다.

> 대학교를 졸업하고 군에 가려고 했어요. 여군장교로 가려고 하다가… 아빠가 계셨으면 밀리는 일은 없었을 텐데. 항일혁명 자녀, 빨치산투사 자녀 뭐 이런 자녀가 있었어요. 그 여자한테, 제가 가려고 하던 곳에 걔가 가고 제가 밀려났어요. 거기서. 그래서 일단 **군대 가는 것도 돈이 거의 한 만불씩 주고 가는 거거든요**. 네, 그러다보니까 돈을 받은 사람은 일단 저를 못 보내고 돈을… 돈을 돌려줘야 되는 상황이다 보니까 "한 6개월 정도만 기다려주세요" 다른 데 자리가 나면. 4년마다 계속 제대되고 새로 들어오고 제대되고 새로 들어오고 하는 자리거든요. 저희가 여군장교로 나가는 자리는. 네, 그러다보니까 "6개월 후에 제대되는 장교여자가 있으니까 그 자리를 넣어 주겠습니다." 그랬던 거예요. (송진경 구술녹취록, 2019/ 3)

2014년 엘리트 대학을 졸업한 구술자 또한 여군 장교로 4년간 복무한 후 평양 최고의 ○○○○ 같은 직장에 배치될 것을 기대했으나 처음으로 좌절을 경험했다. 여군 장교로의 입대를 위해 필요한 뇌물을 지불했으나 아버지의 사망으로 '정치적인 힘'을 갖지 못해 밀려난 것이다. 사례분석에 의하면 2014년 12월 할머니가 '탈북'하려다 체포되었다. 다음 해 가족들의 노력으로 풀려난 할머니가 구술자와 함께 생활하며 '여군장교'를 포기하고 일본으로 갈 것을 권유했다. 아버지의 정치적 권력이 사라진 북한사회에서 이전과 같은 생활을 유지하기 힘들 것으로 판단한 것이다. 대신 가족들에게 경제적 지원을 해온 할아버지와 친척들이 있는 일본으로의 이주를 계획했다.

2015년 여름 구술자는 북한 국경을 넘어 중국에 체류하며 일본으로 가는 길을 알아보다가 한국에 입국하였다. 1년 뒤 어머니와 남동생이 한국으로 왔다. 북한 최고의 대학을 졸업한 구술자는 할아버지가 소유한 한국의 스포츠 회사에 근무하고, 의과대학 진학을 위한 공부를 하기도 했다. 2019년 인터뷰 당시 구술자는 서울 강남 소재의 식당 개업을 앞두고 있었다. 할아버지의 지원으로 사업을 시작한 것이다. 북한에서 할머니와 어머니가 대규모의 식당을 운영했던 경험을 살려 자신만의 브랜드로 한국과 일본에서 식당사업을 할 계획을 가지고 있었다.

2) "평양에서 노동하던 불쌍한 교원가족"

이미선 씨는 1990년 평양에서 외동딸로 출생했다. 대학교수였던 아버지와 어머니 외에도 가까운 친척들이 대학에서 일하는 '교원가족'이었다. '고난의 행군'이 시작되자 지방부터 배급이 끊어지다가 1994년에는 평양에서도 '미공급'이라는 "완전 깽판 치는" 상황이 되었다. 이 시기 구술자의 부모는 장사 수완이 없어서 "진짜 힘들게 살았다"고 했다(이미선 구술녹취록, 2019/ 2~3). 구술자는 자신의 가족을 '평양에서 일하는 사람들'로 소개했다.

> 평양은 그냥 성분이 좋은 사람들만 살 뿐이지 성분도 좋고 잘 사는 사람들이 사는 곳은 아니에요. 거기 다 잘 살면 누가 일해요? 우리 같이, 우리 집같이 일하는 사람도 있어야죠. (이미선 구술녹취록, 2019/ 1)

인터뷰에 의하면 현재 북한 대학의 교수들은 일정한 노임이 없다. 대신 다양한 방식으로 생활비를 벌어야 한다. 정치경제학부와 외국어대학 교수들이 잘사는 것에 비해서 과학기술 분야의 교수들은 "진짜 답이 없는 사람들"이다. 구술자의 부모들은 "뼈 깎아 먹는 스타일"로 "러시아말 사전, 중국사전, 영조사전, 영영사전 이런 거 다 팔아가지고, 그것도 제값도 못 받고 팔아가지고 쌀도 사먹고" 하면서 "목숨만 끊어지지 않을 정도로 살았다."(위 구술녹취록, 7~8)

어린 시절부터 구술자는 주변에 아버지가 '회사'에 다니는 친구들을 부러워하며 상대적인 위축감을 느낀 것으로 보인다. 식량이 부족하고 부식(생선, 채소, 과일, 고기 등)이 다양하지 않았으나 구술자가 20대가 될 때까지 평양의 교원가족을 대상으로 한 배급이 유지되었다. 또 이미선 씨가 중학교에 다니던 2000년대에 부모님은 "지방에서 돈 많은 사람들 자식"을 하숙시키거나 몰래 가정교사를 하여 생활을 유지했다. 그러나 10대를 거치며 구술자는 북한의 수도 평양에 거주하는 잘 사는 가족의 자녀들과 의식주가 풍족하지 못하고 평양 도심에 들어선 백화점과 초고층 호텔, 봉사소 등을 가보지 못하는 자신의 처지를 비교하며 항상 부족함을 느꼈다. 잘 사는 가족들이 "해당화관에서 놀고, 거기는 뭐 수영장도 있고 레스토랑도 있고 다 있으니까" 그렇게 지내는데, 돈 없는 사람들은 "모란봉 그런 데, 을밀대 그런 데 올라가서 불고기판 다 지고 올라가서 거기서 구워 먹고 그냥 그렇게" 지냈던 현실을 경험했다(위 구술녹취록, 28).

중학교에 다닐 때 예술 분야로 진학하고 싶었으나 돈이 없어서 시도하지 못했다. 부모님의 권유와 지도로 2년 동안 대학시험을 준비했으나 공부를 뛰어나게 잘하지 못해 결국 포기했다. 이미선 씨는 "미래를 그리는 것은 간부집 자식들이 그리는 거에요. 나 같은 사람들이 무슨, 나는 진짜 내가 평민인데 일 안 한 것도 내가 기적이라고" 생각했다(위 구술녹취록, 27). 고등중학교를 졸업한 구술자는 마음속으로 '돈 버는 회사'에 가고 싶었으나 불가능했다. 2008년 무렵부터 10여 년 동안 직장인 양정 사업소, 로동성 등에 적만 걸어두고 이모를 도와 장사를 했다. 부모님이 정치적인 힘은 없었으나 직장에서 사무직 일을 간단히 하면 눈감아줄 수 있도록 돈을 주는 등 조치를 한 덕분이었다. 2015~2016년 무렵에는 이모가 평양에 생긴 봉사소를 임대하여 음료수 등을 판매하자 구술자는 배달 일을 했다. 부모님은 중매로 결혼할 것을 권했으나, 돈도 없고 힘 있는 직장도 없는 구술자가 결혼하기 힘든 현실이었다.

2017년 이모가 대외 건설노동자를 따라 해외에 나가서 돈을 벌어보라고 권유하자 지원하였다. 1~2년 해외 노동으로 돈을 벌어와서 결혼할 생각이었다. 그러나 현지에서 북한에서도 하지 않았던 힘든 생활을 하게 되자 '도와주는 사람'을 통해 남한으로 왔다. 사례분석에 의하면 구술자가 한국에 입국하고 얼마 뒤 탈북하여 남한으로 온 이모를 만났다. 현재 구술자는 대학에 다니고 있다.

> 여기서는 너무 기회가 많잖아요. 그러니까 뭘 해야 될지 또 선택의 그 좀 뭐라 그래야 되나, 어려움이 살짝 있고. 그런데 아무튼 여기서는 노력하면 뭔가 된다는 거는 확실하잖아요. 그래서 지금 성적은 아무튼 엄청 잘 받고 있거든요. (이미선 구술녹취록, 2019/ 17)

이미선 씨는 북한의 수도 평양에서 태어나 살면서 상대적으로 "돈도 없고 권력도 없는 교원가족"의 일원으로 느꼈던 한계를 한국사회에서 깨고 싶은 희망을 피력하였다. 북한에서는 '기득권'이 되지 못했지만, 한국사회에서는 "기득권과 친해져야 한다"는 생각을 가지고 있다.

3) '당표' 메고 제대한 간호여성의 결혼과 탈주

이정미 씨는 1987년 함경북도에서 둘째 딸로 출생했다. 아버지는 체신소에 배치된 노동자였고, 어머니는 '당자금'을 관리하는 회사의 '창고장'으로 상당한 권한을 가지고 있었다. 유치원과 소학교를 졸업하고 1990년대 중반 고등중학교에 입학할 때까지 구술자는 경제난 시기의 어려움을 모르고 생활했다. 학교에서도 "힘"을 가진 어머니 덕분에 교사들의 개인지도를 받고, 각종 동원 노동에서 면제되었다(이정미 구술녹취록, 2019/ 14~15).

유복한 환경에서 태어나 생활하던 구술자는 고등중학교를 다니며 영화배우가 되기를 희망했고, 실제 예술학원 통지서와 경공업전문학교 통지서를 받기도 했다. 그런데 고등중학교 4학년이던 2000년대 초반 ○○○ 체육단 선수로 선발되어 평양으로 가게 되었다. 체육단 선수로서 활동결과가 뛰어나면 힘 있는 직장에 배치될 가능성도 있었다. 그러나 평양에 거주하며 혹독한 선수생활을 하게 될 딸을 염려한 어머니의 반대와 조치로 선발대에 합류하지 않았다. "그 고장에서 정말 소리치며 살았던" 구술자와 가족은 좀 더 편안하면서 앞날이 보장되는 선택을 하기로 한 것이다. 그런데 고등중학교를 졸업할 무렵인 2003년 '키가 155센티 이상 되면 여자도 모두 군대에 보내라'는 김정일의 정치적 방침이 내려왔다. 경제난으로 군대의 규모를 유지하기 힘들게 되자 내려진 조치였다. 평소 이 가족을 지켜보던 군사동원부장이 이정미 씨를 대학 진학이 아닌, 군에 입대하도록 조치하였다. 당일군이던 아버지와 경제력 있는 어머니의 각종 노력에도 불구하고 구술자는 2003년 군사복무를 시작하게 되었다. 군입대를 거부할 수 없게 되자 군대생활을 조금이라도 편하게 하기 위해 구술자의 어머니가 주선하여 군부대 내의 간호원학교를 졸업하고 6년 동안 간호원으로 복무하였다.[8] 힘들지만 남성들과 같은 6년의 군사복무를 마치고 당원이 되면 좀 더 나은 직장에 배치되리라는 기대를 하였다.

---

8 북한의 간호원제도에 의하면 6개월 과정의 간호원양성소 또는 2년 과정의 간호원학교를 다니며 졸업시험을 통과하면 간호원으로 활동할 자격을 갖는다. 별도의 간호원 자격시험은 없다.

이정미 씨는 2019년 필자와의 인터뷰에서 자신의 생애사를 군복무 이전과 이후로 나누어 소개하였다. 유복하게 살던 구술자가 군대에 가면서 혹독한 삶의 피해자가 된 관점으로 구술하였다. 대부분의 북한주민들이 1990년대 말에서 2000년대 초반의 경제난 시기를 주요한 생애시점으로 언급하는 것과 달리, 이정미 씨는 2003년 군부대 입소 이전과 이후를 생애사적 전환기로 체험했다. 생애 이력에 의하면 이정미 씨는 6년 동안의 군사복무 중 이전에 경험하지 않았던 배고픔과 생활상의 고충뿐만 아니라 군대 내의 남성가부장적 위계에 시달렸다. 입대 후 2년이 되던 해에 어머니가 위암으로 사망했으나, 군대의 허락이 없어서 장례에 가지 못했다. 만 6년의 복무기간을 채우고 2009년 '당표를 메고' 제대를 했으나 갈 곳이 없었다. 군생활 중 3년 터울의 언니는 결혼하여 분가하였고, 어머니 사망 후 아버지는 재가하였다. 대부분의 직장은 배급이 되지 않는 상태였고, '먹을 알'이 많은 직장에 배치될 수 있도록 힘을 쓸 주변 사람도 없었다. 구술자는 서둘러 "나 하나만 건사해줄 수 있는데, 그저 홀아비라도 괜찮으니까 그런 데 [시집] 가려고" 했다(이정미 구술 녹취록, 2019/ 2).

제대 후 3개월 만에 결혼한 남편과의 생활은 '하루 벌어서 하루도 살지 못할' 만큼 어려웠다. 아침에 먹을 물을 펴오기 위해 30분을 걸어가야 하는 일로부터 땔감을 구하러 산에 오르고, 어떻게든 벌어서 식량을 구해오는 일까지 구술자가 했다. 또 인민반 활동에 참여하는 것도 '가두여성'인 구술자의 몫이었다. 남편이 광산에서 가져오는 약간의 석탄으로는 음식을 만들기도 어려웠다. 빚을 내서 배를 운영했으나 2천 톤 규모의 중국 배들이 북한 바다에서 조업을 하게 되어, "벤또 값도 못하고" 망했다. 이 과정에서 2012년 무렵 구술자는 따로 나와 살게 되었지만 공식적인 이혼은 어려웠다.

구술자는 혼자 방을 구해 생활하면서 이후 5~6년 동안 장사를 했다. "땅에 들어가서 금 캐고 석탄 캐는 거 내놓고[제외하고]" "머슴질"을 비롯해 사람이

할 수 있는 거라고는 다 해봤다고 했다(이정미 구술녹취록, 2019/ 19). 구술자는 국경밀수를 비롯해 다양한 형태의 중고거래를 했는데 개성공단[9]을 통해 풀려나온 한국물품 장사를 오래 했다.

> 개성공단에서 나오는 거 있잖아요. 그 상품을 많이 했어요. 그런데 그게 제일 돈몫이 많고 괜찮더라고요. 그래서 오기 전까지 그걸 했어요 (…) 북한사람들 다 중국 물품을 쓰는데, 중국 물품에다가 한국 물품까지 나란히 놓게 되면 중국물건의 한 5배가 비싸거든요. 한국 물건이. 5배 8배가 비싼데. 그러니까 여느 사람들은 쓰는 걸 못하죠. 다 상층 사람들만 쓰거든요. 그런데 그걸 써보면 정말 좋아요. 정말 어떻게 만들었지. 우리도 막 이러거든요. 그러는데 그 믹스커피랑 이렇게 개당으로도 팔아보고 이랬었거든요. 1개에 1위안씩 팔았거든요. 제가 80전에 받아가지고 중국돈 1위안에 팔면 1,200원씩 1,300 이렇게 되거든요. 북한 돈으로. 그렇게 해서 팔아가지고 그랬는데 아무튼 상품이 고가고 너무 좋으니까 붙이기도 그렇게 쉬운 거예요. 내가 100달러에 받았다면 150달러 불러도 개소리 없이 사는 거예요. 살 사람들은. 그런데 그걸 한국 물품을 산 사람들은 그 중독이 돼요. 막. 다른 물건을 못 사요. 너무 너절하다고 못 쓰거든요. 그러니까 고정 그렇게 사는 사람들이 사는데, 그게 개성공단이 막히다 보니까 그게 또 비싸지다나니까 또 타격이 큰 거죠. (이정미 구술녹취록, 2019/ 20)

구체적인 경로는 알 수 없으나 개성의 "돈주"들이 대량으로 생산품을 구입

---

9 2000년 6·15공동선언 이후 남북교류협력의 하나로 개성공단 운영에 관한 합의서가 체결되었고, 2003년 6월 착공하여 2004년 시범단지 부지조성을 완료했다. 2004년 12월 본격 가동된 후 2012년 3월에는 123개 업체가 가동되어 북측근로자 5만 명, 남측근로자 700~800명이 일하고 있었다. 2015년 개성공단 연간생산액은 5억 달러를 넘었다. 2016년 2월 북한 핵실험과 장거리 미사일 발사로 정부가 가동을 전면 중단했다. 북한은 2020년 개성공단 내 남북공동연락사무소를 폭파했다.

하여 북한 시장에 깔아놓으면 구술자와 같은 중간장사꾼들이 물건을 받아서 각 지역의 시장에서 이윤을 붙이고 판매하였다. 이불, 각종 의류, 후라이팬과 같은 식기 등 개성공단에서 생산하던 '인민생활품' 모두가 그 대상이었다. 개성공단에 입주한 남한 기업체에서 생산한 물품을 판매하면서 구술자도 북한 또는 중국산 물품과의 질적 차이를 체험했던 것으로 보인다.

그런데 북한에서 시장활동은 공식적인 규칙에 의해서 통제되거나 보호되지 않는다. 물품의 거래와 가격 조정, 대금의 회수 등이 수시로 하달되는 각종 조치에 따라서 변동할 뿐만 아니라 우월한 권한과 정보를 가진 사람들의 사기나 강압 등을 규제할 수 있는 체제가 사실상 부재하다. 장사하던 여성들이 한순간에 사기를 당해 망하는 경우가 허다했다. 혼자서 장사를 하던 이정미 씨도 2017년 "협잡을 맞혀가지고 조금 굴리던 돈마저" 잃었다. 주변에서 도와주러 나서는 사람도 없어서 생활기반을 상실했다. 살길을 찾던 중 "지금은 깡도강이 최고"라는 말을 듣고 북한을 떠날 결심을 했다. 구술자는 2018년 3월 눈이 펑펑 오던 날 브로커도 없이 독약을 손에 쥐고 단신으로 철조망을 넘고 두만강을 건너왔다. "이렇게 살다 죽으면 어쩌고 내 뭐 살길을 찾아가다가 죽으면 어쩌고"라는 생각으로(이정미 구술녹취록, 2019/ 21) 수년간 생각했던 탈주를 결행한 것이다. 구술자는 2009년 제대 후 살길이 막막했던 시기로부터 남한에 있는 외삼촌을 찾아가겠다는 생각을 했다. 사례분석에 의하면 구술자가 군복무 중 외삼촌이 '탈북'하였고 이어서 주변 가족들이 중국을 거쳐서 남한으로 이주하였다. 구술자가 제대한 2009년 외삼촌이 브로커를 보냈으나 연락이 닿지 않아 국경을 넘지 못했다. 먼저 북한을 떠나 이주한 외가 친척들의 행로가 대안이 된 것이다. 그러나 막연한 생각이 죽음을 각오한 탈주로 이어지는 데 오랜 시간이 걸렸다.

이정미 씨는 새세대 여성 중 북한에서 결혼한 경험을 가진 사례다. 구술자의 결혼과 이혼의 과정에서 두드러진 점은 남편에 대한 애정, 원망 등의 정서적 경험이 전혀 언급되지 않은 것이다. 2009년 제대 후 살길을 찾아서 서둘러 결혼을 했고, 2012년 빚을 낸 배 사업(어업)이 망하게 된 것이 이혼의 배경이었다. 전체 인터뷰 과정에서 구술자는 어머니의 사망 이후 사실상 가족이 없었으나 남한으로 온 뒤 외삼촌 등의 새로운 가족을 만났다고 밝혔다. 자신의 생계와 미래를 함께 걱정하고 일상을 나누는 친척공동체를 뜻한다. 이런 관점에서 2009년 결혼했던 전 남편과의 관계는 빠져 있다.

2019년 인터뷰에서 구술자는 남한에 와서 의사가 되고 싶었으나 현실적인 어려움을 고려하여 간호사가 되기를 희망했다. 그런데 북한에서 취득한 간호원 자격을 인정받지 못해 현재 간호조무사 학원에 다니고 있다. 이정미 씨가 기대하는 대한민국은 "나만 열심히 살면 살 수 있는 세상"이다. 북한사회에서 개인의 행복이 출신 토대, 당성, 계급, 지위 등의 조건에 의해 절대적으로 제한되었던 것에 비해, 대한민국에서는 "자기만 열심히 하면 대가가 주어지는데 뭘 못 살게 있어요"라고 반문하였다(이정미 구술녹취록, 2019/ 24).

4) 국경지역 여성의 장사와 결혼

1991년 양강도에서 장녀로 태어난 김희옥 씨는 중학교를 다닐 때부터 엄마의 장사를 도왔다. 아버지는 직장에 다녔지만 "로임이 없었고", 어머니가 장사를 해서 삼형제를 포함한 가족의 생계를 꾸려가는 형편이었다. 구술자는 학교에 다니며 어머니가 강냉이 가루를 이용해 술을 담아 파는 일을 거들었다. "대학 갔다 와도 뭐 별로 특별한 직업도 없고 직업 잡는다 해도 별로 수입도 없고 하니까 엄마를 도와 장사를 해서 엄마를 도와주자"는 생각으로(김희옥 구술녹취록, 2019/ 1) 졸업 후인 2004년 무렵부터 어머니가 하던 장사에 참여했다. 어머니가 거래하던 집 중 일부를 맡아서 직접 만든 술을 판매하는 것이었다. 얼마 뒤에는 중국에 파철을 밀수출하고 쌀을 받아 장사꾼에게 파는 이모의 심부름을 하다가 1년 만에 '장사를 잘한다'고 할 만큼 돈을 벌었다. 구술자가 19살 때였다.

> 그러니까 제가 다니면서 **그 선을 다 익힌 거죠**. 거기 가서 그냥 제가 거기 가서 군관 집에도 잘 다녔거든요. 그러니까 군관들, 기본 군대들이 그걸 많이 **카바** 서거든요. 그건 뭐 군대들이 다해 주니까 뭐 군대들이. 기관사들 제가 다 아니까. 기관사도 공짜가 없어요. 그냥 쌀 한 지대에 돈 얼마 주면 돼요. 그러니까 그 사람도 그거 벌고 사니까. "나 30날 몇 개 싣겠다" 하면은 "어, 실어라" 싣고 또 내려와서 몇 개 실은 값을 기관사한테 주고. 그러니까 **그 뿌릴 거 다 뿌리면서 떨어지는 게 있으니까 나는**. 그렇게 장사했거든요. 그렇게. (김희옥 구술녹취록, 2019/ 33)

위에서 짐작할 수 있는 것처럼 구술자는 중국에서 받아온 쌀을 판매하기 위해서 군대와 기관사 등 연관된 사람과 조직에 적당한 '뇌물'을 주고 거래선을 만들어나가는 일을 어렵지 않게 하였다. 쌀장사 네트워크를 조직하고 유지하는 일을 통해 "떨어지는 돈"을 상당히 모으기 시작했다. 밀수하던 선이 막히자 기차를 타고 식품 및 식자재를 파는 기차장사를 하기도 했다. 이처럼 구술자는 학교를 졸업한 후 10여 년 동안 나무를 "한 빵통씩" 사다가 양강도에 파는 일 등의 장사를 해서 수완을 발휘하고 결혼밑천을 마련하였다.

2015년 장사를 위해 자주 다니던 곳에 살던 가족의 아들이 제대하자 6개월 만에 결혼했다. 경제난 이후 북한주민들의 이상적인 결혼 상대가 변화했다. 남녀 공통적으로 당원증의 가치가 떨어진 반면, 남성들의 권력과 여성들의 경제력이 주요한 지표가 되었다(조정아 외, 2019). 특히 여성의 경우 가족을 먹여 살릴 최소한의 돈과 장사수완이 없으면 결혼하기가 힘든 형편이었다. 장사를 위해 자주 다니던 집의 '큰엄마'가 장사수완도 있는 김희옥 씨에게 호의를 가졌고, 그 집 아들이었던 남편과는 제대 전에 함께 장사를 다니기도 하면서 자연스럽게 '살게 되었다'고 했다. 이전부터 부모님들이 서로 알고 지내던 사이라서 특별한 반대 없이 결혼을 승낙받았다. 김희옥 씨는 시댁이 압록강을 낀 '연선'이라 결혼 후에도 약초장사를 했고, 2016년 아들을 출산했다.

구술자는 임신 중 좀 더 편하게 몸조리를 하기 위해 친정에 와서 생활했다. 임신 기간에 남편은 중국을 오가며 밀수를 해서 돈을 벌었다. 2016년 구술자가 출산하기를 기다리던 남편은 아들 얼굴을 본 직후 중국을 거쳐서 남한으로 왔다. 그동안 벌었던 돈과 과일장사로 고생하지 않고 생활하던 구술자는 2017년 아들을 두고 남편이 기다리던 남한으로 왔다. 2019년 인터뷰 당시 구술자는 여동생이 아들을 데리고 나오기 위해서 필요한 브로커 비용을 벌고 있었다. 그 동안 아들을 위해서 규칙적으로 송금하였다.

김희옥 씨는 인터뷰에서 스스로를 "많이 깬 세대"로 소개하였다. 이전 세대가 부모의 허락을 받아서 결혼식과 혼인등록을 하고 살았으나, 젊은 세대들의 경우 서로 뜻이 맞으면 같이 살다가 형편이 되면 결혼식을 하기도 하고, 간단히 결혼식 하고 살아도 결혼등록을 하지 않는 경우가 대부분이라고 했다. 결혼등록에 근거한 배급 등의 사회적 혜택이 유명무실해졌을 뿐만 아니라 이혼의 불가능한 현실에 대응한 실용적 선택이었다. 구술자는 현재 북한이 기본적으로 '여자가 벌어서 가정을 운영하는 사회'라고 정리했다(김희옥 구술녹취록, 2019/ 18). 남성의 공식직장이 무임금에 가까운 반면, 가족생계를 위한 경제활동을 여성이 수행하고 있으며, 집안의 모든 재생산 활동까지 여성의 책임으로 돌리는 가부장적 현실을 지적한 것이다. 인터뷰에 의하면 대부분 젊은 세대는 '국가 일'을 해도 배급이 없으므로 자기 개인적으로 사업을 해야 돈을 벌 수 있는 현실을 체감하고 있다.

3. 시장 경험과 가족의 재구성

1) 여성 '물주'의 시장 경험과 한국사회

최선숙 씨는 1995년 평안도에서 장녀로 출생했다. 고난의 행군이 시작되던 해에 첫 딸을 출산한 어머니는 배급이 끊어져 젖을 먹이기도 어려웠다. 강냉이밥을 먹는 형편이라 이유식을 제대로 못한 구술자는 서너 살이 될 때까지 항시적인 영양실조였다고 한다. 살길을 찾아서 어머니는 펑펑이(옥수수) 가루를 팔고 아버지는 여러 종류의 장사 시작하여 구술자가 4~5살이 될 무렵부터는 형편이 나아지기 시작했다.

2000년대 초 구술자가 인민학교에 다니던 무렵 아버지가 주변에서 보기 드문 자전거와 홍매 텔레비전[10]을 집에 들여놓을 정도로 잘 살게 되었다(최선숙 구술녹취록, 2019/ 3). 직장 노동자였던 아버지가 '간부들'을 끼고 다양한 장사를 하여 큰돈을 벌었던 것이다. 2007년 중학교에 입학한 구술자는 북한에서 여성중대로 유명한 '감나무 중대'에 입대하여 '공화국 영웅이 되겠다'고 생각했다. 국가의 배급을 받는 '영웅집안'을 만들겠다는 꿈을 가졌던 것이다. 그런데 3~4학년이 되면서 다른 현실을 보게 되었다.

> 이러면서 3학년 때 소박한 마음을 먹었댔는데, 4학년 때부터 크며 보니까 간부들이 우리 아버지한테서 작은 간부들이 "나 좀 줘, 도와줘" 이러고. 간부집 자식들 보면 기지지해서 다니고 힘들게 사는 거예요. 차라리 우리 아빠, 평로동자라도 장사해서 돈 버는 게 더 낫구나. 굳이 뭐 간부해

10 1990년대에 북한산 소나무 텔레비전이 생산됐으나, 1990년대 말부터 품질이 좀 더 나은 중국산 중고 흑백텔레비전 '홍매'가 밀수로 북한에 퍼지게 되었다. 이후 컬러텔레비전에 이어 디지털 시대가 되었다.

야 필요 없구나. 저렇게 간부하면 장사꾼들한테 좀 줘, 좀 줘 안 주면 뭐 이렇게 위협도 하고 힘들게 뺏어 먹누나. 뺏어 먹는 돈이 얼마나 되겠어요. 그래서 안 되겠구나 하고서 장사해야겠다. (최선숙 구술녹취록, 2019/ 12)

이후 최선숙 씨는 장사를 하는 아버지를 따라다니며 다양한 간접 경험을 했다. 아버지의 거래를 정리하고 돈을 관리하는 '통계원'이 되겠다는 계획도 했다. 그런데 중학교 5학년이 되던 2011년 무렵 아버지에게 돈을 달라고 요구하던 간부들 사이에서 갈등이 생겼고, 그 과정에서 누군가 아버지의 뇌물 거래를 평양에 신고하여 전 재산을 몰수당했다. 이후 아버지가 장사를 재개했으나 다시 보위부에 뺏기는 상황이 되자 2013년 산골로 피신하였다.

중학교를 졸업한 최선숙 씨는 갑자기 집이 망해 아버지는 사라지고 어머니는 병으로 눕자 실질적인 가장이 되었다. 생계가 어려워지자 구술자는 19살 때부터 사촌언니와 같이 아버지가 하던 장사를 조금씩 시작했다. 아버지가 거래하던 공장에서 물건을 받아 도매하는 방식이었다. 그런데 "여자들이 하니까" 물건을 가져간 사람들이 한 달, 두 달씩 물건값을 주지 않는 상황이 이어지자 사촌언니와 같이 "도끼를 들고" 찾아갔다고 한다. 아버지가 없으니 시장 사람들이 자신을 우습게 보고 "밑돈"까지 날릴 상황이 되자 "나 죽을 각오를 하고" 덤벼서 물건값을 받아왔다. 이후 시장에 "나이가 어려도 만만치 않다"는 소문이 퍼지면서 신용이 생기고 돈을 벌게 되었다(위 구술녹취록, 14~15). 그래도 물건을 가져간 후 잠적하는 상황들이 생기자 돈을 모은 구술자는 수개월에 걸쳐서 체격과 말주변을 갖춘 남자들을 물색했다. '물주'인 최선숙 씨는 남성 2명을 고용한 후 거래선에 물건이나 돈을 전달하거나, 물건값을 받아오는 일을 시켰다. 아버지를 대신해 자신을 지켜줄 안전요원이자, 시장에서 직접 거래와 수금을 담당하는 직원이기도 했다. 자신보다 나이가 4~5살 많은 20대 말 30대 초반의 "오빠들"에게 노임을 주고, 사촌 여성을 중매하여 혼인하도록 하는 등의 방식으로 먼 친척공동체이자 안정적인 장사 조직을 마련하였다(위 구술녹취록, 5).

20살이 될 무렵부터 또래의 남자친구를 사귀며 적극적인 계획을 세웠다. 자신의 돈으로 남은 군복무와 대학공부를 포함하여 최소 8년 이상 "남편을 키워가지고 살아갈" 생각을 했다.

> 남자친구는 그냥 이렇게 저 호위하는 일 그냥 시키고 싶진 않더라고요. 그냥 공부 해가지고 내가 다른 간부한테 고이느니 내 남자친구, 남편 될 사람 간부 시켜가지고 그렇게 하는 게 낫겠다 이렇게 생각해 가지고 김책공대가 제일 좀 그래서 거길 보내려고. (최선숙 구술녹취록, 2019/ 7)

북한의 시장에서 활동하기 위해 보위부 등의 '간부'들과 거래를 할 수밖에 없는 상황을 겪으면서 남편을 높은 지위에 출세시키는 길을 모색한 것이다. 즉 20대 중반의 구술자는 당시 북한사회에서 암묵적으로 공식직장에서 '권력'을 가진 남성이 장사를 하는 여성을 지원하고 보호하여 큰 부자가 되는 전략을 간파한 것이다. 결혼관계에 대해서도 최선숙 씨는 '일하는 사람을 고용'하여 집안일을 하게 하거나, 분가하여 사는 방식으로 독립적인 생활을 계획했다. 19살부터 4~5년 동안 그릇, 비닐, 옷, 파철, 시멘트 등의 물품 장사와 달러 거래 등을 하는 '물주'로서 갖게 된 삶의 전망이었다. 2017년 거래하던 큰돈을 받기 위해 중국으로 왔던 구술자는 남한에 입국했다.

구술자는 인터뷰에서 돈 벌며 자유롭게 사는 한국사회가 "북한보다 살기는 좋다"고 평가했다. 그런데 법인세가 많고, 사회복지를 위해 세금을 '낭비하는 것은 북한과 비슷해지는 것'이라고 보았다. 북한에서는 공부하지 않고 대학 졸업증을 살 수 있고 장사하는 것이 최고지만, 대한민국에서는 옷장사와 같은 장사꾼이 "전혀 최고가 아니라"는 사실을 알았다. 현재 최선숙 씨는 사회복지 분야의 공부를 하고 있다.

2) 이주 가족의 재결합과 미래

최선숙 씨와 같은 1995년에 출생한 조은희 씨의 고향은 함경도다. 4살 위로 오빠가 있다. 아버지는 대학을 나와 노동지도원으로 당 소속 회사에서 직원 고용 및 회계 관련 일을 했다. 2000년대 아버지의 월급은 약 2800원 정도로 쌀 500그램도 사기가 어려웠고, 어머니가 농사를 지어서 돈을 만들며 생활했다. 구술자가 출생한 경제난 시기부터 중국에 있는 외할머니 형제들의 지원으로 경제적 어려움을 모르고 살았다.

사례분석에 의하면 구술자의 생애 이력은 주변 가족들의 이주와 긴밀히 연관되어 있다. 구술자의 어린 시절인 1990년대 말 큰이모의 가족이 처음 탈북했다. 2003년에는 외할머니와 사촌들이 중국을 거쳐 한국으로 오고, 단독집을 구술자의 가족이 물려받았다. 또 구술자가 중학교에 다니던 2010년 무렵 중학교 졸업 후 군대에 갔으나 병으로 집에 돌아온 오빠가 남한으로 왔다. 이미 한국으로 이주하여 정착한 이모와 외할머니 등 친척들과 연락하며 군대가 아니라 한국행을 택한 것이다. 구술자가 뒤늦게 밝힌 바에 의하면 오빠가 떠난 직후 부모님과 구술자가 탈북하려고 했으나 체포되어 어려움을 겪기도 했다. 이처럼 '고난의 행군' 시기에 태어난 구술자는 사회적으로 배급이 끊어진 상황에서 중국 친척들의 경제적 지원을 받고 긴밀히 교류하는 분위기에서 성장했다. 또 10대 시절 가장 가까운 외가 친척들에 이어서 오빠가 탈북하는 것을 지켜보았을 뿐만 아니라, 부모님과 자신을 포함한 온 가족이 북한을 떠나 남한으로 이주할 계획을 한 것이다. 공식적인 경제난 시기보다 일찍 지방에서는 실질적으로 공급이 중단되었던 사실을 고려할 때 국경지역에 살던 조은희 씨의 가족은 1990년대 말부터 식량난을 피해 이주할 계획을 했던 것으로 보인다. 1990년대 말 탈북한 큰이모의 가족은 식량난 이후 한국 사회에 정착한 북한이주민 1세대라고 할 수 있다.

사례분석에 의하면 2000년대에 들어서 북한에 남아 있던 구술자의 가족은 한국에 정착한 이모와 할머니의 지원을 받았다. 특히 2010년대에 오빠가 매달 100여 만 원 이상의 돈을 보내와서 "정말 돈이 억수로 많았다"(조은희 구술녹취록, 2019/ 1). 그런데 이웃사람들에게 남한 돈을 받고 사는 티를 내지 않기 위해 어머니가 계속 농사를 지었고, 조금씩 주변에 돈을 빌려주며 생활했다. 또 마을에 1~2대 정도 있는 전화기를 집에 설치한 후[11] "쁘라치"를 달아서 같이 쓰는 이웃에게 1달에 쌀 10킬로 정도의 사용비를 받는 방식으로 돈을 벌었다. 사실상 구술자 가족의 경우 중국의 외할머니 형제들의 지원에 이어서 남한에 정착한 친척들과 아들이 송금하는 돈으로 북한에서 중간층의 생활을 이어간 것이다.[12] 1960~1970년대 독일로 갔던 한국의 이주자들이 송금한 돈으로 한국의 가족들이 자녀를 교육하고 생활기반을 넓혀간 사례와 유사한 모습이지만, 남북한 분단장치를 매개하고 있다는 점에서 차이가 있다.

구술자는 인민학교 2학년부터 중학교 졸업 때까지 8년 동안 스케이트 선수(아이스하키)로 생활했다. 기량이 뛰어나면 평양체육단, 4.25체육단 등에 발탁될 가능성도 있는 선수단 생활을 위해서는 돈도 필요했다. 조은희 씨는 잦은 발목 부상으로 활발히 경기를 준비할 수 없었으나 적당히 적을 걸어두고 편하게 지냈다고 한다. 선수단 소속 학생들의 경우 공부와 시험을 볼 필요가 없었고, 출석도 신경쓰지 않으며 동원노동을 면제받았기 때문이다. 2013년 중학교를 졸업하고 다른 친구들이 선수로 발탁거나 대학 혹은 군대 등으

11 남한의 오빠가 보내는 송금 연락 등을 받기 위해서 부모님이 집에 전화기를 설치했다고 한다.

12 남한에 정착한 '탈북민의 북한 가족 송금'에 대한 최근 연구는 이 돈이 장마당 활동의 기반이자 북한 가족을 보위부 등의 검열로부터 지켜주는 등의 역할을 한다. 돈을 매개로 탈북민과 북한에 남은 가족 사이에 사회적 정서적 관계를 형성하기도 한다(이지연, 2019).

로 갈 때 조은희 씨는 1년 동안 쉬다가 의무 노동을 위해 집에서 가장 가까운 공장에 나갔다.[13] 북한 주요 국가기념일에 내려보내는 선물을 생산하는 식료공장이었다.

대부분 형편이 좋지 못해 장사할 여력이 없는 여성들이 손으로 과자 등을 만드는 고된 노동을 했다. 공장 내 노동과정은 명확히 성별화되어 물품을 나르고 기계를 작동하는 등의 업무를 담당하는 소수의 남성 외에 대부분 공정을 여성들이 수행했다. 공장 노동 외에 구술자는 남자친구를 만나 어두운 동네를 걷는 데이트를 하거나, 증폭기를 틀어놓고 춤을 추기도 하는 등의 시간을 가졌다. '김일성 시대의 교육'을 받은 부모님의 단속을 피해 중국 및 한국 영화나 드라마를 담은 영상을 보기도 했다. 시간이 지나면서 구술자는 부모님이 돌아가실 때까지 고향에 남을 결심을 했고, 어머니도 딸을 중매하여 결혼시킬 때 필요한 "중기"(TV, 냉장고, 세탁기 등)를 준비했다.

2016년 2월 부모의 폭력 등 어려움을 겪던 사촌언니가 "너랑 나랑 오빠 있는 데 가자"고 설득하자 구술자는 부모님에게 알리지 않고 국경을 넘었다. 당시 몰래 시청하던 "천하무적 이평강"이라는 한국 드라마가 큰 영향을 미쳤다고 했다.[14] "여기[남한]는 진짜 다 드라마처럼 사는 줄 알았어요, 제가. 그래가지고 드라마 보고 중국에 넘어"왔다. 영상물 속에서 펼쳐지는 달달하고 호기심을 끄는 "신세계"를 그리다가 막상 답답한 북한의 현실에 직면하자 '우리도 자유롭게 영화도 보고, 번쩍번쩍하는 곳에 가보자'는 생각을 하게 되었다고 한다(조은희 구술녹취록, 2019/ 24~25).[15] 중국으로의 국경을 넘어서 오빠에게 연락한 후 브로커의 안내를 받아서 2016년 가을 한국으로 왔다. 한국에

13 결혼한 가두여성이 아닌 경우 모두 직장에 배치되어 일해야 한다. 그런데 많은 경우 적만 걸어두고 장사 등의 활동을 하고 있다.

14 2009년 11~12월 사이 KBS2에서 16부작으로 방영되었다.

15 한국 영상물이 북한사회에 확산된 과정에 대해서는 강동완·박정란(2010)을 참고하라. 식량난 전후 중국으로부터 각종 전자기기의 밀수과정와 사회적 의미에 대한 연구도 있다(이희영, 2012).

도착한 구술자는 '드라마'와 다른 현실에 실망하였다.

구술자는 한국에 온 후 10년 정도 공부할 계획을 했다. 현재 경상도 소재 회계전문대학에서 공부하고 있다. 얼마 후 다른 대학으로 편입하여 북한이주민을 지원하는 회계분야 전문가로 활동할 생각이다. 부산, 서울, 구미, 대구 등에서 사는 오빠와 친척들이 있지만 독립하여 지내고 있다. 먼저 한국에 와서 용접기술자로 일하는 오빠가 반드시 대학공부를 해서 2세들을 잘 키우라는 당부를 하기도 했다. 최근 어머니의 건강이 좋지 않아 '이주의 위험'을 감당하지 못하게 되자 부모님은 북한에서 여생을 보내기로 했다. 아버지는 얼마 전 직장에서 퇴직했다. 이처럼 최선숙 씨의 가족은 1990년대 말 이후 연쇄적으로 남한에 정착한 가족들과 긴밀한 정서적, 물질적 관계를 형성하며 10여 년 이상 생활하였다. 구술자가 한국행을 시도하게 된 직접적인 동기는 '한국 드라마'라고 할 수 있지만, 남한으로 이주한 가족과의 중장기적인 소통을 통해서 형성된 사회적 자본이 중요한 토대가 되었다.

4. 새세대 여성과 시민사회의 연대

최근 북한에서 이주한 20~30대 여성들의 생애 경험을 통해서 재구성한 북한사회는 다양한 차원에서 변화하고 있다. 기존 연구에서도 지적된 바와 같이 식량난 이후 유명무실해진 배급제도는 사회주의 가부장제의 토대를 약화시켰다. 국가가 남성 가구주에게 지급하던 배급으로 가족의 생계가 보장되던 시절은 '김일정, 김정일 시대'의 추억이 되고 있다. 상층 엘리트와 주요 생산공장을 제외한 공식직장에 배치된 대부분 남성들은 "로임" 없이 일하고 있다. 결혼한 남성 가구주의 부양가족으로 등록된 여성이 공식, 비공식 경제활동(장사, 농사 등)을 하며 가족생계를 책임지고 있다. 결혼한 여성이 고전적인 양육과 가사노동이라는 재생산 활동과 함께 식량과 돈을 버는 경제활동, 나아가 인민반의 동원노동이라는 삼중의 역할을 수행하고 있는 것이다. 북한에서 '여성이 먹여살리는 사회'라는 일반적 평가가 등장하는 이유이다.

공식노동에 대한 경제적 보상이 사라지고, 장마당에서 출발한 시장경제가 북한의 전 영역으로 확대되면서 당과 정치적 토대에 대한 사회적 가치도 변화했다. 혁명적 토대와 당원증이 내포하던 정치, 사회적 가치가 약화되고, 장사를 통해 경제력을 갖춘 사람들에 대한 선호가 강화되었다. 이정미 씨와 같이 6~10년 군복무를 마치고 수령한 당원증이 사회적 보상과 연결되지 않고, '국가 일'을 해도 임금이 없는 상황에서 시장의 힘이 커지고 있는 것이다. 법관이나 군부대의 정치적 권력이 여전히 시장을 통제하고 있지만, (뇌물 등) 시장을 통해 성장한 상인들의 경제력에 의존하며 공생하고 있다.

평양 출신 여성들의 사례를 통해 북한 상층 엘리트의 삶을 짐작할 수 있다. 토대와 경제력을 갖는 집안의 사녀들이 어린 시절부터 예술, 체육 등의 각종 선발을 통과하거나 시험을 거쳐 평양의 대학에 진학하고, 단기 군복무(장교 등)를 한 후 국가의 요직에 배치된다. 앞에서 살펴본 송진경 씨 외에 군고위직 딸인 김혜주 씨의 경우 의과대학에 입학하여 해외생활의 기회가 많은 분야에서 일하기를 희망했었다. 대부분 강력한 정치적 권력과 함께 '먹을 알'이 결합된 직장인데, 여성들의 경우 예술분야, 외국어 관련 전문직 혹은 상업분야의 관리직 등을 선호한다. 사례분석에 의하면 성별화된 직업과 함께 여성이 상층권력에 접근할 수 없는 '유리천장'도 존재한다. 평양에 있는 대학교수인 부모를 둔 이미선 씨와 어머니가 창고장을 하던 이정미 씨의 경우 북한 중간층의 자녀로 기본적인 가족의 토대와 생활력을 바탕으로 안정적인 가족을 꾸릴 가능성이 있었다. 그런데 경제난을 계기로 이들 가족의 물질적 토대가 사라지거나, 시장활동의 실패로 삶의 기반을 상실하게 되었다. 평범한 노동자 가족 중에서 아버지나 어머니가 시장활동을 통해 '큰돈'을 벌어 중간계급이 되는 경우도 없지 않다. 특히 최선숙 씨와 같이 20대 여성들 스스로 장사를 통해 '물주'가 되거나 결혼 밑천을 마련하는 사례에 주목할 필요가 있다.

어린 시절 혹은 학교에서부터 경제난과 시장활동을 경험하며 성장한 새세대 여성들은 앞에서 살펴본 북한사회 변동의 주요 행위자이기도 하다. 암묵적으로 '김일성 시대'의 교육을 받으며 당과 국가에 충성하는 부모세대와 다른 자신들을 "깬 세대"로 구별한다. 가장 중요한 차이는 당원증, 결혼식과 결혼 등록, 출생등록 등의 절차에 구애받지 않고 실용적인 생활을 선호한다는 점이다, 당원증 유무나 직업배치, 결혼 등록 등이 실제 생활에 도움이 되지 않으므로 문제가 되지 않는 방식으로 '대처'하고, 장사 등을 통해 돈을 버는 것에 주요한 가치를 두고 있다. 앞에서 살펴본 20~30대 여성 구술자들 또한 이러한 현실을 간파하고 부모세대처럼 '사회주의 영웅'이 되는 길보다 '부자'가 되는 길을 선호한다. 여성들은 시장을 통해 쌓은 경제력을 바탕으로 부부관계에서의 평등함을 요구하고, 국가의 요청과 달리 다자녀 출산을 선호하지 않는다. 전 사회적으로 연애가 확산되어 대도시에서는 연애결혼의 비중이 높아지고 있으며, 이혼에 대한 반감이 낮아졌다. 여전히 공식 이혼이 힘든 사회적 분위기 속에서 동거를 하다가 사후 결혼등록을 하는 방식이 정착되고 있다. 그러나 여성들이 시장이 아닌 공식직장에서 성공하기 힘든 '유리천장'을 의식하여 '남편 출세시키기'라는 성별화된 전략을 통해 사회적 성공을 시도하는 경향이 두드러진다.

1990년대 말 생존을 위해 남한으로 왔던 1세대 북한주민들의 가족 이주가 이어지고 있다. 죽음을 각오하고 중국 국경을 넘어간 북한주민들이 한국에 정착한 후 북한의 가족들을 데려오기 위한 노력을 하고 있으며, 약 60% 정도가 북한으로 돈을 보내고 있다. 북한의 가족과 남한의 탈북민 사이에 정서적, 물질적 관계가 형성되고 있으며 이것은 연쇄 탈북의 중요한 사회적 자본이기도 하다. 1960~1970년대 독일로 갔던 한국 이주자들이 가족에게 송금한 돈으로 자녀를 교육하고, 생활기반을 확장했던 사례와 유사하지만, 남북한 사이의 분단장치를 횡단하고 있다는 점에서 차이가 있다. 주기적인 송금을 통해 상대적으로 풍족한 생활을 하던 조은희 씨의 가족은 장기적으로 남한 이주를 계획했으나 주변의 감시와 건강 등의 조건으로 20대인 조은희 씨만 남한의 오빠와 재회했다. 국제이주의 네트워크에서 가족의 정보와 물질적 지원이 중요한 역할을 하는 것과 마찬가지로 북한주민의 남한 이주의 행위자 네트워크에 가족 구성원의 소통이 중요한 의미를 갖는다.

새세대 청년들은 북한에 퍼진 디지털 영상을 통해 중국, 미국, 한국 등의 영화나 드라마를 시청하며 북한사회 바깥의 '신세계'를 훔쳐보는 경험을 하였다. 또 경제난 이후 북한 각 지역에 거미줄처럼 형성된 장마당을 통해 거래된 '남한물품'은 북한주민들이 실질적으로 경험하는 '남조선사회'였을 것으로 보인다. 개성공단 생산품은 국경밀수를 통해 급격히 확산된 한국문화(노래, 드라마, 영화 등)와 함께 분단 너머의 금지된 사회를 상상하는 매개가 되었다. 이미 부모형제가 한국에 정착한 경우뿐만 아니라, 이웃의 각종 이야기와 영상 등을 통해 '남한행'이 삶의 대안이 되기도 한다. 대부분의 여성들은 북한사회에서 삶의 위기(파산, 대입 실패 등)를 경험하거나, 현재보다 나은 삶의 조건(결혼자금, 장사활동, 학업 등)을 찾아서 이주를 결정하였다. 재일동포 친척을 둔 사례 외에 대부분 북한이탈주민지원정책의 일환으로 현재 대학에 다니거나 직업활동을 준비하고 있는 새세대 여성들이 앞으로 극심한 남한사회의 경쟁 속에서 자신의 삶을 만들어나가는 과정에 사회적 연대가 요청된다.

한국에 정착한 지 평균 2~3년 정도인 구술자들은 현실이 '드라마와 같은 신세계'는 아니지만, 북한과 달리 국가와 당의 간섭 없이 자유롭게 일을 할 수 있다는 점을 중요하게 평가하고 있다. 또 북한에서 상상하기 힘들 정도로 성평등을 추구하고, '여성의 인권'을 보호하려는 노력에 놀라기도 했다. 그러나 2018년 이후 한국사회의 미투운동 등 젊은 여성들의 성평등 요구에 대해서는 잘 알지 못하거나 상당한 거리감을 가지고 있었다. 북한에서 당연하게 여기던 행동이 '성폭력'으로 문제가 되는 것을 이해하기 힘들어하는 여성도 있었다. 젠더는 모든 사회문제와 교차하며 실현된다. 통일 전후 동서독 사회의 이행과정이 주요한 참조점이 될 수 있다. 이런 관점에서 '새로운 삶'을 위해 국경을 넘어 이주를 결행하고 한국사회의 새로운 시민이 된 북한 여성들이 사회 각 영역에서 한국 여성들과 소통하며 자신들의 '목소리'를 만들어가는 것이 중요한 의미를 갖는다.

참고문헌

강동완·박정란, 2010, "남한 영상매체의 북한 유통경로와 영향: 지역간·대인간 연결 구조 분석을 중심으로", 『통일정책연구』 제19권 2호, pp. 107-140.

손명아·김석호, 2017, "북한이탈주민의 가족이주에 관한 연구: 연쇄이주 현상을 중심으로", 『한국인구학』 제40권 1호, pp. 57-81.

이지연, 2019, "탈북민의 북한 가족 송금의 수행성과 분단통치성", 『경제와사회』 겨울호, pp. 221-254.

이희영, 2012, "아날로그의 반란과 분단의 번역자들: 남한 드라마 시청의 행위자 네트워크를 중심으로", 『경제와사회』 여름호, pp. 36-79.

조정아 외, 2008, 『북한 주민의 일상생활』, 통일연구원.

조정아 외, 2013, 『새로운 세대의 탄생: 북한 청소년의 세대경험과 특성』, 통일연구원.

조정아 외, 2015, 『김정은 시대 북한의 교육정책, 교육과정, 교과서』, 통일연구원.

조정아 외, 2019, 『북한 여성의 일상생활과 젠더정치』, 통일연구원.

황의정·최대석, 2015, "북한의 여성관련 법제정을 통해 본 여성의 법적 지위의 변화 전망", 『동북아법연구』 제9권 2호.

[기타자료]

로동신문, 2012. 11. 16, "제4차 전국어머니대회 진행".

로동신문, 2015. 03. 08, "과학기술로 부강조국거설을 추동해나가는 미더운 녀성들".

로동신문, 2016. 03. 08, "과학전선에 애국의 자욱을 새겨간다".

제4부

유럽을 ‘여행하는’ 북한 여성과 분단장치

제9장

북한 여성과 초국적 이주의 행위자 네트워크

"어떤 삶도 망명자들과 도적 떼들의 삶보다 더 '정치적'이지 않다."

(아감벤, 2008: 345)

1. '벌거벗은 생명'과 행위자 네트워크

'탈북자'에 대한 한국사회의 관심은 탈북과정에서 경험한 '인권침해의 사실'과 한국사회에서의 '적응 정도'에 고정되어 있다. 필자의 초기 연구도 '인권 피해자'의 관점에서 시작되었다. 그동안 연구과정에서 직, 간접적으로 만난 북한주민들의 생애체험들은 인권침해의 피해자 혹은 한국사회에 적응해야 하는 북한이주민이라는 틀 속으로 환원되지 않았다. 일상생활에서 다양한 인정투쟁을 수행하며, 분단장치[1]의 안팎에서 삶을 기획하는 개인이었다.

이 연구가 진행되던 2012년 사회적으로 '탈남(脫南)'현상이 문제가 되었다. 북한을 이탈하여 다양한 경로로 남한에 입국한 후 대한민국 국적을 획득했

1 이 글에서 사용하는 분단장치(dispositive of division)란 푸코와 아감벤의 장치 개념에 따라 '한반도의 물리적 분단을 기초로 한 담론, 제도, 법규의 결정, 행정상의 조치, 과학적 언표, 철학적 도덕적 박애적 명제 등의 복합적 네트워크'를 의미한다. 인간 외부의 정치적 레짐을 시사하는 분단체제와 달리 분단장치는 통치 기계로서의 역할뿐만 아니라 개인의 주체화 과정을 포함한다(Foucault, 1978: 119; 아감벤, 2010: 41).

던 북한주민들 중 적지 않은 수가 남한을 떠나 제4, 제5국으로 이주하고 있다는 것이다.[2] 2012년 12월 현재 남한사회에 정착한 북한이탈주민은 2만5천여 명이다. 다양한 매체에 의하면 이들 중 한국을 떠나 영국, 노르웨이, 미국, 캐나다로 이주하는 사람들이 상당수에 이른다.[3] 북한의 식량난 속에서 생존을 위해 북한 국경을 넘었던 북한주민들이 남한을 떠나 국제이주를 선택하는 배경에는 한국사회에서의 다양한 차별이 한 요인이 되고 있다. 국제이주에 대한 전형적인 설명도식에 의하면 북한주민에 대한 한국사회의 직, 간접적인 차별과 배제가 탈남현상의 밀어내는 힘(push)으로 작동하고 있다. 또 상대적으로 여유 있는 생활을 보장하는 서/북유럽 국가들의 복지제도가 이들을 끌어당기는 힘(pull)이 되고 있다. 그러나 정착한 국가를 버리고 위험을 감수하며 난민의 길을 택하는 배경이 '물질적 풍요'만으로 환원되기 어렵다. 북한주민들이 북한 및 중국 국경을 넘어 제3국으로 이주를 하게 되는 주요 배경은 무엇인가? 남한사회에 정착했던 북한주민들이 서구사회로 이주하는 과정에서 결합하는 주요 행위자들은 누구/ 무엇인가? 탈북-탈남-국제이주의 행위자 네트워크가 갖는 특성은 무엇인가? 새로운 국제이주 행위자로서 탈북자들의 삶이 현대사회의 우리에게 던지는 윤리적 질문은 무엇인가?

이 글에서는 탈북, 탈남 그리고 제3국으로 이어지는 북한 여성들의 국제이주과정을 추적하여 재구성할 것이다.[4] 이를 통해 탈북-탈남-국제이주의 행위자 네트워크가 갖는 특성을 고찰하고자 한다. 북한주민들이 합법적 혹은

---

2 "추적60분: 탈남의 유혹, 외국 가실래요?", KBS 2TV, 2012년 8월 15일.

3 해외체류 탈북난민은 영국과 캐나다를 비롯한 서구사회와 태국 등지에 1500여 명이 거주하는 것으로 추정된다(데일리안, 2012년 9월 14일). 미국 LA지역에 60~70여 명이 거주하고 있으며 샌프란시스코, 뉴욕, 시카코 등의 한인커뮤니티가 형성된 곳에 흩어져 있다(연변통신, 2012년 2월 26일). 영국 출입국관리사무소 추산 영국 거주 북한난민이 대략 850여 명이며 캐나다 거주 북한주민도 1200여 명에 이른다(오마이뉴스, 2012년 8월 23일).

4 탈북한 북한주민들이 중국에서 남한을 거치지 않고 미국 또는 유럽 국가로 직접 이주한 사례들에 대해서는 다음의 자료를 참조하라. 조해진, 2012, 『로기완을 만났다』, 창비.

비합법적인 신분으로 국가 간 경계를 넘어 이주하는 과정에서 결합하게 되는 주요한 인간행위자 및 사물행위자들을 추적하고, 이들에 의해 형성되는 혼종적 행위자 네트워크를 기술할 것이다. 이 과정에서 인권을 침해당한 사람들, 혹은 '북한을 배신'했을 뿐만 아니라 새로운 국적과 물질적 혜택을 준 '대한민국을 배신한 자들'이라는 주변의 이중적 질타와 낙인이 되는 호명을 넘어 이들의 존재양식이 의미하는 바를 그려보고자 한다.

1) 국제이주와 '벌거벗은 생명'의 현시

1990년대 중반 식량난을 피해 월경하기 시작한 탈북자들이 중국 또는 제3, 제4국으로 재이주를 하는 현실은 우리에게 무엇을 의미하는 것일까? 이들의 삶에 접근할수록 식량만을 구하기 위해 반복적으로 이동하는 것이 아니라는 점이 분명해진다. 주권의 '정당화된 폭력'이 집중된 국경을 오가면서 이들은 수시로 무(無)권력의 상황을 체험하게 된다. 국민이 아니면서 난민도 될 수 없는 생명체로서 무차별의 폭력에 노출되는 것이다. 왜 이들은 환대받지 못하며, 이들의 인권보호를 거절하는 주체는 누구인가?[5] 누구에게나 자연적 권리로 보장된 '인권'을 상식으로 여기는 현대사회에서, 탈북이주민들이 폭력에 노출된 상황이 지속되는 현실은 무엇을 뜻하는가?

근대국가체제에서 개인의 인권이 근본적으로 위기에 처해 있음을 간파한

---

5 개별국가의 정책에 따라 탈북이주민들은 상이한 지위를 갖게 된다. 대한민국은 북한과의 특수 관계를 고려하여 '북한이탈주민의 보호 및 정착지원에 관한 법률'(이하 지원법)을 제정했고, 이에 따라 선별한 탈북자들을 국민으로 인정하고 있다. 유사하게 북한인권법을 제정한 미국(2004)과 일본(2006)의 경우 공식적으로 탈북자들을 선별하여 받아들이고 있다. 그 외 영국, 독일, 프랑스, 캐나다 등의 나라가 각종 국제법에 준하여 이들을 망명 또는 난민의 형태로 받아들이고 있다(엄태완, 2012: 149; 박선영, 2013: 411~419). 그러나 이들을 난민으로 받아들인다는 것이 곧 인권을 온전히 보장한다는 것을 의미하지 않는다. 한국사회에서 보호탈북자들은 국민이지만, 다양한 인권침해에 노출되어 있다.

사람은 한나 아렌트다. 20세기 초 유태인 망명객으로 전후의 세계 재편과정을 지켜본 한나 아렌트는, 당시 공식적으로 인정된 무국적자가 1000만, 실질적인 무국적자가 1000만 이상으로 생겨난 현실이 결코 예외적이거나 임시적 상황이 아니라는 점을 지적하였다(Arendt, 1955). 20세기 초 민족국가의 설립과정에서 국가를 가진 민족들이 자국의 영토 내에 존재하던 소수민족들을 인정하지 않음으로써 국적을 갖지 못한 개인들은 국적을 가진 '범죄자'들보다 못한 무권리의 상황에 직면하게 되었고, 이것을 해결하기 위한 유일한 국제적 조치는 '항구적인' 난민수용소였다. 나치 독일이나 오스트리아만이 아니라 대부분의 근대국가들은 자신들의 영토에 들어온 무국적자들에게 망명권을 허용하지 않고, 다른 국가로 밀입국하도록 방치함으로써 이에 대응하였고,[6] 정치적 소속을 잃은 '존엄한' 개인들은 모든 종류의 권리상실을 체험하지 않을 수 없게 된 것이다. 아렌트는 근대사회의 개인이 '국민'으로서의 자격을 갖지 못할 때, 출생과 동시에 자연적 권리로 호명된 '인권'을 상실하게 되는 존재임을 간파하였다. 즉 18세기에 양도할 수 없는 자연적 권리로 선언된 인권이 20세기 국민주권에 의해 보호받지 못할 때 한낱 구호에 불과한 것으로 판명된 것이다. 따라서 근대국가의 현실에서 개인은 국적을 가진 국민인 한에서만 '인간'이 될 수 있는 것이다.

이처럼 한나 아렌트가 간파한 '국민 대 난민'의 패러다임은 동유럽의 붕괴로 이념적 대립이라는 구도가 사라지고 난 현재 더욱 구체화되고 있다. 동유럽 국가의 붕괴, 종교적, 인종적 분규 등으로 발생한 국제난민, 국내난민, 무국적자, 기타 보호를 필요로 하는 사람들이 2005년 현재 2000만 명 이상으로 추정된다. 그러나 서유럽 국가들은 동유럽 사회주의 국가들의 붕괴와

6 무국적자에 대한 근대국가의 공식적인 대응은 본국송환과 귀화이다. 그러나 무국적자는 돌아갈 국가가 없다. 또한 현대사에서 각국 시민으로 귀화할 수 있는 조건을 가진 개인들은 극소수에 불과했다.

각종 내전으로 발생한 보호 요청자들을 받아들이지 않기 위해 다양한 제도와 정책을 통해 '장벽'을 마련하였고, 유럽은 요새화되었다. 이로 인해 수십만 명의 개인이 유럽 각국을 순환하는 위험에 빠지게 되었다. 반면 유럽 각국은 유럽공동체(EU) 내에서의 경제활성화를 위해 국제적 자본의 이동을 자유화하였다. 결국 유럽 각국은 타국적의 인간 이동은 제한하면서, 국제적 자본의 이동성은 증가시키는 방향으로 정책을 마련해오고 있다(고기복, 2007: 43~47). 이와 같이 국가주권–국적–국민이라는 삼위일체의 바깥에 존재하는 인간을 허용하지 않는 정치는 어디로부터 기인한 것일까?

근대국가의 주권자란 '예외상태를 결정하는 자'이다(칼 슈미트, 2010: 16). 법 안에 있으면서 전쟁을 위해 국민을 동원하고 반역자에게 사형을 선고할 수 있는 사람이다. 따라서 주권자는 법 안에 있으면서 법 바깥에 있는 자이다. 이처럼 주권의 안과 밖은 연결되어 있다(김항, 2009: 35). 자연적인 폭력이 난무하는 야만상태로부터 진화하여 합법적 계약에 근거하여 성립된 것으로 이해되는 근대국가가 사실상 자연적 폭력과 결합되어 있는 것이다. 홉스로부터 시작된 근대국가의 주권에 관한 이해의 계보학 속에서 중요한 점은 근대국가의 법–유지를 위한 폭력이 '단순한 생명(bloßes Leben)'에 기초하고 있다는 사실이다(Benjamin, 1921; 김항, 2009: 38~39). 근대적 법체계의 근원인 폭력, 즉 법적 폭력은 인간을 법질서 속에 머물도록 함으로써 스스로를 정립한다. 근대국가체계 속에서 인간은 태어남과 동시에 유죄임을 선고받고 법/주권의 폭력에 의해 면죄되는 존재이다. 출생에 의해 벌거벗은 생명인 인간은 국민이자 시민이 됨으로써 비로소 국민국가의 정치 속으로 기입되는 것이다. 이와 같이 법의 테두리 내에서 자신의 자연 폭력(권)을 국가에 양도한 채 좀비와 같은 상태로 살아가거나, '말할 권리'를 갖고자 할 경우 법 바깥으로 스스로를 내몰아야 하는 존재, 즉 호모 사케르(Homo sacer)는 현대국가체제 속에서 살아가는 인간의 존재양식에 대한 은유이다. 아감벤이 계보학적 형상으로 제시하는 호모 사케르[7]는 "신성한 생명, 즉 살해할 수 있으나 희생물로 바칠 수 없는 생명"으로서, 주권이 항상 현전하며 작동하는 유일한 전제이다. 주권의 추방령하에 있는 존재인 호모 사케르는 주권으로부터 배제됨으로써 결국 주권의 자비에 의지하게 된다. 신성한 생명을 추방함으로써 국가주권은 모든 영토화(Lokalisierung)를 실현하고, 이것은 곧 영토구획과 지배의 완성이다. 모든 사람을 잠재적 호모 사케르로 간주하는 자가 바로 주권자이다(아감벤, 1995/2008: 223~225). 이처럼 아감벤의 이론적 통찰은 근대국가의 주권이 인간을 벌거벗은 생명으로 '배제하면서 포함한다'는 점을 드러내고 있다. 나아가 그는 푸코의 생명정치의 관점에서 벌거벗은 생명(호모 사케르)과 그것의 현대적 변형물(각종 생명정치의 현상들인 생물학적인 삶, 섹슈얼리티 등)에 내재한 정치적 본성을 이해하고자 한다. 즉 인간의 자연생명이 주권자와 법률가, 의사, 과학자, 전문가, 사제 등의 밀접한 공생관계를 통해 점점 국가권력의 통치방식 속으로 포섭되어 가는 과정(생명의 정치화)에 대한 문제를 제기한다(앞의 책, 237).

국가주권과 벌거벗은 생명에 대한 이론적 고찰은 두 가지의 측면에서 중요한 문제를 제기한다. 첫째, 20세기 주권의 추방령에 의해 생성된 국제난민들이 인간과 시민, 출생과 국적 간의 연속성을 깨뜨림으로써 근대 주권의 근원적 허구성을 드러내는 존재라는 점이다. 둘째, 현대사회에서 다양한 생명정치의 범람이야말로 끊임없이 주권적 추방령 안과 밖의 생명을 구분하고 분리시키는 경계선의 확장이자 재정의의 과정이라는 점이다. '시민이 될 수 없는 인간들'을 끊임없이 새롭게 정의하는 과정이야 말로 생명정치의 본질이라고 할 수 있다. 이와 같은 문제의식 속에서 이 글은 북한의 주권으로부터 추방되어 국가 사이의 경계를 오가는 탈북자들의 삶을 인권침해의 피해자

7 '사케르'는 절대적인 살해 가능성에 노출된 생명으로 법과 근대사회 공동체의 의례와 규범 영역 모두를 초월하는 어떤 폭력의 대상을 뜻한다(아감벤, 1995/2008: 181).

혹은 분단의 피해자라는 관점을 넘어 고찰하고자 한다. 인권과 분단의 피해자라는 관점을 넘어서서 탈북이주민들을 사유한다는 것은 인권을 가진 주체를 국가-국적-국민의 틀 속에서 사유하는 것을 중지하는 것이다. 나아가 남한과 북한이라고 하는 서로 다른 체제의 틀 속에서 사유하는 것을 중지하는 것이다. 식량권조차 보장하지 못하는 북한, 북한보다는 낫지만 결국 사회권을 보장하지 못하는 남한을 떠나서 좀 더 나은 복지국가인 북유럽으로 이주하는 북한주민들을 당연하게 보는 목적-행위론적 사유를 중단하고, 이러한 사태가 갖는 의미를 새롭게 읽어보는 것이다. 이러한 관점에서 이 연구에 등장하는 사례는 더 이상 탈북여성들의 운명에 머무르지 않는다. 이 글에서 소개되는 탈북이주민은 지구화된 현대사회의 인간에 대한 은유이다. 이 연구에서 필자가 주목하는 지점은 바로 여기다. 즉 탈북이주민의 삶과 필자의 삶이 동일한 존재론적 위치로 파악되는 위상학을 기술하고자 노력하였다. 그들이 아닌 '우리 존재'의 현재 위치를 드러내는 것이다.

2) 행위자 네트워크 이론으로 접근하기

한국사회에 정착했던 보호탈북자들의 해외이주에 관한 연구는 현재 진행 중으로, 학술논문의 성과는 일천하다.[8] 대부분 탈북자들의 해외이주 현황 및 대표적인 사례를 요약하여 소개하고 있다. 그러나 보호탈북자들의 해외이주에 대한 경험 및 그것이 갖는 의미에 대한 심층연구는 이루어지지 않고 있다. 이들의 해외이주가 본격화 된 것이 오래되지 않았을 뿐만 아니라, 이들의 경험에 대한 접근이 용이하지 않기 때문으로 추정된다. 이런 점에서 이 연구는 한국 내 보호탈북자들의 드러나지 않은 삶의 경험을 이해하기 위한 초기적

8 연구 당시 공식 출간된 자료로 다음을 들 수 있다. 송영훈, 2012; 박명규 외, 2011.

시도라고 할 수 있다.

방법론의 관점에서 대부분의 연구가 주목하는 것은 인간으로서 권리를 침해당해 비통한 눈물을 흘리는 불쌍한 피해자로서의 '탈북자'들이다. 따라서 이들의 탈북과정에서 우연적, 필연적으로 전유하게 되는 공간적, 자연적, 기계적 동맹군들이 무엇인지, 이러한 결합을 통해 생성되는 삶의 의미와 전망은 무엇인지에 대하여 질문하는 연구는 극히 소수에 불과하다.[9] 사회현실의 문제를 인간 중심적 사고에서 벗어나 인간과 사물의 혼종적 네트워크로 바라보고자 하는 행위자 네트워크 이론(Actor Network Theory, 이하 ANT)의 문제제기는 이런 맹목을 벗어날 가능성을 제기한다. 행위자 네트워크 이론은 자연과 사회의 이분법적 구조에 기초한 근대적 사고를 비판하며 모든 사회현상은 인간행위자와 사물행위자들의 끊임없는 번역의 결과, 즉 잡종적 동맹에 의한 것임을 강조한다. 따라서 사회적 실재는 본질적 속성을 갖는 것이 아니라 인간과 사물행위자 사이의 관계적 실천을 통해 형성되는 것으로 이해된다. 나아가 ANT는 방법론적 관점에서 개인과 사회, 행위와 구조, 미시와 거시 등의 이분법적 접근방식을 넘어 선험적 위계를 갖지 않은 인간과 사물행위자들에 의해 형성되는 네트워크를 추적하고 기술하고자 한다. 이러한 접근방식에 의해 기술되는 행위자 네트워크는 특정한 행위자들에 의해 형성되는 새로운 존재론적 위상을 드러낸다.[10] 필자는 이러한 문제의식을 구술생애사 연구에 수용하여 인간과 '사물의 기호학'이라는 관점에서 사례분석과

9 대표적으로 다음을 들 수 있다. 김성경, 2013; 이화진, 2011; 이희영, 2012a.

10 ANT에서 번역이란 잡종적 행위자 사이에서 네트워크가 건설되는 과정 그 자체를 뜻한다. 따라서 네트워크의 건설이란 수없이 다양한 인간과 비인간 행위자 사이에서 특정 행위자의 이해와 의도가 다른 행위자의 언어로 치환되도록 하는 프레임의 형성과정, 즉 번역이 발생하는 과정이라고 할 수 있다(라투르 외, 2010). ANT의 주요 내용과 문제의식에 대해서는 다음을 참조하라. 김환석, 2009. 북한 및 분단연구와 관련하여 ANT가 갖는 이론적 함의에 대한 논의로는 다음을 참고하라. 홍민, 2013.

재구성을 시도할 것이다.[11]

다른 분야의 연구와 마찬가지로 탈북자에 대한 기존의 연구도 국가적, 영토적 경계에 정박한 채로 이루어지고 있다. 탈북자 연구가 북한, 중국, 남한, 미국[12]이라고 하는 분절적 공간에 갇힌 채로 수행되는 것은 무엇보다 분단장치의 결과라고 할 수 있다. 이념적, 정치적 대결이 초래한 정보의 제한과 연구영역의 분절화가 '인식론적 불구'로 이어지는 것이다. 이런 점에서 공간연구의 문제의식을 적극적으로 수용할 필요가 있다.[13] 국민국가라는 영토적 함정과 국민이라는 단일한 정체성에서 벗어난 시선이 요청된다. 따라서 이 글에서는 물리적 공간이라는 절대주의적 공간관을 비판하는 사회-공간적 관점에서 바라볼 것이다.

3) 유럽을 '여행한' 북한 여성들

다음에 소개할 구술자들은 필자가 2009~2012년 사이에 다양한 경로로 만나게 되었다. 모두 2000년대에 대한민국에 정착하여 생활하였다.

황금이 씨는 식량난이 극심했던 1990년대 말 중국으로 간 딸들을 찾아서 탈북하였다. 2003년 세 딸들과 함께 베이징 주재 대사관을 통해 한국으로 입국한 후 탈북과정에서 동고동락했던 친구들의 안부를 묻고 이들의 문제해결을 위해 발 벗고 나서는 '멘토' 역할을 했다. 이러한 경험을 토대로 현재 탈북자와 관련된 조직에서 전문상담인으로 활동하고 있다. 2008년과 2009년 평

11 구술생애사 연구방법에 대해서는 다음을 참고하라. 이희영, 2005; 2011. 행위자 네트워크 이론의 방법론인 '사물의 기호학'에 대해서는 다음을 참고하라. Law, 2007.

12 기존연구는 북한 내 탈북경험자들의 인권침해에 대한 연구, 중국 체류 탈북자들의 상황 및 인권침해에 대한 연구, 대한민국 또는 해외 거주 탈북자들의 사회적응에 관한 연구라고 하는 공간-주제 연관의 스테레오 타입에 의해 분류될 수 있다. 대표적으로 다음의 연구를 참고하라. 엄태완, 2012.

13 대표적으로 다음을 참고하라. 데이비드 하비, 2001; 박배균, 2012; 신지은, 2012.

〈표 1〉 구술자 약력[14]

이름	출생(년)	고향	남한 입국(년)	남한 출국(년)	해외체류 국가	남한 재입국(년)
황금이	1951	함경도	2003	/	/	/
김순남	1958	함경도	2004	2010	영국	2011
박은주	1965	평안도	2007	2008	노르웨이	2009
이지영	1976	평양	2005	2010	영국	2011

화재단의 소개로 인터뷰를 한 이후 수년 만에 연락한 필자를 황금이 씨는 기억하고 있었으며, 흔쾌히 '해외이주의 경험을 가진 탈북자들'을 만날 수 있는 문을 열어주었다.

김순남, 박은주, 이지영 씨의 공통점은 2000년대 초반 한국에 들어와 대한민국 국적을 취득했으며, 2008~2010년 사이에 대한민국 여권을 가지고 해외여행을 명목으로 출국한 후 영국과 노르웨이에서 '난민' 지위를 인정받은 경험이다. 현재 이들은 다양한 이유로 한국으로 돌아와 탈북자지원법상의 보호탈북자로 생활하고 있다. 김순남 씨는 중국에서 잃어버린 둘째아들을 찾기 위해서는 대한민국에 있어야 한다는 생각으로 돌아왔다. 박은주 씨는 노르웨이 당국의 조사와 결정에 따라 추방되었다. 이지영 씨는 남편이 영국사회에서의 생활에 적응하지 못하자 가족과 함께 귀국하였다. 김순남 씨와의 1차 인터뷰는 2009년 국가인권위원회의 소개를 통해 이루어졌으며, 2012년 2차 인터뷰를 하였다. 박은주 씨와의 인터뷰는 2012년 구술자 황금이 씨를 통해 이루어졌다. 이어서 박은주 씨가 이지영 씨를 소개해주는 눈덩이 굴리기 방식으로 구술자와의 만남이 이루어졌다.

14 구술자의 개인정보 보호를 위해 모든 인명과 지명을 익명으로 처리하였으며, 구술자에 따라 특정 사실을 부분 생략하거나 수정하였다.

2. 탈북자와 국민 그리고 난민의 혼종성

1) 두만강을 건너온 북한 여성들과 남한으로의 이주

(1) 뿌로커[15]가 되는 동네 사람들과 중국의 '거간꾼들'

1990년대 말 세 딸과 함께 함북지역에서 생활하던 40대 나이의 황금이 씨는 배급이 중단된 직장에서 휴가를 받고 장사를 하던 24살의 큰딸이 중국에 돈 벌러 가자는 '동네 삼촌'의 회유를 믿고 두만강을 건너가자, 21살 그리고 16살이던 나머지 두 딸을 데리고 함께 탈북하였다. 사례분석에 의하면 황금이 씨의 큰 딸이 중국으로 가는 데 중요한 역할을 한 '동네 삼촌'은 식량난 속에서 중국으로 간 부인을 찾으러 수차례 중국 국경을 오간 경험이 있었고, 이 과정에서 북한 여성들을 중국으로 데려다주는 '뿌로커'가 된 것으로 보인다(황금이 구술녹취록, 2009/10). 황금이 씨의 구술자료에 의하면 구술자가 두 딸과 함께 국경을 넘는 동안 연관된 '뿌로커'는 모두 네 사람 또는 네 가지의 서로 다른 역할을 하는 집단들이다(황금이 구술녹취록, 2009/11). 먼저 동네 삼촌의 안내로 두만강을 건너온 구술자 가족을 연철이네 집으로 안내한 중국 쪽 뿌로커, 중간 보호소를 제공하는 ○○이네, 연길로 이동하는 역할을 하는 ○○이네 여동생, 그리고 북한 여성들을 흑룡강성 지역으로 연결하는 거간꾼들이다. 여기서 두만강을 건너온 북한 여성들을 맞이하는 중국 쪽 '뿌로커'와 ○○이네, 그리고 그 여동생들은 두만강 주변 국경지역에 살던 주민들로 도강하는 북한 여성들과의 접촉이 늘어나면서 브로커가 된 사람들로 짐작된다. 우연히 찾아온 북한 여성들에게 단기간의 거처를 제공할 수는 있지만 장기간 책임질 수 없는 중국인들에게 인신매매 연결망이 부담을 더는 대안이

15 브로커(broker)를 뜻하는 말로 중개하고 협상하는 역할을 하는 사람인데, 대부분의 활동이 비공식적인 방식으로 이루어진다.

되었던 것으로 보인다. 특히 불법으로 중국에 온 북한주민들을 '난민'으로 인정하지 않는 중국 정부의 정책에 의해 이들을 숨겨주다가 발각될 경우 자신들이 피해를 보게 될지도 모르는 상황이 인신매매 연결망의 동맹을 강화시키는 중요한 조건이 되었을 것이다.[16] 이런 관점에서 어디까지가 단순 정보 제공자이고 어디서부터 전문적인 인신매매 조직과 연결된 브로커인지 구분하기는 어렵다. 다만 사슬처럼 연결된 브로커 조직은 국가 영토의 배타적 지배, 즉 법적 폭력을 매개로 형성된 집단이다. 합법적인 절차 없이 국경을 통과하고자 하는 개인을 중개하며 경제적 이익을 취하는 '비공식 조직'이다. 다양한 형태의 인간과 비인간이 결합된 이 조직은 인종, 언어, 경제력, 지리적 인지, 젠더적 위계가 적나라하게 작동하는 특성을 가지고 있다고 할 수 있다. 즉 국민국가의 경계를 오가며 인간과 비인간의 이동을 매개로 이익을 추구하는 이 브로커 조직이야말로 국가 간 격차와 단절이라고 하는 구조와 공생하는 사회집단인 것이다.

(2) 제2의 이주, 한국으로의 길: '재외공간'

두만강을 건너온 북한주민들은 중국 사회에서 시민권은 물론 아무런 법적인 보호를 받지 못하는 위치에서 생활하게 된다. 중국 정부는 현재까지 북한 정부와의 외교적 관계를 고려하여 이들을 정치적 난민으로 수용하지 않고 있다. 중국은 오래된 사회주의 '형제국가'로서의 동맹뿐만 아니라, 미국과 경쟁하며 동북아시아에서의 패권을 유지하기 위하여 북한과의 우호적 관계를 유지하는 태도를 취하고 있다. 이런 맥락에서 중국은 스스로 협약 당사국

16 라스 폰 트리에 감독의 2003년 영화 '도그빌(Dogville)'은 한 산골마을에서 이와 유사한 사회적 장치가 역동적으로 형성되는 과정을 보여준다. 주인공 그레이스가 '불법(illegal) 행위'를 저질렀을지 모른다는 의심이 생기자 마을 주민들은 차츰 성실한 그레이스의 임금을 깎고, 노동시간을 늘리고, 자신이 하기 싫은 일들을 시키며 결국은 성적 욕망의 대상으로 삼기 시작한다.

인 국제난민법 및 국제인권조약 등[17]의 이행보다 북한 정부의 '탈북자 북송 요청'에 응하고 있는 실정이다(조정현, 2010). 사실상 중국은 자신이 당사국으로 되어 있는 5개 인권조약에 대해서도 구체적인 이행감독장치에 대한 비준을 하지 않음으로써 국제인권 통보 혹은 진정 제도에 따른 의무 이행 요청을 원천봉쇄하는 정책을 택하고 있다. 다시 말해 자연권으로 선언된 인권보장은 개별 국가의 정책에 의해 구체화되지 않으면 휴지조각에 불과한 것이다. 탈북자 문제와 관련해서 중국의 태도가 구체적인 사례이다. 따라서 중국사회의 탈북자들은 비(非)국민이자 비(非)난민, 즉 불법 체류자의 신분으로 살아가고 있다. 이들은 불법월경자에 대한 북한당국의 처벌 때문에 북한으로 돌아갈 수 없는 처지이면서, 현재 체류국인 중국에서는 언제든지 누군가의 모의나 밀고로 매매되거나, 중국 공안에 체포되어 북한으로 송환될지 모르는 처지인 것이다. 식량난을 피하기 위해 불법 월경한 사실로 인해 국적국인 북한에 돌아갈 경우 정신적, 신체적 '속죄(처벌)'를 감수 하거나, 아니면 중국 땅에서 발생할 유형, 무형의 폭력을 감수해야 하는 '벌거벗은 생명'인 것이다.

황금이 씨가 탈북한 1998년, 김순남 씨 또한 먹을 것을 구하기 위해 중국 국경을 넘었다. 뒤이어 큰아들과 남편이 탈북해오자, 체포의 위험을 피해 동북지역 산골의 삼막에서 고립된 생활을 하였다. 김순남 씨의 가족들이 한국행을 결심하게 된 것은 산속에서 청취하던 KBS 해외라디오방송을 통해서이다(김순남 구술녹취록, 2012/ 19~20). 사례분석에 의하면 손바닥처럼 작은 라디오는 구술자의 가족에게 '새로운 땅'으로 가는 길을 매개하는 중개자였다. 라디오는 구술자 가족이 이해할 수 있는 언어를 구사하며, 매일 매일 자신들과

17 탈북자들의 난민 지위 인정 및 인권보호와 관련된 국제 법규로 1951년 난민지위협약과 1967년 체결된 난민지위의정서 외에 국제법상 6대 핵심인권조약들(사회권규약, 자유권규약 인종차별철폐협약, 여성차별철폐협약, 고문방지협약, 아동권리협약)을 들 수 있다. 2008년 12월 현재 중국이 당사국인 5개 인권조약의 이행감독위원회가 중국의 국제법 의무 위반에 대해 우려를 표명했다(조정현, 2009: 184~188).

같은 처지의 탈북자들이 어떤 삶을 개척하고 있는지에 대한 정보를 제공하였다. 반복되고 증가하는 '대한민국'에 대한 정보는 다른 대안적 정보를 갖지 못한 구술자의 가족에게 유일한 '해석'의 자원이 된 것으로 추정된다. 북한으로 돌아가 '희생제물'이 될 것을 받아들일 수 없는 구술자 가족에게 라디오의 KBS 방송은 자신들이 산을 내려가 북한에 있는 남은 가족들을 데려오고, 땀 흘리며 살 수 있는 땅이 있음을 제안한 것이다. 한국으로 갈 길을 생각하며 삼막에서 내려와 국경지역의 식당에서 일하던 김순녀 씨는 한 '조선족 남자'로부터 한국행 '선'을 제안받았다. 탈북자들의 한국행을 주선하는 뿌로커였던 그 남자는 중국말을 모르는 구술자가 탈북자임을 간파하고 한국행을 권유한 것이다. 조선족 남자는 "한국에 도착하면 800만 원씩을 지불한다"는 각서를 받은 후 구술자와 구술자의 큰아들을 베이징 주재 한국대사관이 있는 곳까지 안내하였다.[18]

같은 시기 중국으로 건너와 흑룡강성 주변으로 "팔려갔던" 황금이 씨와 세 딸의 경우 가까운 농촌 마을에 흩어져 살다가 김순남 씨와 마찬가지로 KBS 라디오방송을 들으며 한국행을 동경하게 된 것으로 보인다. 그러던 중 큰 딸이 우연히 '스페인대사관으로 피신한 탈북자들'에 관한 텔레비전 뉴스를 유선방송으로 접하고,[19] 베이징 주재 한국대사관을 통해 한국으로 오는 계획을 세웠다(황금이 구술녹취록, 2009/ 16~17). 김순남 씨와 달리 황금이 씨 가족은 NGO단체나 브로커의 주선 없이, 재외공간 진입에 대한 미국 CNN 뉴스를 보고 재외공간 진입을 시도한 것이다. 2003년 10월 중순 베이징 주재 한국대사관 주변을 맴돌던 김순남 씨와 큰아들은 목숨을 걸고 대사관으로 달

18 구술자가 2003년 중순 하나원 교육을 마치고 나오자 또 다른 조선족 남자가 계약서에 썼던 브로커 비용 800만 원을 받으러 왔다고 한다(김순남 구술녹취록, 2012/ 22).

19 2002년 3월 14일 베이징 주재 스페인대사관에 북한이탈주민 25명이 진입하는 사건이 발생했는데, 이것이 탈북자들의 재외공간 진입의 첫 사례였다. 당시 CNN방송이 이를 생방송으로 보도하여 국제적인 주목을 받았다(데일리안, 2012. 10. 17).

려 들어갔다. 그리고 3일 뒤 황금이 씨 가족이 같은 방법으로 대사관에 진입하여 한국행에 합류하였다.

그때 당시 북경 영사관이 너:무 경계가 심해서 양쪽에 경찰차가 딱 도로 옆에 있어가지고, 이제 그게 접근을 못하겠더라고요 (…) 근데, 그 앞에 가서 이제 뭐 앞에 가니까 한국 사람도 있고 조선족들도 있고 뭐 또 여권 연장하는 사람들 뭐 그게 다 가있더라고요. 그래서 그 앞에서 기다리는데 2시 반에 문 여는 거에요. 거기서 문 여는 순간에 우리 5명이 거기로 쳐들어 간거죠. 북경영사관으로 **우리가 쳐들어가니깐 그 문이 자동적으로 막 삐삐삐삑 하면서 닫힌 거에요 그 문이, 그래 우린 들어갔죠. 우리 우리들 여덟 명이 다 들어가 가지고 영사관 통과해서, 그 마당만 들어갔어도 안돼요. 그 짝에 그 집안으로 들어가 그 영사관 (안에) 들어가야지 이 바깥에 그 철문으로 들어간 마당까지는 중국 땅이거든요. 그래 그 담에 그 영사관에, 안에 문을 막 두드리니까 안에서 남자 영사가 나와 가지고** 우릴 데리고 들어간 거에요. 그래 들어가서 그때부터 이제 쭉 조사가 시작된 거죠.

(김순남 구술녹취록, 2012/ 4)[20]

위의 텍스트에서 구술자는 10년이 다 되어가는 과거의 절박했던 상황을 '현재의 기억'으로 불러내어 서사적으로 그리고 있다. 2년의 시간을 중국 동북지역 산속에서 막노동을 하며 숨어 지내던 구술자와 큰아들이 며칠 동안 가슴 조이며 맴돌던 한국영사관 마당을 가로지르던 순간을 생생하게 재현하

20 이 글에서 소개하는 구술녹취록에서는 구술의 언어적, 비언어적 상황과 맥락을 최대한 드러내기 위해 문법을 고려하지 않았다. 녹취록의 진한 표시와 밑줄은 연구과정의 텍스트 분석과 해석 내용을 전달하기 위해 필자가 입력한 것이다. 위의 괄호 중 '2012/ 4'는 구술자 김순남 씨의 2012년도 구술녹취록 중 4쪽임을 뜻한다.

고 있는 것이다. 베이징 주재 한국영사관은 이들에게 국민 혹은 난민의 권리를 부여할 책임과 의무를 거부한 중국의 영토 내에 할애된 외교적 공간이다. 영토적 관점에서 이곳은 근대적 주권과 주권이 각축하는 과정에서 예의바르게 양도된 '예외의 공간'이자, 가장 첨예하게 또 다른 주권이 작동하는 공간이다. 즉 한반도 분단장치의 주요 행위자이자, 자신들의 '조국' 북한의 적대국가인 남한의 주권적 지배가 보장된 공간이다. 평소에 해당 국가의 보호아래 있는 개인들이 평화롭게 각종 업무를 보는 공간에 '벌거벗은 생명들'의 출현은 이런 관점에서 새로운 정체성을 형성하는 중요한 의례라고 볼 수 있다. 베이징 주재 한국영사관 관할인 사무실에서 진행된 110일간의 조사와 공동생활은 새로운 땅인 대한민국으로 가기 위한 1단계 의례이자 새로운 정체성의 형성과정이라고 할 수 있다. 두 가족이 한국에 도착한 것은 두만강을 건너 중국에서 생활한지 4년이 지난 2003년이었다(황금이 구술녹취록, 2009/ 17; 김순남 구술녹취록, 2012/ 4).

지금까지 살펴본 두 가족의 사례에서 주목할 점은 이들의 한국행이 첫 번째 이주가 아니라는 점이다. 첫 번째 이주는 식량을 구하기 위해 두만강을 건너 중국으로 온 것이다. 중국 체류동안 이들은 북한주민이라는 자신들의 정체성을 숨기거나 위장한 채 생활해야 했다. 앞에서 살펴본 바와 같이 이 두 가족은 4년 동안의 생활을 정리하고 대한민국 정부의 재외공간 진입을 시도함으로써 두 번째 이주를 결행하였다. 두 번째 이주에서 구술자들은 북한의 적대 국가인 남한을 선택하였다. 처음 중국으로 건너올 때 구술자들은 아사직전의 북한 땅을 탈출하긴 했으나 식량과 돈을 구해 돌아갈 예정으로, 자신들이 연대할 국민공동체를 버린 것은 아니었다. 그러나 구술자들이 대한민국의 재외공간 진입을 시도한 것은 이것과 다른 의미를 갖는다. 북한주민이었던 이들이 수년 동안의 무국적 상태를 중단하고 분단장치의 다른 한쪽인 남한으로의 이주를 결행한 것은 자신들의 국가였던 북한으로 돌아갈 가능성을 포기한 것이다. 나아가 대한민국 주권의 보호를 요청함으로써 대한민국 국민이 될 것을 예상하고 선택한 것이라는 점에서 큰 차이를 갖는다.

2) 차선의 선택: 한국행 네트워크의 조정과 새로운 동맹들

(1) 중국, 제3, 4, 5국을 우회한 한국으로의 길

2002년 베이징 주재 스페인대사관을 필두로 재외공간에 대한 탈북자들의 진입이 이어지자 중국 정부는 이를 원천봉쇄하기 위한 대책을 세우기 시작했다. 이에 따라 남한으로 가고자 하는 탈북자들은 중국의 국경으로부터 수천 킬로미터를 걸어서 제3, 4국 사이의 국경을 넘어야 했다. 그 중 1997년부터 시작된 태국을 통과하는 경로가 탈북자들이 가장 많이 이용되는 길로 평가된다. 이후 2011년까지 매년 2000여 명의 탈북자들이 한국으로 입국하였다.[21] 두만강을 건너 중국으로 온 구술자들은 온갖 수단을 동원하여 중국을 가로질러 미얀마, 베트남, 라오스로 가는 국경을 넘기 시작했다. 탈북자들과 재외공간과의 동맹이 불안정해지면서 멀고 험난한 제3, 4, 5국가의 재외공간이 우회적 동맹군으로 결합되었던 것이다.

박은주 씨는 1965년 평안도에서 셋째 자녀로 출생하였다. 당원 집안의 딸이었던 구술자는 화훼전문 고등학교를 졸업하고 농촌 경영위원회 경리로 근무하다가 1988년 결혼하였다. 사례분석에 의하면 박은주 씨는 1995년 아들을 출산하였으나, 식량난이 장기화되던 2002년 남편이 달기병(간질)으로 사

21 탈북자들이 처음 개척한 길은 몽골을 거쳐 울란바토르를 통과하는 길이었다. 그러나 겨울이 길고 여름에는 무더운 악조건이 문제였다. 다음으로는 베트남을 통해 캄보디아를 거치는 길이었다. 그런데 2006~7년 한국 하나원 3개월 교육제도로 인해 베트남 체류 탈북자들의 한국행이 지체되자 베트남 정부는 더 이상 탈북자들을 수용하지 않고 있다. 또한 탈북자들이 가장 많이 이용하는 태국을 통한 길 사이에는 미얀마 반군지역이 있어 이곳에 억류된 탈북자들이 적지 않은 것으로 지적된다(데일리안, 2012. 10. 17).

망했으며, 구술자는 파라티푸스 열병에 걸려 부분적으로 기억을 상실하였다. 또 2004년에는 작은 오빠가 결핵으로 사망하였다. 이처럼 박은주 씨는 자신과 가족의 질병과 사망을 연이어 경험하던 중 2005년 살길을 찾아 친척이 있는 중국으로 넘어온 것으로 보인다. 생계를 위해 구술자는 국경지역의 식당 주방에서 2년간 일하였다. 앞의 1세대 탈북자인 김순남, 황금이 씨와 달리 박은주 씨는 북한에 있을 당시 이미 한국의 텔레비전 드라마를 시청한 경험이 있었다.[22] 이를 통해 한국에 대한 적대감이 상대적으로 적었을 뿐만 아니라, 이미 '남한행'을 새로운 삶을 시작할 수 있는 대안으로 생각했던 것으로 보인다. 박은주 씨가 한국행 선을 잡게 된 것은 같은 동네에 살던 북한 여성의 남편이 자신의 아내를 데려가기 위해 연결한 '브로커'를 통해서였다(박은주 구술녹취록, 2012/7). 먼저 한국으로 갔던 한 남자가 이미 다른 여자와 함께 살면서, 중국에 남아 있던 본처와 다른 북한 여성들을 데려오고자 브로커를 연결한 것이다. 이런 사실을 통해 짐작할 수 있는 것은 국경을 건너려는 욕망을 가진 사람들 혹은 그럴 가능성이 있는 사람들을 둘러싸고 온갖 종류의 자본과 상품이 거래되는 것을 경험한 탈북자들이 스스로 다른 사람들의 거래를 매개하는 적극적인 행위자가 되고 있는 것이다. 즉 탈북자들은 '브로커 조직'을 이용하는 사람들이면서, 동시에 스스로 브로커가 되고 있는 사람들이기도 하다. 한국으로 오기 위해 총 1200만 원의 각서를 쓴 박은주 씨는 브로커가 만들어준 '여권'을 가지고 중국, 미얀마, 라오스, 태국 국경을 비행기로 혹은 맨발로 건너서 2007년 한국에 입국하였다.

오는 도중, 중국 ○○까지 오니까나, 막 여기 저 뒤에서 있지 한 15명이 모여 있어요. 15명이 모여 있는데, 음마, 그 중국브로커가 우리 한 사람

22 북한사회 내에서 한국 텔레비전 드라마가 유통되는 과정과 의미에 대해서는 다음을 참조하라. 강동완·박정란, 2010; 이희영, 2012a.

데려오는 데 1000만 원씩 받으면 서리, 우리를, 위, 위조된 그까나 컴퓨터에 딱 이렇게 뜨는 신분증을 해줘야 되는데, 가짜를 해줬어요. 그래서 ○○ 공항에서 글쎄, 비행기 타야 되는데, 그 컴퓨터, 떡 뜨니까 하나도 뜨지 않고 다 가짠 거에요. 그런데 난 운이 좋게 글쎄, 15명이 왔는데 2명이 딱 살아왔어요. 내 비슷하게 생긴, 신분증을 빌린 게, 그게 글쎄 살아서 이까지 왔어요. 내 지금도, 어제 그저께도 자다가 막: 군대 애들인데 막 잡혀서 총살당하는 꿈 꾸면서 깨요. 지금도 악몽에 시달려요. 너무: 여기 오는 길이, 중국 ○○에서, 버마 라오스, 태국 국경을 거치는데 막 있지, 신발 신으면, 국경을 넘는데 소리가 난다고 맨발로(1) 막 넘어 오는 거에요. 야 어쨌든, 죽지 않으면 산다 이런 각오가 아니고, 어쨌든 죽을 각오를 하고 우리가 여기 왔어 이, 이, 나라 오는 걸 선택했어요.

(박은주 구술녹취록, 2012/ 8)

위의 텍스트에서 짐작할 수 있는 바와 같이 1990년대 중반 이후 러시아 벌목공으로 일하던 탈북자들의 한국행으로부터 10여 년이 지나면서 탈북자와 한국행 브로커와의 동맹이 확장되고 강화되었으나, 한국행 이주의 행위자 네트워크는 여전히 목숨을 담보로 하는 '위험'을 내장하고 있다.[23] 함께 떠난 15명의 탈북자 중 가짜 여권이 발각된 13명은 중국 공안에게 체포된 후 북송되었다고 한다. 미얀마 국경을 통과하여 태국으로 갈 때까지 구술자는 생사를 오가는 극단의 체험을 했던 것으로 짐작된다. 위의 텍스트에서 주목할 점은 구술자가 한국으로 오게 된 것을 '죽을 각오'로 선택한 행위임을 강조하고 있는 것이다. 이들이 죽음을 무릅쓰고 희망한 것은 무엇일까? 이들이 또다시

23 1997년 중국으로 건너가, 베이징 주재 한국대사관으로부터 망명신청을 거절당한 13명의 북한주민들이 7천킬로미터를 우회 행군하여 제3국을 통해 한국으로 입국하는 길에 동행했던 다음 작가의 자전적 소설은 이와 같은 과정을 간접적으로 보여주고 있다(윤정은, 2012).

사선을 넘어 대한민국에 오고자 했던 것은 중국에서 불법체류자의 처지로 겪었던 '무권리의 상태'를 벗어나는 것, 즉 더 이상 자신들을 '짐승처럼' 학대, 매매, 밀고, 체포, 북송하지 않으며, 가족이 함께 모여 행복을 추구할 수 있는 권리를 보장받기를 원했던 것은 아닐까?

(2) 한국에 정착한 탈북민–브로커–북한 내 가족의 동맹과 '급행' 비행기

1976년 평양에서 출생한 이지영 씨는 2012년 인터뷰에서 자신의 생애사를 1997년 가족들의 평양 추방으로부터 시작하였다. 이어서 아버지의 사망, 남편과의 만남, 그리고 2005년 한국으로 먼저 간 남편의 주선으로 인천공항에 입국하게 되는 과정을 극적인 서사를 통해 전달하였다(이지영 구술녹취록, 2012/ 1~11). 구술자의 남편은 수년 전에 한국에 와서 정착한 어머니의 주선으로 먼저 한국에 왔다. 구술자는 시어머니가 1500만 원의 비용을 지불하고 브로커를 연결하여 비행기를 타고 중국에서 한국으로 입국하였다. 소위 '급행선'을 타고 한국에 온 것이다. 사례분석에 의하면 남편과 재회하기 위해 북한 ○○○ 산간지역에서 인천국제공항으로 이어지는 이지영 씨의 '압축적인' 이주의 행로에는 서로 다른 국가적 배경을 가진 '조직적 행위자'들이 관여하고 있다. 북한의 ○○지역에서부터 두만강 근처까지 구술자를 안내한 북한 여성, 국경 너머의 여성 안내자, 중국 내에서 대련공항까지 이동하며 안내하는 서로 다른 중개자들 등 이미 '안정화된 행위자들'[24]의 동맹으로 형성된 이주의 길이었다. 그러나 대련공항에서 출국이 거절될 위험 등을 여전히 안고 있었다.

박은주 씨와 이지영 씨의 사례를 통해서 알 수 있는 바와 같이 이들의 한국행은 자신들의 삶을 보장해주지 않고 방치한 북한 혹은 중국에 머무르지 않

24 '안정화된 행위자들'이란 중국과 북한 체제 내에서 합법적 권력을 가진 인간과 비인간을 뜻한다. 국경 주변의 군인들, 군인용 차량, 중국의 공항경비대, 출입관리시스템 등이 이에 속한다.

고 '차선의 세계'에서 새로운 삶을 추구하고자 하는 열망의 실현과정이라 할 수 있다. 이처럼 목숨을 걸고 국경을 우회, 횡단하는 이들의 존재야말로 주권적 실현의 다른 표현이다. 이들이 중국에서 수천 킬로미터의 우회로를 찾기 위해 군사적, 환경적 폭력에 직면할 수밖에 없는 이유는 바로 특정한 영토를 배타적으로 점유하고 있는 개별 국가의 법적 폭력 때문이다. 각국의 법적 폭력이 탈북자들의 생명과 고통에 직접 가해짐으로써 실현되는 것이다. 또한 이들이 중국, 버마, 라오스, 태국의 주권이 배타적으로 작동하는 영토적 경계를 비합법적으로 가로지르는 행위는 각 국가의 '주권'에 저항하는 '벌거벗은 생명'의 존재적 표현이기도 하다. 이를 통해 법적 폭력은 스스로를 드러내면서 위기에 처한다.

3) 남한생활과 '해외여행'으로의 길

(1) 고단한 삶과 인정받지 못하는 북한이탈주민의 선택

2012년 말 김순남 씨의 자택에서 이루어진 인터뷰에서 구술자는 아름다운 풀밭에 소풍을 온 듯한 분위기로 찍은 가족사진을 필자에게 보여주며 영국에 살고 있는 가족이라고 소개하였다. 이어지는 초기 이야기에서 구술자는 1998년 탈북과정으로부터 2010년 아들과 딸, 사위 그리고 자신이 영국으로 가게 된 경위에 대해서 설명하면서, '영국에 사는 아들과 딸을 둔 나'라고 하는 생애사적 관점을 보여주었다. 사례분석에 의하면 2009년 8월 필자와 1차 인터뷰를 한 것으로부터 9개월이 지난 뒤인 2010년 5월 구술자의 큰아들과 결혼한 딸 가족이 영국으로 '이주'하였고, 구술자 또한 2010년 8월 영국의 홈오피스(Home Office)[25]를 통해 난민신청을 한 경험이 있었다.

25 현재 영국의 난민인정 절차에서 1단계 입국관리 등을 소관하며 난민인정을 행하는 기관이다. 영국의 난민인정 절차에 대해서는 다음을 참조하라. 고기복, 2007: 52~57. 한 보도에 의하면 구술자

[큰아들이] 일 잡은 게 ○○약품 잡았어요. 예, 그래서 ○○약품에서 약 이렇게 댕기면서 배달해 주고 뭐 이런 일 하게 됐죠. 아들이, 그리고 나는 식당에서 일하고, 그러다가 아들이 ○○약품에서 한 2년을 일하다가 그, □□□ 백화점 그기 홈쇼핑, 한 3년을 했어요. 아들이 예 그래서 하다가 뭐, 이제 그 회사에서 막 인원을 축소했나봐요. 마 그러니 뭐 정직원이 아니다 보니까 뭐 축소된 거죠. 애가 3년 댕기다가, 그래 나와서 뭐 이 일하다 저 일하다 하니까 암만 생각해도 안 되겠다고 한국에서는 뭐 도저히 뭐 이거 뭐 헤쳐 나갈 꺼 같지 않다고, 어지간하면 다 대학 몇 개 대학씩 졸업한 사람들이지 중학교도 졸업 안 한 게 어디 가서 이력 이력서 써서 내라고 해도 뭐 아이 뭐 쓸게 없잖아요. 애가 그러니까, 뭐 친구들도 뭐 다 미국가고 하는데 영국 가겠다고 하더라고, **외국 가겠다는 소리 절대 안 하더니** 하루 와서 그러더라고 어머니 나 영국 가겠다는 거지.

(김순남 구술녹취록, 2012/ 5)

구술자의 큰아들은 1990년대 말 북한을 떠나기 전, 한 고등중학교의 "수천 명 학생들을 이끌던" 대표였다. 그러나 중국에서 5년 가까운 시간을 보내는 동안 학교교육을 제대로 받지 못했으며, 2005년 한국에 입국한 후 기술학원을 다니다가 취업하였다. 위의 텍스트에서 짐작할 수 있는 바와 같이 구술자의 아들은 비정규직으로 일하다가 해직되는 경험을 반복적으로 겪은 후, 삶의 전망을 찾지 못하고 영국으로 갈 것을 결심한 것이다. 한국사회의 정규직과 비정규직의 구분이야말로 '생명정치'의 전형이다. 권력의 안과 밖 경계를 끊임없이 재조정하는 생명정치 실현의 한 유형인 것이다.[26] 구술자의 아들

가족이 이주하기 직전인 2008년 현재 영국 내 탈북자의 망명 승인률이 상당히 높다("영국, 탈북자 망명 승인률 75%", 자유아시아방송(RFA), 2008. 01. 15).

26 현대사회에서 신자유주의적 질서가 어떻게 개인의 삶과 일상을 조절하고 변화시키는지에 대해서

은 목숨을 걸고 두만강을 넘어, 멀고 먼 제3국으로의 길을 통해 한국에 왔으나, 학력과 북한 출신이라는 사실을 근거로 이루어지는 비인간적 차별을 경험하면서 새로운 땅을 찾아 떠나게 된 것이다.

(2) 온라인 네트워크로 '중개'되는 이주 가족들

2012년 김순남 씨의 인터뷰에서 주요 서사를 구성하는 '영국으로의 이주'에 관한 구술에 따르면, 앞서 영국으로 이주한 20~30대 탈북자들을 통해 이주에 관한 정보가 공유되고 있으며, 이들이 자신의 가족과 지인들을 데려오는 '브로커'의 역할을 하고 있다. 이들은 이미 두만강을 넘어 중국으로, 중국에서 한국으로 가족들을 데려오기 위해 온갖 위험을 감수했던 경험이 있다. 이제 자신들이 몸으로 직접 경험한 유럽 국경 통과의 '고급정보'들을 활용하여 가족공동체의 해외이주를 성사시키고, 지인들로 그 범위가 확대되고 있는 것이다.

> 영국에 이미, 친구들 간 사람 많아요. 거기 내 가니까 사백 한 오십 명 정도 되는 거 같더라고 한인체육대회 하는데 보니까 매 탈북자들이라는 거 아니까, 얘[큰아들] 친구들이 죄다 갔어요. 그래서 친구들이 아마 서로 **인터넷으로 이 컴퓨터로 서로 이, 이메일** 주고받으면서 야 여기 좋다 **오라 오라** 아마 이래 했나 봐요. 그래서 갑자기 안 가, 가겠다는 소리 없더니 갑자기 간다는 해서 갔어요. 친구들하고 이미 내통해가지고 **친구들이 비행장 마중 나오고** 그래서 간 거에요. (김순남 구술녹취록, 2012/ 24)

2010년 구술자의 큰아들은 합법적인 대한민국 여권으로 무비자 입국이 가

는 다음을 참고하라. 리처드 세넷, 2004. 대한민국에 정착한 탈북자들의 소외를 잘 드러낸 자료로는 다음을 참고하라. 강희진, 2011.

능한 영국행 비행기를 타고 런던에 도착하여 마중 나온 친구들의 집으로 갔다. 위의 텍스트에 의하면 이미 영국의 난민인정 절차를 거쳐 난민 지위를 획득했고,[27] 거주할 집을 배당받은 '선구자'들이 뒤에 오는 친구들의 이주를 '중개'하고 있다. 이와 같은 중계과정에서 중요한 사물행위자는 21세기 정보통신매체인 인터넷과 핸드폰이다. 이 사례에서 알 수 있는 바와 같이 시간과 공간을 압축할 수 있는 가능성을 제공하는 이 정보통신매체들은 정보(information)의 바다를 넘어 전 지구적 이동의 가능성을 현실화하고 있다.

여러 자료들에 의하면 영국 런던의 뉴몰든에 있는 한인 타운에는 대규모의 탈북자 커뮤니티가 형성되어 있는 것으로 알려져 있다.[28] 위 텍스트에서 김순남 씨는 자신이 목격한 한인체육대회를 보고하고 있는데, '한인체육대회'에 탈북자들 또한 참여하고 있는 것이다. 사례분석에서 주목할 점은 백인들이 주류인 영국사회에서 '한인'은 집단지각의 차원에서 인지되고 있으며, 내부에 존재하는 '북한' 출신 혹은 '남한' 출신의 구별이 크게 작동하지 않는다는 점이다. 남한사회에서 '북한 출신'의 탈북자들이 가시적으로 소수자의 위치를 드러낸다면, 영국사회에서는 남한 출신과 북한 출신이 '한인'이라는 범주 속에서 집단적으로 지각됨으로써 대외적으로는 둘 사이의 '구별짓기'가 약화되고 있음을 짐작할 수 있다. 물론 이것이 한인사회 내부에서 남한 출신과 북한 출신 사이의 '구별짓기'가 사라졌음을 뜻하지는 않는다. 사례분석에서 중요한 점은 백인이 주류인 유럽사회에서 생활하는 탈북자의 위치가 한국사회에서보다 덜 가시화될 수 있다는 점이다. 이것은 20세기 독일과 유럽에서 발

27 현재 영국의 난민인정 절차는 1996년 제정된 보호 및 입국관리에 관한 법률(The Asylum and Immigration Act 1996)을 개정한 입국관리 및 보호에 관한 법률(Immigration and Asylum Act 1999)에 의해 이루어지고 있다. 영국 및 유럽의 난민인정 절차에 대해서는 다음을 참고하라. 고기복, 2007. 2011년 말 현재 UNHCR통계에 의하면 전 세계에 난민 지위를 인정받고 체류하는 전체 탈북난민의 수는 1053명이며 영국의 경우 603명으로 가장 많다.

28 이에 대해서는 다음을 참고하라("추적 60분, 탈남의 유혹, 외국 가실래요?", KBS2, 2012년 08월 15일; 오마이뉴스, 2012. 8. 23).

생한 탈출운동(Fluchtbewegung)29에서도 공통적으로 나타나는 현상이다.

(3) 개별국가의 이주체제와 '증식'되는 정체성

1990년대 중반 본격화된 탈북자들의 이주과정에서 다양한 해외이주의 길들이 개척된 것으로 짐작된다. 이 과정에서 '선구자들'이 몸으로 검증한 각 국가의 이주체계들이 하나의 매뉴얼로 정식화되어 뒤이어 입국하는 이주자들의 행위에 직접적인 영향을 미친다는 점에서 중요한 이주 행위자라고 할 수 있다.

> 딱 거기 가게 되면 먼저 간 사람들이 이렇게 이렇게 말해라고 시켜주는 거에요. 그래서, 쭉 이야기 했죠. 중국에서 브로커를 통해서 같이 영국까지 왔다. 그리고 브로커는 영국까지 데려다주고 다시 중국으로 갔다 이렇게 하고 그 이외에는 나는 모른다, 어 하여튼 비행기 같이 타가지고 와서 뭐 자고 깨나니까 뭐 저기 하여튼 영국에 도착했다고 하더라, 그래서 영국까지 이렇게 왔는데 어떻게 어떻게 해서 모르겠다고, 그 호, 홈 오피스에 들어가라고 해서 홈 오피스까지 내가 응 들어왔다 그 다음은 모르겠다, 그렇게까지만 얘기 했죠, 그러니까 그 이상은 묻지 않더라고요 (…) 그러니까 홈 오피스 들어가서 조사 한 30분만 하고 안 하더라고, 통역 데려다가 통역이 한국 여자가 와서 한국통역이더라고요 한국여자, 와서 쭉 물어보는 대답만 그저 쭉 하다 보니까 시시한, 뭐 이런 나라 이름 묻지도 않더라고요.
>
> (김순남 구술녹취록, 2012/ 8)

29 '공화국 탈출(Republikflucht)'로 불리기도 한다. 합법적인 절차를 거치지 않고 동독체제(1949~1990)를 이탈한 380만 명의 동독 주민들이 대표적이다. 또 2차 대전 직후 소련점령지역을 이탈한 사람들도 포함된다. 이에 대해서는 다음을 참고하라. Schumann, 1996. 당시 동독을 떠난 주민 중 다수는 서독사회에서 '동독인'으로 살기보다 가능하면 해외이주를 통해 '독일사람'으로 살 수 있는 길을 선택하였다.

위의 텍스트 첫 부분에서 구술자는 이미 난민 지위를 인정받은 자신의 딸로부터 전해들은 '난민'으로서 취해야 할 적절한 말과 태도에 관한 매뉴얼을 전달하고 있다. 사례분석에서 중요한 점은 이들이 제3국으로 이주하여 난민신청을 할 때 지금까지 가지고 있었던 '대한민국 국민'으로서의 모든 정체성을 지운다는 점이다. 대부분의 국가들은 '인종, 종교, 국적, 특정 사회집단의 구성원인 신분 또는 정치적 견해를 이유로 박해를 받을 수 있다고 인정할 타당한 근거로 인하여 국적국의 보호를 받을 수 없거나 보호받기를 원하지 아니하는 외국인, 또는 그러한 공포로 인하여 본국에 입국하기 전에 거주한 국가(상주국)로 돌아갈 수 없거나 돌아가기를 원하지 아니하는 무국적자인 외국인'[30]을 선별하여 난민자격을 부여하고 있다. 이에 따라 북한을 탈출한 후 대한민국 국적을 취득한 적이 있다는 사실이 알려질 경우 난민신청에서 제외된다. 따라서 이들은 영국 홈오피스의 조사과정에서 '탈북하여 중국에서 생활하다가 브로커를 통해서 영국까지' 온 사람들로 커밍아웃을 한다. 구술자 김순남 씨의 경우 2005년 한국에 입국하여 대한민국 국적을 획득하였고, 이후 탈북자지원법에 따라 임대주택을 비롯한 제도적 지원을 받아온 보호탈북자로서의 정체성과 흔적들은 홈오피스로 가기 전 머물렀던 딸집에 '맡겨두었다'. 박은주 씨와 이지영 씨의 경우에는 이들을 안내한 브로커의 집에 이런 정체성과 관련된 자료를 '맡겨두었다'. 그런데 이들이 잠시 '보류'하는 것은 한국 체류사실 및 이 기간의 '삶의 궤적'만이 아니다.

거기 들어가서는, 이민국 들어가서는 다 가명을 쓰는 거예요. 그렇잖아요, 여기 이름 말하면 안 되니까는 이름을 다 가명을 해가지고 들어가는

---

30 2011년 12월 29일 본회의를 통과했고 2013년 7월 1일 시행될 한국의 난민법 제2조 제1호의 내용을 일부 수정한 것이다. 이것은 국제 난민협약 제1조 A항 2호 및 UNHCR 규정 제6조 A항 2호의 '난민' 개념에 대한 정의를 원용한 것이다.

거예요. (이지영 구술녹취록, 2012/ 15)

이 글의 사례로 등장하는 세 명의 구술자는 모두 영국과 노르웨이의 난민 심사기관에 들어가면서 새로운 이름과 '생애사'를 준비하였다. 즉 새로운 '자기(self)'로 한 달여의 심사과정을 통과하였고, 이후 난민청으로부터 지정받은 지역의 집에서 이웃주민들과 함께 생활하였다. 다시 말해 구술자들은 영국과 노르웨이까지는 대한민국 국적의 여행자로 이동한 후 그곳의 난민청으로 들어가면서 새로운 탈북자인 나를 '증식(proliferation)'하게 된 것이다. 왜냐하면 이들이 대한민국 국적을 가진 탈북자로서의 정체성을 버린 것이 아니라, 잠시 보류한 것이기 때문이다. 한국에 온 구술자들이 영국으로 이주하는 이유는 최근까지 영국의 난민인정 절차가 갖는 용이함이 크게 작동했던 것으로 보인다. 위의 텍스트에서 알 수 있는 바와 같이 영국의 난민에 대한 1단계 심사를 담당하는 기관인 홈오피스(Home Office)에서는 대한민국 수사기관과 달리 '통역자'를 매개로 조사가 이루어진다. 조사과정에서의 '미세한 차이'를 통해 '증식된 자아'를 알아차릴 수 있는 동일 언어권의 심사자가 아닐 뿐만 아니라, 시간당 통역비가 지불되는 '매개자'에 의한 약식 심사과정은 '증식된 난민'들의 행위 가능성을 열어주는 역할을 한 것으로 짐작된다. 또한 영국과 노르웨이는 한반도 분단장치의 주요한 행위자가 아니므로 이념적 적대에 기초한 '정치적 의심'이 작동하지 않는다는 점에서 큰 차이를 갖는다. 그러나 이런 방식으로 입국하는 탈북자들이 늘어나면서 영국 홈오피스 내 탈북자들을 심사하는 규정이 수정되었다고 한다.[31] 탈북자들의 국제이주의 행위자 네트워크는 이런 점에서 대단히 불안정하며, 끊임없는 번역과정에 놓여 있다고 할 수 있다.

31 영국난민의 탈북난민 인정 현황에 의하면 2007년 151명, 2008년 174명이 난민 승인을 받은 것과 달리 2009년 4명 2010년 7명 등으로 그 수가 급감하였다(송영훈, 2012: 13에서 재인용).

2007년 한국에 온 박은주 씨는 2008년 브로커를 통해 북한에 있던 아들을 데려온 직후, 아는 북한 여성으로부터 '정보'를 듣고 노르웨이로 갔다. 180만 원짜리 왕복 비행기 티켓을 산 후 대한민국 여권으로 독일을 거쳐 덴마크까지 간 후 버스로 노르웨이의 오슬로로 이동하였다고 한다. 사례분석에 의하면 박은주 씨는 노르웨이 난민청 심사를 마친 후, 지정받은 노르웨이 중부지역의 한 주택에서 생활하는 동안 대한민국 국적의 '자기'를 드러내는 여권 등의 자료들을 모두 땅속에 묻어두고 있었다(박은주 구술녹취록, 2012/13). 그렇다면 수년 동안 중국에서 체류했던 구술자들이 한국으로 입국할 때 '증식'된 새로운 자기는 없었을까?[32]

앞에서 살펴본 여러 과정에 비추어 이 글의 구술자들은 G20 금융정상회담 회원국인 대한민국의 국적이 필요할 때는 여권을 꺼내 김순남 혹은 박은주, 이지영으로 해외여행객이 되고, 영국 또는 노르웨이에 도착했을 때는 유럽 선진국가의 시민권을 열망하는 탈북자가 될 수 있는 복수의 자기를 증식한 개인들이라고 할 수 있다. 그렇다면 북한에서 태어나 성인이 된 후 두만강을 건너 중국에서 불법체류를 하였고, 대한민국 국적을 획득한 후 영국 또는 노르웨이 난민인정을 받은 이 구술자들을 온전히 지칭하는 말은 무엇일까? 이처럼 새로운 정체성을 만들어 영국 주권의 보호 안으로 들어가고자 노력하고 있다는 점에서 이들은 철저히 주권에 의존하는 존재이다. 그러나 국민의 안과 밖을 가르는 근거인 출생에 기초한 정체성의 원본(originality)을 보류한 채, 고안한 정체성으로 영국 주권의 보호 안으로 들어가는 이들은 사실상 주권의 법적 폭력을 무력화시키는 존재라고 할 수 있다. 어쩌면 이들은 출생과

32 1975년생인 구술자 문동희 씨는 20대 초반인 1998년 중국으로 간 후 조선족 가족의 양딸로 입양되었다. 이 가족들의 제의를 받고 구술자는 2000년 조선족 여성의 신분으로 한국 남성과 국제결혼을 하였다. 2002년까지 한국에 머물던 구술자는 조선족 가족이 한국에 입국한 후인 2002년 중국 여권을 가지고 중국을 거쳐 북한으로 돌아갔다(이희영, 2012b).

함께 운명적으로 주어졌던 북한국민으로서의 자기를 벗어난 경험을 토대로 자신에 주어지는 제2, 제3의 국민적 지위를 거부하는 개인이 아닐까. 이것은 곧 자신에 대한 제2, 제3의 주권에 저항하는 방식이기도 하다.

(4) 유럽 복지제도에 대한 열망과 '여행'하는 난민들

한국 국적을 획득한 구술자들이 이주의 네트워크를 통해 또 다른 국경을 넘어가는 동기는 다양하다. 50대 중반의 김순남 씨는 인터뷰에서 노후의 복지제도에 의한 보살핌을 열망하였다(김순남 구술녹취록, 2012/ 30). 영국사회의 난민으로 인정받을 경우 정주할 수 있는 시민권을 받을 때까지 일정한 금액의 생활비를 지원받는데, 한국과 비교하여 까다로운 조건이 없다.[33] 특히 60세 이상의 노인들은 노인연금 수령대상의 관점에서 의료보호를 비롯한 국가의 지원을 받을 수 있다. 뿐만 아니라 비공식적인 노동을 통해 생활비를 버는 경우에도 한국과 비교하여 여유 있는 개인시간을 가질 수 있어 "두 달에 한 번, 석 달에 한 번씩 [돈을] 모다 가지고야 아 독일도 가고 무슨 벨기[에]도 갈 수 있는" 노동조건 등이 중요한 이주의 배경으로 언급되고 있다. 2007년 아들과 함께 노르웨이로 이주했던 박은주 씨의 경우 북유럽 국가의 공교육제도에 대한 열망을 피력하였다.

> 내 친구가 어 노르웨이란 나라는(2) 그 뭐야 예체능부문에 애들 공부시키자면 돈 하나도 안 내고 공부시킬 수 있데요. 그래서 <u>제가 또 넓게 생각 또, 듣고 해서 갔댔어요.</u> (…) 그 나라 왜 갔는가, 노, 노르웨이란 나라가 북한사람 받는다. 그 담에, 컴퓨터에 치면 제일 살기 좋은 나라다. 이렇게

---

33 한국의 북한이탈주민에 대한 지원법은 몇 번의 개정과정을 거쳐 북한이탈주민에 대한 현금 지원의 조건을 다양화했을 뿐만 아니라, 자격증 취득, 4대 보험에 가입된 직장의 취직 기간 등의 조건에 따라 차등적인 지급을 하고 있다. 따라서 이러한 조건을 충족시키지 못하는 탈북자들의 경우 지원금 혜택을 받지 못하고 있는 실정이다(이희영, 2009).

소문 돌아서. (박은주 구술녹취록, 2012/ 11)

박은주 씨는 노르웨이로 간 친구의 전화를 받고 인터넷 검색을 통해 노르웨이라는 나라에 대해서 조사를 하였다. 자신의 손으로 검색한 자료를 통해 '복지가 가장 잘 되어 있는 나라'라는 판단을 하고 '넓은 생각'으로 아들과 함께 그곳으로 간 것이다. 무엇보다 박은주 씨에게 중요했던 것은 사교육비를 감당할 수 없는 처지에서 아들이 한국의 공교육만을 통해 '사회적 인정'을 받기 힘들다는 사실이었다. 한국의 학생들처럼 영어를 비롯한 학과수업에서 뒤떨어지기는 하지만 유난히 축구를 잘 하는 아들을 지원할 수 있는 가능성을 북유럽 복지국가에서 발견했던 것으로 보인다.

2005년 남편과 시댁의 도움으로 인천공항을 통해 입국한 이지영 씨의 경우, 한국에 정착한 지 10여 년이 되어가는 남편 가족들의 새로운 삶에 대한 '열망'이 주요한 이주의 동기가 되었다. 특히 한국에서 간호학과를 졸업한 후 해외유학을 가고 싶었던 시누이가 '외국어'를 공짜로 배울 수 있는 곳으로 가자고 설득하여 이루어진 것이다. 인터뷰에서 구술자는 시누이의 설득에 공감한 자신과 시댁의 가족들이 남편을 최종적으로 설득하여 '외국어도 배울 수' 있는 해외로 가게 된 것으로 설명하였다(이지영 구술녹취록, 2012/ 13). 특히 이제 막 두, 서너 살이 된 두 아들의 장래를 생각하여 공짜로 영어를 배울 수 있는 나라에서 살 수 있는 자신의 가족을 꿈꾸게 된 것이다. 흥미로운 점은 이지영 씨의 가족 6명이 한국 여행사에서 선전하는 유럽여행 패키지 상품을 통해 이주를 한 점이다.

인천공항에서 비행기 타가지고 홍콩을 거쳐서 프랑스로 거쳐서 뭐 하여튼 여행을 가더라구, 여행으로 가더라구요. 뭐 어디서 내려가지고 기차타고 들어가더라구요(…) 아 돈이 만만치 않더라구요. 그 비행기 값이. 이게 여행으로 가니깐 어른이 한 사람당 300만 원씩 되더라구요. 그리고 우리 돈, 내 정착금 탄 거로 해서 아빠[남편] 그전에 일했던 거로 해서 하면 우리는 안 간다는데 우리 시엄마가 다같이 한번 가보자, 가보자 해가지고 고저 있는 돈 없는 돈 빡빡 털어가지고 갔어요. (이지영 구술녹취록, 2012/ 14)

위의 텍스트에 의하면 브로커를 통해 연결된 서너 가족이 한 여행사가 내놓은 유럽 몇 개국을 경유하는 해외여행상품을 집단으로 구매하여 출국하였다. 즉 개인당 300만 원씩을 지불하고 여행사가 모집한 '단체여행객'으로 인천공항을 출발한 것이다. 처음 이들은 홍콩과 프랑스 등의 나라를 자연스럽게 여행한 후, 기차를 통해 영국으로 갈 수 있는 곳에서 여행단을 이탈한 것으로 짐작된다. 비행기를 타고 영국 공항으로 입국할 경우 거쳐야 하는 까다로운 입국심사를 피하기 위해 김순남 씨와 이지영 씨 가족 모두 기차를 타고 영국으로 이동하였다. 사전에 검토된 '이동경로'를 따라간 것이다. 사례분석에 의하면 한국에서 함께 출발한 브로커가 영국행 기차를 타는 곳까지 동행하였고, 기차를 내린 곳에 다른 브로커가 마중을 나와 이후의 과정을 안내하였다.

3. (탈)분단장치와 국제이주의 행위자 네트워크

1) 분단장치의 '제물'이 되기를 거부하는 사람들

사례분석 과정에서 주목할 점은 한국의 보호탈북자들이 한국에 정주하며 타자와의 연대를 실현하지 못하는 데에는 분단장치로부터 형성된 삶의 불안들이 공존하고 있기 때문이다. 박은주 씨는 2012년에 반복적으로 발생한 '재입북 사례'로부터 이야기를 시작하였다.

> 우리 북한사람들 왜 또 외국에 가는가. 외국에 가는 목적이 있어요. 선생님도 요새 또 뉴스 보다시피, 그 6월달에 또 박정숙씨가 또 월북 하지 않았어요. 북한에 가지 않았어요. 요새 또, 또 젊은 부부가 또 가지 않았어요.[34] 근데 이 북한사람들이 지금 탈북자로 가장해서 북한사람들 많이 사는 데 침투해서, 우리가 지금, 우리, 부모형제들 내가 여기 온 것 아는데 북한 당국에는 내가 중국에 있는 줄 알지. 내가 내 이, 이름이고 이거 얼굴 내가 안 내보내요. 왜 그런가 난 여기 와서 잘 살고 있는데 그 북한 살기 힘든데 내가 여기 왔음으로 하여 우리 북한에 계신 부모형제들, 또 우리가 여기 있다는 것 알고 그러면, 막 시골에서 추방 보내요, 그러니까 이기 다 싫어서 애들이 다 외국에도 가는 거에요 (…) 그리고 북한 당국에서도(2) 한국에 왔다 외국에까지 가는 거는 너네 인정, 인정 (참) 용서하는데, 여기 있는 걸 '싫어한단 말이에요'. (박은주 구술녹취록, 2012/ 19)

위의 텍스트에서 구술자가 언급하는 '박정숙 씨와 젊은 부부'는 탈북 후 한국에서 살다가 2012년 갑자기 북한으로 돌아가 공개기자회견을 한 사람들이다. 구술자가 강조하는 것은 이곳에 살던 탈북자가 북한으로 돌아갈 경우 북한 당국이 그 주변의 탈북자들에 대한 정보를 갖게 될 것이라는 점이다. 누군가가 '탈북자로 가장해서' 남한에 살고 있는 탈북자들의 주변에 접근할 경우 자신의 신분이 드러나게 될 뿐만 아니라, 이로 인해 북한에 있는 자신의

34 최근 북한으로 돌아가 2012년 11월 8일 조선중앙 TV를 통해 기자회견을 한 김광혁, 고정남 부부를 말한다. 이들은 탈북 후 2010년 김 씨 모친의 주선으로 결혼했으며 대구에 어머니와 가족들이 있다. 주위에 알리지 않은 채 갑자기 사라졌다가 북한에서 자진 귀국한 것으로 기자회견을 하였다 (연합뉴스, 2012. 11. 09).

가족들에게 정치적 위험이 발생할 것을 두려워하는 것이다. 이런 맥락에서 북한에 가족을 두고 온 탈북자들은 적극적으로 개명을 하고 있다. 이처럼 한국사회는 남한과 북한 사이의 분단장치가 직접적으로 작동하는 공간으로 자신들이 알지 못하는 사이에 자신과 가족들이 정치적 위험에 빠질 수 있는 반면, 새로 증식된 자기로 살아갈 수 있는 유럽의 국가들은 이런 위험으로부터 벗어날 수 있는 가능성의 공간이 되는 것이다. 뿐만 아니라 한국이 아닌 외국은 자신들을 '조국을 배신한 자'들로 규정한 북한 당국과 화해할 수 있는 공간으로 이해되고 있다. 결국 이들은 불법 월경을 계기로 북한사회와 연대하기를 거부하며, 더 많은 인간적 권리를 가지고 살기 위해 이주를 시도하는 '잡종적 이주자'들이라고 할 수 있다.

2) 증식 가능한 정체성과 세계시민적 전망

2010년 아들과 딸 가족을 따라서 영국으로 갔다가 1년을 생활하고 온 구술자 김순남 씨는 더 나은 삶을 열망하여 떠나는 자신들의 권리와 함께 그것을 실행할 수 있는 능력을 강조하였다. 아래 텍스트에서 구술자는 남한사람들과 달리 탈북자인 자신들만이 갖는 '권리'이자 '힘'을 강조하였다.

> 그래서 뭐 여기 정부에서 뭐 어디 얼마가고 얼마 얼마가고 하고 계속 어째서 가는가 해도, 뭐 우리 우리가 그 사람들이 더 좋은 데로 살기 좋은 데로 가느라고 가는 거지 기리 그건 어떻게 그 사람들이 결심되는 걸 더 좋은 데로 간다는데 꼭 막지는 못하잖아요. 그걸 어떻게 막아요. 그 사람들이, 그러나 **여기 한국 사람들은 가고 싶어도 뭐 안 못가잖아요**. 그 나라에서 영주권 (못 받잖아요) 아 여기서 또 돈 얼마 바쳐야 되고 하지만은 **탈북자들은 그게 한 가지 좋은 점이 있어요. 우리 북한에서 탈북해왔다** 이러

면 고거 좋은 점이 고거 득 되고 다른 나라로 가지, 그렇게 않으면 제 한국사람이면 못가잖아요. 죄 한국사람이면 벌써 통역을, 한국통역 쓰기 때문에 이 언어가 안 되는 거에요. 우리 북한사람은 아무리 한국말을 배우려 해도 우리 벌써 10년 되도 암만 한국말을 배울라 해도 북한말이 워낙 고질적이 돼가지고, 북한말을 하게 되지 한국말 하는 게 안 되거든요.

(김순남 구술녹취록, 2012/ 30)

구술자는 위의 텍스트에서 유럽사회가 '북한에서 탈북해'온 사람들만이 다른 조건 없이 갈 수 있는 곳임을 강조하고 있다. 사례분석에서 살펴본 바와 같이 구술자들은 국경을 통과하면서 대한민국 국민으로서의 자기를 보류한 채 '중국 체류 탈북자'로서의 자기를 증식할 수 있다. 이때 '한국말을 배우려 해도 북한말이 고질적이'된 탈북자들의 신체화된 언어는 아무리 많은 돈을 가진 한국 사람도 흉내낼 수 없는 징표인 것이다. 구술자 스스로 홈오피스를 통해 문제없이 난민인정을 받았던 경험을 바탕으로 이것이 바로 '더 나은 삶'을 보장하는 사회로 들어가는 열쇠이자, 새로운 자기를 증식할 수 있는 자원임을 체득한 것이다. 노르웨이 난민으로 수개월간 생활했던 박은주 씨는 자신이 경험한 북한과 남한 그리고 노르웨이의 교육제도를 반복적 교차를 통해 설명하였다.

여기[한국]는 그게 틀려먹었다는데, 왜 힘들게 그런 걸 학원에다 돈 가따 가르쳐요. 학원에서 잘하는 사람들 학교에다 배치하면, 학교에서 (그 많은 것) 더 잘 배워지지 않나요 (…) 학교 오면 애들이 초등학교는 다 잔다, 왜 자나하면 학원에서 다 배왔기 때문에 재미없어서 잔대요. 그게 뭐에요. 난 그게 참 안됐어요. 우리 북한은 안 그래요 노르웨이도 가니까 안 그렇다는데 학교에서 몽땅 다 가르쳐요. 내가 예를 들어 피아노 배우기 시작하면 피아노 소조가 또 딸려 있어요 그럼 거기서 또 배와져요 그 나라는 그 나라는(2), 북한(에서도) 북한도 다 나쁜 게 아니에요. 이 북한에 애들이 막 노래랑 잘하제, 전부터 이, 예술 잘하는 애들은 공짜로 금성 무슨 예술학원 금성학교 같은 데는 그냥으로, 가르쳐도 줘요. 그까 인재 그거 학원이라는 데 안 다녀도 막 인재가 나오지 안 나요. 북한사람들 머리가 좋아요. 근데 여기 학원, 학원이 왜 무슨 강남 어느 학군, 목동 학, 학군 집값만 올리기하고, 참 그거 안된 거에요. 그렇게 하면 안 돼요.

(박은주 구술녹취록, 2012/ 16)

위의 텍스트에서 구술자는 현재 고등학생인 자신의 아들을 통해 경험한 한국의 공교육 및 사교육제도의 문제점을 신랄하게 비판 한 후, 이를 북한의 교육제도와 비교하고 있다. 나아가 몇 달 동안 경험한 노르웨이의 교육제도를 북한의 그것과 나란히 소개하고 있다. 결국 구술자는 '북한도 다 나쁜 게 아니'라는 자신의 평가를 소개하며, 북한사람들이 다른 나라로 가는 것이 학생들을 보호하지 못하는 한국의 제도 때문임을 지적하고 있다. 여기서 구술자의 시선은 북한 사회주의체제의 교육제도와 한국 및 노르웨이의 교육제도를 비교하는 위치에 있다. 한국의 교육제도에 매몰되어 엄청난 사교육비를 내기 위해 고통 받으며 '속인'으로 살아가는 것을 거부하고 더 나은 사회로 떠나는 것을 마다하지 않았던 자신의 생애사적 관점을 드러내고 있다. 이를 통해 우리는 비록 이주의 과정에서 죽음에 이르는 위험을 감내할지언정 사회주의 북한사회 혹은 자본주의 남한사회의 제물이 되기보다 보다 '충만한 삶'을 열망했던 이주의 경험을 통해 획득한 이들의 '세계시민적 전망'의 단초를 읽을 수 있다. 이것은 주권으로부터 추방되어 죽음의 폭력에 노출되었던 '벌거벗은 생명'으로서, 국민국가적 세계질서를 횡단해본 경험을 통해 얻어진 삶의 통찰이라고 할 수 있다.

4. 국민-난민의 패러다임을 넘어서

1) 두만강을 건너본 사람들의 이주와 재이주

한국에 체류하는 북한이탈주민들 중 적지 않은 수가 적극적인 국제이주의 행위자들로 전환하고 있다. 이 과정은 다음 세 가지의 서로 다른 경험을 배경으로 한다. 첫째, 두만강을 건너 중국으로 오는 1차 이주의 과정은 북한의 식량난을 피하기 위한 자구책 행위이며, 단기간 내에 귀향할 것을 염두에 둔 것이기도 하다. 중국 체류 동안 이들은 한편으로 매매, 학대, 밀고, 체포, 구금 등 '비인간'의 경험에 직면한다. 다른 한편 중국 자본주의사회의 실상을 경험하며, 대한민국의 '탈북자지원법' 등에 대해서 직, 간접적으로 인지하게 된다. 둘째, 중국에서 제3국을 거쳐 대한민국으로 입국하게 되는 2차 이주의 과정은 1차 이주와 달리 목적의식적인 선택이라고 할 수 있다. 중국에서 경험한 무권리의 상태를 벗어나기 위해 애초에 원하지 않았으나 '대한민국 국민'이 되기로 하고, 갖은 위험이라는 속죄를 치르며 대한민국에 입국하게 된다.[35] 셋째, 대한민국 국적을 취득한 후 한국사회 내에서의 분단장치로 인해 생명의 위협을 느끼거나 신자유주의적 '생명정치'에 의한 차별을 겪으며, '새로운 삶'을 위해 유럽 등의 국가로 재이주를 시도하게 되는 것으로 보인다. 북한이주민들은 이어지는 이주의 과정에서 국경 사이에서 살아남기 위한 몸부림, 남한, 북한, 유럽 국가의 서로 다른 제도 및 생활양식(각국의 생명정치 양식들)을 직접 겪으며, 자신의 삶을 돌아보는 '세계시민적' 시선을 갖게 되는 것으로 보인다. 이런 관점에서 이들의 재이주를 추동하는 힘은 두만강을 건너본 '벌거벗은 생명'의 '충만한 삶'에 대한 열망, 혹은 인간으로서의 생기 그

35 최근에는 첫 번째 단계에서의 기간을 최대한 단축하여 한국으로 입국하는 사례가 크게 늘어나고 있다. 즉 탈북의 목적지가 대한민국인 경우가 증대하고 있다.

자체라고 할 수 있다.

2) 반복되는 이주를 통해 '증식'되는 정체성

다양한 경로를 통해 한국에 입국한 북한주민들은 합동조사기관을 거쳐 하나원 교육을 받음으로써 대한민국 국적을 취득한다. 이 과정을 통해 북한주민들은 '보호탈북자'로서의 자기를 형성하게 된다. 그러나 한국사회에서의 생명정치를 경험하며 '더 나은 삶'에 대한 열망을 갖게 된 이들은 '보호탈북자'로서 한국을 출발하여 국경을 통과한다. 이후 이들은 '중국 체류 탈북자'로서의 새로운 자기를 증식함으로써 '좀 더 나은 삶'으로 들어가는 문을 열고 있다. 중요한 점은 이 과정에서 이들이 (대한민국 주권의) '보호탈북자'라는 정체성을 버리는 것이 아니라 적절한 상황에서 언제든 꺼낼 수 있도록 보류해 둔다는 점이다. 이들의 증식된 정체성이 몇 개인지는 알 수 없으나, 적어도 타인과 구별되는 특정한 자기로 호명되는 정체성이 아닌 경험들이 국가 간 경계를 넘어서는 이주의 과정에서 축적, 반복되고 있음을 추정할 수 있다. 특정한 상황과 조건에 따라 이들은 새로운 정체성을 '증식(proliferate)'하며 적절한 상황에 맞게 다른 정체성으로 전환한다. 즉 이들이 새로운 공간을 통과하면서 과거의 자기가 부정되고 새로운 자기를 온전히 획득하는 것이 아니라, 공간의 이동과 함께 증식되는 자기(selfs)들이 공존하고 있는 것이다. 북한주민이자, 대한민국 국적을 취득한 국민이며 동시에 영국 혹은 노르웨이 정부의 보호를 받는 난민이기도 하다는 점에서 이들의 정체성은 잡종적이다. 이것은 국민국가의 법적 폭력에 대응하는 이들의 행위양식이기도 하다. 그러나 증식된 복수의 자아가 공존하는 이들의 삶은 스스로를 위험에 빠뜨리기도 한다. 이지영 씨는 소정의 사례비를 받기 위해 필자에게 자신의 이름과 통장 번호를 건넸다. 그러나 이 정보는 공식적으로 확인되지 않는 것이었다. 구술자는 자신을 숨기기 위해 반복적으로 복수의 자기를 증식해 온 경험 속에서 즉자적으로 정보를 준 것이다. 그러나 제대로 증식되지 않은 자신을 드러냄으로써 '일상적' 위기를 초래한 것이다. 박은주 씨의 경우 인터뷰에서 현재의 자기가 누구인지 자신도 정확히 알 수 없다는 고백을 하기도 하였다.

3) 탈북-탈남-국제이주 행위자 네트워크의 흔적

앞에서 살펴본 바와 같이 탈북 이후 반복적인 이주를 통해 새로운 삶을 기획하고자 하는 탈북자라고 하는 인간행위자와 북한-중국-남한을 중심으로 형성된 분단장치, 관련 국가들의 이주체제(국제난민조약 가입 여부, 국제인권이사회 권고조항 이행 여부, 출입국관리소의 규범과 질서, 이민정책 등), 그리고 전 지구적 압축과 이동을 가능케 하는 정보통신기기라고 하는 주요 사물행위자들의 동맹에 의해 탈북-탈남-국제이주의 행위자 네트워크가 형성되고 있는 것으로 보인다(그림 1 참조). 분단장치의 체현자인 탈북자들이 주권 영역 바깥

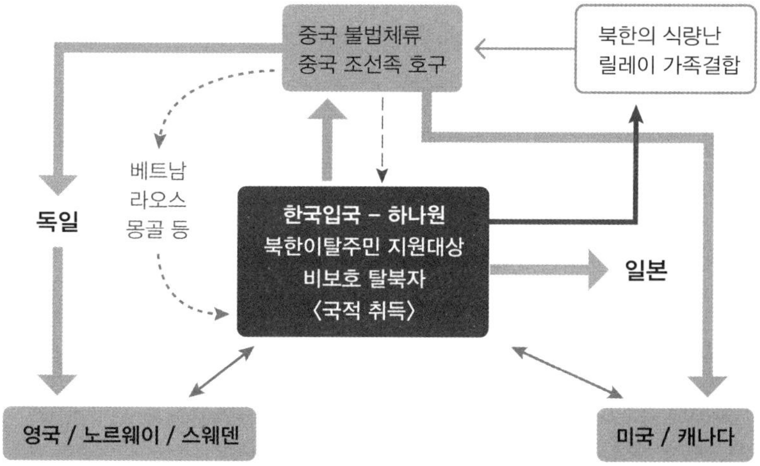

〈그림 1〉 탈북-탈남-국제이주의 네트워크

으로의 '추방'을 받아들임으로써 지구적 차원의 이주체제와 난민정책 그리고 분단장치가 중요한 국제이주의 행위자로 (재)결합되고 있다. 그러나 각 국가들의 이주정책, 난민에 관한 국제적 차원의 제도, 이념적 장치들이 내장한 '폭력'으로 인해 탈북-탈남-국제이주의 행위자 네트워크는 탈북자들의 생명을 담보로 한다. 나아가 언제든지 반역에 의해 해체될 가능성이 높으며, 급속한 번역과정에 있다는 점에서 불안정한 행위자 네트워크이다. 학술적 연구는 항상 이 행위자 네트워크의 뒤를 따를 뿐이다. 이들이 충만한 삶에 대한 열망을 가지고 목숨을 걸고 다양한 인간-사물들과 만났다가 흩어진 흔적만을 확인할 수 있다.

4) 해외이주의 행위자로 번역되는 한반도의 분단장치

북한이주민들이 탈북의 긴 과정을 거쳐 대한민국 국적을 취득한 후 다시 타국의 난민 지위를 획득하는 과정에서 한반도의 분단장치는 이들의 정체성 증식과 정체성 전환을 가능하게 하는 '자원'으로 번역되고 있다. 북한-중국-남한 사이에 작동하는 분단장치 속에서 이들은 강제 북송의 위험에 처한 '벌거벗은 생명'으로서의 지위를 갖게 되지만 다른 한편 남한사회의 특수한 지위인 '북한이탈주민지원법'의 수혜자가 되기도 한다. 대한민국의 탈북자 지원제도는 사례를 통해서 살펴본 바와 같이 인간-사물행위자들이 결합된 '뿌로커 네트워크'가 작동하게 되는 중요한 물적 기반이다.[36] 최근에는 북한에서 '탈북자지원법'에 규정된 임대주택과 각종 지원정책을 인지하고, 중국 체류를 최소화하고 대한민국으로 오는 탈북자가 늘어나고 있다. 대한민국

36 브로커들은 탈북자들이 대한민국 도착 후 받게 될 지원금을 담보로 이들의 한국행을 지원한다. 즉 모든 브로커 활동은 하나원 교육이 끝난 후 지급된다. 또한 지원금의 규모와 변화에 따라 브로커 비용도 달라진다.

국적을 취득한 후 어느 정도의 돈을 마련하여 북한으로 재입국하거나, 혹은 해외이주를 시도하는 북한이주민들에게 대한민국은 유용한 '중간기착지'가 되고 있다. 즉 대한민국 국적을 취득한 이들은 '자유로운 여행자'로 유럽국가에 입국할 수 있게 된다. 유럽 또는 북미 국가에 도착한 후 난민신청을 할 때는 대한민국 국적의 '자기'를 보류한 채 새로운 탈북난민의 정체성을 증식한다. 여러 가지 이유로 정착국을 떠나야 할 경우 이들은 다시 대한민국 국민이라는 정체성으로 전환하여 합법적인 여권을 가지고 귀국한다. 이런 관점에서 한반도의 남한과 북한이라고 하는 지방적 차원(local)의 분단장치가 이들이 한반도를 벗어나 국제인권조약상의 '난민' 신분을 획득하기 위해 필요한 자원으로 번역되고 있다.

5) 국가주권에 저항하는 (탈북)난민

대한민국의 보호탈북자로서 해외로의 재이주를 시도하는 북한이주민들은 두만강을 건너 북한 주권의 추방자임을 받아들인 탈북자이자, 남한사회 공동체의 소수자로서 새로운 추방령을 수령하는 존재라는 점에서 '벌거벗은 생명'이다. 즉, 자신이 머물고 있는 사회의 법적 의례에 예의바르게 참여하기를 욕구하지만, 분단장치로 인한 정치적 위협과 다층적 생명정치의 경계에서 공존할 땅을 갖지 못한 채 공간적 연속선을 따라 이동하는 존재라는 점에서 이들은 단순히 불쌍한 피해자를 넘어, 현대 국가의 주권적 폭력에 저항하는 생명이다. 국경을 가로지르며 서로 다른 정체성을 증식하여 생존하는 이들의 존재양식은 특정한 영토 내에서 각 주권이 배타적으로 실현되는 국민국가적 세계질서의 다른 표현이기도 하다. 즉 북한이주민들은 이념적 대결의 현재적 산물인 분단장치가 작동하는, 북한, 중국의 법적 폭력에 의해 국경 밖으로 추방되어 살아남은 자들이며, 중국, 한국 그리고 유럽 각국 내의 생명

정치에 대해 의식, 무의식적으로 저항하는 자들이다.

국가의 통치권에 복종할 의무를 맹세하고 주권의 보호아래 단순한 삶을 살아가는 국민과 주권에 저항하며 국가 간 경계를 횡단하는 탈북난민은 국가주권의 폭력 아래 있다는 점에서 동일한 존재적 위치를 갖는다. 누가 이곳에 머물 수 있는 권리를 가지며, 누구는 추방되어야 하는가를 결정하는 국가의 법적 폭력의 대상이라는 점에서 같은 존재인 것이다. 그러나 현실 속에서 국민들은 북한이주민을 대한민국, 중국, 또는 영국의 법에 규정된 합법적 지위를 갖지 못했다고 하는 바로 그 이유에 근거하여 차별, 학대, 매매, 방치, 협박, 기만 등을 해도 무방한 존재로 취급한다. 왜냐하면 이들이 범법자(사문서 조작, 허위진술 등), 국경이탈자, 무례한자, 가난한자, 기망하는 자들이기 때문이다. 대부분의 국민들은 탈북자들이 이러한 삶의 방식을 취할 수밖에 없는 존재적 위치에 대한 성찰 없이, 국민국가의 실정법 위반을 근거로 이들이 '인간이라는 사실(인권)'을 간단히 부정하는 것이다. 즉 대다수의 국민이 북한이주민에 대한 국민국가 안팎에서의 생명정치를 실현하는 적극적인 행위자인 것이다.

탈북난민들은 한반도의 분단장치를 넘어, 누구는 인간적 권리를 가지며, 누구는 인간이 될 수 없는가를 결정하는 현대사회의 주권에 대해 저항하는 존재이다. 이러한 저항이 우리에게 던지는 윤리적 질문은 어떻게 국민적 권리인 인권을 자연권적 인권으로 온전히 전유할 수 있는가이다. 이것은 주권폭력에 대한 질문이기도 하다. 그렇다면 국민과 난민의 패러다임을 넘어 '인간'으로서 공존할 수 있는 길은 무엇일까? 즉 국가의 주권적 폭력으로부터 자유로워지는 동시에, '벌거벗은 생명'으로서의 위험으로부터도 자유로워질 수 있는 가능성은 어떻게 모색될 수 있을까? 현재 대한민국 안팎에서 북한이주민의 인권을 고려하여 국민에 대한 정의를 재조정해야 한다는 문제제기가 등장하고 있다. 이와 같은 국민의 범주 확장은 한편으로 북한이주민의 인권을 부분적으로 보장할 수 있는 가능성을 제공한다. 다른 한편 아무리 국민의 정의를 재조정한다 해도 이것은 국민에 의한 '잔여'를 발생시킨다는 근본적인 문제를 안고 있다. 이러한 관점에서 국가주의적 한계를 넘어 국민과 난민이 연대할 수 있는 '사회적 형식'을 상상하고 실천하는 노력이 절실하다.

참고문헌

강동완·박정란, 2010, "남한 영상매체에 북한 유통경로와 영향: 지역 간·대인간 연결 구조 분석을 중심으로", 『통일정책연구』 제19권 2호, pp. 107-140.

강희진, 2011, 『유령』, 은행나무.

고기복, 2007, "EU국가의 난민인정제도: 영국, 프랑스, 독일을 중심으로", 『한·독 사회과학논총』 제17권 1호, pp. 37-69.

김성경, 2013, "북한이탈주민의 월경과 북·중 경계지역: '감각'되는 '장소'와 북한이탈여성의 '젠더'화된 장소 감각", 『한국사회학』 제47집 제1호, pp. 221-253.

김항, 2009, 『말하는 입과 먹는 입』, 새물결.

김현미, 2006, "국제결혼의 전 지구적 젠더 정치학", 『경제와 사회』 제70권, pp. 10-37.

데이비드 하비, 최병두 외 옮김, 2001, 『희망의 공간』, 한울.

리처드 세넷, 2004, 『신자유주의와 인간성의 파괴』, 문예출판사.

박명규 외, 2011, 『노스 코리안 디아스포라. 북한주민의 해외탈북이주와 정착사례』, 서울대학교 통일평화연구소.

박배균, 2012, "한국학 연구에서 사회-공간론적 관점의 필요성에 대한 소고", 『대한지리학회지』 제47권 1호, pp. 37-59.

박선영, 2013, "사회통합을 위한 국민 범위 재설정", 『저스티스』 통권 제134-2호, pp. 403-428.

송영훈, 2012, "해외탈북이주 현상의 현황과 쟁점", 『JPi 정책포럼』 제107권, pp. 1-24.

신지은, 2012, "사회성의 공간적 상상력: 신체-공간론을 통해 본 공간적 실천", 『한국사회학』 제46권 5호, pp. 323-351.

엄태완, 2012, "탈북난민의 미국 초기 적응에 관한 사례연구", 『한국사회복지질적연구』 제6권 2호, pp. 129-157.

윤정은, 2012, 『오래된 약속』, 양철북.

이로미·장서영, 2010, “다문화국가 이민자 정책 및 지원서비스 분석: 미국과 캐나다 사례를 중심으로”, 『국제지역연구』 제14권 1호, pp. 179-208
이화진, 2011, “탈북여성의 이주경험을 통한 정체성 변화과정 - 북한, 중국, 한국에서의 이성관계를 중심으로-”, 『여성학연구』 제21권 3호, pp. 173-211.
이희영, 2005, “사회학 방법론으로서의 생애사 재구성,” 『한국사회학』, 제39권 3호 (2005), pp. 120-148.
이희영, 2010, “새로운 시민의 참여와 인정투쟁 - 북한이탈주민의 정체성 구성에 대한 구술 사례연구”, 『한국사회학』 제44권 1호, pp. 207-241.
이희영, 2011, “텍스트의 ‘세계’ 해석과 비판사회과학적 함의: 구술자료의 채록에서 텍스트의 해석으로”, 『경제와 사회』 제91권, pp. 103-142.
이희영, 2012a, “아날로그의 반란과 분단의 번역자들: 남한 드라마 시청의 행위자 네트워크를 중심으로”, 『경제와 사회』 제94호, pp. 39-79.
이희영, 2012b, “탈북-결혼이주-이주노동의 교차적 경험과 정체성의 변위: 북한 여성의 생애사 분석을 중심으로”, 『현대사회와 다문화』 제2권 1호, pp. 1-45.
정진헌, 2007, “탈분단. 다문화시대, 마이너리티 민족지, 새터민, ‘우리’를 낯설게 하다”, 『한국에서의 다문화주의, 현실과 쟁점』, 한울아카데미, pp. 136-166.
조정현, 2009, “국제인권법상 탈북자의 보호가능성 및 그 실행 - 중국이 당사국인 국제인권조약 및 동 조약의 이행감독장치를 중심으로-”, 『국제법학회논총』 제53권 1호.
조정현, 2010, “국제기구를 통한 탈북자 보호에 대한 국제법적 고찰: UNHCR 및 UN 인권이사회를 중심으로”, 『통일정책연구』 제19권 2호, pp. 213-235.
조르조 아감벤, 박진우 옮김, 1995/2008, 『호모 사케르』, 새물결.
조르조 아감벤, 김항 옮김, 2003/2009, 『예외상태』, 새물결.
조르조 아감벤·양창렬, 2006/2010, 『장치란 무엇인가? 장치학을 위한 서론』, 난장.
조해진, 2011, 『로기완을 만났다』, 창비.
지그문트 바우만, 이일수 옮김, 2009, 『액체 근대』, 강.
칼 슈미트, 김항 옮김, 1934/2010, 『정치신학』, 그린비.
Arendt Hannah, 1955, *Elmentare und Ursprünge totaler Herrschaft. Antisemitismus, Imperialismus, totale Herrschaft* (Frankfurt am Main: Europäische Verlagsanstalt, 이진우 박미애 옮김, 2006, 『전체주의의 기원 1 & 2』, 한길사.
Benjamin, Walter, 1921, “Zur Kritik der Gewalt,” *Archiv für Sozialwissenschaften und Sozialpolitik,* Vol. 47, pp. 809-832, 최성만 옮김, 2008, 『폭력비판을 위하여』, 길, pp. 79-117.

Chamberlayne, Prue, Bornat, Joanna, Wengraf, Tom(eds.), 2000, *The Turn to Biographical Methods in Social Science, Comparative Issues and Examples,* London & New York: Routledge.

Foucault, Michel, 1978, *Dispositive der Macht. Über Sexualität, Wissen und Wahrheit,* Berlin: Merve Verlag.

Law, John(ed), 1991, *A Sociology of Monsters: Essay on Power, Technology, and Domination*, London: Routledge.

Law, John, 2007, "Actor Network Theory and Material Semiotics," Version of 25th April 2007, pdf, (downloaded on 18th May, 2007). available at http://www.heterogeneities.net/publications/Law2007ANTandMaterialSemiotics

Schumann, Karl F., 1996, *Private Wege der Wiedervereinigung: die deutsche Ost-West-Migration vor der Wende,* Weinheim: Dt. Studien-Verlag.

Simmel, Georg, 1908/1992, "Exkurs über den Fremden," in. ders, *Soziologie. Untersuchung über die Formen der Versgesellschaftung. Gesammeltausgabe Band II*, Frankfurt am Main: Suhrkamp, pp. 764-790,

Taylor, Charles, 1995, "The Politics of Recognition," in. ders, *Philosophical Arguments,* Cambridge: Harvard University Press, pp. 225-256

[기타 자료]

"생방송 심야토론, 탈북자 강제 북송 해법은?", KBS1, 2012. 03. 17.

"스페셜, 탈북 그 후, 어떤 코리안", KBS1, 2012. 04. 08.

"추적 60분, 탈남의 유혹, 외국 가실래요?", KBS2, 2012. 08. 15.

"취재파일 4321, 난민을 보는 두 가지 시선", KBS, 2012. 12. 02.

오마이뉴스, 2012. 08. 23.

연합뉴스, 2012. 11. 09.

데일리안, 2012. 09. 14/ 2012. 10. 17.

연변통신, 2012. 02. 26.

제10장

독일로 간 북한 난민과 '비극의 서사'

"인권이란 벌거벗은 자연적 생명이
국민국가의 법적-정치적 질서에 등록됐다는
시초의 형상을 나타내는 것이다."(아감벤, 1996/2009: 30)

1. 국제 인권장치와 탈북난민

2015년 유럽의 난민사태는 '만인의 인권'을 환기시켰다. 1948년 세계인권선언은 자연권으로서의 인권을 공언하였으나, 실질적으로는 '국민'이 된 개인만이 인권을 가질 수 있는 근대 국민국가체제의 한계를 드러내는 것이었다. 특히 21세기 지구화 시대의 패러독스는 자유로운 자본의 이동과 대비되는 인간의 이주규제로 압축된다. 이와 같은 현대 정치적 상황에서 최근 한 난민 어린이의 주검을 담은 이미지는 시리아 난민의 절규를 대신했다.[1] 이를 계기로 짧게나마 '난민의 인권보호'를 외치는 목소리가 여론을 지배했다. 그 결과 시리아에서의 전쟁으로 삶의 터전을 떠난 사람들이 유럽의 각국에 난민으로 신청하기 위해 제한적이나마 이동할 수 있게 되었다. 다시 말해 유럽을 떠들썩하게 했던 독일 정부 등의 난민에 대한 '우호적' 조치는 이들의 난

1 2015년 9월 2일 터키 보드룸의 해변에서 시신으로 발견된 시리아 난민 아일란 쿠르디의 사진이다. 가족과 함께 그리스로 가던 3살 아일란은 배가 뒤집히면서 사망했다.

민 지위 혹은 그에 상응하는 권리를 즉각적으로 보장하는 것이 아니라, 단지 요새와 같은 유럽의 국경들을 통과할 수 있는 가능성을 예외적으로 허용한 것에 불과한 것이었다. 이런 점에서 이번 사태는 국제 난민에 대해 유럽 국가들이 그동안 수행해온 배제적 인권정치를 역설적으로 드러내는 것이기도 하다. 결국 전쟁, 기아, 정치적 학대, 종교적 문화적 억압 등을 이유로 삶의 터전을 떠난 난민들이 새로운 사회에서 시민권을 갖게 되는 과정은 삶의 투쟁이자, 해당 국가와 지역이 포함된 국제 인권장치의 (재)구성 과정이기도 하다.

이와 같은 문제의식에서 이 글은 한반도 안팎에서 발생하고 있는 국제 난민의 형성과 이들의 행위 과정에 주목하고자 한다. 북한 국적의 개인들이 국경을 넘어 이주하게 되는 배경, 스스로를 난민으로 커밍아웃하게 되는 과정 및 이에 연관된 다양한 규모와 차원의 인권 행위자들에 주목한다. 이 글에서는 특히 북한의 식량난을 계기로 형성된 탈북난민들의 최근 독일 이주과정을 재구성할 것이다. 나아가 국제난민으로서의 커밍아웃이 갖는 특징을 고찰할 것이다. 이 연구에서 주목하는 질문은 다음과 같다. 첫째, 누가/ 무엇이 북한 국경을 넘어온 주민들을 '탈북난민'으로 호명하고 있으며, 국제적으로 '탈북난민'이 형성되고, 인정되는 과정에서 작동하는 지역적, 지구적 차원의 인권담론들은 어떤 특성을 갖는가? 둘째, 탈북난민들은 독일사회에서 스스로를 어떻게 재현하고 있으며, 이들과 독일 안팎의 주요행위자들은 어떤 연관을 형성하고 있는가? 셋째, 독일로 이주한 북한 출신 난민들의 정착과정이 드러내는 특징은 무엇이며, 이들 탈북난민의 존재 위치가 우리에게 시사하는 바는 무엇인가?

1) 도강자, 북한이탈주민 혹은 탈북난민

어떤 사회집단의 등장은 사회적 구성과정이며, 본질적인 '그것'으로 환원되는 불변의 실체는 존재하지 않는다. 한국사회의 공론에서 '탈북자'로 알려진 사람들이 등장하기 시작한 것은 1990년대 북한의 경제위기 속에서 북한주민들이 국경을 넘어 제3국 또는 한국사회로 이주한 것이 계기가 되었다. 그런데 기존 연구에 의하면 식량난 시기 북한 국경을 비공식적으로 이탈했던 북한주민들의 삶은 '탈북자'라는 호칭과 결합된 한국사회의 상식적 이해에 머물지 않는다. 중국과 북한 사이의 국경인 두만강을 불법으로 건너온 사람들을 뜻하는 '도강자'들 중에서, 상당수는 식량 혹은 돈 등을 구한 뒤 북한으로 돌아갔다. 이들은 단기적인 목적으로 비법/불법 도강을 하였지만, 탈북한 것이 아닌 북한주민으로 살아가고 있다.

두만강을 건너와 중국에 불법체류자의 신분으로 머물게 된 사람들 중 다수는 북한이탈주민에 대한 지원제도가 있는 남한사회로 이주하였다. 이러한 선택에는 중국이 도강자들에 대한 난민 지위를 인정하지 않을 뿐만 아니라 북한과의 외교적 관계에 근거하여 이들을 불법체류자로 보고, 체포하여 북한으로 돌려보내는 조치를 취하고 있는 현실이 큰 요인으로 작동하고 있다. 2000년대 중반을 경과하면서 도강자들 중에서 단순히 '식량'을 구하기 위해서가 아니라 남한 혹은 다른 사회로 가기 위한 목적을 가진 사람들이 증가하였다. 이들은 식량위기 등의 상황에서 북한을 '탈출'한 것이 아니라, 자신과 가족에게 좀 더 나은 삶을 제공할 수 있는 사회를 찾아 두만강을 넘어 이주(immigration)한 것이다. 이주와 난민에 대한 기존 연구들이 지적하고 있듯이 경제적 목적의 이주민과 정치적 목적의 난민은 명확히 구별되기보다, 서로 혼종적인 관계를 형성하고 있다.[2] 북한을 이탈하는 북한주민들 또한 식량난의 피해자를 넘어서 다양한 특성을 가지고 있는 것이다. 이런 현실에서 2014

2 다른 사회로 이주하고자 하는 개인들은 정착국의 이주정책을 통과하기 위해 난민이 되기도 하고, 난민들 중에서는 '이주'를 통해 다른 사회에 정착하기도 한다. 이와 같은 유럽의 현실에 대해서는 다음을 참고하라(Treibel, 1999/2011: 13~21).

년 말 현재 공식적으로 2만 7천여 명의 북한이탈주민들이 한국사회에서 살고 있다.

그 외, 다양한 경로를 이용하여 중국에서 제3국(몽골, 영국 등의 유럽국가, 캐나다, 미국 등)으로 이주한 사람들도 있다. 미국을 비롯한 서방세계에서는 북한 국경을 넘어와 중국사회에 비공식적으로 체류하고 있는 북한주민과 대한민국을 제외한 제3국으로 이주한 북한 국적의 개인들을 탈북난민으로 부르며, 중국을 비롯한 해당 국가에 대해 이들을 난민으로 인정할 것을 요구하고 있다.[3] 이 연구에서는 중국에 체류하고 있다고 추정되는 20~30여 만 명의 탈북난민 외에 유럽 및 미국과 캐나다 등으로 이주한 탈북난민들이 누구인가라는 질문으로부터 출발하였다. 즉 유럽사회에서 탈북난민으로 불리는 사람들은 누구이며, 어떤 배경과 경로를 통해 유럽사회로 이주하게 되었는가를 추적하였다. 먼저 2014년 10월 검색된 국제난민기구의 통계를 참고하면 다음과 같은 북한 국적을 가진 개인의 국제이주 흔적을 그려볼 수 있다.

위의 표에 의하면 2003년부터 2013년까지 해외에서 난민신청을 한 북한 국적의 개인은 4천여 명이며, 이들 중 난민인정 또는 보호조치를 받은 사람은 천 4백여 명이다. 기존 연구에 의하면 1990년대 말부터 2000년대 초반까지 북한국적을 가진 수백 명의 개인이 독일에 난민신청을 하였고, 200여 명이 난민인정 또는 보호조치를 받았다.[4] 이 시기 수십 명에 불과하던 영국 내 북한국적의 난민신청자가 2000년대 중반(2007~2008)에는 폭발적으로 증가

3 국제난민법에 의하면 대한민국에 입국하여 국적을 취득한 북한주민들은 '안전한 제3국'의 보호를 받았으므로 더 이상 난민으로 인정되지 않는다.

4 한 자료에 의하면 1995년부터 2005년까지 모두 455명의 북한주민이 난민신청을 하여 232명이 난민 지위를 받거나 보호조치를 받았다(고기복, 2007: 38의 각주3). 2014년 10월 현재 열람 가능한 UNHCR 통계에 의하면 2000년에 95명, 2001년도에 104명, 2002년도에 96명의 북한 국적자가 난민신청을 하여 각각 56명, 53명, 51명이 난민 지위를 받았다. 그러나 이들 중 다수가 중국 조선족으로, 탈북자로 가장하여 난민신청을 하였던 것으로 알려지고 있다. 따라서 이들 중 실제 탈북자가 얼마나 되는지는 추정하기 어렵다.

〈표 1〉 북한 국적자의 해외 난민신청 추이

* 단위 명/ 북한 국적의 난민신청자(난민 지위 및 보호조치 해당자)

국가/연도	2003	2004	2005	2006	2007	2008	2009	2010	2011	2012	2013	계
독일	30(29)	32(1)	11(1)	5(0)	3(0)	4(0)	5(0)	4(1)	1(0)	8(0)	88(0)	191(32)
벨기에	4(0)	2(0)	2(5)	3(2)	6(2)	2(5)	4(4)	18(4)	89(45)	111(24)	38(0)	279(91)
룩셈부룩	/	/	/	/	/	3(2)	0(1)	0	1(0)	4(0)	10(0)	18(3)
네덜란드	6(5)	8(1)	6(3)	11(2)	4(7)	2(2)	3(2)	7(4)	10(8)	60(24)	140(0)	257(58)
스위스	1(0)	10(0)	1(0)	1(5)	12(0)	2(0)	0(0)	2(2)	1(0)	3(0)	9(0)	42(7)
노르웨이	0	1(0)	1(1)	26(1)	72(7)	40(4)	10(0)	11(0)	6(0)	3(0)	0	170(13)
영국	15(0)	27(17)	42(16)	61(31)	602(223)	273(289)	56(4)	58(7)	48(22)	33(16)	60(10)	1275(635)
캐나다	0	0	1(1)	25(0)	109(0)	30(7)	43(66)	177(42)	385(117)	719(230)	146(21)	1635(484)
미국	9(3)	1(1)	1(2)	8(6)	7(1)	1(3)	6(2)	4(0)	6(0)	5(3)	0	48(21)
계	65 (37)	81 (20)	65 (29)	140 (47)	815 (240)	357 (310)	127 (79)	281 (60)	547 (192)	946 (297)	491 (31)	3915 (1344)

출처: UNHCR 통계자료(2014. 10. 04)에서 재구성

하여 2007년 한 해에만 602명의 난민신청자 중 223명이 난민 또는 보호조치 해당자로 인정을 받았다. 2007~2008년 노르웨이에 난민신청을 한 북한 국적자의 수도 백여 명에 이르고 있다. 캐나다의 경우 2006년부터 수십여 명의 북한 국적자가 난민신청을 시작하다가 2010년부터는 수백 명에 이르고 있다. 벨기에, 네덜란드, 독일의 경우 2010년 이후 2013년까지 100여 명의 북한주민이 난민신청을 하였다. 연도별로 난민신청자 수가 최대에 이르는 국가에 주목하면 1990년대 말부터 2000년대 초반까지는 독일, 2006년부터 2009년까지는 영국, 2010년부터 2013년까지는 캐나다가 이에 해당한다. 2012년에 캐나다에서 7백여 명에 이르는 북한 국적자가 난민신청을 하여 2백 30명이 난민 지위 혹은 보호조치에 해당하는 지위를 얻은 후, 다음 해인 2013년에 그 수가 급격히 감소한 반면, 유럽에서 국경을 맞대고 있는 독일, 벨기에, 네덜란드에서 난민신청을 한 북한 국적자가 총 260명에 이른다. 이러한 추이는 수십, 수백 명의 북한국적을 가진 사람들이 아메리카 대륙과 유럽 대륙으로 이주하고 있으며, 유럽에서도 서로 다른 국가의 국경을 지속적으로 횡단하고 있음을 보여준다. 이들은 어떤 삶의 배경을 가지고, 어떤 경로를 통해 서로 다른 대륙의 국가들로 집단 이주를 하고 있는 것일까?

2) 북한의 인권문제와 인권장치의 (재)구성

탈북난민은 21세기 국제 인권문제의 현실을 체현하고 있다. 역사적으로 인권(Human Rights)은 20세기 근대국가체제를 거치면서 신성불가침한 자연적 권리로 선언되었다. 그러나 선언적 자연권으로서의 인권이 국민국가의 현실 속에서 국민에게만 부여되는 권리로 실현된 결과, 세계는 국민과 난민으로 구분되었다(Arendt, 1955).[5] 각 사회에서 '인권'을 이해하고 실현하는 제도와 문화는 전적으로 사회역사적 특성을 갖는다. 따라서 인권이란 보편성

만큼이나 각 사회의 특수성 속에서 이해되어야 하는 성격을 내포하고 있다. 이런 문제의식 속에서 이 연구는 대규모 탈북난민 발생의 원인으로 국제적 차원에서 지목되고 있는 북한의 인권문제를 비판적으로 이해하고자 한다.

최근 국제사회의 현안 중 하나로 미국 및 유엔을 중심으로 제기되는 '북한 인권문제'를 들 수 있다. 유엔은 2003년부터 인권이사회(2006년 이전에는 인권위원회)와 총회 등에서 북한의 인권상황에 관한 결의안을 표결을 통해 통과시켜왔으며, 2012년부터는 표결 없이 결의안을 통과시키고 있다. 특히 2014년 3월 28일에는 북한인권조사위원회가 김정은 정부를 국제형사재판소(ICC)에 회부하도록 권고한[6] 내용을 담은 결의안을 표결로 통과시켰으며, 2014년 12월 18일에는 본회의를 통과하였다. 한국 정부와 공식적인 매체에서도 이와 같은 결의를 지지하고 있다.[8] 반면 중국과 러시아는 이와 같은 입장에 반대하고 있으며, 따라서 유엔안전보장이사회가 '북한 인권문제'를 국제형사재판소에 회부할 가능성은 낮다. 중국은 그 이전인 2013년과 2014년에 북한인권조사위원장과 유엔 인권최고대표사무소에 편지를 보내 "국가별 인권 사안을 포함한 인권문제의 정치화"에 반대한다는 입장을 밝혔다.

북한의 인권상황에 대한 기존의 학술 연구는 자의적 구금, 강제 실종, 의사

---

5 역사적, 정치적, 법적으로 난민의 권리와 일반적인 인권이 분리된 채로 성립된 결과, 난민의 권리가 문제될 경우 항상 이를 수행할 국가가 어디인가의 문제가 제기되고, 각 국가는 책임회피를 위한 각종 근거를 마련해 왔다. 이에 대해서는 다음을 참고하라(Marx, 1999).

6 북한인권조사위원회가 2014년 2월 7일 인권이사회에 제출한 보고서는 두 개인데, 하나는 북한 인권상황에 대한 조사결과와 인권침해의 맥락 및 권고사항을 담고 있으며(문서번호 A/HRC/25/CRP.1), 다른 하나는 조사 내용의 요약과 권고사항, 북한 및 중국정부와 교환한 서신 등을 담고 있다(문서번호 A/HRC/26/63). 두 번째 보고서는 통일연구원이 번역하여 "2014년 유엔 인권이사회 북한인권위원회 조사보고서"라는 제목으로 발간하였다(2014, 통일연구원).

7 남한사회에서는 1950년대부터 체제경쟁의 차원에서 북한의 인권상황에 대해 언급해 왔으나 남한 내부의 인권침해 문제로 인해 크게 성과를 얻지 못했다. 1980년대 말 남한사회의 민주화와 1990년대 북한의 식량위기 발생을 겪으며 남한 내에서 북한의 인권문제를 본격적으로 거론하기 시작하였다. 정부차원에서는 2005년 6월 국회에서 북한 인권개선에 관한 법률안이 발의 되었고, 2006년 11월 유엔 61차 총회에서 북한인권결의안에 처음 찬성하였다(박순성, 2014: 12).

표현의 제한, 이동 자유의 제한 등에 비추어 북한의 인권상황이 심각하다는 점에 동의하지만, 정치적 고려를 배제하고 객관적이고 균형 잡힌 시각에서 평가해야 한다고 지적한다. 예컨대 북한에서 활동하는 유엔 산하의 인도적 원조 및 개발 전문기구 등에서 나온 실증적인 자료들에 근거해 볼 때 2013년 북한의 아동은 영양결핍 등을 포함하는 주요 빈곤지표에서 인도나 인도네시아 등의 아시아 민주주의 국가들의 아동보다 양호하다. 북한 여성들의 건강상태는 불안정하지만 세계적으로 예외적인 상태가 아니라 개발도상국 여성들의 상태와 유사한 것으로 판단하고 있다(헤이즐 스미스, 2013: 493-494). 나아가 2013년 유엔 북한인권 특별조사위원회가 '[북한] 정권에 의한 식량배분의 조작적 통제'에 의해 북한주민이 심각하고 예외적인 식량난을 겪고 있다는 입장을 담은 보고서를 제출한 것에 대하여 북한의 인권상황을 정치화하는 경향으로 비판하고 있다. 또한 2014년 2월 7일 유엔 북한인권조사위원회가 제출한 보고서에서 "북한의 최고지도자와 조선노동당의 권력에 견제와 균형을 도입하도록 지체 없이 근본적인 정치적, 제도적 개혁을 실행"하도록 요구하는 권고안 등은 인권상황 개선을 위해 실용적인 입장보다는 근본주의적인 관점에서 북한 인권문제를 다루고 있으며, 북한 체제 자체를 부정하는 입장을 전제로 인권문제를 다루고 있다는 점에서 비판되고 있다(박순성, 2014: 14). 이처럼 북한사회의 인권상황과 관련된 최근의 논의는 '객관적인 사실'이라기보다는 복합적인 행위자들이 결합된 하나의 정치, 사회적 현상으로서의 특징을 보여준다.

이 글에서는 유엔 등의 국제사회에서 논의되고 있는 '북한 인권문제'와 북한의 인권상황은 서로 다른 사회현상을 지시하는 것으로 이해한다.[8] 유엔 북한인권조사위원회의 활동을 중심으로 제기하는 주요 현안으로서의 '북한 인

8 이와 같은 표현과 입장은 북한의 인권현실에 대한 다음의 연구를 빌어왔다(Park, 2005; 서보혁, 2007).

권문제'는 2000년대 중반 북한의 핵실험 상황에 대응하기 위해 미국을 중심으로 한 국제사회에서 형성된 하나의 사안이다. '북한 인권문제'는 현재 북한의 인권상황을 이해하는 하나의 입장과 태도라고 할 수 있다. 이와 같은 이해에서 이 글에서는 인권장치(dispositive of human rights)라는 개념을 다음과 같은 의미로 사용할 것이다. 인권장치란 인권과 직, 간접적으로 연관된 담론, 제도, 법규, 행정조치, 과학적, 경제적 언표 등을 포괄하는 이질적인 행위자들의 네트워크로서, 주체화의 과정을 내포하는 기계이자 통치의 기계를 의미한다.[9] 따라서 이 글에서 국제 인권장치, 혹은 북한 인권장치라는 표현은 21세기 신자유주의 시대에 유통되는 인권 담론들, 인권관련 국제기구 및 NGOs, 각종 자료와 결정 및 조치들, 이를 매개로 개인의 정서와 신체로 전유되는 인권의 감수성과 수행적 경험 등을 포괄한다. 나아가 북한 인권문제와 직간접적으로 연관되는 인간, 비인간 행위자들을 지시할 것이다.

3) 국제 탈북난민에 대한 연구들

중국과 대한민국 이외의 제3국에 체류하고 있는 탈북난민의 이주과정 및 경험에 대한 학술연구는 미미하다. 2000년대 중반 이후 영국 및 캐나다로 대규모의 난민신청이 이루어지면서 소수의 사례가 대중매체를 통해 소개되기는 했으나,[10] 실태조사나 현황 파악을 넘어서 본격적인 학술연구로 수행된 경우는 드물다(송영훈, 2012; 박명규 외, 2011). 최근 대한민국을 거쳐 해외로 이

9 이러한 정의는 푸코와 아감벤의 장치(dispositive)에 대한 이해에 근거한 것이다(Foucault, 1978; 아감벤, 2006: 16 & 41).

10 표 1에서 보는 바와 같이 국제적 차원에서 탈북난민들이 등장하기 시작하는 것과 비슷한 시기인 2000년대 중반부터 대한민국에 정착하여 국민으로 등록했던 북한주민들이 미국, 캐나다와 유럽 각국으로 재이주를 하기 시작하였다. 이에 대한 언론매체의 보도 및 해외 탈북자들의 현황에 대해서는 다음을 참고하라(이희영, 2013: 356, 각주 2)와 3)).

주한 탈북난민들의 경험과 의미에 대한 연구(이희영, 2013; 정병호, 2014)와 영국 뉴몰든 지역에 정착한 탈북난민과 남한 출신 이주민 사이의 상호작용에 대한 고찰(이수정·이우영, 2014) 등 소수의 연구가 수행되었다. 이와 비교하여 탈북난민의 국제이주는 일찍부터 다양한 문학적 소재가 되고 있다.[11] 이들 작품에서는 자본주의적 생태의 비극성에 던져진 탈북난민들의 삶(방황과 고뇌, 유동하는 삶, 혼종적 정체성 등)을 밀도 있게 그려냄으로써 초국가적 체험과 인식의 가능성을 제시하기도 한다.

2. 독일 난민소에서 만난 북한사람들

1) 독일 현장연구와 구술자들

이 글은 2013년 9월에서 2015년 12월 사이에 필자가 수행한 탈북난민들의 독일 이주 경험에 대한 참여관찰 및 구술생애사 인터뷰 자료를 토대로 한다.[12] 필자가 독일에서 남, 북한 출신 이주민에 대한 연구를 진행하고 있는 동안 유럽사회에서는 2014년 2월 유엔 북한인권위원회의 기자회견과 발표 등으로 '북한 인권문제'가 화제였다. 대부분의 독일 언론에서 북한은 21세기 지구화된 시대에 절대 다수 국민들의 식량권, 이동권, 생명권 등을 침해하는

11 장편소설의 예로 〈리나〉(2006), 〈바리데기〉(2007), 〈찔레꽃〉(2008), 〈큰돈과 콘돔〉(2008), 〈탈북여대생〉(2009), 〈로기완을 만났다〉(2012) 등을 들 수 있다.

12 현장조사 및 연구는 다음의 세 시기로 나눌 수 있다. 첫째, 2013년 8월~2014년 8월 사이에 필자는 독일에 머무르며 문헌조사를 수행하는 한편 독일 A와 B시를 중심으로 거주하는 탈북난민에 대한 현장조사를 수행했다. 둘째, 2014년 9월~2015년 1월에는 한국으로 돌아와 사례를 분석하는 동시에, 독일에서 남한으로 입국한 구술자들에 대한 법률지원 및 후속 연구를 진행하였다. 셋째, 2015년 2~12월까지 독일지역에 대한 2차 현장조사 및 한국 체류 구술자들과의 면담 등을 통해 사례 재구성 작업을 진행하였다.

'예외적인 국가'로 묘사되기도 하였다.[13] 필자는 2014년 3월 기존의 연구결과를 토대로 북한사회의 변화와 탈북자들의 삶에 대한 대중강연을 하게 되었다.[14] 인터넷 등을 통해 이 내용을 전해들은 B시의 기독교 단체 활동가 L씨로부터 다수의 탈북난민들을 지원하고 있다고 연락을 받았다. 이를 계기로 필자는 2014년 4월 독일의 A와 B지역 등에 체류하고 있던 탈북난민에 대한 현장연구를 수행하게 되었다. 그 외 한국의 북한이탈주민에 대한 연구과정에서 알게된 지인, B지역의 개신교 목회자 등을 통해 2014년 7월까지의 현장조사에서 표 2의 구술자들을 만나 인터뷰를 진행하게 되었다. 또 당시의 현장조사에서 독일 바덴뷔르템베르크주의 각 지역에 흩어져 살고 있던 북한 출신 난민 50여 명(위 구술자들 포함)의 생활에 대해서 직, 간접적으로 듣게 되었다.

구술자들은 공통적으로 2014년 4월과 6월의 인터뷰 당시 독일 남부의 바덴뷔르템베르크주에 속해 있는 여러 지역의 난민숙소에서 생활하며 난민심사를 기다리고 있었다. 전체 13명의 구술자 중 남성은 7명이고 여성은 6명이었다. 여성들의 경우 가족과 동행하였으며, 남성 중에는 단신으로 이주한 사례도 있다. 남한 내 북한이탈주민 중 여성이 압도적 비중을 차지하는 것과 비교하여 남성 구술자의 수가 더 많은 것이 특징이다. 연령 별로는 20대가 3명, 30대가 3명, 40대가 5명, 50대가 2명이다. 이들은 공통적으로 2013년 여름

---

13 2013년 8월 북한 제14 강제수용소에서 태어나 탈출한 것으로 알려진 신동혁 씨의 구술을 담은 DVD가 독일 예술방송(Arte) 등에서 방영되었다(Harden, 2013). 또한 2013년 12월 12일 김정은의 고모부이자 북한 국방위원회 부위원장이었던 장성택이 처형되었다는 북한의 보도 이후, 처형 방식 등에 대한 선정적 기사들이 유럽사회에 유포되었다. 특히 오스트리아의 한 매체에 의해 유럽에 퍼진 '엽기적인 기사'는 이와 같은 여론에 힘을 실어주었다.

14 2014년 3월 6일 "철의 장막에 난 구멍들: 탈북난민들의 체험과 현실 그리고 전망(Löcher im eisernen Vohang)"이라는 제목으로 독일의 독립 일간신문 타게스짜이퉁(TAZ)의 본사 카페에서 진행되었다. 이를 위해 TAZ 신문사와 한독문화협회(Korea Verband e.V.), 한국인이 발간하는 각종 매체와 온라인 연결망을 통해 행사에 대한 정보가 소개되었다.

<표 2: 구술자 인적 사항>[15]

구술자	성별	관계	탈북 추정 시기	해외파견	남한 입국	난민 신청	독일 내 난민소 (시/지역)
1	남	부부	2002	/	2002	독일	A
2	여		2009	/	2010	독일	A
3	여	가족 동반	2007	/	2008	독일	A
4	남	독신	2008	/	/	독일	B(1)
5	여	부부	2002	/	/	독일	B(1)
6	남		2011	/	/	독일	B(1)
7	남	독신	/	2000년대 초	/	독일	B(1)
8	남	부부	/	2000년대 초	/	독일	B(2)
9	여		/	2000년대 초	/	독일	B(2)
10	남	부녀	2008	/	/	독일	C
11	여		2008	/	/	독일	C
12	여	부부	2009	/	/	독일	D
13	남		2009	/	/	독일	D

직접, 또는 인접한 국가를 경유하여 독일로 입국하였다. 이들 중 한국의 지인을 통해 소개받은 구술자 1과 2는 남한을 거쳐 독일로 간 사실을 알고 있었으나, 나머지 구술자들은 독일 현지에서 난민신청자로 만났다.

2) 지역사회 내의 갈등: '믿을 수 없는 북한사람들'

2014년 4월 독일 A지역 중앙역에서 가까운 한 난민소에는 구술자 1과 2, 그리고 출생한 지 얼마 되지 않은 아들이 방 한 칸에서 생활하고, 다른 두 개의 방에서 구술자 3과 남편 그리고 3명의 자녀들이 머물고 있었다. A지역 이주 담당관이 난민들의 문화적 특성을 고려하여 북한 출신 가족들을 한 아파

15 2014년 1차 인터뷰에 근거한 자료임. 구술자의 개인정보 보호를 위해 필요한 경우 부분적으로 수정하였으며 최소한의 사항만 수록하였다.

트에 거주하도록 배려했다고 한다. 30대 부부인 구술자 1과 2는 필자가 한국의 지인을 통해 소개받은 사람들로 각각 2000년대 초와 말에 탈북하여 한국에 정착하였다. 한국의 북한이탈주민에 대한 정착금만 받고 북한으로 돌아갈 생각이었던 구술자 1은 지원법 개정으로 돈을 모으지 못하고 지내다가 2013년 유럽으로 와서 난민신청을 했다. 구술자 2는 구술자 1이 올린 SNS를 보고 디지털 매체를 통해 사귀게 되었고, 몇 달 후 독일로 와서 부부로 난민신청을 했다. 한국에서 답답한 생활을 하다가 구술자 1의 독일생활을 듣고 호감을 갖게 되었다. 인터뷰 당시 이들은 독일에서 태어난 아들의 출생신고와 관련된 절차를 밟고 있었다.

40대 여성인 구술자 3과 가족들은 2000년대 말 개별적으로 탈북하여 '기독교 선교사'와 연결된 브로커를 통해 한국에 왔다. 한국에서 부부가 식당 일과 막노동을 하며 생활했으나 디스크 등의 질병으로 생계를 이어가기가 어려웠다고 했다. 2012년 네덜란드로 이주한 지인이 카톡을 통해 유럽 생활을 소개하였고, 구술자 3이 2013년 넷째 아이를 갖게 되자 서둘러 '사회보장이 잘된 독일'로 오게 되었다고 했다. 구술자 3의 생애 이력에서 두드러진 점은 여러 차례의 국제이주와 출산이 연결되어 있는 것이다. 그녀는 북한에서 임신하여 중국에서 첫 아이를 출산하고, 중국에서 두 번째로 임신하여 남한에서 출산하였으며, 네 번째 임신을 한 상태에서 독일로 와서 인터뷰 당시 출산을 준비하고 있었다. 구술자 3과 4의 부부는 독일에서 난민신청 당시 남한에서 '생계를 유지하지 못해서 독일로 왔다'고 밝혔으며, 아이들이 이곳에서 잘 적응하게 되면 부모인 자신들도 독일 정부가 난민으로 인정해줄 것으로 기대하고 있었다.[16]

---

16 대한민국 시민권을 보유한 개인이 경제적인 이유로 난민신청을 한 경우 기각될 가능성이 크다. 그러나 유엔아동권리협약 당사국인 독일이 '난민신청 아동'에 대해 추방 유예 조치를 내릴 것으로 기대하는 듯했다.

〈2014년 6월 10일 독일 칼스루에 난민신청소〉

구술자 3의 인터뷰가 끝나자 예상치 않게 남편이 합석하여, 동거하고 있던 구술자 1과 2에 대해서 부정적인 의견을 피력하기 시작하였다. 자신들은 난민신청 때 남한에서 왔다는 사실을 밝혔으나, 구술자 1과 2는 자신들이 보기에 남한에서 온 것이 분명한데도 불구하고 중국에서 독일로 온 탈북자로 난민신청을 했다는 사실에 대해서 불편한 심정을 토로했다. '정직한 탈북자'인 자신들이 '거짓말'을 하는 탈북자들 때문에 피해를 보게 될지도 모른다는 점을 강하게 피력했다. 이후의 만남에서 구술자 1은 구술자 3의 가족들이 주변의 한국교민들에게 '거짓 난민신청'에 대해서 공공연히 말하고 다녀서 자신들의 생활이 불안하게 느껴지므로 다른 곳으로 이사하게 되기를 희망하고 있었다. 독일의 난민소에서 함께 생활하게 된 두 탈북난민가족 사이에는 보이지 않는 갈등과 긴장이 형성되고 있었다.

같은 시기 필자가 B지역에 거주하는 독일 목회자 L씨와 한국교민 K씨 그리고 탈북난민들을 만났을 때 이들 사이의 화두는 러시아에서 온 북한사람들에 대한 소문이었다. 구술자 7, 8과 9의 경우 공통적으로 2000년대에 북한에서 러시아로 파견된 노동자였다.[17] 북한 당국에 의해 엘리트로 선발되어 러시아의 한 지역에서 수년간 노동하다가 한국인 선교사 등을 통해 2013년 중반 독일로 왔다고 했다. 세 사람은 이런 인연으로 가깝게 지내며 각종 정보를 공유하고 있었다. 그런데 2014년 초 구술자 7과 8이 인근의 S시에 머물고 있던 탈북난민들을 자주 만나는 것을 주변 사람들이 보게 되었고, 시간이 지나면서 남한 이주공동체 내에 '구술자 7 등이 러시아 마피아일지도 모른다'는 소문이 퍼진 것을 K씨가 듣게 된 것이다.

한국교민 K씨가 운영하는 독일어 강좌에 참가하던 다른 구술자 5와 6은 당시 부부관계에 있었으며, 2012년 중국을 오가며 장사를 하다가 알게 되었다. 중국 시장에서 물건을 밀수하여 북한의 장마당에서 파는 자신들의 행동이 발각되어 직장에서 감시를 받게 돼 2013년 함께 중국을 거쳐 독일로 오게 되었다고 했다. 구술자 5와 6은 난민소 B(1)에 머물며 주변 탈북난민들의 사랑방 역할을 하고 있었다. 흥미로운 점은 구술자 6이, 인근 도시 C에 거주하면서 수시로 자신을 방문하는 구술자 10과 사실은 친형제 사이라고 말했으나, 당시 난민 신분증에 기재된 구술자 6과 10의 성(姓)이 달랐다.

구술자 10은 2014년 필자와의 인터뷰에서 자신의 형인 구술자 6이 북한에서 어떻게 사는지 전혀 모르고 탈북하였다가, 이곳 독일의 난민소에서 우연

17 러시아의 극동지역 개발을 위해 중국과 북한의 노동자들이 지속적으로 이주하였다. 북한은 1995년 북한농업조합대표부 설립 등을 시작으로 러시아에 노동력을 수출하기 위한 제도적 장치를 마련했으며, 임업, 건축업 농수산업 분야로 노동자를 보냈다. 2000년 러시아에 공식 등록된 노동자 수는 농업과 건설부문에서 1만 2000여 명이었다(이영형, 2012: 52~53). 2006년 러시아 외무부 보도 자료에 의하면 당시 극동지역에 약 1만 명의 북한 노동자들이 활동하고 있었고, 이들 중 매년 20~30명 정도가 한국에 망명을 신청했다(앞의 글, 56쪽). 러시아 극동지역에 파견된 북한 노동자들의 열악한 생활에 대해서는 2000년대 초 미국과 한국에서 자세히 보도되기도 하였다(Lee, 2004).

〈2014년 4월 5일, K씨의 독일어 강좌가 열렸던 슈투트가르트 가톨릭 교회의 집〉

히 만났다고 했다. 20대 여성 구술자 11은 구술자 10의 딸로 난민소에서 함께 거주하고 있었다. 구술자 11은 인터뷰에서 자신이 난민신청소에 도착했을 때 아버지가 가족관계 속에 딸인 자신을 등록하지 않고 있어서 가족으로 인정받는 데 상당한 시간이 걸렸으며, 이로 인해 난민숙소 배정 등에서 어려움이 있었다고 했다. 구술자 11은 어느 날 아버지가 북한의 집에서 사라지고 난 뒤 놀라고 고민하다가 중국의 큰아버지를 찾아가기 위해 혼자 탈북했고, 큰아버지로부터 자신의 아버지가 독일로 갔다는 이야기를 듣고 홀로 독일까지 오게 되었다고 했다. 이에 따르면 결국 구술자 6, 10과 11의 가족은 2013년 독일 남부지역의 난민신청소에서 '운명적으로' 만나게 된 것이다.

B지역 탈북난민들과 한국교민활동가인 K씨 등과의 상호관계는 독일어 교

육뿐만 아니라 2014년 6월 한 천주교 성당에서 거행된 영세식을 준비하며 확대되고 있었다. 보통 천주교 신자들의 영세는 정해진 교리학습과 신앙생활에 대한 믿음을 토대로 결정된다. 당시 구술자 4, 5, 6 그리고 10과 11이 성당에 다니기 시작한 것은 4개월 정도에 불과했으며, 최소한의 대화를 위한 독일말도 이해하기 어려운 상태였다. 그러나 해당 지역 성당을 맡고 있던 독일인 신부의 퇴임이 얼마 남지 않은 상황에서 교민활동가 K씨의 헌신적인 노력과 요청을 고려하여 탈북난민들을 신앙공동체에 받아들이게 되었다고 했다. 이 성당에서는 설립 후 최초의 북한 출신 교인의 영세식에 큰 의미를 부여하며, 다양한 국적의 개인들과 자신의 공동체가 함께 하게 된 것을 자축하기도 하였다. 필자는 이 영세식에 탈북난민들의 통역자로 참여하였다. 그런데 영세식 후 5와 6 그리고 11이 자주 불참하였고, 한 달 뒤에는 북한 교인 모두가 성당 활동에서 사라졌다. 활동가 K씨와 성당 관련자들은 몹시 놀라고, 실망했다.

2014년 8월 초, 교민 K씨는 B(1) 난민소의 사회복지사를 통해 구술자 5와 6이 장기간 숙소에서 보이지 않아 이들이 머물던 방안을 확인하니 모든 물건들이 정리되어 있노라는 통보를 받았다. 구술자 5와 6이 잠적한 것이다. 이후 K씨가 주변 탈북자들을 통해 확인한 바에 의하면 7월 중순 근처의 공원에서 친한 탈북자들과 이별모임을 한 후 한국으로 돌아갔다고 했다. 활동가 K씨는 구술자 5와 6이 자신에게 한 마디 말도 없이 사라진 사실로 인해 심리적 타격을 받았으며 이들과의 소통방식에 대해 힘들어했다. 그는 탈북난민들을 "근본적인 신뢰(Ur-Vertrauen)를 가지지 못한 사람들"이라고 평가했다.

일상생활의 상당 부분을 공유하며 북한주민들의 독일 정착과정을 제도적, 정서적으로 지원하던 K씨를 비롯한 난민 지원 활동가들은 구술자들과의 소통에서 수시로 신뢰의 문제에 직면하고 있었다. 기본적으로 각 구술자들이 난민신청을 하는 과정에서 밝힌 자신들의 인적 사항과 일상 속에서 확인되는 정체성 사이의 불일치로 인해 K씨와 주변 활동가들은 자연스럽게 신뢰를 형성하는 데 어려움을 겪고 있었다. 수시로 확인되는 구술자들의 '거짓말'과 자본주의사회에서의 경험들(값비싼 스마트폰 사용 등)은 독일의 시민단체와 개인들에게 '진짜-가짜 난민'의 구도 속에서 이들을 바라보도록 하는 계기가 되었고, 이것은 상호이해를 제약하고 있었다. 필자에게 탈북난민들의 다양한 정체성과 이해하기 어려운 행동들(잠적, 일상적인 규정 위반 등)은 본질적인 집단성이라기보다는, 국민국가의 국경을 통과하기 위한 전술이자, 법과 질서, 일상적인 규율과 습관 등 모든 것이 낯선 사회에서 자신들을 보호하고 일상을 유지하기 위한 전략적인 행위로 보였다. 북한사회로부터 탈북, 이어지는 국경넘기의 과정에서 비법/불법 상황을 감수하며 생활해온 구술자들이 이념과 출신국가가 상이한 필자나 독일사회의 다른 개인들에게 진심을 털어놓는 것은 '위험한' 행동이기도 했다. 나아가 독일사회에서 난민으로 인정받기 위해서 필요한 제안과 상황이라면 조건의 진실성을 불문하고 적극적으로 활용하는 태도를 취하는 것으로 보였다. 개인이 자신을 둘러싼 사회적 관계 속에서 적극적 주장에서부터 수동적 부인 등에 이르는 다양한 방식으로 스스로의 인상을 관리하고, 존재방식을 만들어가는 것은 구술자들의 경우만이 아니다. 다만 이러한 자구적 행위가 독일 시민사회의 규범에 비추어 불신의 근거가 되고 있다는 것이 문제였다.

3. 재구성되는 '비극의 서사'

1) 북한 난민의 구술과 비극적인 경험들

필자의 현장조사에 의하면 독일 A와 B시의 난민 숙소 등에 거주하던 탈북난민들과 해당 지역 사회의 상호작용에서 기본적인 조건은 한국어 사용 가능성이었다. 2000년대 중반 영국으로 이주한 탈북난민들의 경우와 유사하게 독일의 탈북난민들도 한국어로 소통할 수 있는 남한 출신의 이주민 공동체 및 개인과 상대적으로 가까운 관계를 형성하고 있다(이수정·이우영, 2014). 탈북난민들의 독일 관문이라고 할 수 있는 칼스루에시[18]와 이들이 거주하게 되는 독일 바덴뷔르템베르크주 소재의 한국인 종교조직, 한인 공동체 및 각종 친목단체, 음식점과 편의시설들을 통해 초기 정착을 위한 지원을 받으며 개별적인 인간관계를 형성하게 되는 것으로 보인다. 무엇보다 한국어 소통이 가능하다는 점이 가장 크게 작용하고 있으며, 이들을 통해 한국어로 진행하는 독일어 수업에 참여하는 등 기본적인 생활을 시작하게 된다. 그러나 탈북난민들과 남한 출신의 이민자 공동체 사이의 관계는 수혜자와 조력자라는 일방적인 관계로부터 출발하게 되며, 남북한 사이에 형성된 이념적 갈등으로 인해 암묵적인 불신과 회의가 작용하는 경향이 있었다. 또 영국에 정주한 남한 출신 이주자들이 여전히 체류문제를 안고 있는 것과 비교하여 독일에 정착한 남한 출신 이주자들은 1960~1970년대에 파독 간호사, 광부로 이주하여 현재 독일 시민권자로 전 지역에 흩어져 있으며 안정적인 경제적 기반을 가지고 있다. 이런 이유로 런던의 뉴몰든 지역을 중심으로 남한 출신 이주자, 중국 조선족 이주자 및 탈북자들의 코리아타운이 형성된 것과 달리 독일에는 경제적 이해관계에 기초한 한인 공동체가 없다는 점에서 차이가 있다(Yi & Shin, 2014). 이런 조건에서 탈북난민들이 독일로 이주하게 된 것은 차선이었던 것으로 보인다. 〈표 1〉에서 보여주는 바와 같이 2000년대 중반 미국과 영국 등의 영어권 국가로 다수가 이주하였으나, 해당 국가의 난민심사

18 2014년 6월 칼스루에 난민신청소장과의 면담에 의하면 독일 난민신청소 중에서 한국어를 사용하는 난민들에 대한 통역이 있는 곳은 칼스루에가 유일하다. 이에 따라 독일로 입국한 난민신청자 중에서 남한과 북한 국적을 가진 모든 개인은 칼스루에로 가서 난민신청을 해야 한다.

규정이 강화되면서 '복지국가'라는 중개조직의 안내로 독일, 네덜란드 등의 유럽으로 이주하게 된 것으로 보인다.

독일에 도착한 탈북난민들은 1970년대부터 한국에서 선교활동을 했던 독일의 진보적인 개신교 활동가들과 직, 간접적인 관계를 형성하는 경향이 있었다. 독일 내의 보수적인 종교조직 등에서 대대적으로 북한 인권문제를 제기하고 있었으나 외국어 소통이 어려운 탈북난민들과 직접 접촉하는 데는 한계가 있었다.[19] 반면 A지역과 B지역의 경우 공통적으로 한국의 정치적 상황과 문화에 대해 이해가 깊은 독일 개신교 활동가들이 이념적인 선입관으로부터 상대적으로 자유롭게 탈북난민에 대한 조직적 지원에 나서고 있었다. 이들 독일 공동체나 개인의 경우 남북 분단으로 인한 갈등에서 자유로우며, 독일의 각종 법률과 사회보장제도에 대해서 좀 더 잘 안내할 수 있는 위치에 있기도 했다. 나아가 이들은 지역사회의 난민 관련 조직에서 자신들의 지원경험을 토대로 탈북난민과 관련된 정책에 대해 의견을 제시함으로써 새로운 제도화의 행위자 역할을 수행하기도 했다. 특히 '북한 인권문제'와 연관된 국제, 국내적 상황에 따라 변화하는 각 지역 난민조직의 태도와 입장에 대해서 조언하는 위치에 있었다. 탈북난민인 구술자들이 상대적으로 친밀한 관계를 형성한 집단은 각 난민소 내에서 생활하는 중국 한족 난민과 조선족 난민이었다. 대부분의 구술자들이 중국 체류 경험 등을 토대로 최소한의 중국어로 소통할 수 있었으며, 독일보다 가까운 중국의 음식과 문화를 공유하며 일상적인 교류를 하고 있다. 중국과 북한 사이의 정치적 유대관계 등으로 인해 중국 국적의 난민신청자들에 대해서 친밀감을 갖는 것으로 보였다. 독일 내에 형성된 중국인 상권 등을 통해 비공식적인 노동을 하고 있는 중국 한족과 조선족 난민신청자를 통해 단기 일자리를 구하기도 하였다. 중국 국적

---

19 대표적으로 북한 선교를 위해 매년 북한에 성경을 보내는 운동을 벌이는 단체도 있다.

의 난민들 중에는 길게는 4~5년이 걸리는 독일의 난민심사 기간에 돈을 벌어가기 위해서 난민신청을 한 경우도 있었다.[20] 이들 중에는 한국에서 노동한 경험을 가진 사람들도 있었다. 이런 배경에서 북한 출신의 구술자들은 적지 않은 수의 중국 출신 난민신청자들과 다양한 방식의 사적인 관계를 형성하고 있었다. 이와 달리 난민소 내의 사회복지사 및 독일어 강사들과는 언어적 장벽 등으로 인해 거의 형식적인 관계만 유지하고 있었다.

무엇보다 필자와의 인터뷰에서 두드러진 특징은 구술자들이 북한에서 겪은 '비극적인 경험'을 강조하여 이야기하였으나, 난민신청 전후의 생애과정에 대해서는 구체적인 언급을 피하는 경향이었다. 예를 들어 구술자 1은 지난 10여 년간의 남한생활은 정착하지 못하고 전전하던 생활로 압축하고, 그 이전 시기 북한에서의 힘든 생활과 탈북의 과정은 상대적으로 많은 시간을 할애하여 소개했다. 구술자 7은 북한에서 출생하여 러시아를 거쳐 독일로 오게 된 자신의 생애체험은 생략한 채 '전문가'의 관점에서 북한사회 전반에 대해서 소개하고 평가하는 데 상대적으로 많은 시간을 할애하였다. 20대 여성 구술자 11은 북한에 두고 온 어머니에 대한 안타까움을 강조하며 인터뷰를 시작하였으나, 인터뷰 과정에서는 어머니와의 애틋한 추억이나 이별의 경험 등에 대해서 거의 언급하지 않았다. 전체 생애 이력 중 인민학교를 졸업한 10살에서 독일에 입국한 19살까지의 생애체험에 대해서는 생략한 채로 학교 진학을 포기하고 '그냥 친구들과 놀았다'고 언급하였다. 또 중국에 살고

20 독일의 난민신청 절차는 대다수 유럽 국가들과 유사하다. 개인이 입국 후 독일 연방 난민신청소에서 서류를 제출하면, 해당 기관은 기본 심사를 거쳐 1)법적인 난민 지위를 인정하거나 2) 임시적 보호조치를 취하거나 혹은 3) 난민인정 및 보호의 근거가 없다고 판단하는 결정을 본인에게 통보한다. 2014년 현재 난민신청 후 기본심사 결과가 나올 때까지 평균 1~2년이 소요되고 있었다. 또 3)의 거부 통보를 받은 후에도 이의 및 구제 신청을 통해 잠정적 묵인(추방 보류) 등의 조치가 취해지기도 하므로, 실제 입국 후 추방 등의 조치로 인해 출국하게 되는 데 걸리는 시간은 수년에 이른다. 이 기간에 난민소에서 생활하며 최소생계비, 독일어 교육 등의 지원을 받게 된다(www.proasyle.de 2014. 10. 검색).

있던 큰아버지의 재력으로 브로커를 통해 낯선 곳에서 비행기 등을 갈아타고 독일로 왔으며, 구체적인 경로에 대해서는 알지 못했다고 했다. 이들의 공통적인 점은 극심한 빈곤과 가족의 사망 또는 행방불명, 군대 내에서의 폭력, 장마당 활동으로 인한 신변의 위협, 종교적 억압 등을 견디지 못해 중국으로 탈출하게 된 경험을 중심으로 '비극의 서사'를 구성하고 있었다. 또 대부분 '고마운' 한국인 또는 타국적 선교사 혹은 이주 중개인의 '우연한' 도움을 통해 독일로 오게 되었으나, 독일로의 이주 경로에 대해서는 구체적으로 알지 못하거나, 밝히지 않는다는 점이다. 초기 분석과정에서 이들이 남한에 체류하고 있는 북한이탈주민과 비교하여 상대적으로 북한에서의 경험에만 초점을 두고 자신을 소개하고 있다는 점이 두드러졌다.

또한 K씨 등의 난민 관련 활동가들이 구술자들의 안정적인 독일사회 정착을 위해 필요한 제도적 조건과 일상문화를 헌신적으로 안내하였으나, 이에 대한 구술자들의 평가와 태도는 차이가 있었다. 예를 들어 구술자들에 대한 의료지원 및 독일어 수업 외에 2014년 독일 천주교 성당에서 거행된 탈북난민들의 영세식은 이들이 독일 시민사회로 들어가는 데 힘이 될 수 있는 종교적 인정의 과정이기도 했다. 또 구술자 4, 5, 6, 7이 수행했던 병원과 독일 회사에서의 인턴활동은 이후 취업뿐만 아니라 난민심사 과정에서 긍정적인 평가를 받도록 하기 위한 노력이었다. 그러나 구술자들은 이러한 활동을 활동가들과 다른 관점에서 경험한 것으로 보인다. 난민 활동가인 K씨는 독일 시민사회의 규범과 질서라는 관점에서 '난민'인 구술자들의 독일사회 참여를 기대하였으나, 구술자들은 대한민국 국민이자 탈북난민이라는 자신들의 복합적인 체험 속에서 이러한 활동을 이해한 것이다. 예를 들어 K씨의 안내로 독일어를 배우며 독일사회의 제도와 규정을 조금씩 이해하던 구술자 5와 6의 부부는 독일사회보장제도의 혜택을 기대하며 독일로 왔으나 최소한의 독일어 능력과 노동 없이 독일사회에서 '공짜로 사는 것'이 불가능하다는 사실을 알게 되자 자신이 이미 시민권을 가지고 있던 남한사회로 돌아갈 것을 결정했다.

2) 난민이 된 국민: '벌거벗은 생명'에서 자본주의적 신용을 가진 개인으로

2014년 한국으로 귀국한 필자는 9월 초에 가족과 함께 한국으로 '돌아왔다'는 20대 중반의 여성 구술자 12의 연락을 받았다. 2014년 6월 독일에서 진행한 필자와의 인터뷰에 의하면 구술자 12는 수년 전 탈북하여 중국의 한 벌목장에서 남편인 구술자 13을 우연히 만나 함께 살게 되었다고 소개했다. 2012년 딸이 출생한 후 미래에 대해서 고민하던 중 친절한 한국인 선교사의 도움으로 독일로 이주하게 되었다고 했으나, 이주의 구체적인 과정에 대해서는 밝히지 않았다. 한국에 도착하여 필자에게 연락한 구술자 12는 남편인 구술자 13이 귀국하다가 인천공항 소속 경찰의 검문을 받았으며, 경찰에 출두해야 하는 사정이라고 밝혔다. 사례분석에 의하면 구술자 12와 13은 독일에서의 인터뷰 내용과 달리 2010년 중국에서 남한으로 입국하였으며, 그 이전에 남한으로 와 있던 구술자 13의 고모와 함께 생활하였다. 시고모의 일상적인 간섭이 심했을 뿐만 아니라, 고모가 엄청난 빚을 지게 되자 고민하던 두 사람은 인터넷을 통해서 알게 된 브로커의 말을 믿고 독일행을 결심하게 되었고, 이 과정에서 상당한 금액을 금융회사로부터 대출받았다.

브로커가 "외국이 살기 좋다"는 이야기를 해서 "가고 싶지만 무슨 돈으로 거기를 가냐"고 하자 "돈 문제는 걱정할 필요가 없다"며 C 캐피탈에 가서 예-예만 하면 된다고 했다. 그래서 ○○이 아빠[구술자 13]가 시키는 대로 이름 쓰고 도장을 찍었다. 우리도 아주 모르지는 않았지만[필자 강조] 자기들이 다 알아서 한다고 해서 그냥 그렇게 했다. 알고 보니 브로커가 4천만 원짜리 아우디 자동차를 ○○이 아빠 이름으로 할부로 사가지고 팔아버렸고, 우리는 차는 보지도 못하고 그 중에서 800만 원을 받았다. 그 돈으로 1인당 200만 원씩 브로커 비용 내고, 비행기 티켓을 사라고 해서 두 사람 비행기 표를 샀다. 그리고 한국에서 프랑스로 도착한 뒤 프랑스에서 벨기에로 이동할 때 택시비로 500~600유로를 각자 자기 돈으로 내고 벨기에로 간 뒤, 다시 기차와 택시 등을 서너 번 갈아타고 독일로 입국했다. (구술자 12 구술녹취록, 2014 II/ 1)

위의 내용에서 짐작할 수 있는 바와 같이 남편인 구술자 13은 2013년 여름 구술자 12와 독일로 출국하면서 자동차 구입 등의 명목으로 최소 4천만 원을 대출받았다. 1년 뒤인 2014년 8월 말 귀국 당시 금융사기로 수배되어 있던 구술자 13이 인천공항에서 경찰의 약식 조사를 받았다. 경찰 출두를 앞둔 남편을 위해 구술자 12는 귀국 직후부터 소위 '외국에 갔다 온 북한사람들'에게 연락하여 대출사기를 무마하는 방법을 알아보던 중 필자에게 도움을 요청한 것이다. 이후 우호적인 변호사들의 도움으로 구술자 13은 C 금융회사와 합의하게 되었고, 수사를 담당했던 담당 경찰서에서도 이들의 상황을 감안하여 '혐의없음'으로 처리하였다.

구술자 13의 금융사건이 마무리될 무렵인 2014년 10월 30대 남성 구술자인 4가 한국에서 필자에게 연락했다. 자신 또한 구술자 13과 비슷하게 금융회사의 빚을 지고 출국하여 현재 경찰 조사를 받는 형편이라고 했다. 이후 변호사를 통해 확인한 구술자의 '금융사건' 자료에 의하면 구술자는 A와 B 캐피탈을 통해 자동차를 할부로 구입한 후 브로커를 통해 되파는 것을 묵인한 것 외에도, 개인적으로 카드 대출을 한 금액까지 합쳐 전체 7천여만 원의 신용대출 건을 정리하지 않은 채로 출국하였다(구술자 4의 구속적부심사청구서,

2014/ 2). 필자에게 연락하기 전 이미 경찰에 출두하여 강경한 태도로 조사를 받았던 구술자는 결국 구속상태에서 재판을 받게 되었다. 독일에서 B시를 방문했던 필자와 상당한 '신뢰관계'를 형성했던 구술자 4는 2014년 4월 필자와의 첫 만남에서 식량난 시기 군대의 민간인 약탈에 반항하다가 수년의 교화소생활 중 중상을 입고 중국을 거쳐 독일로 탈출한 전직 북한군인으로 자신을 소개하였다. 그러나 2014년 10월 변호사들에 의해 작성된 자료에 의하면 구술자는 2000년대 말 중국으로 탈북하여 건물 인테리어 노동을 하던 중 사고로 왼손에 심각한 상처를 입었다. 그 직후 대한민국에 입국하여 종교기관의 지원으로 여러 차례 수술을 받기도 했다. 구술자 4는 독일생활 중 자신과 의형제를 맺었던 한 독일 교수와 교민활동가 K씨 등의 탄원서 및 변호사의 지원으로 집행유예를 선고받고 2015년 4월 가석방되었다.

사례분석에 의하면 독일에서 난민신청을 했던 구술자들의 첫 번째 해외이주는 북한에서 중국으로 가는 국경인 두만강을 불법으로 건너는 월경과 중국사회에서의 체류이다. 1990년대 중반 북한의 식량난 시기 월경자들 대부분은 '자신의 몸'으로 혹은 몸/생명을 담보로 국경을 넘었다.[21] 남성 성인들의 경우 자신이 익숙한 지형을 이용하여 국경 너머 중국의 친척을 찾아가서 먹을 것을 구해 돌아오는 방식으로 식량난에 대처하기도 하였다. 이후 중국과 북한 사이의 국경을 넘겨주는 '중개인들'이 등장하기 시작하였다. 이주의 역사에 의하면 국경이 요새화될수록 불법이주의 위험이 커지고, 이에 비례하여 중개조직이 더욱 확장됨과 동시에 중개 비용은 높아진다.[22]

6명의 여성 구술자 중 4명(사례 2, 3, 5, 12) 또한 중개인을 통해 중국으로

---

21 1990년대 중반 상대적으로 이른 시기에 자력으로 월경했던 경험은 다음의 자료 중 해당 사례를 참고하라. 좋은벗들, 1999a; 1999b.

22 아프가니스탄 전쟁 난민들의 이주를 소재로 한 마이클 윈터보텀 감독의 2002년 영화 "인 디스 월드"는 이와 같은 현실을 사실성에 기초하여 보여준다.

탈북했으며, 이 과정에서 매매혼 또는 인신매매를 경험했다.[23] 구술자 3은 2000년대 말 중국으로 가는 것을 "도와주겠다"고 한 남자의 말을 믿고 중국 장백현 쪽으로 월경하였으나, 그 남자는 구술자를 중국 대방에게 8천 위안~1만 위안의 돈을 받고 팔았으며, 구술자가 중국에 도착하자 이들은 여자를 구하는 한족 남자에게 3만 위안을 받고 되팔았다(구술자 3의 구술녹취록, 2014/4). 이처럼 북한 국경을 넘어서 중국으로 온 적지 않은 북한 여성들의 경험은, 자신을 보호해줄 국가 권력(국적의 효력)을 상실했으며 오직 '자신의 몸' 밖에 팔 것이 없는 사람, 즉 '벌거벗은 생명' 그 자체로서의 존재 위치를 시사한다(조르조 아감벤, 1995). 앞의 사례에서 서로 다른 주체에게로 교환되는 몸이 바로 그것이다. 주목할 점은 폐쇄적이고 수령에 대한 믿음을 토대로 위계화된 사회주의체제에서 정치적, 물질적 보상을 받으며 집단적으로 생활하던 북한주민들이(권헌익·정병호, 2013), 중국으로 가는 불법 월경을 통해 스스로의 몸/생명을 타자(중개인/조직)에게 내맡기게 되고, 따라서 철저히 개별적인 삶/존재로 전환하게 된다는 것이다.

북한주민들이 중국에서 제3국을 거쳐 대한민국으로 입국하게 되는 과정에서는 북한이탈주민에 대한 지원법에 근거하여 지급되는 다양한 지원금을 담보로 중개인들의 도움을 받고 있다. 북한의 주권적 보호에서 벗어난 개인들이 대한민국의 주권적 질서 속에 등록되는 대가로 지불되는 탈북자 지원금을 매개로 '선'을 타게 되는 것이다. 나아가 대한민국의 보호탈북자가 된 구술자들은 유럽 각국으로 출국하기 전 많은 경우 대한민국 국민인 자신들의 '신용'을 활용하여 중개인이 상당한 금액의 돈을 대출받도록 묵인 또는 동

23 초기 북한 여성들의 인권침해에 주목한 기존 연구의 대부분이 매매혼을 경험한 북한 여성들의 사례에 주목하였다. 나아가 북한 여성들의 매매혼이 갖는 다층적 의미 등에 주목한 사례연구로는 다음을 참조하라. 이희영, 2010; 2012b. 북한 여성들의 도강과 탈북을 둘러싼 복합적인 삶에 대한 자전적 문학 자료로는 다음이 있다. 최진이, 2005; 김유경, 2012.

조하였고, 이 중 일부를 받아서 해외이주의 비용으로 충당하였다.[24] 주목할 점은 이미 대한민국의 국적을 취득한 북한이탈주민들이 더 이상 자신의 생명/몸을 담보로 할 필요가 없는 자본주의적 신용의 주체가 된 것이다. 이들은 각자의 손으로 '서명'하는 것을 통해 자본주의적 거래가 가능하다는 사실을 인지하고 있으며 이것이 해외로의 이주를 가능하게 하는 경제적 토대가 되고 있다.

대한민국 국민으로서의 여권과 신용대출로 마련한 여행자금을 가지고 유럽에 도착한 이들은 해당 국가의 난민신청소를 찾아가 대한민국 여권 대신 북한 신분증[25] 또는 북한주민을 입증하는 자기고백을 통해 탈북난민으로 인정받고자 하였다. 국제 난민인정에 관한 규정에 따르면 이들은 이미 안전한 제3국인 대한민국을 거쳐서 유럽으로 왔을 뿐만 아니라, 대한민국 국적을 취득한 적이 있으므로 탈북난민으로 인정받을 가능성이 희박하다. 따라서 유럽 각국에 도착한 이들은 대한민국 국민으로서의 정체성을 숨기는 대신 탈북난민으로서의 정체성을 '증식'한다.[26] 다시 말해 이들은 유엔 북한인권위원회 등이 공통으로 주장하고 있는 '전 사회적 차원에서 주민에 대한 인권침해'가 이루어지고 있는 북한사람으로서의 흔적들(신체, 북한식 언어, 차림새, 습속과 문화에 대한 지식 등)을 동원하여 스스로를 '탈북난민'으로 재현한다. 대부분의 구술자들은 북한에서 경험한 극심한 빈곤과 기아, 군대에서의 인권침해 혹은 종교적인 이유로 인한 박해 등 난민인정 과정에서 중요하게 여겨지는 자신들의 체험을 강조하는 반면, 그 외 중국 및 대한민국에서의 경제활동

24 해외로 출국하였다가 대한민국으로 재입국한 탈북자들 중 상당수는 경찰의 조사를 받은 적이 있으며, 구술자 4와 같이 검찰의 조사를 거쳐 구속되어 재판을 받은 경우도 적지 않다. 개인적으로 합의한 금액을 변제하기 위해 현재 심각한 경제적 어려움을 겪고 있기도 하다.

25 사례 10과 11은 자신들의 북한 공민증을 가지고 이주하였으며, 이를 독일 난민신청소에 제출하였다.

26 이와 관련된 사례연구로는 다음을 참고하라. 이희영, 2013.

및 생활에 대해서는 축소하거나 언급하지 않음으로써 '인권침해를 경험한 탈북난민'으로 자신을 재현하는 것이다.

3) 국제 인권장치와 반전하는 위물성

2015년 2월 필자는 독일의 B지역에 대한 2차 현장조사를 하였다. 2014년 여름 대부분의 구술자들이 한국으로 돌아간 뒤, 마지막으로 구술자 8과 9도 한국으로 귀국한 상태였다.[27] 필자는 난민소 B(1)와 C에 남아 있던 구술자 7과 10을 만나 2차 인터뷰를 하였다. 2014년 1차 인터뷰 당시 두 구술자는 독일에 난민신청을 한 북한사람으로서 남한 출신의 연구자인 필자를 만났으며, 이들이 필자에게 들려준 비극의 서사는 한편으로 자신들의 남한 체류 사실을 드러내지 않으면서, 다른 한편으로 독일사회에서 난민자격을 획득하는 데 필수적인 자신의 경험들(극심한 빈곤, 종교적, 이념적 억압 등)을 소개하는 것이었다. 이에 비해 2015년 초의 두 번째 만남에서는 자신들의 남한 체류 사실을 전제로 북한과 남한 그리고 독일로 이어지는 자신들의 체험을 돌아보고, 특히 남한을 떠나 독일사회로 오게 된 배경에 대해 소개하였다.

구술자 10은 50대 초반으로 어린 시절 소아마비를 앓으면서 두 다리에 장애를 갖게 되었으나 가족들의 지원과 북한 당조직의 배려로 시계수리공 교육을 받았다. 고등중학교 졸업 후 편의봉사 관리소의 시계수리공으로 일하며 구술자 11의 생모와 결혼하여 상대적으로 윤택한 생활을 했다. 1차 인터뷰에서 구술자는 북한 고위층을 상대로 시계 수리를 하며 고급정보를 공유

27 구술자 10은 지인인 구술자 8과 9부부가 한국으로 돌아가는 것을 공항에서 배웅했다고 했으며, 구술자 7은 한국에 잘 도착했다는 구술자 8의 전화를 받았다고 했으나 이는 사실이 아니었다. 독일 B지역 개신교 목회자 등에 의하면 구술자 8과 9 부부는 독일 당국으로부터 출국 명령을 받고 한국으로 돌아간다고 주변에 알린 후 독일의 다른 도시 E에 머물고 있었다. 2013년 벨기에에서 추방명령을 받고 독일에 왔던 이들 부부는 수년째 유럽에 체류하고 있는 상황이다.

하던 ‘교양 있는 북한사람’으로 자신을 소개하였다. 7개월 뒤인 2015년 2월 구술자의 인터뷰에 의하면 구술자의 부인이 2011년 먼저 중국을 거쳐 한국으로 왔고, 그로부터 3개월 뒤 구술자 10과 딸인 구술자 11이 태국을 거쳐 한국으로 왔다. 누구나 열심히 노력하면 잘 살 수 있다는 ‘하나원의 교육’을 믿고 2012년 사회교육을 받고, 수차례에 걸쳐 우수한 성적으로 직업전문학교, 직업수련원 등을 졸업했지만, 장애인이기 때문에 고용할 수 없다는 말을 공공연히 하는 남한사회의 위선적인 현실을 경험했다(구술자 10 구술녹취록, 2015/ 2). 구술자는 장기 실직으로 집안에 고립되었으며, 부부 사이의 힘 관계가 역전되는 경험을 했다. 어려웠던 북한에서의 삶을 벗어나 새로운 삶을 살기 위해 남한으로 온 구술자는 북한이탈주민지원법에 따라 임대주택과 사회정착을 위한 형식적인 지원은 받았으나, 실질적으로는 사회적 인정과 가족 내에서의 신뢰를 모두 상실하는 경험을 하게 된 것이다. 결국 구술자는 네덜란드로 이주한 북한 출신의 지인을 통해 브로커를 소개받았으며, “유럽에 가면 잘 사는 나라이기 때문에 손 하나 까딱하지 않고 살 수 있다”는 말을 믿고 인천공항에서 독일 프랑크푸르트 행 비행기를 탔다. 당시 브로커는 “당신 인생을 바꿔주는 돈”이라고 주장하며 한화 3백만 원을 유로로 환전한 금액을 받아갔다. 2015년 2차 인터뷰 당시 구술자는 해외로 나온 탈북자들 대부분이 해외 브로커들의 희생자이며, 대부분의 브로커들이 북한사람들이고, 이런 경험을 한 사람들이 다시 브로커가 된다고 했다. 몇 달 후 필자는 B지역의 활동가들을 통해 구술자 10이 새로 독일에 입국하는 탈북난민들을 공항에서 마중하고 있으며, 이들을 칼스루에 난민신청소까지 안내하는 ‘브로커’ 활동을 하고 있다는 소식을 들었다.

구술자 7은 2015년 인터뷰에서 독일 난민소 생활의 답답함과 자신의 남한 체류경험을 구체적이고 열정적으로 토로하였다. 2000년대 초에 러시아로 파견되어 일하던 중 미국 국적을 가진 한국인 선교사 등을 통해 2000년대 말

한국에 입국했다. 생활의 터전을 마련하고자 임대주택으로 이사한 지 3일 만에 아파트 가스배관 일을 시작했으나 얼마 후 허리를 다쳐 인근 병원에 입원하였다. 각종 검사를 한 후 수술을 해야 한다는 담당 의사의 '강력한 권유'를 믿고 척추 수술을 했다. 그런데 수술 후 왼쪽 다리가 마비되어 걷지 못하는 현상이 생겨 수개월간 진통제를 맞으며 지냈고 결국 심각한 후유증을 안게 되었다. 한동안 경제활동을 하지 못하던 구술자는 생계를 위해 러시아에서의 경험을 살려 공사현장의 중장비 기사로 취직하여 노후 장비들을 자신의 손기술로 고쳐가면서 헌신적으로 일했으나, 최소한의 휴식공간도 없는 열악한 조건과 비인간적인 대우에 분개하여 월급도 제대로 받지 못하고 그만두는 일이 반복되었다. 그는 "북한사람이기 때문에 월급을 적게" 받아야 하는 현실을 반복하여 겪어야 했고, 이에 격분하였다. 또 구술자 7의 경험에서 두드러진 것은 컴퓨터 수리를 도와주던 중 몸싸움에 휘말려 피해자였던 자신이 오히려 벌금 170만 원을 내게 되거나, 2012년 수원지역 IT직업 전문학교를 다니던 중 건달의 시비로 몸싸움을 하게 되면서 법원으로부터 벌금 및 압류 통지서를 수차례 받게 된 것이었다. 남한의 '재판소가 어떻게 돌아가는지' 전혀 알지 못하는 구술자로서는 왜 피해자였던 자신이 벌금을 내야하는지 이해할 수 없을 뿐만 아니라, 재산압류 통지까지 받는 상황에 대해 분노와 무력감을 동시에 느낀 것으로 보인다. 2012년 임대주택을 정리하고 그동안 모은 돈을 합쳐 북한에 있는 딸과 아내에게 송금한 구술자는 같은 직업전문학교에 다니던 구술자 10의 권유로 독일로 오게 되었다. 구술자는 "정말 한번 잘 살아보겠노라고 생각했으나 여지없이 무너졌다"고 자신의 남한생활을 평가했다(구술자 7 구술녹취록, 2015/ 10).

위의 두 구술자의 체험에서 공통적인 것은 남한사회의 '위선적'이며, 진실이 통하지 않는 현실에 대한 경험이었다. 자본축적 과정의 소외(K. Marx)로 발생하는 전 사회적 차원의 물화과정과 위선적 특성, 즉 위물성(僞物性)은 한국사회의 예외적 현상이 아니지만, 탈북난민들의 경우 북한 사회주의체제의 경험 속에서 이에 직면한다는 점에서 주목할 만하다. 구술자 10은 신체장애에도 불구하고 자신의 '손'으로 가족을 책임질 수 있었던 북한사회에서와 달리, 새로운 삶을 꿈꾸며 이주한 남한사회에서 사회적 배제와 고립에 직면했다. 구술자는 북한이탈주민지원법이 북한이탈주민의 실질적인 사회정착과 안정적인 삶을 목표로 하는 것이 아니라, 잘 기획된 위선적인 지원 프로젝트라는 현실을 '간파'하게 된 것이다. 취업을 위한 일정 기간의 학원비와 자격증 취득 후의 지원비가 책정되어 있지만, 취업을 보장하지는 않았다. 결국 구술자는 탈북자지원법에 명시된 지원비라도 수령하고자 일정 기간의 기술교육을 반복적으로 수료하고, 서너 개의 자격증을 취득하였다. 실제 취업할 목적의 기술이 아니지만. 그것 이외에 신체 장애를 가진 구술자가 남한사회에서 할 수 있는 '경제활동'은 발견할 수 없었던 것이다. 2000년대 말 러시아에서 남한으로 입국한 구술자 7은 위선적인 의료체계, 관행적인 노동착취와 인권침해, 나아가 가해자와 피해자의 반전을 묵인하고 인정하는 사법체계로 인한 처벌과 고통을 몸으로 체험하며 유럽으로 '탈출'하였다. 절실한 삶의 요구에는 귀 기울이지 않고, "밥이나 먹고 치약이나 주는" 위선적인 남한사회가 아니라 성실한 노동의 대가를 인정받을 수 있는 새로운 사회를 찾아 다시 국경을 넘었다.

출국 전인 2013년 구술자 7과 10은 다른 사례들과 마찬가지로 대한민국 국적 및 신용거래를 토대로 국경이동의 자격과 비용을 마련하였다.[28] 앞의 장에서 살펴본 바와 같이 해외 탈북을 중개하는 집단 또는 개인들은 이들의

28 2006~2007년 영국에서 난민신청을 했던 대규모의 북한 국적자들 중 많은 경우가 대한민국 국적을 취득했던 보호탈북자들로 이러한 과정을 통해 북한, 중국, 한국 및 유럽으로 이어지는 초국적 네트워크를 형성한 것으로 추정된다. 이에 대해서는 다음을 참고하라. 이희영, 2013; 정병호, 2014.

해외이주 자금을 마련하기 위해 신용대출을 권유 및 중개하고 있다. 2004년 미국의 북한인권법, 2006년 유럽의 북한인권법 제정을 계기로 미국과 유럽으로 이주했던 개인들이 자신의 가족과 지인을 데려오기 위해 형성되었던 개인적 네트워크가 급속히 국제 탈북 네트워크로 확장된 것으로 짐작된다.[29] 그런데 대한민국의 북한이탈주민에 대한 지원법이 탈북자들에 대한 생활지원금을 보장하지만, 미국와 유럽의 북한인권법은 이들의 '난민 지위'에 대한 정당성 외에 경제적 보상은 하지 않는다. 미국과 유럽으로 이동하기 위한 실질적인 자원이 보장되지 않은 것이다. 이런 상황에서 북한이탈주민들의 해외 탈북을 위한 자금 조달 방식으로 대한민국 시민으로서의 신용대출 제도가 '활용'되고 있는 것이다.

나아가 한국사회의 위선적 현실을 피해 독일로 갔던 구술자 7과 10은 2015년 현재 스스로의 해외이주 경험을 토대로, 다른 북한이탈주민들에게 해외 탈북을 중개하는 역할을 하고 있다. 1년이 넘게 독일 난민소에 머물고 있는 두 구술자는 독일정부가 제공하는 최저생계비 외에 다른 수입이 없으며, 언어장벽 등으로 인해 경제활동을 하지 못하고 있다. 대신 SNS를 통해 한국에 있는 북한이탈주민들에게 '멋진 해외의 모습'을 선전하여 해외로 나오도록 함으로써 중개료를 받고 있는 것이다.[30] 처음 자신의 몸/생명을 담보로 북, 중 국경을 넘었던 이들은 대한민국의 국적과 신용대출을 얻었고, 또 다른 국경을 넘어 재이주하는 과정에서 위선적인 자본주의적 거래의 대상이 되기도 하고, 그것의 주체가 되기도 하는 경험을 하게 된다. 자본주의사회의 위물성을 체현하거나, 적극적으로 전유하는 행위자가 되기도 하는 것이다.

29 지인 및 가족들의 정보와 도움을 통해 영국으로 이주했던 초기 사례로는 다음을 참고하라. 이희영, 2013: 372~378.

30 이들뿐만 아니라 구술자 1도 유럽에 체류하는 동안 한국의 가족과 지인들에게 '외국의 잘사는 모습'을 SNS로 소개하고 이들의 해외이주를 중개하였다. 필자에게 구술자 1을 소개한 지인도 이를 통해 해외이주를 경험했다.

이러한 과정은 북한주민 혹은 대한민국 국민이었던 이들의 정체성이 복수로 '증식'되거나 착종되어 진짜가 가짜가 되기도 하고, 가짜가 진짜로 반전되기도 하여 더이상 둘을 구분할 수 없는 혼종적이며 유동적인 삶을 만들어가는 과정이기도 하다.

4. 한반도의 분단과 국제 인권장치

북한주민들이 북중 국경을 넘는 과정은 자신의 몸/생명을 담보로 한 직접 교환의 과정이자, 자본주의적 질로서의 세속화(secularization) 과정이라 할 수 있다. 탈북난민에 대한 초기 연구들이 집중적으로 고찰한 이들의 '비극적 경험들(인신매매, 매매혼, (성)폭력, 아사에 가까운 빈곤, 이산 등)'은 수령 중심의 계획경제체제 속에서 당과 직접 결합되었던 가장 낮은 위치의 개인들(특히 여성들)이 국가주권의 영역인 국경넘기를 시도함으로써 '희생'되는 현실들을 보여준다. 동시에 이 과정은 자본을 가진 적이 없던 이들이 존재 그 자체인 몸/생명을 희생함으로써 스스로가 원초적인 매개의 형식이 되는 것으로, 이후 이러한 자신들의 존재가 물화된 형태인 제도(탈북자 네트워크)의 생성을 추동한다.

대량 탈북 이후 중국의 동북 3성 등의 탈북난민집단을 중심으로 형성된 인권장치의 특징은 남북 분단과 낡은 체제 갈등을 토대로 한다. 중국과 북한 사이의 정치적 연대에 따라 탈북자들의 난민 지위를 인정하지 않은 중국과 달리 남한 정부는 '북한이탈주민에 대한 지원법'을 개정하여 탈북자들의 인권 보호를 위한 물질적 지원을 보장했다. 대한민국 정부가 제공하는 탈북자 지원금은 탈북난민들의 생명이 물화된 '대표적인 제도'로 이를 둘러싸고 다중적 차원의 매개집단(브로커 조직)들이 탄생하게 된 것이다. 이주가 발생하는 전 세계의 지역과 공간에는 매개집단이 활동하고 있으며, 이주와 매개집단은 공생적 사건이다. 그러나 탈북난민들의 이주 네트워크는 특정 국민국가의 지원금에 근거하여 형성되었다는 점에서 주요한 차이를 갖는다.[31] 대한민국 정부가 사후적으로 지불하는 북한이탈주민에 대한 정착금을 담보로 북한–중국–남한 사이의 이주 네트워크가 급속히 형성됨과 동시에 탈북난민들의 '비극의 서사(1)'가 구성된다. 앞서 살펴본 바와 같이 조, 중 국경넘기의 과정은 몸/생명이라고 하는 존재 그 자체가 교환되는 것으로 '입'을 통한 서사가 매개할 수 있는 대상이 없다. 그러나 중국 및 제 3국을 통한 남한 입국의 과정에서는 탈북난민의 몸/생명이 탈북자 지원금으로 매개되고 있으며, 이러한 매개를 통해 탈북난민과 대한민국의 자본주의 국가체제가 긴밀히 결합되고 있다. '비극의 서사'는 비극적인 경험 그 자체가 아니다. 자신의 존재에 대한 재현 형식으로서의 서사는 비극적 경험에 대한 '거리'를 통해서 재구성된다. 북한의 주권적 보호로부터 벗어난 중국 체류 북한주민들은 '벌거벗은 생명'(아감벤, 1995)으로서 누구에게든 죽임(인권침해에 해당하는 각종 유린 등)을 당할 수 있는 존재임과 동시에 벌거벗은 생명의 담보로 형성된 국가주권의 실체를 드러내는 존재이기도 하다. 따라서 제3국을 통한 대한민국으로의 입국은 자신들의 자연적 존재를 대한민국의 법적, 정치적 질서에 등록하는 행위이며, 자신의 몸/생명이 대한민국 국민으로서의 인권보장 및 정착지원금과 교환되는 과정이다. 이런 관점에서 대한민국 입국 과정에서 탈북난민들이 자신들의 비극적인 경험들을 토대로 구성하는 '비극의 서사(1)'는 국민국가 질서로 통합되기 위한 커밍아웃이라고 할 수 있다.[32] 입국 과정에서

---

31 이주와 이동이 발생하는 전 세계 모든 곳에서는 (불법) 중개조직이 형성된다. 그러나 아프리카, 중동, 아시아 등에서 유럽으로 향하는 이주의 네트워크에는 국가지불금이 작동하지 않는다. 아프리카에서 유럽으로의 이주, 관광, 중개조직 등이 결합된 현실에 대해서는 다음을 참조하라(Holert & Terkessidis, 2006).

32 2015년 칸영화제 황금종려상을 받은 자크 오디아르 감독의 영화 '디판(Dheepan)'에서도 스리랑

이루어지는 통합심문에서 각 개인은 자신의 존재를 커밍아웃해야 하는 압력에 직면하고, 이전 시기의 체험 중 북한정권의 다양한 억압으로 인한 고난과 위험을 중심으로 비극의 서사를 구성하게 된다. 이로써 북한정권의 억압을 피해 남한사회로 온 '북한이탈주민'으로 인정을 받고, 대한민국의 '보호탈북자'로 등록된다. 난민의 인권을 외면하는 국민국가 체제에서 국경을 넘어 이주한 탈북난민들의 '비극의 서사'와 각종 위장 행위들은 국민국가의 시민적 규범인 '진짜-가짜의 구도'만으로 재단하기 힘든 삶의 위기와 타협의 흔적들이다.

대한민국의 시민권을 획득한 '보호탈북자'들은 일상생활 속에서 개인의 생존을 위한 무한경쟁과 사적 소유(권)에 의해 존재가 결정되는 현실을 경험하게 된다. 이전 시대의 종교 혹은 이념의 자리를 대신한 사적 소유권 혹은 자본의 권력이 인권을 무력화하고, 사물의 배타적 사용을 가능하게 하는 신자유주의 한국사회에서 보호탈북자들은 3등 시민으로의 낙인과 구조적 주변화를 절감하는 것으로 짐작된다. '수령'이라는 일반적 등가물을 중심으로 작동하던 전체주의적 북한사회의 배급체제가 가치를 상실하게 되는 상황(고난의 행군 등)에서 자본주의사회의 개인이 된 이들은 악화가 양화를 구축하고(위선적 고용과 거래), 가짜와 진짜가 무한히 반전(위계적 권력 관계의 실현 등)하는 현실의 대상이자 주체로서 새로운 국경넘기를 시도한다. 대한민국의 국민으로 신용거래의 주체가 된 이들은 자신들의 '손/서명'을 담보로 새로운 삶을 마련하기 위해 필요한 최대치의 자본을 대출받는다. 각종 금융기관을 통한 대출금을 토대로 투기를 하는 것이 '자연스러운' 한국사회에서 이들이 행

카 내전을 피해 망명을 결심한 주인공이 브로커에게 디판이라는 남자 신분증을 사고, 낯선 여성과 아이를 자신의 가족으로 위장한 뒤 프랑스 국경을 넘으며, 이후 시민권을 얻기 위해 겪는 갈등과 협상을 보여준다. 이 과정에서 수없이 거짓말을 하고 스스로를 위장해야 하는 사정들이 등장하고 관객들은 이를 암묵적으로 받아들이게 된다.

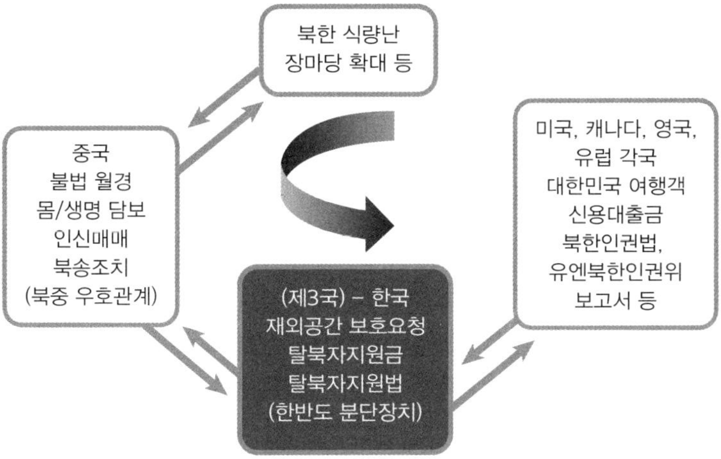

〈그림 1〉 탈북난민과 국제 인권장치

하는 대출 구매는 새로운 삶을 위한 투기/투자로 이해되기도 한다. 위선적인 거래가 양식화된 사회에서 '사기행위'는 하나의 사건일 뿐이다. 일상화된 사기행위들은 이와 같은 가짜거래가 사회적으로 제도화되고 있음을 시사한다. 대한민국 여권과 유럽사회로의 항공권을 가진 국민이자 난민이기를 희망하는 개인으로서 이들은 또 다른 국경을 넘어간다. 이 현장연구는 2014년 남한에 정착했던 보호탈북자로 독일에 난민신청을 했던 3명의 구술자 외에 중국에서 독일로 왔다고 한 구술자 7명, 그리고 러시아 파견 노동 중 독일로 왔다고 소개한 구술자 3명에 대한 인터뷰와 참여 관찰에 기초하고 있다. 그러나 앞의 사례연구 결과가 보여주는 바와 같이 2013년 여름 독일에 난민신청을 했던 북한 국적의 구술자들은 모두 한국사회의 시민권을 가졌던 개인들로 한국에서 독일로 간 사례들이었다.

북한 국경을 넘어온 탈북난민들의 미국, 캐나다 및 유럽사회로의 국제이주가 현실화된 계기는 '북한 인권문제'를 국제적 의제로 제기하기 시작한 미국이 2004년 북한인권법(North Korean Human Rights Act of 2004)을 제정하고,[33] 탈북난민의 수용 의지를 선언한 것이라고 할 수 있다. 이후 일본과 유럽에서 북한 인권법이 제정되는 등 국제 인권장치가 재구성되고 탈북난민의 국제이주의 네트워크가 다규모적 차원에서 형성된 것으로 짐작된다. 미국의 북한인권법 제정은 부시 정권의 북한 핵개발 정책에 대한 대응이라는 맥락 속에서 이루어진 것으로, 당시 북한의 핵실험을 억지하기 위해 북한 인권문제를 '정치화'한다는 비판이 제기되기도 하였다.[34] 초안의 수정을 거쳐 최종적인 입법 목적으로 북한 내에서의 인권 존중과 보호 증진, 북한 난민에 대한 보호 및 민주적인 정부하에서의 한반도 평화적 통일과정을 증진하는 것 등을 제시하였으나, 사실상 탈북난민에 대한 보호조치[35] 외에 실질적인 효과는 확인되지 않고 있다. 그런데 이 법에 의하면 미국은 탈북난민들이 대한민국에서 시민권을 부여받을 가능성에도 불구하고 미국으로의 난민신청을 거부하지 않는다고 밝힘으로써 사실상 탈북난민의 재이주를 가능하게 하는 법적 토대와 정당성을 제공하였다. 즉 북한을 극도의 인권침해를 자행하는 '비정상국가'로 전제하는 미국의 북한인권법과 유엔 북한인권위원회의 활동 등은 한편으로 미국 중심의 인권 관련 가치를 세계 보편적인 질서로 작동하게 하는 동시에, 구체적인 대상으로 북한의 주권적 범위를 벗어난 개인들을 '난민으로 인정'하도록 요청하는 국제 인권장치의 행위자로 작동하고 있다. 결국 북한 국경을 넘어온 개인들 혹은 중국 체류 중인 탈북난민들에게 '국제 난민'으로서의 지위를 획득할 수 있는 국제적 정당성을 제공하였으며, 이를 토대로 유럽과 미국, 캐나다로의 국제이주의 초국적 네트워크가 급속히 형성

33 한시법으로 제정되었던 이 법은 2008년 재연장 되었으며, 2012년 '북한인권법 재승인법안'이 가결되어 2017년까지 연장되었다.

34 미국의 북한인권법 제정의 배경과 구체적인 내용에 대해서는 다음을 참고하라(김수암, 2006).

35 미국의 소리, 자유아시아 방송 등의 자료에 의하면 2006~2013년에 미국이 난민으로 받아들인 탈북주민은 최대 159명으로 캐나다 및 유럽 각국과 비교하여 상대적으로 적은 수치이다. 또 표1의 국제난민기구 통계에서는 48명에 불과하다.

되었다. 이것은 또한 대한민국의 보호탈북자들이 신용대출과 대한민국 여권으로 출국하여 유럽의 각국에서 '비극의 서사(2)'를 재구성함으로써 새로운 국민으로 '환생'할 수 있는 제도적 장치로 작동하고 있다. 이러한 관점에서 탈북주민들의 재이주는 기존의 국민국가 체제로의 등록을 재구성하는 것이자, 국제 인권장치로의 결합을 강화하는 현실을 보여준다.

지금까지의 논의를 정리하면, 현대사회에서 난민은 예외적인 현상이 아니다. 근대국가의 수립과 해체, 각종 전쟁과 자연재해 및 사회적 갈등으로 인해 매년 천만 명 이상의 난민들이 삶의 터전을 떠나 살 곳을 찾아 세계를 떠돌고 있으며, 미국과 유럽을 비롯한 각 국가들은 난민들이 자국의 국경에 접근하지 못하도록 각종 정책과 제도를 시행하고 있다. 이런 관점에서 국민과 난민은 현대 자본주의 국가체제를 공동으로 구성하는 주요 행위자라고 할 수 있다. 20세기 말 북한사회의 경제적 어려움을 계기로 북, 중 국경을 넘어온 탈북난민들은 21세기 국제 인권장치의 주요한 대상이자 적극적 행위자로서 전 세계로의 국제이주를 시도하고 있다.

이 글에서 소개한 사례들은 국제적 '탈북난민'의 형성과정에서 대한민국의 북한이탈주민에 대한 지원제도 및 이를 통한 대한민국 체류가 매개적 역할을 하고 있음을 보여준다. 몸/생명을 담보로 국경을 넘었던 탈북자들이 남북분단의 산물인 지원법에 근거하여 대한민국에 체류하게 됨으로써 세계 이주의 통행증과 신용거래에 의한 물적 자원을 전유하게 된다. 결국 이들에게 대한민국은 '국제 탈북난민'의 지위를 형성하기 위한 중간기착지가 되고 있다. 남한 체류를 통해 확보한 시민권과 자금을 가지고 국제 탈북이 준비되고 있다는 점에서 그러하다. 사례연구에 의하면 중국과 남한 이외에 체류하고 있는 대부분의 탈북난민들은 대한민국을 경유한 개인들이라고 추정해볼 수 있으며, 한반도의 분단장치와 국제 인권장치의 상호적 형성을 통해 탈북난민의 초국적 네트워크가 역동적으로 (재)조직되고 있는 것으로 추정된다.

이런 과정을 통해 형성되는 초국적 '탈북난민'이란 인권의 주체(人)인 동시에 국민국가의 국민(民)이라는 '새로운 개인'으로서의 특성을 보여준다. 이들은 북한 탈출이라는 원형적 경험을 토대로 '세계 이주의 통행권'을 부여받은 개인인 것처럼 보인다. 이런 관점에서 '탈북난민'이라는 새로운 개인들은 '국제 인권장치'의 적극적 행위자이자 결과라고 할 수 있다. 주목할 점은 이들이 머무는 각 국가에서 자신들의 권리를 요구하기 위해 '원형적 탈북경험'을 반복하게 된다는 것이다. 자신들이 횡단하는 중국, 남한, 캐나다, 영국, 독일 등의 국가적 차원에서뿐만 아니라, 각 국가 내에서도 자신들의 반전하는 정체성을 (재)구성하고 실현하기 위해 끊임없이 '비극의 서사'를 구현하고, 이에 부응하는 다양한 행위양식들을 실천한다. 이를 통해 일상 속에서 연쇄적 '탈북'이 시도되고 있으며, 이들이 거치는 곳곳에서 '탈북경험'이 반복적으로 수행되는 것이다.

냉전 시대의 이념(ideology)이 가치를 상실한 21세기에 미국과 유엔 등으로 상징되는 국제질서 속에서 서구적 의미의 '인권'이 국경이 없는 보편적 가치로 (재)호출되고 있다. '북한 인권문제'는 마치 '그들'과 '우리'를 구별하는 새로운 범주로 여겨지는 듯하다. 이를 인정하고 옹호하는 다수의 자본주의 국가와 그 외의 국가를 구별함으로써 21세기 지구화시대의 '정상/비정상의 구조'를 형성하는 경향을 보여준다. 근대 국민국가 체제의 패러다임 속에서 개인의 인권이 국민-비국민 구도의 종속적 가치가 되었다면, 21세기 신자유주의 체제에서는 미국 및 유엔을 중심으로 한 국제 인권장치가 이념적 갈등을 대체하는 '정상적인' 존재 양식으로 제시되고 있다.

참고문헌

강영숙, 2011, 『리나』, 문학동네.

고기복, 2007, “EU 국가의 난민인정제도”, 『한·독 사회과학논총』 17/1, pp. 37-69.
권헌익·정병호, 2013, 『극장국가 북한. 카리스마 권력은 어떻게 세습되는가』, 창비.
김수암, 2006, “부시행정부의 대북인권정책: 북한인권법과 민주주의증진법을 중심으로”, 『한국정치외교사논총』 27/2, pp. 345-372.
김유경, 2012, 『청춘연가』, 웅진 지식하우스.
박명규 외, 2011, 『노스 코리안 디아스포라. 북한주민의 해외탈북이주와 정착사례』, 서울대학교 통일평화연구소.
박순성, 2014, “북한 인권 문제와 한반도 분단체제: ‘유엔 인권이사회 북한인권조사위원회 보고서’에 대한 비판적 독해를 중심으로”, 『북한연구학회보』 18/2, pp. 281-309.
북한인권사회연구센터 편. 2013. 『유엔 인권메커니즘과 북한인권』, 통일연구원.
서보혁, 2007, 『북한인권. 이론·실제·정책』, 한울아카데미.
서보혁, 2011, 『코리아 인권-북한 인권과 한반도 평화』, 책세상.
송영훈, 2012, “해외탈북이주 현상의 현황과 쟁점”, 『JPi 정책포럼』 10, pp. 1-24.
이수정·이우영, 2014, “영국 뉴몰든 코리아 타운 내 남한이주민과 북한난민 간의 관계와 상호인식”, 『북한연구학회보』 18/1, pp. 137-174.
이영형, 2012, 『러시아의 극동개발과 북한노동자』, 통일연구원.
이희영, 2010, “새로운 시민의 참여와 인정투쟁: 북한이탈주민의 정체성 구성에 대한 구술사례연구”, 『한국사회학』 44/1, pp. 201-241.
이희영, 2012a, “아날로그의 반란과 분단의 번역자들: 남한 드라마 시청의 행위자 네트워크를 중심으로”, 『경제와 사회』 94, pp. 39-79.
이희영, 2012b, “탈북-결혼이주-이주노동의 교차적 경험과 정체성의 변위: 북한 여성의 생애사 분석을 중심으로”, 『현대사회와 다문화』 2/1, pp. 110-148.
이희영, 2013, “(탈) 분단과 국제이주의 행위자 네트워크: ‘여행하는’ 탈북난민들의 삶과 인권에 관한 연구”, 『북한연구학회보』 17/1, pp. 355-393.
정병호, 2014, “냉전 정치와 북한이주민의 침투성 초국가 전략”, 『현대북한연구』 17/1, pp. 49-100.
조르조 아감벤, 1995, 박진우 옮김, 2008, 『호모 사케르』, 새물결.
조르조 아감벤, 1996, 김상운·양창렬 옮김, 2009, 『목적 없는 수단』, 난장.
조르조 아감벤, 2006, 양창렬 옮김, 2010, 『장치란 무엇인가? 장치학을 위한 서론』, 난장.
조해진, 2011, 『로기완을 만났다』, 창비.
좋은벗들, 1999a, 『두만강을 건너온 사람들. 중국 동북부지역 2,479개 마을 북한 ‘식량난민' 실태 조사』, 정토출판.
좋은벗들, 1999b, 『사람답게 살고 싶소. 북한난민 1,855명 증언』, 정토출판.
최진이, 2005, 『국경을 세 번 건넌 여자, 최진이』, 북하우스.
통일연구원, 2014, 『2014 유엔인권위원회 북한인권조사위원회 보고서. *Report of the Commission of Inquiry on Human Rights in the Democratic People's Republic of Korea*』, 통일연구원 북한인권자료집.
헤이즐 스미스, 2013, "북한은 반인도적 범죄국가인가 – 식량권 침해에 대한 '상식'화된 가설 분석", 『창작과 비평』 41/3, pp. 490–515.
황석영, 2007, 『바리데기』, 창비.
Arendt, Hannah, 1955, *Elementare und Ursprünge totaler Herrschaft. Antisemitismus, Imperialismus, totale Herrschaft,* Frankfurt am Main: Europäische Verlagsanstalt (이진우 · 박미애 옮김, 2006, 『전체주의의 기원 1 & 2』, 한길사).
Carey, Sabine C.; Gibney, Mark; Poe, Steven C., 2010, *The Politics of Human Rights: The Quest for Dignity,* Cambridge University Press (임상순 옮김, 2013, 『인권의 정치학. 국가권력과 인권』, 북스힐).
Foucault, Michel, 1978, *Dispositive der Macht. Über Sexualität, Wissen und Wahrheit,* Berlin: Merve Verlag.
Holert, Tom; Terkessidis, Mark, 2006, *Flieh Kraft. Gesellschaft in Bewegung von Migranten und Touristen,* Köln: Kiepenheuer & Witsch.
Lee, Chaimun, 2004, *Gastarbeiter Dynamics: The North Korean Labor Forces in the Russian Far East,* 『슬라브학보』 19/2, pp. 763-795.
Marx, Reinhard, 1999, "Flüchtlingsschutz oder Menschenrechtsschutz? In: Franz-Josef Hutter/Anja Mihr/Carsten Tessmer(Hrsg.), *Menschen auf der Flucht*, Leske + Budrich: Opladen, pp. 265-282.
Park, Sungsong, 2005, "Human Rights in North Korea and U.S. Policy," 『북한연구학회보』 9/1, pp. 339-385.
Treibel, Annette, 1999/2011, *Migration in modernen Gesellschaften. Soziale Folgen von Einwanderung, Gastarbeit und Flucht,* Weinheim & Muenchen: Juventa.
Yi, Hee-Young; Shin, Hyo-Eun, 2014. "Grenzgänger als Potenzialitäten in globalisierten Gesellschaften," In: Chang-Gusto, Young-Seoun; Han, Nataly Jung-Hwa; Kolb, Arnd(Hg.), *Unbekanntevielfalt. Einblicke in die koreanische Migrationsgeschichte in Deutschland*, DOMid: Berlin.

[기타 자료]

Harden, Blaine, *Flucht aus Lager 14. Die Geschichte des Shin Dong-hyuk, der im nordkoreanischen Gulag geboren wurde und entkam*, DVD, Spiegel Buchverlag.

에필로그

코로나19 팬데믹으로 전 세계 이주의 길이 막혔다. 모든 것이 중지(Epoche)된 시간을 보내며 오래된 기억을 더듬고 흩어진 글을 모았다. 2021년 가을, 초고를 정리한 후 연구학기를 보낼 제주도 여행을 준비했다. 떠나기 직전 우연히 한강의 신작 소설 '작별하지 않는다'를 읽었다. 눈 내리는 제주의 무서운 밤이 지워지지 않았다. 그곳에 도착하니 "제주에는 비와 눈이 '내리지' 않는다"고 지인이 말했다. 제주의 바람에 실린 비와 눈이 몸에 내려꽂히기 때문이란다. 내가 이 말을 체감한 것은 화창한 10월 중순 한라산 영실코스를 걷다가 비바람을 만나고 난 후다. 제주의 바람이 가을비를 얼마나 사납게 만드는지 몸으로 겪었다. 그 후 제주의 한 박물관에서 폭풍의 화가 고 변시지 화백의 그림 한 점을 보았다. 온몸을 구부린 사람이 태풍이 몰아치는 황톳빛 들판을 버티며 나아가고 있었다. 제주의 삶을 압축한 듯했다. 우리는 이렇듯 분단의 광풍이 몰아치는 들판을 웅크리며 지나가고 있는 것일까?

분단은 남북한 사회에만 있지 않았다. 독일로 이주한 여성들과의 대화와 장소에도 깃들어 있었다. 내가 해외에서 북한주민을 만난 것은 2018년 독일 현지조사 중이었다. 독일 땅에서 남북한 여성들이 독일 시민과 난민으로 만나고 있었다. 북한 난민신청자들이 머물고 있던 슈투트가르트 시내의 각 난민소를 방문하여 담당자들과 이야기를 나누고 인터뷰를 하였다. 독일에서 유일하게 한국어 통역관이 있는 칼스루에 난민신청소 대표와의 면담을 위해 칼스루에로 갔다. 관공서 분위기의 건물 주위에서 아이들이 공차기를 하고,

발코니에 빨래가 널려 있는 모습이 생경했다. 전 세계에서 남부 독일로 입국한 난민들이 난민신청 절차가 끝나기를 기다리는 곳이었다. 3~4개월 동안 베를린과 슈투트가르트를 오가며 북한주민들을 인터뷰하고 이들의 난민 심사과정을 지켜보았다. 남북한의 이념적 적대만이 아니라 생활경험, 미래의 전망, 문화적 습관 등이 얽혀 '믿을 수 없는 북한사람'과 남한 출신 활동가 사이의 갈등과 회의가 매일 증폭되었다. 난민신청자 중 가장 나이가 어렸던 20대의 Y는 '정숙하지 못한 여자'로 시달렸다. 지금도 내가 아는 슈투트가르트는 당시 이들과 만났던 장소와 이야기로 구성된다.

2000년대에 대한민국으로 입국하는 북한주민의 수가 증가하면서 독일 교민들 사이에서도 '탈북자'가 주요 관심사 중 하나가 되었다. 독일 시민사회에서 살아오며 남북한의 통일을 고민해온 한인 여성들은 자본주의 '남한사회'로 '귀순'한 것처럼 보이는 탈북자들을 자신들과 어떻게 연관시켜야 할지 고민하고 있었다. 암묵적으로 이쪽과 저쪽, 우리와 저들이라는 이분법이 작동하는 듯했다. 어떤 여성은 "통일문제만 나오면 교민들 사이에 광적인 분위기가 생긴다"고 토로했다. '탈북자'는 재독 한인사회에 묘한 긴장감을 일으키는 존재였다. 먼 독일 교민사회 곳곳에서 분단이 재현되고 있었다. 2018년 여름 베를린 주재 남북한 대사가 공동으로 베딩구(區) 소재 작은 교회에서 6.15 선언 기념행사를 주최했다. 남북한 학생들이 상기된 얼굴로 각자가 배운 노래를 부르는 모습을 지켜보는 것이 비현실적으로 느껴졌다. 무엇이 우리를 적대하게 했는지 묻지 않을 수 없었다.

이 글을 마무리하고 있는 제주에 4.3의 흔적이 선연하다. 멀리 '육지 것'의 지식으로는 알 수 없는 아픔이다. 스쿠터를 타고 달리는 해녀 할머니들의 모습이 멋지다. 우리는 얼마나 온 것일까. 어떻게 서로를 위로하고 격려할 수 있을까. 결국, 오늘의 나는 이름 모를 많은 것들에 기대어 있다.